Neuere Festigkeitsprobleme des Ingenieurs

Ausgewählte Kapitel
aus der Elastomechanik

von

Prof. Dr.-Ing. W. Flügge, Stanford (USA) / Prof. Dr.-Ing. Dr. R. Grammel, Stuttgart
Prof. Dr.-Ing. K. Klotter, Karlsruhe / Prof. Dr.-Ing. K. Marguerre, Darmstadt
Prof. Dr. G. Mesmer, Darmstadt

Herausgegeben von

K. Marguerre

Professor der Mechanik an der Technischen Hochschule
Darmstadt

Mit 120 Figuren

Springer-Verlag Berlin Heidelberg GmbH

AF294785

ISBN 978-3-662-01209-3   ISBN 978-3-662-01208-6 (eBook)
DOI 10.1007/978-3-662-01208-6

Alle Rechte,
insbesondere das der Übersetzung in fremde Sprachen, vorbehalten.

Copyright 1950 by Springer-Verlag Berlin Heidelberg

Ursprünglich erschienen bei **Springer-Verlag OHG.** Berlin/Göttingen/Heidelberg 1950

Softcover reprint of the hardcover 1st edition 1950

Vorwort.

Das Buch enthält ausgewählte Kapitel aus der Festigkeitslehre. „Neuere Festigkeitsprobleme des Ingenieurs“ war der Titel einer Vortragsreihe, die im Winter 1941 vor Ingenieuren der großen Berliner Betriebe gehalten wurde; das Wort neuere sollte dabei andeuten, daß es sich zum großen Teil um Dinge handelt, die, obwohl der Wissenschaft seit längerer Zeit geläufig, noch nicht Allgemeingut der Ingenieurwelt sind.

Das lebhafte Interesse, das damals der Vortragsreihe entgegengebracht wurde, hatte die Vortragenden ermutigt, eine Buchausgabe der Vorträge unter demselben Titel zu planen. Leider wurde die Drucklegung durch den Berg von Genehmigungen, durch die man sich in den letzten Kriegsjahren durchfressen mußte, so lange verzögert, daß der Satz gerade kurz vor dem Abschluß stand, als die Druckerei im Jahre 1944 einem Bombenangriff zum Opfer fiel. Da durch die Kriegsereignisse auch einige der Manuskripte verlorengegangen waren, mußte, als die Möglichkeit neuerlichen Druckens nach dem Kriege wieder auftauchte, mit einem „Neubau“ begonnen werden, dessen Fertigstellung viel Zeit gekostet hat.

Das Buch ist natürlich mehr als eine Zusammenstellung der Vortragsmanuskripte von 1941. Nicht, daß neuere Erkenntnisse inzwischen wesentliche Veränderungen notwendig gemacht hätten: aber für den *Leser*, der Belehrung und nicht, wie der *Hörer*, Anregung sucht, muß doch vieles anders und vor allem ausführlicher dargestellt werden, als das im Vortrag möglich und notwendig ist. — Trotzdem behält das Buch die durch die Bedürfnisse des Hörerkreises damals festgelegte Linie durchaus bei; die einzige größere Abweichung ist die, daß zu unserem Bedauern der Vortrag von HAMEL über die Ansätze der Elastizitätstheorie großer Deformationen fehlt. Das ist eine Folge der durch die obenerwähnten Ereignisse bewirkten Verzögerung: da Prof. HAMEL die damals vorgetragenen Gedanken inzwischen in sein neues Mechanikbuch eingearbeitet hat, schien es untunlich, die ältere Fassung hier noch einmal aufzunehmen.

Die verbleibenden sechs Kapitel bilden drei Hauptabschnitte. Der erste fällt zusammen mit dem I. Kapitel und hat die expermientellen Methoden der Spannungsbestimmung zum Gegenstand. Der zweite umfaßt das II. und III. Kapitel und handelt von den Spannungsproblemen der Elastizitätslehre, wobei der Stab und die Platte gestreift, die Schale als das neuerdings vielleicht wichtigste Bauglied ausführlicher dargestellt ist. Der dritte Hauptabschnitt besteht aus den Kapiteln IV bis VI und gilt den Eigenwerten; das IV. Kapitel gibt eine Einführung in die Schwingungslehre als dasjenige Gebiet, in dem sich dieser Begriff am natürlichsten aufdrängt; das V. Kapitel handelt von den mathematischen Lösungsmethoden, das VI. von den Stabilitätsproblemen, die mit den Schwingungsproblemen ja in mannigfacher Hinsicht eng verwandt sind. Auf diese Verwandtschaft legt die Darstellung der Kapitel IV und VI besonderes Gewicht.

Obwohl es die Hauptabsicht des aus einer Ingenieur-Vortragsreihe hervorgegangenen Buches ist, der Ingenieurpraxis zu dienen, ist vieles Prinzipielle ausführlicher behandelt; denn die Verfasser sind der Überzeugung, daß eine fruchtbare Anwendung der Forschungsergebnisse auf die Dauer nur dem möglich ist, der sich mit den Grundgedanken wirklich auseinandergesetzt hat. Daß dabei insbesondere im II. Kapitel zum Teil bekannte Dinge — wie wir glauben, z. T. in neuer Form — noch einmal dargestellt werden mußten, hat seinen Grund darin, daß eine Festigkeitslehre, auf die man sich für die übrigen Kapitel ohne weiteres hätte stützen können, in deutscher Sprache unseres Wissens nicht existiert.

An vielen Stellen ist auf die Bücher von BIEZENO-GRAMMEL (Technische Dynamik, Berlin 1939), KLOTTER (Einführung in die technische Schwingungslehre, Berlin 1938) und FLÜGGE (Statik und Dynamik der Schalen, Berlin 1932) verwiesen, die manches, das hier nur gestreift werden konnte, ausführlicher darstellen. Diese drei Werke sind an den einzelnen Stellen nur durch ihren abgekürzten Titel zitiert: „Techn. Dynamik", „Schwingungslehre", „Schalenbuch". Alle anderen Bücher oder Aufsätze sind in der üblichen Weise angeführt, wobei übrigens Vollständigkeit der Literaturangaben in einem überwiegend als Lehrbuch gedachten Werke nicht angestrebt werden konnte.

Mit besonderer Freude erfüllt der Herausgeber die Pflicht, allen, die an der Entstehung dieses Buches mitgewirkt haben, seinen Dank auszudrücken. In erster Linie den Mitautoren, die auf mancherlei Wünsche mit großer Geduld eingegangen sind, ferner seinen früheren Berliner Kollegen A. KROMM und R. KAPPUS, deren kritischem Rat manche Förderung zu danken ist, sodann Dr. C. TRETTIN, dem inzwischen leider verstorbenen Vorsitzenden des VDE-Berlin, der die Anregung zu der Vortragsreihe gegeben hatte und den Buchplan nach Kräften gefördert hat. Besonderer Dank gebührt dem Springer-Verlag, der trotz der großen Schwierigkeiten während des Krieges und nach dem Kriege die Geduld nicht verloren hat, und ohne dessen Tatkraft das Buch ein zweites Mal gewiß nicht zustande gekommen wäre.

Darmstadt, im Dezember 1948.   **Der Herausgeber.**

Inhaltsverzeichnis.

I. Experimentelle Verfahren zur Bestimmung mechanischer Spannungen.

Von

G. Mesmer/Darmstadt.

Mit 15 Figuren.

1. Einleitung.

Die unmittelbare Messung von mechanischen Spannungen im Innern oder auf der Oberfläche eines festen Körpers ist im allgemeinen technisch nicht möglich. Die Spannungsbestimmung beruht, wenn wir von spannungsoptischen Messungen zunächst absehen, durchweg auf der Messung von Verformungen, aus denen auf die wirksamen Spannungen geschlossen wird.

Alle Körper aus festen Werkstoffen verformen sich infolge von Belastungen nach bestimmten Gesetzen, und zwar ist die Verformung jedes Werkstoffelements abhängig von den Kräften, d. h. den Spannungen, die auf die Grenzflächen des Elements wirken. Wir stellen die wichtigsten Zusammenhänge zwischen Spannungen und Verformungen hier kurz zusammen.

Wenn man sich aus einem *gleichförmig* belasteten Körper, z. B. einem prismatischen Zugstab, ein kleines, ursprünglich kugeliges Element gegen den übrigen Werkstoff abgegrenzt denkt, so verzerrt sich dieses Kugelelement infolge der Beanspruchung, und zwar zu einem Ellipsoid mit drei im allgemeinen Fall verschiedenen Hauptachsen. Entsprechend verzerrt sich ein vor der Belastung auf einem ebenen Oberflächenelement abgegrenzter kleiner Kreis in eine Ellipse mit zwei Hauptachsen. Ist der Gesamtkörper *ungleichförmig* beansprucht, so denke man sich das kugelig oder kreisförmig abgegrenzte Element so klein, daß es sich mit seinem ganzen Umfang in einem praktisch gleichförmigen Spannungszustand befindet. Dann entsteht auch in diesem Falle bei der Verformung ein Ellipsoid bzw. eine Ellipse. Bei den technischen Abmessungen kleiner Meßbereiche gilt praktisch diese Annahme mit mehr oder weniger guter Annäherung. Solange die Verformungen elastisch sind, d. h. alle Verschiebungen verhältnisgleich der Belastungshöhe wachsen und auch ebenso zurückgehen, bestehen eindeutige Beziehungen zwischen Spannungen und Verformungen, und zwar folgen insbesondere aus den Werten der Dehnungen $\varepsilon_i = \Delta l_i/l_i$ in den Hauptachsen der Verformung unmittelbar die Werte für die zugehörigen (d. h. in diesen Richtungen wirkenden) Hauptspannungen σ_i.

Besonders einfach werden die beiden Gleichungen für σ_1 und σ_2 im Falle des ebenen Spannungszustandes, d. h. wenn die dritte Hauptspannung verschwindet und nur eine Verformungsellipse betrachtet zu werden braucht, z. B. auf der freien Körperoberfläche.

Es ist dann (s. II, (44))

$$\varepsilon_1 = \frac{1}{E}\left(\sigma_1 - \nu\,\sigma_2\right), \qquad \varepsilon_2 = \frac{1}{E}\left(\sigma_2 - \nu\,\sigma_1\right),$$

also

$$\sigma_1 = \frac{E}{1 - \nu^2}\left(\varepsilon_1 + \nu\,\varepsilon_2\right), \qquad \sigma_2 = \frac{E}{1 - \nu^2}\left(\varepsilon_2 + \nu\,\varepsilon_1\right),$$

dabei ist E der Elastizitätsmodul und ν die Querdehnungszahl aus dem Zugversuch, bei dem $\varepsilon_{\text{längs}} = \sigma_{\text{längs}}/E$, $\varepsilon_{\text{quer}} = -\nu\,\varepsilon_{\text{längs}}$ ist.

In einer Richtung φ gegen die Hauptachse 1 ist die Dehnung ε_φ gegeben durch die Gleichung

$$\varepsilon_\varphi = \frac{\varepsilon_1 + \varepsilon_2}{2} + \frac{\varepsilon_1 - \varepsilon_2}{2}\cos 2\varphi \quad \text{(s. II, Ziff. 6)}.$$

Sowie plastische Verformungen eintreten, d. h. bei Überschreitung der Fließspannung des Werkstoffes, streng genommen schon bei der Überschreitung der Proportionalitätsgrenze, bestehen keine so einfachen Beziehungen mehr. Selbst im einfachsten Fall, der einachsigen Beanspruchung im Zugversuch, kann nur beim ersten Anstieg der Last aus dem bekannten Zusammenhang zwischen σ und ε aus einer gemessenen Verformung unmittelbar die zugehörige Spannung entnommen werden. Im technischen Betrieb ist meistens die plastische Verformung gerade das, was vermieden werden soll. Der Ingenieur wird bei Festigkeitsfragen daher im allgemeinen die Spannungsbestimmung im Elastischen vornehmen. Wir gehen hier auf plastische Zustände nicht ein, die folgenden Darlegungen beziehen sich nur auf elastische Formänderungen. In Abschnitt 3a werden wir den störenden Einfluß plastischer Verformungen besonders betrachten.

Die allgemeine Aufgabe, einen räumlichen Spannungszustand zu bestimmen, ist also gleichbedeutend mit der, die Richtungen und die Längen der drei Hauptachsen eines Verformungsellipsoids zu bestimmen. Man könnte zwar tatsächlich etwa eine Kugel aus gefärbter Gelatine im Innern eines sonst durchsichtigen Gelatinemodells von außen her während ihrer Verformung beobachten und vermessen, jedoch wären die Schwierigkeiten einer solchen Messung im Verhältnis zum praktischen Nutzen sehr groß. Man beschränkt sich daher meistens auf die Vermessung der Verformungen an der Oberfläche des Körpers, zumal die Erfahrung zeigt, daß die technisch vor allem interessierende Fließ- und Bruchgefahr durchweg an der Oberfläche des Körpers eintritt.

In Abschnitt 2 wollen wir die Messung von Spannungsänderungen behandeln, d. h. die Messung von Dehnungen, die infolge Aufbringens einer Belastung eintreten, im 3. Abschnitt sollen Methoden besprochen werden, die eine bereits bestehende, unbekannte Verspannung des Werkstoffs zu bestimmen vermögen. Abschnitt 4 wird zunächst einige Verfahren schildern, die die Spannungen nicht am interessierenden Körper, sondern an einem Modell untersuchen, und wird dann auch auf die Möglichkeiten hinweisen, Spannungen im Innern eines Körpers zu bestimmen.

2. Messung der Spannungen, die an der freien Oberfläche eines Körpers infolge einer Belastung auftreten.

a) Bestimmung von Verformungen durch Dehnungsmessung.

Um nach den einleitend genannten Formeln in einem Element einer ebenen Oberfläche die Spannung anzugeben, ist die bei einer Belastung auftretende Verformung eines ebenen Kreises zur Ellipse meßtechnisch zu verfolgen. Mäßig krumme Flächen können in kleinen Bereichen praktisch als Ebenen betrachtet werden. Bei starken Verformungen könnte man etwa einen kleinen aufgezeichneten Kreis photographisch oder durch ein Meßmikroskop unmittelbar beobachten. In weichen Körpern, etwa bei Gegenständen aus Gelatine oder Gummi, ist dieses Verfahren auch durchaus brauchbar. Bei Körpern aus Metall oder anderen harten Stoffen betragen die elastischen Verformungen jedoch nur etwa $^1/_{1000}$ der ursprünglichen Länge, hier sind Feinmessungen erforderlich.

In technischen Fällen bedient man sich der Dehnungsmesser, d. h. aufzusetzender Geräte, die eine Längenänderung in starker Vergrößerung abzulesen gestatten. Die Messung braucht nur in den beiden Hauptrichtungen (Ellipsenhauptachsen) zu erfolgen, wenn man diese Richtungen kennt. Sind dagegen die Hauptrichtungen nicht unmittelbar bekannt oder durch besondere Messung festgestellt (das spezielle Verfahren des Reißlackes wird am Schluß dieses Abschnittes noch gestreift), so ist die vollständige Bestimmung des Verformungszustandes durch drei Dehnungsmessungen in drei verschiedenen Richtungen möglich, denn die Angabe dreier Ellipsendurchmesser genügt nach bekannten mathematischen Zusammenhängen zur vollständigen Bestimmung der gesamten Ellipse. Es handelt sich dabei um die Auflösung dreier Gleichungen für ε_{φ_1}, ε_{φ_2}, ε_{φ_3} nach den Unbekannten ε_1, ε_2 und φ_0, wobei φ_0 die zunächst unbekannte Neigung der Hauptachse 1 gegen eine

Bezugsrichtung bedeutet, worauf wir im einzelnen nicht eingehen wollen. Jedoch sei bemerkt, daß man zur Erzielung einer größeren Meßgenauigkeit zweckmäßig eine vierte überzählige Dehnungsmessung durchführt und dann durch zahlenmäßigen Ausgleich die vier Meßergebnisse zu den „besten" (d. h. mit den wahrscheinlich geringsten Fehlern behafteten) Werten der Hauptspannungen kombiniert[1]. Mißt man in vier Richtungen α, β, γ und δ, wobei $\beta = \alpha + 90°$, $\gamma = \alpha + 45°$ und $\delta = \alpha - 45°$, so muß bei richtiger Messung $\varepsilon_\alpha + \varepsilon_\beta = \varepsilon_\gamma + \varepsilon_\delta$ sein. Man ermittelt dann nach der Ausgleichsrechnung:

$$\varepsilon_1 + \varepsilon_2 = \frac{\varepsilon_\alpha + \varepsilon_\beta + \varepsilon_\gamma + \varepsilon_\delta}{2}; \quad (\varepsilon_1 - \varepsilon_2)^2 = (\varepsilon_\alpha - \varepsilon_\beta)^2 + (\varepsilon_\gamma - \varepsilon_\delta)^2.$$

Schließlich ergibt sich die Hauptrichtung φ_0 der Achse 1 gegen die Meßrichtung α aus $\mathrm{tg}\, 2\varphi_0 = \dfrac{\varepsilon_\gamma - \varepsilon_\delta}{\varepsilon_\alpha - \varepsilon_\beta}$.

Wegen der technischen Schwierigkeit, in *einem* Meßgerät gleichzeitig in drei, gegebenenfalls in vier Richtungen die Dehnungen zu messen, beschränkt man sich im allgemeinen auf zeitlich aufeinanderfolgende Einzelmessungen in je einer Richtung, indem man den Körper dazwischen entlastet.

Die normale technische Spannungsbestimmung ist also grundsätzlich dasselbe wie die vom Zugversuch her bekannte einfache Dehnungsmessung. Die Schwierigkeit liegt darin, daß bei von Ort zu Ort veränderlichen Zuständen Meßlängen von 50, 20 oder 10 mm oft schon zu groß sind, wenn der erfaßte Bereich in einem annähernd gleichförmigen Zustand liegen soll. Meßlängen von etwa 2 mm sind oft, von 1 mm und weniger gelegentlich erforderlich. Bei Dehnungen von $^1/_{1000}$ und weniger ist also ein erheblicher Aufwand an Präzisionsarbeit zur Herstellung der Meßgeräte und zur Messung selbst notwendig. Ein Überblick über einige wichtige Typen von Dehnungsmessern soll einen Begriff von der auf diesem Gebiet in den letzten Jahren geleisteten Arbeit geben. — Gesucht ist die Längen*änderung* einer geeignet festgelegten Meßlänge, d. h. die Größe einer während der Belastung auftretenden kleinen Bewegung. Die Dehnungsmesser haben zu diesem Zweck eine feste und eine bewegliche Spitze oder Schneide, die auf den Körpern aufgesetzt werden und von denen sich die eine gegen die andere bei der Belastung verschiebt. Die Bewegung wird durch verschiedene Mittel vergrößert sichtbar gemacht.

Eine *mechanische* Vergrößerung der Bewegung wird beim altbekannten Dehnungsmesser von HUGGENBERGER (Tensometer) angewandt (Fig. 1). Durch die Hintereinanderschaltung zweier mechanischer Hebel

---

[1] Vgl. etwa RÖTSCHER-JASCHKE: Dehnungsmessungen und ihre Auswertung. Berlin 1939.

von je 35facher Übersetzung erhält man eine rund tausendfach vergrößerte Übertragung der ursprünglichen Schneidenbewegung auf einen Zeiger, dessen Stellung über einer Skala parallaxenfrei abgelesen wird (Fig. 2). Mit den hierbei üblichen Meßlängen von 10 bis 20 mm erhält man also für eine Dehnung von $^1/_{1000}$ (d. h. bei Stahl für eine Spannung von etwa 20 kg/mm^2) einen Skalenausschlag von etwa 10 bis 20 mm. Dem Vorteil großer Einfachheit und Übersichtlichkeit des Gerätes steht die für manche Zwecke zu große Meßlänge sowie die Empfindlichkeit gegen Massenkräfte gegenüber; die Tensometer sind an bewegten Gegenständen nicht verwendbar.

In einer neueren Ausführung des Gerätes kann man durch Verstellung der festen Schneide verschiedene Meßlängen einstellen. Damit ergibt sich ein Differenzmeßverfahren folgender Art:

Die feste Schneide wird in einem Punkt A eingesetzt und die Bewegung des z. B. 10 mm entfernten Punktes B gemessen. Nun verändert man die Meßlänge z. B. auf 12 mm, läßt dabei die (verstellte) Festschneide in A und vermißt die Bewegung eines 12 mm von A entfernten Punktes C. Die Differenz der beiden Messungen ist die aus der Belastung folgende Längenänderung der 2 mm langen Strecke BC. Die Vorteile dieser einfachen Messung sind deutlich, andererseits ist natürlich das Ergebnis bei der Differenzenbildung fehlerbehafteter Einzelwerte erst recht fehlerbehaftet, so daß dieses Verfahren die unmittelbare Kurzstreckenmessung nicht vollwertig ersetzen kann.

Benutzt man statt des mechanischen Hebels einen

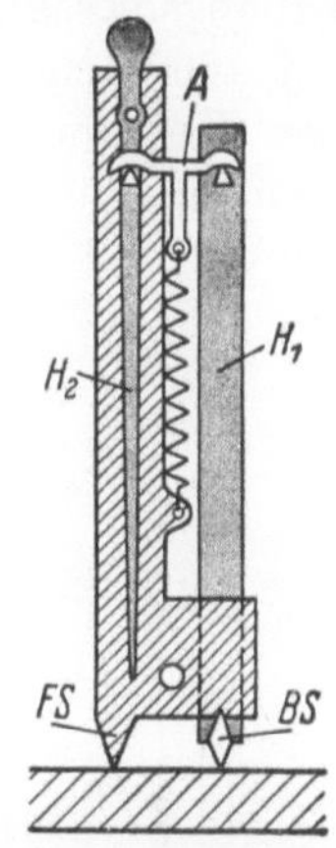

Fig. 1. Mechanischer Dehnungsmesser nach HUGGENBERGER (Tensometer).

FS und *BS* feste und bewegliche Schneide; H_1 und H_2 Übersetzungshebel; *A* Übertragungsanker.

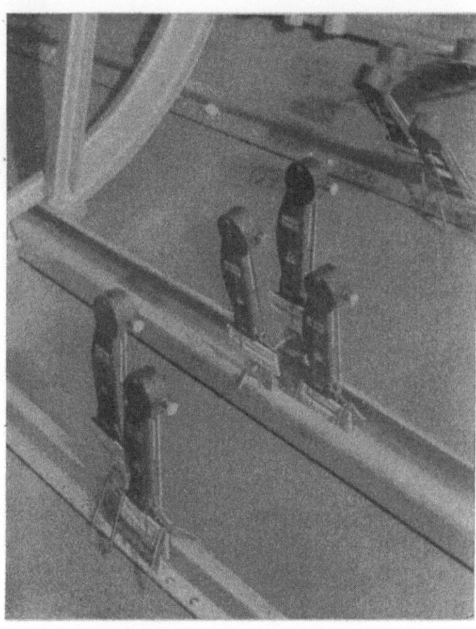

Fig. 2. HUGGENBERGER-Tensometer, auf einer Metallblechkonstruktion aufgespannt.

längeren Lichtstrahl, indem man etwa einen Strahl an der beweglichen Schneide reflektieren läßt, wie in dem bekannten MARTENS-Dehnungsmesser, so ist ohne weiteres mit *einer* Hebelübersetzung eine rund 1000fache Vergrößerung zu erzielen. Bei der Belastung irgendeines Körpers auftretende Gesamtbewegungen machen es aber im allgemeinen unmöglich, etwa wie beim Zugversuch ein feststehendes Fernrohr mit Skala zu verwenden. Die Vorteile des trägheitslosen Lichtstrahles müssen vielmehr durch besondere optische Anordnungen ausgenutzt werden.

Das Gerät nach FREISE (Fig. 3) enthält unmittelbar vor dem mit der Schneide (Prisma) beweglichen Spiegel ein Objektiv

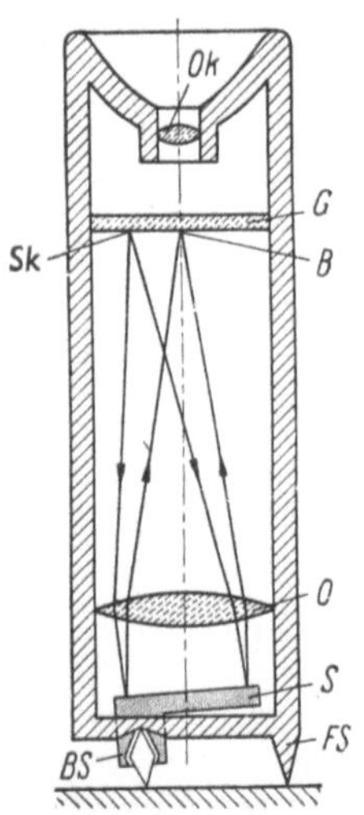

Fig. 3. Mechanisch-optischer Dehnungsmesser nach FREISE.
FS und *BS* feste und bewegliche Schneide; *S* mit *BS* beweglicher Spiegel; *G* Glasplatte mit Skalapunkten *Sk*, die über Objektiv *O* und Spiegel *S* in Bildpunkten *B* abgebildet werden. Beobachtung von *B* gegen eine Marke auf *G* durch das Okular *Ok*.

Fig. 4. FREISE-Dehnungsmesser, auf einem Holm aufgespannt.

von 100 mm Brennweite, in dessen Brennpunkt die beleuchtete Skala steht[1]. Durch ein Okular, das das über den Spiegel vom Objektiv entworfene reelle Bild der Skala in etwa 30facher Vergrößerung sichtbar werden läßt, beobachtet man die Bewegung des Bildes gegen eine Festmarke. Das Skalenbild kann auch in etwa 30facher Vergrößerung auf einem Schirm (Mattscheibe) entworfen werden. Bei einer Prismenhöhe von 3 mm ergibt sich wegen der Winkelverdoppelung beim Spiegel und einer wirksamen Lichthebellänge gleich der Objektivbrennweite eine Gesamtübersetzung von etwa $\dfrac{2 \cdot 30 \cdot 100}{3} = 2000$. Bei einer Meßlänge

---

[1] Vgl. H. FREISE: Mechanisch-optischer Dehnungsmesser für statische Messungen. Z. VDI, Bd. 85, 1941, S. 919—920.

von 20 mm ist das ganze Gerät handlich und bequem (Fig. 4), jedoch ebenfalls für Versuche an beweglichen Teilen nicht verwendbar. Unmittelbare Registrierung der Meßwerte ist nicht vorgesehen.

Eine weitere Anwendung dieser sog. Autokollimatoranordnung, bei der nur die Brennweite des eingebauten Objektivs als Hebelarm eingeht, wurde in Amerika[1] entwickelt. Im TUCKERMANN-Dehnungsmesser ist statt des einfachen Spiegels an der bewegten Schneide eine Prismenanordnung mit drei Spiegelungen vorgesehen mit der Eigenschaft, daß jeder ankommende Lichtstrahl genau in seiner Richtung zurückgeworfen wird. (Die Spiegel stehen wie die Innenflächen einer Würfelecke zueinander.) Die durch die Schneidenbewegung betätigte Drehung einer dieser Spiegelflächen ergibt dann wie im vorigen Beispiel eine Strahlneigung, die durch ein Objektiv zu einer Verschiebung des Skalenbildes führt. Das Ablesefernrohr mit Objektiv, beleuchteter Skala und Okular ist unabhängig von den Spiegeln und wird frei in der Hand gehalten.

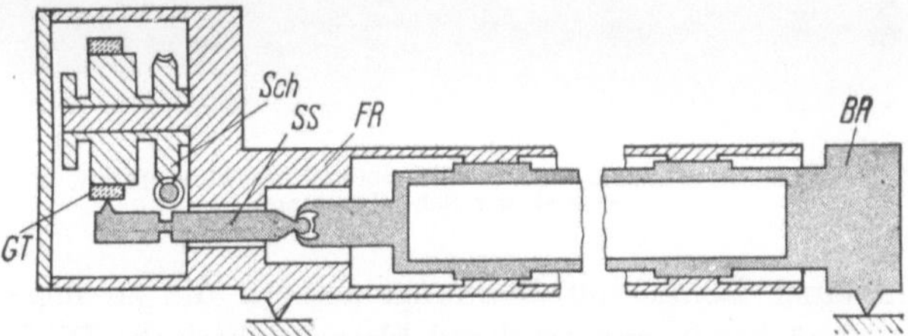

Fig. 5. Ritzdehnungsmesser der Deutschen Versuchsanstalt für Luftfahrt, DVL.
FR und *BR* festes und bewegliches Rohrstück; *SS* Schreibstift, von *BR* bewegt, der mit Diamantspitze auf Glastrommel *GT* schreibt; *Sch* Antriebsschnecke.

Nur die gegenseitige Spiegelbewegung geht in die Messung ein; bei gedrängter Bauart der Spiegel kann ein solches Gerät beschränkt auch für Schwingungsvorgänge benutzt werden.

Es sind auch mechanisch wirkende Dehnungsmesser mit Registrierung gebaut worden. Besonders einfach erscheint das Verfahren, die auftretende Bewegung durch einen unmittelbar bewegten Schreibstift auf einer durch ein Uhrwerk quer zur Bewegung sich verschiebenden Platte aufzuzeichnen. Ist die Bewegung, d. h. die Meßlänge, groß genug und ist der Schreibvorgang scharf genug, so läßt sich der gewonnene Schrieb mikroskopisch mit hoher Genauigkeit auswerten. Im Ritzdehnungsmesser der Deutschen Versuchsanstalt für Luftfahrt (Fig. 5) wird eine Meßlänge von 200 mm und unmittelbarer Schrieb eines Ritzdiamanten auf einer langsam rotierenden Glastrommel verwendet. Mit seiner großen Meßlänge ist das Gerät zwar nur für Dehnungsmessungen an größeren, gleichförmig beanspruchten Teilen brauchbar (Fig. 6 u. 7), es ist aber sehr unempfindlich gegen Störungen und Beschleunigungen,

---

[1] Bureau of Standards, Washington.

wie sie etwa bei stoßartigen Vorgängen auftreten. Die Meßlänge läßt sich auf etwa 50 mm vermindern, wenn man die Diamantbewegung über eine Hebelübersetzung mit Kreuzfedergelenken vergrößert. Ein solches Gerät arbeitete noch bei Schwingungen bis 150 Hz einwandfrei.

Bei dem hohen Stand der elektrischen Verstärkertechnik und der bequemen Möglichkeit, elektrische Meßgrößen laufend zu registrieren,

Fig. 6. DVL-Ritzdehnungsmesser, auf einem Holm aufgespannt, von links Antrieb der Schreibtrommel.

werden in einer Reihe von Dehnungsmessern die zu messenden Bewegungen zunächst in entsprechend kleine elektrische Wirkungen umgewandelt, die dann elektrisch vergrößert abgelesen oder aufgezeichnet werden. Wir wollen einige Dehnungsmesser betrachten, in denen dieses

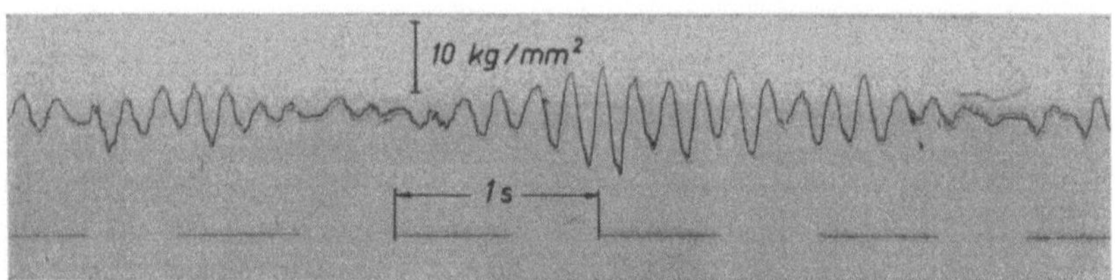

Fig. 7. Ritzdehnungsschrieb eines Versuches an einer Flugzeugschwimmerstrebe.

Verfahren angewandt wird. Dabei richten wir die Aufmerksamkeit nur auf die Umwandlung der Bewegung in einen elektrischen Impuls, die verschiedenen Methoden der elektrischen Verstärkung besprechen wir hier nicht.

Von den beiden Möglichkeiten, eine mechanische Bewegung durch Änderung einer Kapazität oder einer Induktivität in eine elektrische Größe umzuwandeln, hat das induktive Verfahren allein praktische Bedeutung erlangt.

Der induktive Dehnungsmesser der MPA Darmstadt (Fig. 8) beruht auf der Bewegung einer Membran zwischen zwei topfartigen Spulen[1]. Wenn die Membran sich bewegt und die Luftspalte zwischen der Membran und den Spulen sich verändern, wird die Induktivität der einen Spule vergrößert, die der anderen verkleinert. Die Spulen bilden Zweige einer Brückenschaltung, die Differenz ihrer Ströme wird durch ein Mikroamperemeter angezeigt und ist unmittelbar ein Maß für die Bewegung, d. h. die Dehnung. Bemerkenswert ist das elastische, aus dem Vollen herausgearbeitete Gelenk der beweglichen Schneide. Die Befestigung erfolgt durch federnden Andruck im Mittelloch. Meßlängen von 5 bis hinunter zu 0,5 mm wurden erreicht, die Meßgenauigkeit ist hoch. Das Gerät ist daher von besonderer Bedeutung in Fällen starker Spannungsänderungen von Ort zu Ort. Es ist nur für statische Messungen verwendbar.

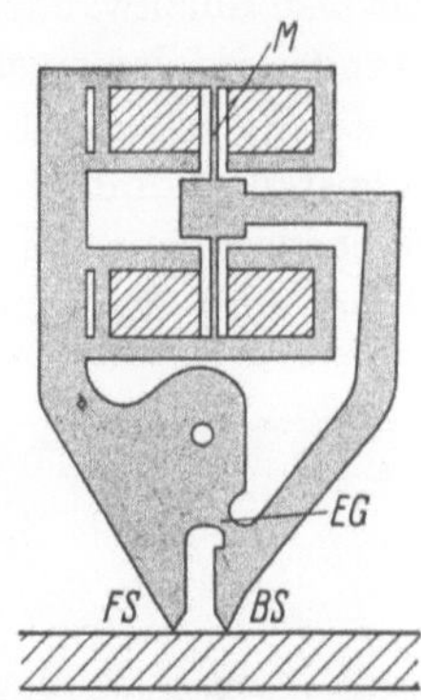

Fig. 8. Induktiver Dehnungsmesser der Materialprüfungsanstalt Darmstadt. *FS* und *BS* feste und bewegliche Schneide, *EG* elastisches Gelenk; *M* Membran zwischen Topfspulen.

Der induktive Dehnungsmesser der DVL (Fig. 9) arbeitet mit einer Meßlänge von 10 mm. Er wird mit kleinen Aufspannböckchen auf den zu vermessenden Körper aufgelötet oder aufgeschweißt, die Änderung der Luftspalte zwischen einem Anker und den Kernen einer Differentialdrossel bewirkt wie im vorigen Beispiel eine Induktivitätsveränderung. Zur Messung des Effektes wird hochfrequenter Wechselstrom durch die Induktivität moduliert und dann über eine Siebkette und einen Verstärker oszillographisch aufgenommen. Insbesondere an umlaufenden Luftschrauben bewährte sich die Unempfindlichkeit des Gerätes gegen starke dynamische Beanspruchung (Fig. 10); die stromführenden Drähte wurden dabei über Schleifringe

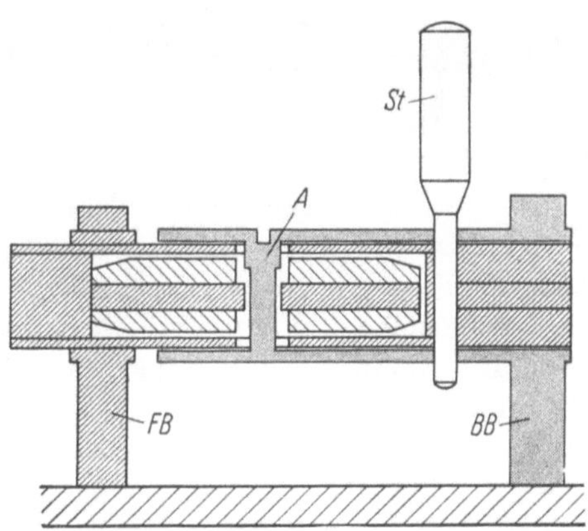

Fig. 9. Induktiver Dehnungsmesser der Deutschen Versuchsanstalt für Luftfahrt.
FB und *BB* festes und bewegliches Böckchen; *A* Anker zwischen Spulen; *St* Stift zur Feststellung beim Aufsetzen.

[1] Vgl. Thum, Svenson und Weiss. Neuzeitliche Dehnungsmeßgeräte. Forsch. Ing.-Wes., Bd. 9, 1938, S. 229—234.

nach außen geführt. Das Gesamtgewicht von 0,5 g ist das niedrigste, das bei solchen Geräten erreicht wurde.

Eine weitere Möglichkeit, Dehnungen in Änderungen elektrischer Größen umzuwandeln, ist durch die Änderung eines elektrischen Widerstandes infolge einer Längenänderung gegeben. In Amerika wurden für diesen Zweck Streifen aus Kohle, neuerdings mit besonderem Erfolg aus Konstantandraht entwickelt, die aufgekittet und dadurch wie die Oberflächenelemente längenverändert werden. Durch Sternanordnung ist dabei auch die gleichzeitige Messung in drei Richtungen möglich.

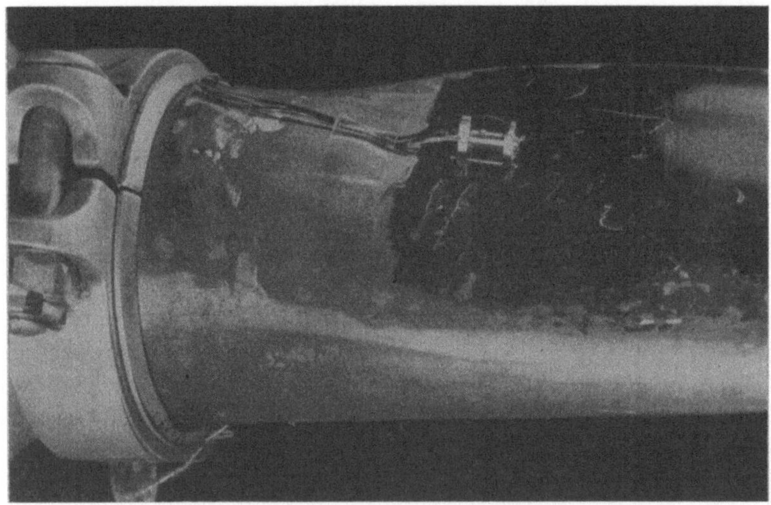

Fig. 10. DVL-Dehnungsmesser, auf einer Luftschraube aufgelötet.

Als letztes Beispiel eines elektrischen Dehnungsmessers sei der photoelektrische Dehnungsmesser von Lehr (Fig. 11) genannt, bei dem die Bewegung in die Änderung einer Lichtmenge und über eine Photozelle in die Änderung eines lichtelektrischen Stromes umgewandelt wird. Die Bewegung wird zunächst über ein kombiniertes Schneiden-Bandfedergelenk vergrößert auf die Bewegung einer Fahne übertragen, die — im Brennpunkt eines Lichtstrahlenganges stehend — bei ihrer Bewegung diesen Lichtstrahl mehr oder weniger abblendet. Die durchgehende, mit der Bewegung veränderliche Lichtmenge trifft eine Photozelle, deren Strom sich also ebenfalls mit der Bewegung ändert. Über eine Verstärkeranordnung wird in einem Meßgerät oder Oszillographen der Strombetrag abgelesen oder registriert. Die 2 mm betragende Meßlänge des Gerätes macht es für Zustände mit örtlich veränderlichen Spannungen geeignet. Es kann nicht an bewegten Körpern verwendet werden.

Bei allen bisher genannten Geräten muß natürlich dafür gesorgt sein, daß im verwendeten Bereich Bewegung und Ablesewert einander linear entsprechen, wobei es sich oft als notwendig erweist, den Umrechnungsfaktor vor und nach jedem Versuch neu zu bestimmen oder zu kontrollieren. Namentlich bei den Geräten mit sehr kurzer Meßlänge sind außerdem besondere Aufspannvorrichtungen vorzusehen, die den resultierenden Haltedruck senkrecht und in der Mitte zwischen den Meßschneiden aufbringen.

Bei dünnwandigen, schalenförmigen Konstruktionselementen kann man durch beidseitige Dehnungsmessung die etwa vorhandene Biegebeanspruchung bestimmen. Eine bei der Verformung auftretende Krümmung des Schalenelementes kann man aber auch, wenn eine der beiden Schalenseiten der Messung unzugänglich ist, durch einseitige Messungen erhalten. Fig. 12 zeigt die grundsätzliche Anordnung eines solchen Meßverfahrens. Die Krümmung äußert sich als Bewegung der mittleren von drei Fühlspitzen gegen die beiden äußeren. Wird durch eine Meßuhr oder durch ein anderes Feinmeßgerät diese Bewegung δ bestimmt, so ermittelt man hieraus und aus dem Spitzenabstand l den Krümmungsradius zu $R = l^2/8\,\delta$. Damit ergeben sich die aus der Krümmung folgenden Biegespannungen. Wenn sie

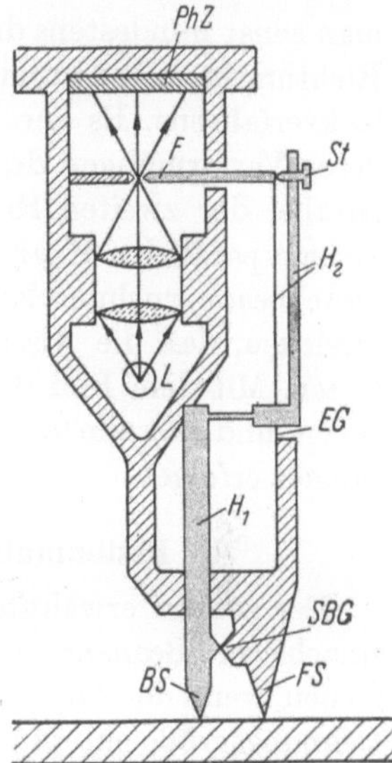

Fig. 11. Photoelektrischer Dehnungsmesser nach LEHR.

FS und *BS* feste und bewegliche Schneide; *SBG* Schneiden-Bandfeder-Gelenk; H_1 und H_2 Übersetzungshebel; *EG* elastisches Gelenk; *ST* Stellschraube; *F* Fahne zum Abblenden des von *L* kommenden Lichtstrahles; *PhZ* Photozelle.

bekannt sind, sind nach Messung der Oberflächenspannung die gesamten Beanspruchungen des Schalenelementes bestimmbar. Will man allein mit Dehnungsmessern auskommen, so kann man auch die Messung einmal auf der Oberfläche und anschließend auf zwei aufgelöteten Böckchen durchführen, da man durch lineare Extrapolation der Bewegung der obe-

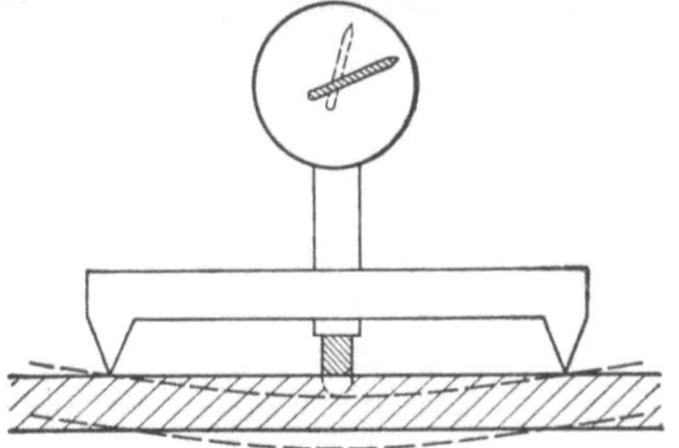

Fig. 12. Anordnung zur Krümmungsmessung mittels Meßuhr.

ren Böckchenenden und der Schalenoberfläche die Dehnungen in den tieferen Schichten ermitteln kann.

Zum Abschluß kommen wir noch einmal kurz auf die Frage der Hauptrichtungen zurück. Wenn sie bekannt sind, genügen zwei Dehnungsmessungen zur Bestimmung des Spannungszustandes, während man sonst mindestens drei Messungen braucht. Es ist nun möglich, diese Richtungen selbst unmittelbar zu bestimmen, z. B. mit Hilfe des Reißlackverfahrens. Es beruht auf der Eigenschaft spröder Lacke, bei größeren Verformungen des Untergrundes quer zur größten Dehnung, also parallel der zweiten Hauptrichtung aufzureißen, und zwar mit vielen kleinen parallelen Haarrissen. In Dehnungszuständen mit vorwiegender Druckbeanspruchung kann man durch Lackieren im belasteten Zustand erreichen, daß die Risse bei der Rückverformung des Entlastens auftreten. Mit dem Bild der Haarrisse sind die Hauptrichtungen also gegeben, und es kann nun die Dehnungsmessung in diesen beiden Richtungen erfolgen.

b) Bestimmung von Verformungen durch Reißlack.

Der soeben erwähnte Reißlack könnte auch in Fällen vorwiegend einachsiger Beanspruchung zur angenäherten Spannungsbestimmung dienen, wenn der Augenblick des Rißbeginns eindeutig einer bestimmten Dehnungsgröße entspräche. Bei allmählich steigender Last könnte man jeweils die Orte dieser Dehnung aufnehmen. Je nach Lacksorte und Lackzustand schwankt ihre Größe jedoch so sehr, daß man ein befriedigendes Verfahren hierauf bisher nicht gründen kann.

Eine andere Möglichkeit von Messungen besteht im Aufbringen eines Lackes, der durch die von der Unterlage aufgezwungene Verformung optisch doppelbrechend wird, so daß man das spannungsoptische Verfahren anwenden kann. Dieses Verfahren besprechen wir in Abschnitt 4b.

3. Messung der absoluten Spannung in verspannten Körpern.

a) Anbohrverfahren.

Ist ein Körper verspannt, z. B. eine Platte infolge einer Schweißnaht oder eine statisch unbestimmte Konstruktion infolge der Montage, so kann jede weitere Beanspruchung infolge von Belastungen nach den Methoden des Abschnittes 2 vermessen werden, die bereits vorhandene Verspannung bleibt jedoch unbekannt. Ihre auch nur ungefähre Kenntnis ist jedoch oft von entscheidender Wichtigkeit.

Eine Möglichkeit, sie zu bestimmen, würde in der vollen Entspannung des Werkstoffes bestehen, da die hierbei auftretende Verformung mit umgekehrtem Vorzeichen genau die vorher vorhandene Spannung anzeigt. Diese Entspannung tritt aber nur bei einer Lösung des betrachteten Elementes aus dem verspannten Verbande ein, beispielsweise bei einer Demontage des Bauwerks oder beim Herausschneiden von Einzelteilen. Auf jeden Fall läßt sich eine mindestens teilweise Entspannung nicht umgehen, wenn man die Spannungsbestimmung auf eine Verformungsmessung zurückführen will. Einen in manchen Fällen brauchbaren Weg hierzu hat MATHAR angegeben.

Wenn man aus einem längsgespannten Streifen — man denke etwa an eine längsgespannte rechteckige Gummihaut — ein kreisrundes Loch herausstanzt, so wird sich dieses Loch im Augenblick des Durchstanzens elliptisch aufweiten, während das herausgestanzte Scheibchen sich infolge der Entlastung in der früheren Zugrichtung etwas zusammen-

Fig. 13. Anbohrverfahren nach MATHAR.
FS und *BS* feste und bewegliche Schneide des Meßgerätes;
B 9-mm-Bohrer, über Welle *W* angetrieben.

zieht. Ein vorher um das Loch herum gezeichneter Kreis verzerrt sich dabei zu einer Ellipse, wobei das Maß der Verzerrung vom ursprünglichen Spannungszustand, vom Lochdurchmesser und vom Kreisdurchmesser abhängt. Ebenso bewegen sich die Punkte in der Umgebung des Bohrloches, das man in einer verspannten Metallscheibe anbringt. Beim MATHAR-Anbohrverfahren (Fig. 13) wird durch ein mechanisches Gerät, das ähnlich wie ein HUGGENBERGER-Tensometer mit über 3000facher Vergrößerung arbeitet, während des Bohrens eines Loches von 9 mm Durchmesser die Bewegung eines dicht am Bohrloch befindlichen Punktes gegen die während des Bohrens praktisch ungestört in Ruhe bleibenden entfernteren Teile des Werkstückes gemessen. Als ungestört wird der Bereich in mehr als 12 cm Entfernung vom Loch angesehen. Bei einachsigem Zug σ in x-Richtung bewirkt das Bohren eines Loches vom Radius a um den Nullpunkt für einen Punkt der x-Achse eine zusätzliche Verschiebung $u(x)$ nach der Gleichung

$$u(x) = a \cdot \frac{\sigma}{E} \cdot \frac{a}{2x} \left[5 + \nu - \frac{a^2}{x^2} (1 + \nu) \right].$$

Der Vollständigkeit wegen sei auch die Bewegung $v(y)$ infolge des in x-Richtung wirkenden σ angegeben. Es ist

$$v(y) = a \cdot \frac{\sigma}{E} \cdot \frac{a}{2y} \left[- (3 - \nu) + \frac{a^2}{y^2} (1 + \nu) \right].$$

Unmittelbar neben dem Bohrloch (bei $x \approx a$) ist also $u_{(x \approx a)} \approx \frac{2\sigma}{E} \cdot a$, d. h. doppelt so groß wie die ursprüngliche Verschiebung infolge σ, während in 13 cm Entfernung von einem 9 mm Loch ($x \approx 30a$) gilt:

$$u_{(x = 30\,a)} \approx 0{,}09 \frac{\sigma}{E} \cdot a.$$

Nimmt man diesen Punkt als „ungestört" an, so ergibt sich also bei der Errechnung von σ nach der obigen Gleichung ein Fehler von etwa 5%. Auch in geschweißten Kesseln oder in Brückenträgern ist eine „Beschädigung" durch ein Bohrloch von kaum 1 cm Durchmesser im allgemeinen durchaus erträglich oder behebbar. Mit dem Anbohrverfahren ließen sich Schweißspannungen, Walzspannungen u. ä. befriedigend bestimmen. Es muß aber darauf hingewiesen werden, daß durch ein Loch der ursprünglich gleichförmige Spannungszustand verändert wird, und zwar erhöht sich unmittelbar neben einem runden Loch die ursprüngliche Längszugspannung σ auf den dreifachen Wert. Hierdurch kann bei an sich niedriger Verspannung infolge des Bohrens neben dem Loch die Fließgrenze des Werkstoffes überschritten werden. Dann treten plastische Verformungen ein, und alle Verschiebungen sind größer, als nach den Formeln der Elastizitätslehre zu erwarten ist. Ermittelt man dann σ nach der obigen Formel aus dem gemessenen u, so erhält man einen zu großen Wert. Das Verfahren ist also nur beschränkt anwendbar, wenn man nicht durch Eichversuche mit dem gleichen Material den Zusammenhang zwischen $u(x)$ und σ auch im plastischen Bereich kennt.

Will man das Bohrverfahren bei zweiachsiger Beanspruchung anwenden, so ist die Vermessung zweier Bewegungen u und v in x- und y-Richtung erforderlich; sind aber die Hauptrichtungen unbekannt oder treten etwa noch plastische Verformungen auf, so ist eine genauere Spannungsbestimmung ziemlich aussichtslos.

b) Röntgenrückstrahlverfahren.

Wirklich zerstörungsfrei läßt sich in Metallteilen eine absolute Spannungsermittlung mit Hilfe von Röntgenstrahlen durchführen, wenn man die durch Reflektion des Kristallgitters auftretenden Interferenzerscheinungen verwendet.

Trifft ein Röntgenstrahl der Wellenlänge λ senkrecht von oben auf eine waagerechte Metalloberfläche und ist s der senkrechte Abstand der obersten waagerechten Kristallgitterebenen, so ergibt sich durch Interferenz ein ausgeprägtes Rückstrahlmaximum in einer Richtung δ gegen den einfallenden Strahl, wobei $\cos \delta/2 = \lambda/2s$ (Gesetz von BRAGG). Hiernach erscheint bei senkrechter Bestrahlung einer unregelmäßig orientierten Menge von Kristallen um den Strahl herum ein Rückstrahlkegel mit dem Öffnungswinkel 2δ, auf dem besonders viele einzelne reflektierte Strahlen liegen. Läßt man in einer gewissen Entfernung von der bestrahlten Oberfläche einen mitten durchlochten Röntgenfilm um den Einfallstrahl herum rotieren, so entsteht auf ihm ein diesem Kegel entsprechender Kreis mit ausgeprägtem Schwärzungsmaximum. Verändert sich der Gitterabstand durch eine Verspannung der Kristalle, so ändert dieser Kreis seinen Durchmesser. Die auf die Reflexion wirksame Länge s in Richtung des einfallenden Strahles steht senkrecht auf der freien Körperoberfläche, wegen der Querdehnung ist ihre Änderung also verhältnisgleich zur Summe der beiden in der Oberfläche (x-y-Ebene) wirksamen Hauptspannungen σ_1 und σ_2, es ist

$$\varepsilon_z = -\frac{\nu}{E}(\sigma_1 + \sigma_2) = -\frac{\nu}{E}(\sigma_x + \sigma_y).$$

Aus dem Vergleich zweier Röntgenrückstrahlbilder, von denen eines am verspannten Körper, das andere an einer kleinen unverspannten Materialprobe (Späne) aufgenommen wird, folgt also

$$\varepsilon_z = \frac{s_{\text{bel}} - s_{\text{unbel}}}{s_{\text{unbel}}} = \frac{s_z - s_0}{s_0} = \frac{\cos \delta_0/2 - \cos \delta_z/2}{\cos \delta_z/2}.$$

Die Ermittlung von δ ergibt sich aus dem Schwärzungskreisdurchmesser und der Entfernung des Films von der Werkstückoberfläche. Will oder kann man diese Entfernung nicht genau vermessen, ist die gleichzeitige Aufnahme von Eichmarken (z. B. Goldstaub) erforderlich. Das Verfahren gibt zunächst nur die Hauptspannungssumme; dies genügt jedoch in dem häufig auftretenden Fall praktisch einachsiger Beanspruchung. Durch Schrägaufnahmen ist es aber möglich, auch die Einzelwerte der Spannungen σ_x und σ_y zu ermitteln, denn der Öffnungswinkel des Reflexionskegels ergibt stets die Dehnung in Richtung des einfallenden Strahles. Flacher Einfall nahezu parallel der x-Achse ergibt daher vorwiegend die Dehnung in dieser Richtung. Auf die Einzelheiten wollen wir hier nicht eingehen, erwähnt sei die Formel:

$$\sigma_x = \frac{E}{1+\nu} \cdot \frac{1}{\sin^2\varphi} \cdot \frac{s_\varphi - s_z}{s_0} \, ;$$

darin ist φ der Winkel zwischen dem einfallenden Strahl und der Oberflächennormale (z-Achse) in der x-z-Ebene, s_φ der mittlere Gitterabstand in φ-Richtung unter Belastung, s_z die entsprechende Länge bei senkrechtem Strahleinfall und s_0 der Gitterabstand in unbelastetem Zustand. Begnügt man sich mit einer guten Annäherung, so kann man s_0 auch durch s_φ oder s_z ersetzen, es reichen dann zwei Messungen (δ_z und δ_φ) zur Ermittlung von σ_x, drei Messungen (s_z, s_φ und s_ψ, wobei ψ in der y-z-Ebene liegt) zur Ermittlung von σ_x und σ_y aus. Eine vierte Messung (s_0) gibt die genaueren Einzelwerte und die Kontrolle des Summenwertes $\sigma_x + \sigma_y = \sigma_1 + \sigma_2$. Bei sorgfältigen Versuchen lag der Fehler der nach diesem Verfahren bestimmten Spannungen in Stahlstäben unter 1 kg/mm².

4. Spannungsbestimmung an Modellen.

In vielen Fällen empfiehlt es sich, die infolge der Belastung in einem Körper auftretenden Spannungen nicht an diesem Körper, sondern an einem Modell zu ermitteln und das Meßergebnis zu übertragen. Insbesondere ist dieses Verfahren von Bedeutung im Konstruktionsbüro, wenn das geplante Werkstück zunächst nur im Entwurf vorliegt. Dabei ist zu unterscheiden zwischen Modellversuchen an geometrisch ähnlichen und ähnlich belasteten Modellen und Analogieversuchen ganz anderer Art, bei denen der mechanische Spannungszustand durch ein anderes Feld — etwa ein elektrisches Feld — ersetzt wird. Zunächst seien einige Möglichkeiten dieser Analogien genannt.

a) Gleichnisse für Spannungsfelder.

Besondere Bedeutung haben das Gleichnis des elektrischen Feldes (Strömungsfeldes) und der Seifenhaut im Falle der Stabtorsion. Wir beschränken uns hier auf diesen Fall.

Für die Schubspannungen im Querschnitt (y-z-Ebene) eines tordierten prismatischen Stabes gilt eine Differentialgleichung, die besagt, daß sich die Komponenten τ_y und τ_z des Schubvektors in jedem Element des Stabquerschnitts darstellen lassen als Ableitung einer Funktion T, und zwar gilt:

$$\frac{\partial \tau_y}{\partial y} + \frac{\partial \tau_z}{\partial z} = 0 \quad \text{(a)} \qquad \text{und} \qquad \frac{\partial \tau_y}{\partial z} - \frac{\partial \tau_z}{\partial y} = -2G\vartheta \, ; \quad \text{(b)}$$

dabei ist G der Schubmodul und ϑ die Verwindung des Stabes (II, 7).

Wegen (a) kann man setzen $\tau_y = \dfrac{\partial T}{\partial z}$, $\tau_z = -\dfrac{\partial T}{\partial y}$. Wegen (b) muß T der Bedingung $\dfrac{\partial^2 T}{\partial y^2} + \dfrac{\partial^2 T}{\partial z^2} \equiv \varDelta T = -2G\vartheta$ genügen.

Der τ-Vektor hat überall die Richtung der Linien $T = \text{const}$; längs des freien Randes muß der Schubvektor parallel dem Rand und demnach T konstant sein. Die Größe des Schubes folgt aus

$$|\tau| = \sqrt{\tau_y^2 + \tau_z^2} = \sqrt{\left(\frac{\partial T}{\partial y}\right)^2 + \left(\frac{\partial T}{\partial z}\right)^2} \equiv |\operatorname{grad} T|,$$

d. h. τ ist gegeben durch die Steigung der T-Fläche senkrecht zu den Linien $T = \text{const}$.

Nun ist — wie PRANDTL zuerst bemerkte — die Differentialgleichung der Höhe h einer Seifenhaut in einem ebenen Rahmen ebenfalls

$$\frac{\partial^2 h}{\partial y^2} + \frac{\partial^2 h}{\partial z^2} \equiv \varDelta h = -\frac{p}{S},$$

wobei S die allseitige Seifenhautspannung und p den einseitigen Überdruck bedeutet, solange h klein, d. h. die Haut nur wenig gewölbt ist. Wegen der Eindeutigkeit der Lösung dieser Differentialgleichung bei gegebener Randbedingung $h = \text{const}$, z. B. $h = 0$ am Rand, ist also die T-Fläche des Torsionsproblems bis auf einen Maßstabsfaktor gleich der h-Fläche, d. h. der Seifenhautfläche. Ist $2G\vartheta = p/S$, so sind die beiden Flächen überhaupt identisch. Wegen der Unsicherheit des Wertes S im Versuch ist jedoch eine andere Bestimmung des Maßstabfaktors zweckmäßiger, z. B. die Beziehung $M = 2V$, wobei M das im Torsionsstab übertragene Moment, V das von der Fläche und der Grundebene eingeschlossene Volumen bedeutet. Da angenähert dieselbe Gleichung auch für eine gleichförmig nach allen Seiten gezogene Gummimembran bei geringer Überdruckauswölbung gilt, läßt sich auch diese stabilere Membran für die Erzeugung der h-Fläche verwenden. Zur Bestimmung der Verteilung von Torsionsspannungen in einem Querschnitt stellt man also den Querschnittsumriß als ebenen Rahmen her, spannt in diesen Rahmen eine Seifen- oder Gummihaut, wölbt sie durch einseitigen Überdruck mäßig auf und vermißt die entstehende Wölbfläche.

Die Steigung der Fläche in jedem Punkt ist der entsprechenden Schubspannung proportional, ihre Höhenschichtenlinien verlaufen überall in der Richtung des Schubes. Aus dem Bilde dieser Linien ergibt sich beides, da der gegenseitige Abstand zweier benachbarter Linien der Steigung umgekehrt proportional ist.

Zur Vermessung der Fläche sind verschiedene Wege beschritten worden: Man kann die Fläche mit einem Fühlstift abtasten, dessen Ebenenkoordinaten und dessen Höhe abgelesen werden, dabei kann der Kontakt mit der Haut optisch oder elektrisch bestimmt werden.

Man kann ferner die Form der Fläche photogrammetrisch vermessen, dabei lassen sich Meßmarken beispielsweise durch daraufgeblasenen Staub erzeugen. Bei einer Gummimembran kann man bei entsprechender Anordnung die Form mit flüssigem Paraffin ausgießen, dessen Gestalt nach dem Erstarren z. B. durch Abdrehen vermessen werden kann. Da bei der Verformung die Neigung der Seifenhaut die eigentliche Meßgröße darstellt, ist auch eine unmittelbare Neigungsmessung mit Erfolg verwendet worden; dabei wird ein vertikal auftreffender Lichtstrahl von der spiegelnden Haut auf eine Skala zurückgeworfen.

Will man die Anwendung einseitigen Überdruckes vermeiden, so läßt sich die Aufgabe durch Aufspaltung der Spannungsfunktion auch in eine andere Aufgabe überführen. Man setzt $T = T_1 + T_2$ mit $\Delta T_1 = 0$ und $\Delta T_2 = \text{const} = -2 G \vartheta$, außerdem schreibt man für die Randwerte von T_1 vor: $T_{1\,(\text{Rand})} = -T_{2\,(\text{Rand})}$. Offenbar erfüllt T dann die beiden gegebenen Bedingungen $\Delta T = \text{const}$ und $T_{(\text{Rand})} = 0$. Man wählt nun für T_2 eine bequeme Funktion, die der Differentialgleichung genügt und die auf möglichst langen Randstrecken möglichst einfache Werte annimmt, z. B.

$$T_2 = -G\vartheta \frac{y^2 + z^2}{2} \quad \text{oder} \quad T_2 = -G\vartheta y^2;$$

es bleibt dann die Aufgabe, die Funktion T_1 zu bestimmen, die der Gleichung $\Delta T_1 = 0$ genügt, und die die soeben festgelegten Randwerte annimmt. Die „Potential“gleichung $\Delta T = 0$ wird erfüllt von einer räumlichen Seifenhaut ohne einseitigen Überdruck, sie ist auch die Gleichung des elektrischen Potentials oder der Potentialströmung in Flüssigkeiten. Bei einer Seifenhaut müßte man also die Haut in einen räumlichen Rahmen spannen, dessen Gestalt aus den durch T_2 gegebenen Randwerten bestimmt ist. Die Vermessung der Haut T_1 in diesem Rahmen ergibt dann einen Teil der Funktion T und Teilkomponenten der Schubvektoren, denen noch die aus T_2 sehr einfach rechnerisch ermittelten Komponenten hinzugefügt werden müssen.

Die mit dieser Aufspaltung erreichte Rückführung der Torsionsaufgabe auf ein Potentialproblem macht es möglich, statt der Seifenhaut ein elektrisches Potential zu verwenden, etwa folgender Art:

In einem Konstantanblech oder einem flachen, mit einem Elektrolyten gefüllten Trog erzeugt man durch Polklötze, die über Widerstände an elektrische Potentiale angeschlossen werden, ein ebenes elektrisches Feld. Man verändert die Lage der Klötze und die angelegten Potentiale so lange, bis auf der gegebenen Randkurve die gegebene Potentialverteilung erreicht ist. Besonders einfach sind konstante Potentiale längs einer Strecke mittels eingefügter leitender Streifen zu erzeugen. Das ebene Potentialfeld gehorcht der Gleichung $\Delta \varphi = 0$.

Wenn also die Randwerte den oben errechneten Zahlenwerten $-T_{2\,(\text{Rand})}$ entsprechen, ist demnach das elektrische Potential unmittelbar als Funktion T_1 der Torsionsaufgabe verwendbar. Die Potentialvermessung geschieht beispielsweise mit einem Taststift und einem Nullinstrument (z. B. einem mit Wechselstrom summenden Telefon), das zwischen diesem Taststift und einem meßbar veränderlichen Potential eingeschaltet wird.

Nicht zu empfehlen ist dagegen das an sich mögliche Verfahren, zur Lösung unserer Aufgabe eine Flüssigkeitsströmung als Potentialströmung mit gegebenen Potentialrandwerten zu erzeugen. Einmal, weil es große Mühe machen würde, die Randwerte überhaupt als Strömungspotentiale darzustellen, außerdem aber, weil die wirkliche Flüssigkeitsströmung infolge der Reibung namentlich im Bereich des Einflusses von Grenzflächen keine strenge Potentialströmung ist und daher insbesondere in der Nähe von Begrenzungen der vorgeschriebenen Differentialgleichung nicht gehorcht. Ebenso ist nur von theoretischem Interesse, daß wegen der beiden Differentialgleichungen die Schubverteilung einer kontinuierlichen Flüssigkeitsströmung mit konstanter Wirbelstärke entspricht. Man könnte also in einem Gefäß mit Flüssigkeit, das zunächst stationär wie ein starrer Körper rotiert und dann plötzlich angehalten wird, ein Strömungsfeld mit konstanter Rotation erzeugen, das (wenigstens im ersten Augenblick, ehe die Grenzschichtwirkungen fühlbar werden) mit seiner Strömungsrichtung und Strömungsgeschwindigkeit unmittelbar die Schubvektoren der Torsionsaufgabe ergibt.

Die Torsion eines Stabes mit zylindrischen Hohlräumen, d. h. eines mehrfach zusammenhängenden, gelochten Querschnittes, kann ebenfalls nach dem Seifenhautverfahren behandelt werden. Statt jeden Loches ist in die Seifenhaut ein ebener, waagerechter und parallel verschieblicher Deckel mit entsprechender Randlinie einzuführen. Die konstante Deckelhöhe entspricht dem spannungsfreien Hohlraum mit freiem Rand. Die Vertikalbewegung des Deckels ist in der ebenen Seifenhaut kraftfrei auszuwiegen, so daß im Überdruckversuch die Summe der vertikal auf den Deckel wirksamen Seifenhautkräfte gerade dem auf ihn wirkenden Überdruck das Gleichgewicht hält. (Im Falle der Aufspaltung von T müßte der Deckel eine durch T_2 bestimmte räumliche Randgestalt erhalten, er muß dann kraftfrei parallelverschieblich der T_1-Seifenhaut eingefügt werden.) Schließlich sei in diesem Zusammenhang auf den einfachen Spezialfall des Seifenhautgleichnisses bei der Bestimmung der Schubspannungen in einem dünnwandigen, zylindrischen Rohr hingewiesen, für die die Formel gilt: $\tau = \dfrac{M}{2\,F\,t}$ (II, (26)), dabei ist M das wirksame Torsionsmoment, F die von der Rohrmittel-

linie umschlossene Querschnittsfläche und t die Wandstärke. Die Schubspannung entspricht in diesem Falle der Steigung der schrägen Kante
eines Tafelberges, dessen senkrechte Projektion den Hohlquerschnitt
darstellt. Ihre Steigung ist umgekehrt proportional der Wandstärke,
das übertragene Moment ist proportional dem Tafelbergvolumen, d. h.
der vom Rohr umschlossenen Fläche.

Es ist auch möglich, die Torsionsspannungen in einem nichtzylin-
drischen, aber rotationssymmetrischen Stab auf die Werte eines Strömungsfeldes zurückzuführen, jedoch sind hierzu mathematische Erörterungen notwendig, auf die wir hier verzichten wollen.

Die Möglichkeit der Verwendung der Seifenhaut oder des elek-
trischen Potentials zur Ermittlung ergänzender Zahlenwerte bei der
Bestimmung eines ebenen Spannungsfeldes wird uns auch im nächsten
Abschnitt noch einmal begegnen.

b) Spannungsoptik[1].

Die Spannungsverteilung im ebenen Spannungszustand läßt sich
besonders bequem und anschaulich durch einen Modellversuch nach
dem spannungsoptischen Verfahren bestimmen.

Voraussetzung zu diesem Verfahren ist die Tatsache, daß die Spannungsverteilung in elastischen, geometrisch ähnlichen und geometrisch
ähnlich belasteten ebenen Scheiben ebenfalls ähnlich ist, unabhängig
von der absoluten Größe, der Dicke, der Lasthöhe und dem Elastizitätsmodul der Scheibe. Lediglich bei mehrfach zusammenhängenden, d. h.
gelochten Scheiben, ist die Größe der Querdehnungszahl ν von Einfluß,
und zwar wenn die auf sie wirkenden äußeren Kräfte nicht an
jedem Rand für sich im Gleichgewicht stehen. Da dieser Einfluß
nicht groß ist und da der Modellwerkstoff oft etwa gleiche Querdehnungszahl wie der Werkstoff des eigentlichen Gegenstandes hat,
herrscht praktisch auch in diesem Falle Ähnlichkeit. Auch der ebene
Verformungszustand (man denke etwa an eine lange kreiszylindrische
Walze, die zwischen zwei parallelen, starren Ebenen gedrückt wird)
weist in jedem Querschnitt eine Spannungsverteilung auf, die dem entsprechenden ebenen Spannungszustand (in unserem Beispiel also der
Kreisscheibe zwischen zwei Einzellasten) gleicht. Es sind bei ebener Verformung lediglich Spannungen in Zylinderlängsrichtung hinzuzufügen,
die sich aus der in Längsrichtung verhinderten Querdehnung ergeben.

Es läßt sich also die Spannungsverteilung eines ebenen elastischen
Zustandes in einem ebenen Modell aus Glas, Celluloid oder Kunstharz
untersuchen. Die Übertragung der Ergebnisse auf andere absolute
Größen der Abmessungen oder Lasten geschieht durch einfache Um-

---

[1] Vgl. hierzu auch G. MESMER: Spannungsoptik. Berlin 1939.

rechnung mit einem konstanten Faktor, der sich leicht aus der Tatsache ergibt, daß immer in irgendeinem Schnitt die Summe der übertragenen Spannungen den abgeschnittenen Lasten das Gleichgewicht halten muß. Es ist selbstverständlich, daß bei plastischen Verformungen eine Übertragung von Meßergebnissen sinnlos wird, wenn nicht das Spannungs-Dehnungs-Diagramm der beiden Werkstoffe in dem verwendetem Bereich zufällig genau gleiche Gestalt hat.

Die optischen Grundtatsachen der Spannungsoptik sind die folgenden: Licht ist aufzufassen als ein Schwingungsvorgang mit Transversalwellen. Wir wollen kurz von dem Lichtvektor L sprechen, der eine gedachte Querauslenkung der vom Lichtstrahl getroffenen Teilchen darstellt; es ist ohne Bedeutung, daß diese primitive Vorstellung sich nicht mit der vollständigeren elektromagnetischen Lichttheorie deckt. Während bei gewöhnlichem Licht diese Transversalwellen ungeordnet sind, sind bei linear polarisiertem Licht alle Lichtvektoren L parallel gerichtet; man spricht von der Polarisationsebene des Lichtes, die den Lichtstrahl enthält und senkrecht auf allen L steht. Linear polarisiertes Licht wird erzeugt durch Spiegelung unter dem BREWSTERschen Winkel i (tg$i = n$, $n =$ Brechungsindex des spiegelnden Glases) oder mittels Durchstrahlung eines Polarisators, der beispielsweise aus entsprechend geschnittenen Kalkspatkristallen besteht (NICOL-Prisma, AHRENS-Prisma) oder in Gestalt einer Polarisationsfolie unter Verwendung von Herapatitkristallen gebildet worden ist. Solche Folien sind in USA. unter dem Namen Polaroid billig erhältlich, in Deutschland wurden sie durch Zeiss-Ikon hergestellt.

Durchdringt ein polarisierter Lichtstrahl eine durchsichtig unver spannte Platte aus Glas, Celluloid usw., so bleibt dabei seine Frequenz und sein Polarisationszustand unverändert, denn der unverspaente Stolf verhält sich nach allen Seiten gleich, er ist mechanisch und optisch isotrop. Wird die Platte verspannt, so bekommen ihre einzemen Elemente einen kristallartigen Charakter, sie werden anisotrop und damit optisch doppelbrechend. Hierbei fallen die Hauptachsen der optfschen Anisotropie mit den Hauptachsen des Spannungs- und Verformungszustandes zusammen.

Ein polarisierter Lichtstrahl wird in einem solchen Material in zwei Komponenten zerlegt, deren Polarisationsrichtungen parallel den beiden Hauptrichtungen des Zustandes sind, und deren Geschwindigkeiten nicht gleich sind. Hinter dem Körper sind also die beiden Komponenten gegeneinander phasenverschoben. Der aus ihnen zusammengesetzte Lichtstrahl bleibt nun bei seinem Fortgang in dem Polarisationszustand, in dem er die Platte verläßt.

Der Einfluß der beiden Hauptdehnungen bzw. der beiden Hauptspannungen auf die Geschwindigkeiten der beiden Lichtkomponenten ist linear, daher ist die während des Durchstrahlens entstehende Phasendifferenz Δ der beiden Komponenten proportional der Hauptspannungsdifferenz $(\sigma_1 - \sigma_2)$. Außerdem ist die optische Wirkung natürlich proportional der durchstrahlten Modelldicke d und abhängig von einer Werkstoffkennzahl. Demnach ist $\Delta = K \cdot d \cdot (\sigma_1 - \sigma_2)$.

Wir betrachten die Wirkung dieser Phasenverschiebung auf das Licht zunächst für folgenden einfachen Fall: Der einfallende Lichtstrahl sei so polarisiert, daß die Schwingungsbewegung nur in der

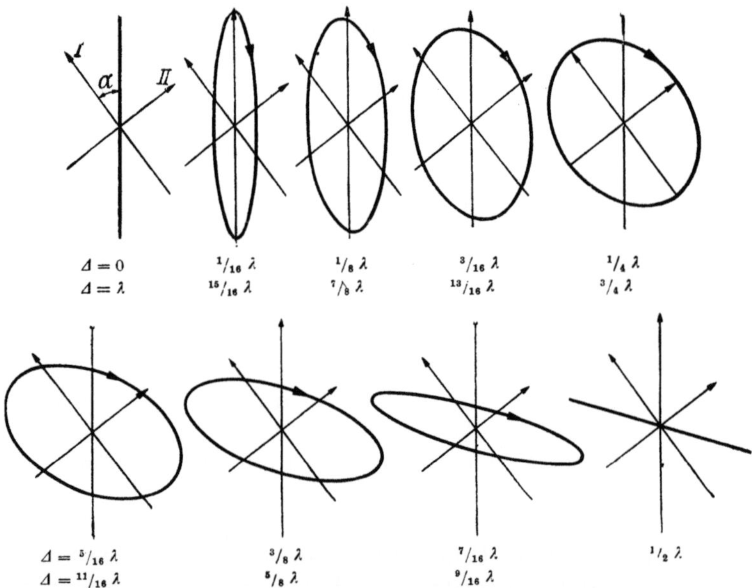

Fig. 14. Veränderung linearpolarisierten Lichtes durch eine Phasenverzögerung Δ, wenn die optische Hauptachse des durchstrahlten Körpers um den Winkel $\alpha = 37°$ gegen den ursprünglichen Lichtvektor geneigt ist. Der angegebene Drehsinn gilt für die obere Zeile der Δ-Werte, wenn die Komponente 2 gegen Komponente 1 um den Betrag Δ nacheilt, für die untere Zeile ist er umgekehrt.

senkrechten Ebene vor sich geht, L ist also senkrecht gerichtet. Die beiden Hauptspannungen seien hiergegen um 45° geneigt. Der ursprüngliche Lichtvektor L teilt sich dann in zwei Komponenten gleicher Größe $|L_1| = |L_2| = |L| \cdot \dfrac{1}{\sqrt{2}}$. Diese beiden Komponenten ergeben hinter dem Modell ohne Phasenverschiebung wieder den ursprünglichen Lichtvektor L. Bei einer kleinen Phasendifferenz Δ setzen sie sich zu einer elliptischen Schwingung zusammen, deren Hauptachsen senkrecht und waagerecht liegen. Bei Vergrößerung von Δ verkürzt sich die größere, senkrechte Hauptachse, während die waagerechte kleinere Hauptachse anwächst. Die entstehende Schwingungsellipse ist dem aus den beiden Komponenten L_1 und L_2 gebildeten, schräg auf der Spitze stehenden

Quadrat einbeschrieben. Ist Δ gerade gleich einem Viertel der Wellenlänge λ des verwendeten Lichtes, so entsteht bei der Zusammensetzung der Vektoren ein Kreis, das Licht ist „zirkularpolarisiert". Bei weiterer Vergrößerung von Δ entsteht eine mit der großen Achse waagerecht liegende Ellipse, für $\Delta = \frac{1}{2}\lambda$ erhält man linear polarisiertes Licht waagerechter Schwingung, der Lichtvektor hat dabei die Größe L. Bei weiter steigendem Δ geht dieses Spiel weiter, für $\Delta = \frac{3}{4}\lambda$ entsteht wieder Zirkularlicht, bei $\Delta = \lambda$ ergibt sich der ursprüngliche senkrechte Lichtvektor L. Hiermit beginnt die zweite Periode der Doppelbrechungswirkung.

Ist das Hauptspannungskreuz gegen die Polarisationsrichtung unter einem anderen Winkel als 45° geneigt, so sind die beiden Komponenten L_1 und L_2 nicht gleich groß und es treten etwas andere Er-

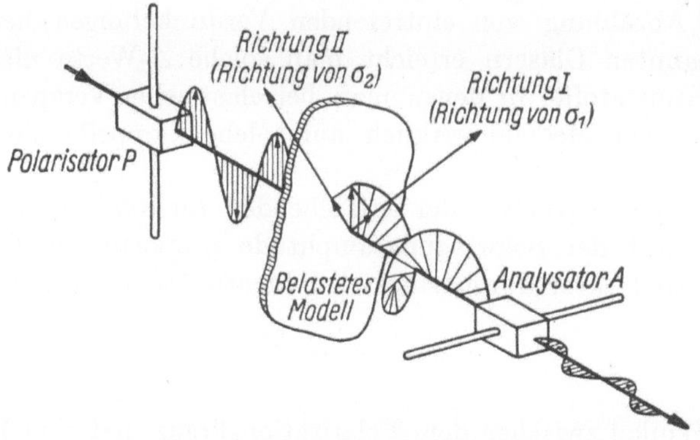

Fig. 15. Gedankenbild der Veränderung polarisierten Lichtes durch ein doppelbrechendes Modell mit nachfolgendem Analysator.

scheinungen ein: Die entstehenden Ellipsen — ebenfalls dem aus L_1 und L_2 gebildeten Rechteck einbeschrieben — haben schräge Achsen, für $\Delta = \frac{1}{4}\lambda$ ergibt sich die dem Rechteck rechtwinklig einbeschriebene Hauptellipse, für $\Delta = \frac{1}{2}\lambda$ entsteht lineares Licht in der Richtung der zweiten Rechtecksdiagonale. Dann dreht sich die Ellipse wieder zur ursprünglichen Diagonalen zurück, erreicht sie bei $\Delta = \lambda$ und so fort (Fig. 14).

Für spannungsoptische Versuche verwendet man folgende Anordnung: Der horizontal ankommende Lichtstrahl wird zunächst in einem Polarisator linear polarisiert, durchdringt dann die senkrecht stehende Modellscheibe und trifft dahinter auf einen „Analysator", d. h. einen zweiten Polarisator, dessen Polarisationsebene senkrecht auf der des ersten steht, man spricht auch kurz vom Polarisationskreuz der Anordnung. Nach dem Durchgang des Strahles durch das Modell kann dann immer nur die Lichtkomponente den Analysator durchdringen, die senkrecht auf dem ursprünglichen Lichtvektor steht (Fig. 15).

Liegt der zuerst beschriebene Fall vor, daß der Lichtvektor L zunächst senkrecht steht und die Hauptachsen des Modells um 45° gegen das Polarisationskreuz geneigt sind, so ist diese Komponente durch die Größe der waagerechten Achse der Polarisationsellipse gegeben. Während des Anwachsens von Δ wächst diese Komponente von 0 bis L (für $\Delta = \frac{1}{2}\lambda$), nimmt dann wieder auf 0 ab (für $\Delta = \lambda$), steigt anschließend wieder auf $L(\Delta = \frac{3}{2}\lambda)$ usw. Auf einem hinter dem Analysator aufgestellten Schirm beobachtet man also bei unverspanntem Modell zunächst gar kein Licht, mit steigendem Δ erscheint auf dem Schirm periodisch Helligkeit oder Dunkelheit. Erreicht man bei der Verspannung des Modells eine Phasenverschiebung Δ, die ein Vielfaches der Lichtwellenlänge ist, beispielsweise $\Delta = 15\lambda$, so ist die Zahl der bis zum Höchstwert auftretenden Helligkeiten bzw. Verdunkelungen ein Maß für die im Modell vorhandene Hauptspannungsdifferenz. Die Bestimmung der Hauptspannungsdifferenz würde also unmittelbar auf eine Abzählung von eintretenden Verdunkelungen herauslaufen. In verspannten Gläsern erreicht man solche Δ-Werte nicht, jedoch gibt es Kunststoffe, in denen man bei elastischer Verspannung etwa 10 mm starker Modelle wirklich auf solche Doppelbrechungsbeträge kommt.

Die genauere Analyse der entstehenden Lichtellipse ergibt für die dem Quadrat der Schwingungsamplitude proportionale Intensität J des den Analysator durchdringenden Lichtteiles die Gleichung

$$J = L^2 \sin^2 \frac{2\pi\Delta}{\lambda}.$$

Ist der Winkel zwischen dem Polarisationskreuz und dem Hauptspannungskreuz nicht 45°, sondern α, so ist der durchtretende Lichtanteil durch die größte waagerechte Komponente der schrägen Ellipse gegeben, auf der rechten Seite der Gleichung ist dann noch der Faktor $\sin^2 2\alpha$ hinzuzufügen. Die Helligkeit ist dann also geringer, man hat aber dieselbe Periodizität Hell-Dunkel wie im zuerst beschriebenen Fall.

Verwendet man nicht einfarbiges Licht einer bestimmten Wellenlänge, sondern gleichzeitig verschiedene Lichtfarben, also beispielsweise weißes Licht, so bedeutet eine bestimmte Phasenverschiebung für die verschiedenen Farbenteile des Lichtes verschiedene Zahlen von Wellenlängen. Eine Phasenverschiebung von etwa 290 mμ bedeutet beispielsweise gerade eine halbe Wellenlänge für gelbes Licht ($\lambda \approx 580$ mμ), jedoch wesentlich mehr als eine halbe Wellenlänge für den kurzwelligen blauen Lichtanteil ($\lambda \approx 450$ mμ) und wesentlich weniger als eine halbe Wellenlänge für den langwelligen roten Lichtanteil ($\lambda \approx 670$ mμ). Entsprechend würde bei dieser Phasenverschiebung das gelbe Licht gerade den Analysator durchdringen, während der blaue Anteil sein Maximum überschritten, der rote sein Maximum noch nicht erreicht hat. Bei steigender Doppelbrechung würde sich also der rote Anteil noch erhöhen, der blaue Anteil noch vermindern, das durchdringende Licht also vorwiegend gelbrot sein. $\Delta = 450\,\mathrm{m}\mu$ bedeutet gerade Auslöschung des blauen Anteils, der den Analysator durchdringende Lichtteil ist gelb, bei $\Delta = 540\,\mathrm{m}\mu$ wird Grün ausgelöscht, sichtbar bleibt Rot. Bei einer Phasenverschiebung von $580\,\mathrm{m}\mu$ ist der gelbe Lichtanteil gerade ausgelöscht, während die dem Auge als wenig hell erscheinenden blauen und roten Lichtteile den Analysator durchdringen. Bei etwas höherer Phasendifferenz erreicht der rote Lichtanteil seine volle Auslöschung, während der blaue Anteil schon wieder den Analysator durchdringt, die Gesamtfarbe des durchfallenden Strahles schlägt nach Blau um. Man könnte also etwa mit einem Farbenkatalog jedem Doppelbrechungswert einen bestimmten Farbton des durchfallenden Lichtes zuordnen und damit die Spannungshöhe nach der Farbe abschätzen. Dieses Verfahren ist zwar nicht absolut genau, erlaubt jedoch bei kleineren Doppelbrechungswerten eine meßtechnisch durchaus verwendbare Unterteilung der bei einfarbigem Licht nur ganzzahlig abzählbaren ganzen Wellenlängen.

In einem Sonderfall vereinfachen sich die hier beschriebenen Erscheinungen: Wenn das Hauptspannungskreuz parallel dem Polarisationskreuz ist ($\alpha = 0$), ist überhaupt keine Zerlegung des einfallenden Strahles möglich, es ist $L_1 = L$, $L_2 = 0$. Das Licht bleibt — lediglich im ganzen etwas phasenverschoben — senkrecht polarisiert und durchdringt den Analysator nicht; unabhängig von der verwendeten Lichtfarbe und der Spannungshöhe bleibt der Schirm hinter dem Analysator stets dunkel. Dasselbe gilt für $\alpha = 90°$, auch hier ist $\sin^2 2\alpha = 0$.

Es ist nun durch eine besondere optische Anordnung möglich, den Einfluß von α ganz zum Verschwinden zu bringen, so daß der Effekt bei jeder Hauptkreuzneigung so beobachtet werden kann, als wäre mit der bisherigen Anordnung die Hauptspannung unter $45°$ gegen die Polarisatoren geneigt. Man verwendet hierzu zwei Glimmerblätter oder Folien, die gerade eine Phasenverschiebung von $\tfrac{1}{4}\lambda$ erzeugen. Das erste dieser Viertelwellenblättchen steht unmittelbar hinter dem Polarisator, gegen diesen mit seiner Hauptachse um $45°$ geneigt. Das zweite steht unmittelbar vor dem Analysator, ebenfalls um $45°$ gegen das Polarisationskreuz gedreht. Die beiden Blätter stehen gekreuzt, d. h. so, daß der Effekt des ersten durch den des zweiten gerade aufgehoben wird. Eine Drehung um $90°$ bedeutet eine Vertauschung der Achse 1 gegen die Achse 2, ebenso vertauschen sich die Phaseneinflüsse auf L_1 und L_2. Die beiden Komponenten sind bei einer solchen Anordnung schließlich wieder gleichphasig und setzen sich zum ursprünglichen L zusammen.

Solange kein Modell zwischen den Blättern steht, bleibt also der Schirm hinter dem Analysator dunkel. Da das erste Blatt aus dem linearen Licht zirkular polarisiertes Licht macht, wie oben beschrieben, steht also ein zwischen den Blättern eingebrachtes Modell in einem Bereich ohne bevorzugte Richtung. Wie die eingehendere Rechnung zeigt, bedeutet in diesem Falle die Zwischenschaltung des Modells beliebiger Hauptrichtung, daß eine Intensität $J = L^2 \sin^2 \dfrac{2\pi\varDelta}{\lambda}$ hinter dem Analysator beobachtet wird. Hierzu ist allerdings zu bemerken, daß ein $\lambda/4$-Blatt nur für eine einzige Lichtwellenlänge wirklich ein strenges $\lambda/4$-Blatt sein kann, daß also die Verwendung vielfarbigen, weißen Lichtes nicht die soeben angegebene Wirkung hervorrufen wird; jedoch ist bei strenger Erfüllung der Bedingung bezüglich einer mittleren Welle (Gelb) das Bild für das Auge praktisch so, als gelte die genannte Beziehung für alle Teile des Spektrums. Die Umwandlung der Hauptspannungsdifferenz in eine zugehörige Lichtintensität würde eine zwar bequeme, aber noch nicht entscheidend einfachere Spannungsbestimmung als mit den am Anfang beschriebenen Methoden bedeuten. Wesentlich ist jedoch, daß es bei diesem Verfahren mit einfachen optischen Mitteln möglich ist, auf dem Schirm hinter dem Analysator gleichzeitig das Bild des ganzen belasteten Modells zu entwerfen. Jeder Modellpunkt wirkt in der beschriebenen Weise auf das Licht ein, der Effekt ist ein gleichzeitiges Bild aller Spannungswirkungen, d. h. des gesamten Spannungszustandes der Scheibe.

Sieht man die Einschaltung der $\lambda/4$-Blättchen vor, so zeigt jeder Modellpunkt die Lichtintensität (Farbe), die einem $\varDelta$, d. h. seinem $(\sigma_1 - \sigma_2)$ entspricht, unabhängig von der örtlichen Hauptspannungsrichtung. Das entstehende Bild ist also unmittelbar eine farbige Höhenschichtliniendarstellung der gesamten $(\sigma_1 - \sigma_2)$-Werte, wobei in den meisten praktischen Fällen das Maximum am Rande liegt. Da am freien Rand einer Scheibe die eine Hauptspannung (σ_2) verschwindet, die andere (σ_1) parallel dem Rand sein muß, ist am Rand $(\sigma_1 - \sigma_2) = \sigma_1$, die beobachteten Randfarben sind also unmittelbar ein Maß für die am Rand wirksame Längsspannung. Das Schirmbild gibt also in den meisten praktischen Fällen unmittelbar Lage und Größe der gefährlichen Größtspannung an, die in der überwiegenden Zahl der Festigkeitsfragen die wichtigste Konstruktionsgröße überhaupt ist. Für diese Frage ist in ebenen Spannungszuständen die Spannungsoptik das unübertreffliche Hilfsmittel, und wegen dieses einen Ergebnisses lohnt sich oft die Herstellung eines spannungsoptischen Modells und seine Untersuchung. Wegen der Einfachheit der Versuchsdurchführung lohnt sich der Versuch gelegentlich auch dann, wenn eine strenge Übertragung des Ergebnisses nicht zulässig ist, wenn also in Wirklichkeit gar kein ebener Zustand vorliegt, beispielsweise bei örtlich veränderlicher Scheibendicke (am Rand abgerundete Körper) und bei anderen streng genommen räumlichen Bauteilen.

Bei dem Versuch kann man auf die $\lambda/4$-Blättchen verzichten; man kann durch gleichzeitige und gleichartige Drehung der Polarisatoren das Polarisationskreuz so gegen das Modell neigen, daß das interessierende Gebiet nicht gerade in den versagenden Bereich $\alpha = 0°$ oder $90°$ gerät. Die Durchführung eines solchen Versuches liefert ein weiteres Ergebnis. Zu jeder Stellung eines Polarisationskreuzes gibt es im Bilde des Modells Punkte, Linien und Bereiche, in denen die Spannungshauptrichtungen parallel zu diesem Kreuz sind. In ihnen bleibt also der Schirm dunkel, unabhängig von Lasthöhe und Farbe des verwendeten Lichtes. Im sonst hellen bzw. bunten Bilde bedeutet das eine dunkle Linie, längs der die Spannungshauptrichtungen einen bestimmten, durch das Polarisationskreuz gegebenen Wert haben. Dreht man die Polarisatoren, so wandert diese „Richtungsgleiche" durch das Bild. Sie kann aufgenommen werden und liefert bei systematischer Auswertung das gesamte Feld der Hauptspannungsrichtungen. Das Verfahren kann also beispielsweise auch dazu dienen, im Falle ebener Spannungszustände für geplante Dehnungsmessungen in einem Modellversuch vorher die Hauptrichtungen festzustellen, so daß anschließend in jedem zu vermessenden Punkt der Scheibe nur noch zwei Dehnungsmessungen erforderlich sind.

Bei der Bestimmung der Höhe von $(\sigma_1 - \sigma_2)$ aus der Farbe des betrachteten Schirmbildpunktes gibt es eine Reihe von Möglichkeiten, einen genauen Wert zu erhalten, wenn das einfache Abzählen von Verdunkelungen, d. h. von am Punkt während der Belastung vorbeiwandernden Streifen im Gesamtbild, und der „Farbenkatalog" nicht ausreichen. Das wichtigste Verfahren ist das der Kompensation: Man bringt in den Strahlengang einen weiteren Körper, in dem man eine meßbare Phasenverschiebung erzeugen kann, beispielsweise einen meßbar belasteten Zugstab aus Modellwerkstoff oder einen durch einen Drehknopf ablesbar veränderlichen Kristallkompensator. Durch seine Einschaltung macht man den im Modell bewirkten optischen Effekt rückgängig und liest die hierzu erforderliche Kompensationsgröße ab. Der Kompensator ist also so lange zu verändern, bis der betreffende Punkt auf dem Schirm wieder die Gesamtwirkung Null aufweist, also ganz dunkel ist. Der Kompensator kann unmittelbar in Spannungseinheiten geeicht werden und erlaubt die Bestimmung des wirksamen Spannungswertes mit sehr hoher Genauigkeit. In Längsrichtung wirksamer Zug muß im Kompensator durch ebenso gerichteten Druck oder durch wirksamen Zug in Querrichtung kompensiert werden, auch der Kristallkompensator ergibt bei Schwenkung um $90°$ eine Kompensation mit entgegengesetztem Vorzeichen. — Es sei übrigens erwähnt, daß es auch andere Methoden der Lichtanalyse gibt, die die Bestimmung des Wertes Δ mit hoher Genauigkeit erlauben.

Mit den bisher geschilderten Methoden wird stets die Hauptspannungsdifferenz gemessen, die nur am freien Rand, oder wenn sonst eine Hauptspannung bekannt ist, die vollständige Bestimmung beider Hauptspannungen σ_1 und σ_2 bedeutet. Bei der Frage der Fließ- oder Bruchgefahr ist bekanntlich gerade die größte Schubspannung $\tau_{\max} = \frac{\sigma_1 - \sigma_2}{2}$ der Wert, der in vielen Werkstoffen für den Fließbeginn verantwortlich ist. Die spannungsoptisch wirksame und meßbare Größe ist also auch oft die festigkeitsmäßig wichtigste. Haben jedoch in einer Scheibe σ_1 und σ_2 gleiches Vorzeichen, so liegt die Schubgefährdung in einer Schubebene, die durch die größere der beiden Spannungen und die in der dritten Richtung (Scheibennormale) wirksame Spannung ($\sigma_3 = 0$) gegeben ist.

Die etwa notwendig werdende Einzelbestimmung von σ_1 und σ_2 bedarf weiterer Versuche und Rechnungen, die nicht mehr so einfach sind. Im Rahmen dieser einführenden Darstellung können wir die Methoden nur erwähnen. Mehrere Verfahren bestehen in der zusätzlichen Bestimmung von ($\sigma_1 + \sigma_2$). Die Modelldicke verändert sich bei der Belastung proportional zu dieser Größe, ihre nicht einfache Vermessung bedeutet also eine vollständige Spannungsbestimmung. Man hat hierzu mechanische und optische Verfahren angewandt, bei denen die Erscheinungen der Interferenz an den Oberflächen reflektierter Lichtstrahlen benutzt werden. Da ferner längs des freien und bekannt belasteten Randes der Spannungszustand spannungsoptisch völlig bestimmt ist, sind auch die Randwerte des ($\sigma_1 + \sigma_2$)-Feldes bekannt. Die Funktion $S = (\sigma_1 + \sigma_2)$ gehorcht aber beim ebenen Spannungszustand der Gleichung $\Delta S = 0$, ist also ein Potential. Damit werden die Werte von S im Innern des Feldes nach den im Abschnitt 4a beschriebenen Methoden bestimmbar, indem man die Seifenhaut oder das elektrische Potential zur Lösung heranzieht. — Es ist auch möglich, aus den Differentialgleichungen des ebenen Spannungszustandes mathematische Methoden zu entwickeln, die von bekannten Randwerten her längs irgendwelcher Linien (Koordinatenachsen oder Hauptlinien, d. h. Linien, die in jedem Punkt die Richtung einer Hauptachse des Zustandes haben) durch numerische Integration die Spannungsgrößen der erreichten Punkte ergeben.

Schließlich sei erwähnt, daß die Verwendung eines Interferometers die Durchführung von Meßverfahren erlaubt, die punktweise oder im ganzen Feld den Wert der einzelnen Hauptspannungen oder ihrer Summe ergeben. Es ist unter Verwendung dieses Gerätes möglich, auch für den technischen Gebrauch geeignete Verfahren zu entwickeln, die einfache, in Industrielaboratorien schnell durchführbare Messungen zulassen. Augenblicklich ist das allerdings im Verhältnis zum zu erwartenden Gewinn noch zu umständlich, insbesondere solange solche Versuche mit plangeschliffenen Glasmodellen durchgeführt werden müssen.

Zu den spannungsoptisch verwendbaren Werkstoffen seien hier einige Bemerkungen angefügt: Glasmodelle sind kostspielig in der Herstellung und geben nur geringe Werte Δ, dafür sind sie sehr beständig und gehorchen sehr genau dem Elastizitätsgesetz; ihre Verwendung ist im allgemeinen auf grundsätzliche Versuche mit höherem Zeit- und Kostenaufwand beschränkt. Celluloid ist leicht bearbeitbar und spannungsoptisch aktiver als Glas, immerhin bedarf man zu genauer Auswertung meist des Kompensators. Alte Celluloidscheiben sind auch gut längere Zeit unverspannt haltbar. Cellon ist abermals aktiver als Celluloid, jedoch meistens schon in der erhältlichen Plattenform eigenverspannt. Von der Fabrikation her unverspannte Stücke sind gut brauchbar und haltbar. Kunstharze (Phenolharze) wie Bakelit, Dekorit oder Trolon sind optisch hoch aktiv, so daß oft die einfache Auszählung der Verdunklungsstreifen völlig zur Feldbestimmung ausreicht. Allerdings sind die bei der Belastung auftretenden Effekte zeitabhängig, so daß besondere Maßnahmen zur Elimination dieses Einflusses nötig sind, außerdem müssen Phenolharze besonders vorbereitet, behandelt und aufbewahrt werden, wenn die daraus hergestellten Modelle für die Dauer eines oder mehrerer Versuche brauchbar sein sollen. In ihnen entstehen leicht durch Randschrumpfung gerade am interessierenden Rand recht störende Effekte, die eine einwandfreie Messung unmöglich machen. Zu dieser Frage laufen gerade in neuester Zeit klärende Versuche. Im letzten Abschnitt wird noch eine besondere Eigenschaft der Phenolharze besprochen werden.

Von den verschiedenen Möglichkeiten der Versuchsanordnungen seien noch ein paar Beispiele genannt: Die Verwendung kleiner Polarisatoren erfordert ein Linsensystem, zweckmäßig auf einer optischen Bank, wenn man das ganze Modellbild (etwa auf einem Projektionsschirm) zugleich beobachten will. Die Verwendung großer Polarisationsfolien macht weitere Optik überflüssig, sofern man das zwischen den Folien stehende Modell unmittelbar beobachten oder photographieren will. Besonders einfach ist folgende Anordnung: Ein nahe der Lichtquelle polarisiertes Lichtbündel trifft auf das Modell, das rückseitig mit Aluminiumbronze belegt ist oder hinter dem sich eine diffus spiegelnde Fläche unmittelbar befindet. Von der Lichtquelle her, direkt neben ihr, wird die Beobachtung durch einen zum Polarisator gekreuzten Analysator vorgenommen. Durch Hin- und Rückgang des Lichtes verdoppelt sich der Effekt, die diffuse Spiegelung erlaubt gleichzeitige Beobachtung einer großen Fläche. Diese Anordnung ist auch als „spannungsoptischer Lack‘‘ verwendbar. Ein optisch aktiver Kunstharzlack wird auf dem mattspiegelnden Metall des zu untersuchenden Werkstückes aufgebracht und wie beschrieben bestrahlt. Bei Belastung und Verformung des Werkstückes dehnt der Lack sich mit und gibt einen, allerdings geringen, optischen Effekt, aus dem man aber meistens die Hauptspannungsrichtung (durch Drehen des Polarisationskreuzes bis zur Dunkelheit), bei sorgfältiger Messung unter Umständen auch die Hauptspannungsdifferenz des Lackes entnehmen kann, die sich mit dem Verhältnis der Elastizitätsmoduls von Lack und Metall auf die Spannungsdifferenz des Werkstückes annähernd umrechnen läßt.

Ähnlich läßt sich auch ein an zwei Punkten auf dem Werkstück (Bauwerk) befestigtes, rückseitig versilbertes spannungsoptisches Stäbchen benutzen, um etwa eine Längsdehnung zwischen den beiden Marken messend zu verfolgen.

Schließlich sei erwähnt, daß gelegentlich das spannungsoptische Modell eine wertvolle Rechenhilfe bei der Spannungsbestimmung darstellen kann, etwa bei statisch unbestimmten Rahmenkonstruktionen, bei denen ein Celluloidmodell die Lage der bei der Belastung auftretenden Momentennullpunkte sehr leicht spannungsoptisch festzustellen gestattet. Ihre Kenntnis erleichtert bekanntlich die statisch unbestimmte Rechnung erheblich.

c) Räumliche Spannungszustände.

Zum Schluß wollen wir auf eine eigenartige Anwendung des spannungsoptischen Verfahrens auf räumliche Zustände kurz eingehen. Phenolharze haben die Eigentümlichkeit, daß sie bei Erwärmung einen sehr kleinen Elastizitätsmodul annehmen, aber dafür wenig Zeitwirkung aufweisen. Ein auf 80°C erwärmter Dekoritbiegestab etwa biegt sich unter kleiner Last weit durch und behält die anfangs angenommene Biegeform unter dieser Last längere Zeit bei. Kühlt man ihn in diesem Zustand ab, so geht während der Abkühlung die Verformung nicht etwa zurück, sondern bleibt in der ursprünglichen Größe bestehen. Entlastet man ihn schließlich in der Kälte, so geht die Verformung nur um den geringen Betrag zurück, der dem Elastizitätsmodul in der Kälte entspricht, er bleibt also wesentlich verformt. Auch bei nun folgendem Zersägen oder Zerschneiden — unter vorsichtiger Vermeidung aller dadurch etwa entstehenden Erwärmung — bleiben alle Formänderungen erhalten. Der Werkstoff verhält sich wie ein elastisches Gewebe (Gitterwerk), dem ein in der Wärme erweichender Anteil wachsartig eingebettet ist. Ähnlich wie die Verformungen verhalten sich die Doppelbrechungseigenschaften, die ja auch tatsächlich eine Folge der Formänderungen sind. Es ist daher möglich, ein nach diesem Verfahren behandeltes räumliches Modell schließlich in Scheiben zu zerlegen, die die in der Wärme aufgebrachten räumlichen Verformungen und Doppelbrechungen erstarrt, sozusagen eingefroren, noch enthalten. Die spannungsoptische Untersuchung derartiger Scheiben ermöglicht nun schließlich, in ebenen Elementen räumlicher Zustände die Spannungen zu bestimmen, und hiermit hat man einen Weg, räumliche Spannungszustände in einzelnen interessierenden Ebenen zu untersuchen. Mit diesem Verfahren sind bereits wesentliche Einblicke in räumliche Zustände erreicht worden, und es ist sicher, daß hiermit in Zukunft noch manche Festigkeitsfrage an räumlichen und räumlich belasteten Konstruktionsteilen befriedigend beantwortet werden kann.

II. Die Grundbegriffe der Elastizitätslehre.

Von

K. Marguerre/Darmstadt.

Mit 24 Figuren.

1. Einleitung.

Die Statik des *starren* Körpers beantwortet die Frage nach der Übertragung von Kräften ausschließlich mit Hilfe der Gleichgewichtsaussagen: Die Größe einer durch einen Zugstab weitergeleiteten Kraft, die Beanspruchung der Auflager einer einfachen Balkenbrücke oder eines Kragträgers sind die einfachsten Beispiele für die elementare Bestimmung einer Auflagerkraft aus den gegebenen Lasten (Fig. 1).

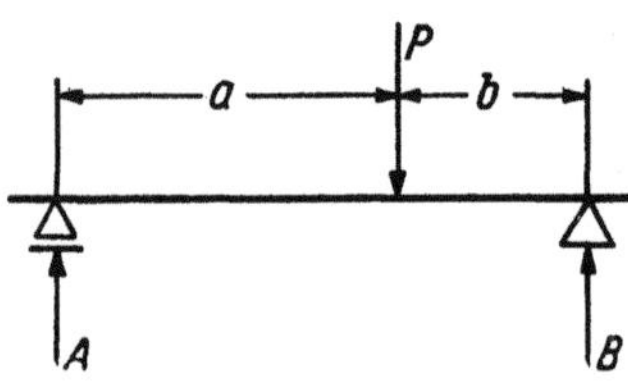

Fig. 1. Last und Auflagenkräfte.
$A + B = P,\ Aa - Bb = 0.$

Wenn nicht nur die Reaktionskräfte gesucht sind, sondern auch die Anstrengung der einzelnen Bauglieder selbst (diese zu bestimmen ist im engeren Sinne die Aufgabe der Festigkeitslehre), so kommt man mit den aus der allgemeinen Mechanik geläufigen Begriffen Kraft und Verschiebung nicht mehr aus. Man muß als neue Begriffe die *Schnittkraft*, die *Spannung* und die *Verzerrung* einführen, und zwar kann man die Probleme der Festigkeitslehre in zwei Klassen einteilen, je nachdem, ob man Schnittkräfte und Spannungen unmittelbar oder nur auf dem Umweg über die Verzerrungen bestimmen kann. Die Probleme der ersten Klasse heißen *statisch bestimmt* — zu ihrer Lösung reichen die Gleichgewichtsbedingungen aus, und es ist nicht notwendig, die Fiktion des starren Körpers aufzugeben. Die Probleme der zweiten Klasse sind die *statisch unbestimmten* Probleme. Zu ihrer Lösung genügen die Gleichgewichtsbedingungen nicht; man muß die Vorstellung eines deformierbaren Körpers einführen und muß als neue Aussage den (durch das Experiment gelieferten) Zusammenhang zwischen Spannung und Verzerrung, das Elastizitätsgesetz, heranziehen.

2. Die Schnittkräfte des geraden Stabes.

Fig. 2 zeigt einen Stab, auf den eine Gruppe von Kräften wirkt. Diese Kräfte müssen miteinander im Gleichgewicht sein, d. h. es muß ihre vektorielle Summe sowohl wie das vektorielle Moment dieser Summe für irgendeinen Bezugspunkt verschwinden. — Trennen wir den Stab durch einen Schnitt $\overline{SS}$ (z. B. senkrecht zur Stabachse) in zwei Teile, so haben Kräfte und Momente an jedem Stabteil eine Resultierende; wegen des Gleichgewichts aller Kräfte müssen diese beiden Resultierenden entgegengesetzt gleich sein. Wir können das Gleichgewicht jedes Teiles herstellen, indem wir an den beiden Ufern der Schnittstelle als „Schnittkraft" die Resultierende der am anderen Stück wirkenden Kräfte anbringen. Diese beiden Schnittkräfte müssen, da sie entgegengesetzt gleiche Resultierende aufheben, entgegengesetzt gleich sein; zusammen stellen sie die Einwirkung der Belastung auf das in der Schnittfläche liegende Material dar, das an dieser Stelle die

Schnittkraft „überträgt". Zur zahlenmäßigen Darstellung der (vektoriellen) Schnittkraft benutzt man zweckmäßig gewählte Kräfte- und Momentenkomponenten, die man zusammenfassend die Schnittkräfte (gelegentlich auch Schnittgrößen) nennt. Sie werden wie folgt definiert:

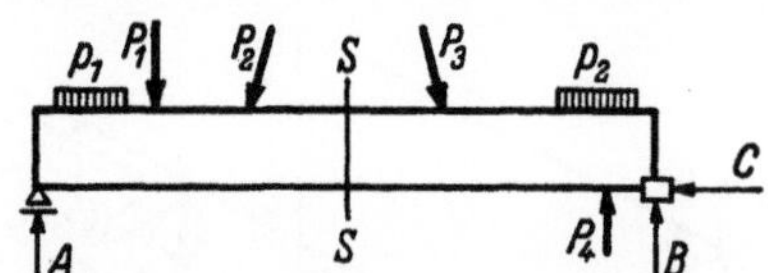

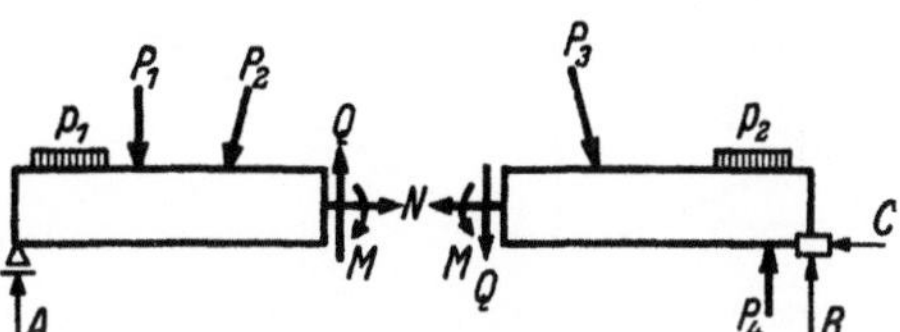

Fig. 2. Die Schnitt„kräfte" N, Q, M des querbelasteten Balkens.

Die resultierende *Kraft*, die wir uns im Schwerpunkt des Flächenstückes angreifend denken, zerlegen wir in drei Komponenten, die Längskraft oder Normalkraft N in Richtung der Stabachse und die beiden Querkräfte Q_y, Q_z in zwei geeignet gewählten Richtungen y, z senkrecht zu x, und zwar wollen wir alle Komponenten positiv zählen, wenn sie auf dem positiven Schnittufer (d. h. dort, wo die Normale x nach außen weist) in die Richtung der Achsen x, y, z fallen. N wird damit als *Zug* positiv gezählt.

Das resultierende *Moment* zerlegen wir in der gleichen Weise. Wir unterscheiden ein Torsionsmoment M_t, das um die x-Achse dreht, und zwei Biegemomente M_y, M_z, die um die Achsen y und z drehen. Wir zählen die Momente positiv, wenn sie um ihre Achsen rechtsherum drehen (Rechtsschraube).

Die sechs Schnittgrößen N, Q_y, Q_z, M_t, M_y, M_z werden im allgemeinen mit der Schnittstelle x veränderlich sein. Über den Unterschied der Beträge in zwei benachbarten Schnittstellen (vom Abstande dx) erhalten wir die nötigen Aussagen vermöge der Forderung, daß das durch die zwei Schnitte x und $x + dx$ begrenzte Stabstück unter seiner Last und seinen Schnittkräften im Gleichgewicht sein muß. — Wir betrachten gleich den allgemeinsten Lastfall, daß das Stabelement durch eine irgendwie gerichtete (vektorielle) Kraft beansprucht werde, die wir $d\Re$ nennen wollen. Diese Kraft $d\Re$ schreiben wir in der Form $\mathfrak{p}\,dx$, wobei

$$\mathfrak{p} = \lim_{dx \to 0} \left(\frac{d\Re}{dx} \right)$$

die Last je Längeneinheit ist, von der wir annehmen wollen, daß sie sich über ein hinreichend kurzes Stabstück dx gleichförmig verteile. Den beliebigen Vektor $\mathfrak{p}$ können wir ersetzen durch einen gleich großen und gleichgerichteten Vektor $\mathfrak{q}$, der durch den Schwerpunkt des Stabstückes geht, und ein Moment $\mathfrak{m}$ (Kräftepaar $[\mathfrak{p}, -\mathfrak{q}]$)[1]; die beiden Vektoren $\mathfrak{q}$ und $\mathfrak{m}$ zerlegen wir in der gleichen Weise wie oben die Schnittkräfte in je drei Komponenten:

eine Längslast n und zwei Querlasten q_y, q_z;

ein tordierendes Moment m_t und zwei biegende Momente m_y, m_z.

Bezeichnen wir noch die Schnittkräfte an der Stelle $x + dx$ mit $N + dN$, $M + dM$ usf., so entnimmt man der Fig. 3 die folgenden Gleichgewichtsaussagen:

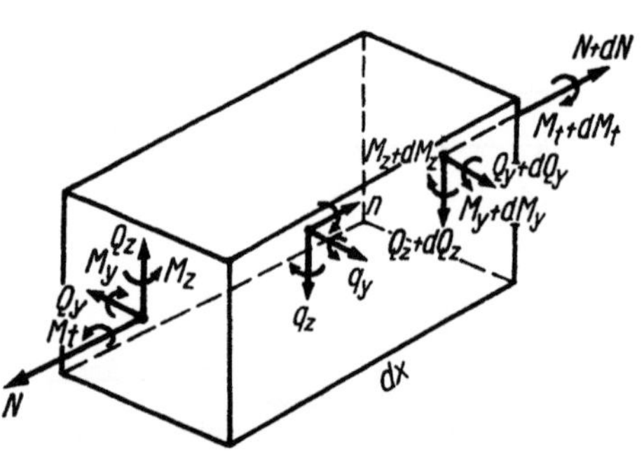

Fig. 3. Zu den Gleichgewichtsaussagen für das Balkenelement dx.

Für die Kräfte

$$(N + dN) + n\,dx - N = 0,$$
$$(Q_y + dQ_y) + q_y\,dx - Q_y = 0,$$
$$(Q_z + dQ_z) + q_z\,dx - Q_z = 0,$$

oder zusammengerechnet

$$\frac{dN}{dx} = -n, \qquad \frac{dQ_y}{dx} = -q_y, \qquad \frac{dQ_z}{dx} = -q_z. \tag{1}$$

Für die Momente (die durch ihre Drehpfeile angedeutet sind)

$$(M_t + dM_t) + m_t\,dx - M_t \qquad\quad = 0,$$
$$(M_y + dM_y) + m_y\,dx - M_y - Q_z\,dx = 0,$$
$$(M_z + dM_z) + m_z\,dx - M_z + Q_y\,dx = 0,$$

---

[1] Diese Aufspaltung ist übrigens nur sinnvoll bei doppeltsymmetrischen oder punktsymmetrischen Querschnitten. Denn bei unsymmetrischen Querschnitten muß die Resultierende der äußeren Querlasten nicht durch den Schwerpunkt, sondern durch den Schubmittelpunkt gehen, wenn sie keine tordierende Wirkung ausüben soll (C. WEBER: Forsch.-Arb. Ing.-Wes. 249). Nur die Tangentialkomponente der äußeren Kraft zerlegt man stets in die durch den Schwerpunkt gehende Resultierende und ein verbiegendes Moment. Vgl. dazu neuerdings: W. FLÜGGE und K. MARGUERRE: Wölbkrafttorsion dünnwandiger Profile. Ing. Arch. 1949.

oder

$$\frac{d M_t}{d x} = - m_t, \qquad \frac{d M_y}{d x} = Q_z - m_y, \qquad \frac{d M_z}{d x} = - Q_y - m_z. \qquad (2)$$

Die Gln. (1) und (2) stellen die allgemeinsten Gleichgewichtsaussagen für das gerade Stabelement dar. Ist die Last — der praktisch am meisten interessierende Fall — senkrecht zur Stabachse gerichtet, so verschwinden die drei Größen n, m_y, m_z. Aus der ersten Kraftgleichung folgt in diesem Falle

$$N = \text{const},$$

und die drei Momentengleichungen lauten, wenn man mit Hilfe der beiden anderen Kräftegleichungen die Quer*kräfte* hinauswirft:

$$\frac{d M_t}{d x} = - m_t, \qquad \frac{d^2 M_y}{d x^2} = - q_z, \qquad \frac{d^2 M_z}{d x^2} = + q_y. \qquad (3)$$

Wir heben hervor, daß die Torsionsgleichung von der ersten Ordnung ist, die beiden Biegegleichungen von der zweiten.

Im Sonderfall der ebenen Balkenbiegung — also einer in z-Richtung wirkenden zentrischen Last — bleibt von den drei Gln. (3) nur die mittlere von Interesse, die man dann ohne die Indizes schreiben kann:

$$\frac{d^2 M}{d x^2} = - q. \qquad (3')$$

3. Die Spannung.

Die Berechnung der Schnittkräfte ist zwar der erste Schritt zur Untersuchung der Beanspruchung des Balkens, aber auch nur ein erster Schritt. Wenn man die Frage aufwirft, wie sich die Kräfte, deren Resultierende durch die N, M und Q dargestellt werden, im Querschnitt im einzelnen verteilen, so muß man einen weiteren grundlegenden Begriff einführen: den der *Spannung*. Wir betrachten zunächst einen Stab, der nur durch eine Längskraft K beansprucht wird. Es ist offenbar, daß die Kraft, die den Stab beansprucht, kein geeignetes Maß ist für die Anstrengung, der das Material des Stabes ausgesetzt ist (denn ein dicker Stab vermag eine größere Kraft zu übertragen als ein dünner). Die geeignete Größe ist das Verhältnis der Kraft zur Querschnittsfläche

$$\text{Spannung} = \text{Kraft durch Fläche}$$
$$\sigma = K/F. \qquad (4)$$

Den Spannungszustand in einem einfachen Zugstab wird man im allgemeinen mit genügender Genauigkeit durch die Annahme erfassen können, daß die Spannung gleichförmig verteilt sei — es genügt dafür die Definition des Spannungsbegriffes durch Gl. (4), bei der rechts der Quotient zweier endlicher Zahlen steht. Beim Biegebalken oder bei einem noch komplizierter belasteten Körper aber kommt man mit dieser Definition nicht mehr aus; denn im allgemeinen wird die Spannung σ nach (4) abhängen von der Stelle, wo man sich das Flächenstück herausgeschnitten denkt, und (wegen der ungleichförmigen Verteilung) abhängen von der Größe des endlichen Flächenstückes. Man bedarf daher für den Spannungsbegriff der schärferen Definition durch einen *Grenzwert*:

$$\sigma_x = \lim_{F_x \to 0} (K_x/F_x) . \tag{5}$$

In Worten: Die Spannung „in einem Punkte" ist diejenige Größe, die sich ergibt, wenn man in dem Quotienten K/F die die Kraft $K = K(F)$ übertragende Fläche F gegen Null gehen läßt, die Fläche also gewissermaßen auf den Punkt sich zusammenziehen läßt. Dieser Grenzwert ist seiner physikalischen Natur nach stets eine endliche Zahl. Nur für die Rechnung ist es gelegentlich von Vorteil, von einer konzentrierten Kraft zu sprechen, d. h. in einzelnen Punkten des Körpers Unendlichkeitsstellen der Größe σ zuzulassen.

Die Definition (5) ist noch nicht die allgemeinste, die man für eine Spannung geben kann; denn in (5) war angenommen, daß die Kraft K und der Einheitsvektor der Normalen $\mathfrak{n}$ zur Fläche F beide in die gleiche Richtung x fielen (das sollen die Indizes andeuten). Sind die *Vektoren* $\mathfrak{K}$ und $\mathfrak{n}$ *nicht* gleichgerichtet, so lautet die Definition des Spannungsvektors allgemeiner

$$\mathfrak{s} = \lim_{F \to 0} \left(\frac{\mathfrak{K}}{F} \right) . \tag{5'}$$

Den Vektor $\mathfrak{s}$ kann man in Komponenten zerlegen; die Komponente in Richtung $\mathfrak{n}$ heißt die

Normalspannung σ_n,

die Komponente senkrecht zu $\mathfrak{n}$ (die also in die Fläche dF fällt und dort noch die beliebige Richtung $\mathfrak{m}$ haben kann) heißt die

Schubspannung τ_{nm},

wobei es üblich ist, so zu bezeichnen, daß der erste Index die Flächennormale, der zweite die Kraftrichtung angibt.

Der Spannungsbegriff ist zunächst einfacher als der Begriff der Schnittkraft, wie wir ihn oben gegeben haben: Das Analogon zu den Schnittmomenten fehlt; d. h. *drei* Größen, eine Normal- und zwei Schubspannungen, kennzeichnen den Spannungszustand *in einer Schnittfläche*. Er ist aber zugleich sehr viel komplizierter: die Einschränkung, die implizit in der Definition der Balkenschnittkraft steckt, daß nämlich als Schnittflächen nur eine eindimensionale Schar, die Flächen senkrecht zur Mittellinie betrachtet werden soll, muß beim Spannungsbegriff fallen. Der Spannungszustand in einem Punkte ist erst bestimmt, wenn man die Spannung für sämtliche durch diesen Punkt gelegte Schnittflächen angeben kann.

Die Frage nach der in einer beliebig gerichteten Fläche übertragenen Spannung kann man schon beim einfachen Zugstab stellen, wenn man ihn nicht mehr als wesentlich eindimensionales Gebilde auffaßt, sondern auch die beiden anderen Erstreckungen, oder wenigstens eine von ihnen, als endlich ansieht. Legen wir durch den Stab einen schrägen

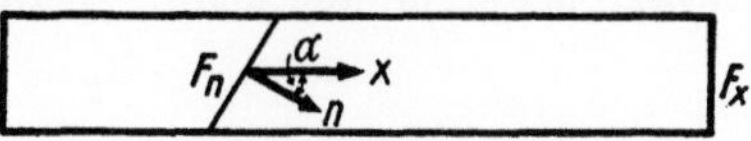

Fig. 4. Normalschnitt und Schrägschnitt durch einen Zugstab.

Schnitt (s. Fig. 4), so fällt K_x nicht mehr in die Richtung der Normalen zur Schnittfläche. Eine solche schräge Fläche F_n wird daher (auch in dem „einachsigen" Spannungszustand des Zugstabes) nicht nur auf Zug beansprucht. Zerlegen wir den *Spannungs*vektor

$$\mathfrak{s} = \frac{K_x \mathfrak{i}}{F_n} = \frac{K_x \mathfrak{i}}{F_x/\cos\alpha} = \frac{K_x \mathfrak{i}}{F_x}\cos\alpha$$

(der kleiner ist als $\sigma_x \mathfrak{i}$, weil er auf eine größere Fläche bezogen wird) in zwei Komponenten, in Richtung $\mathfrak{n}$ und senkrecht dazu, so finden wir für die Zugkomponente

für die Schubkomponente

$$\left.\begin{aligned} \sigma_n &= \sigma_x \cos^2\alpha\,, \\ \tau_{nm} &= -\sigma_x \cos\alpha \sin\alpha\,. \end{aligned}\right\} \tag{6}$$

(Minuszeichen, wenn m gegen n so orientiert ist, wie y gegen x.)

Die Formeln (6) sind ein Beispiel dafür, daß der zu einer bestimmten Fläche gehörige Spannungsvektor bestimmt werden kann, wenn der Spannungsvektor in gewissen anderen, durch denselben Punkt gehenden Flächen bekannt ist. Das heißt, der Spannungszustand in einem Punkt ist sicherlich nicht erst durch unendlich viele Bestimmungsstücke festgelegt. — Wie viele Stücke man zur Festlegung z. B. eines *ebenen* Spannungszustandes braucht, lehrt eine einfache Betrachtung an dem in Fig. 5 gezeichneten Dreieck. Setzen wir für den Augenblick $\mathfrak{s}_y = 0$, denken uns also nur den Spannungsvektor

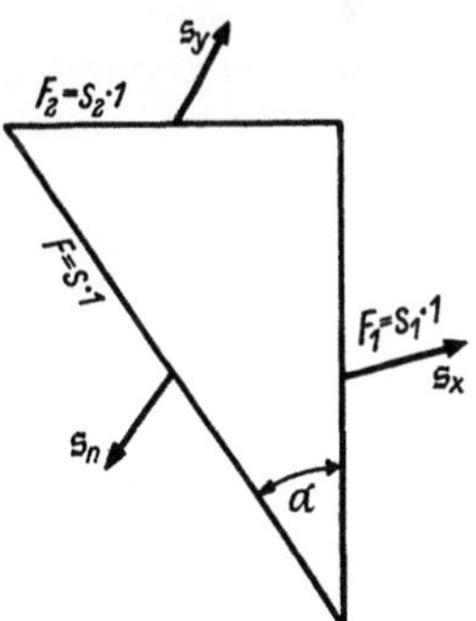

Fig. 5. Gleichgewicht am Elementardreieck.

$$\mathfrak{s}_x = \sigma_x \mathfrak{i} + \tau_{xy}\mathfrak{i}$$

wirkend, so muß durch die schräg liegende Fläche F im wesentlichen eine Spannung

$$\mathfrak{s}_n^{(x)} = \mathfrak{s}_x \frac{F_1}{F} = \mathfrak{s}_x \cos\alpha$$

übertragen werden, da das kleine Dreieck unter den Kräften $\mathfrak{s}_x F_1$ und $-\mathfrak{s}_n F$ im Gleichgewicht sein muß. „Im wesentlichen" soll dabei genauer heißen: in der Grenze, wenn die Schwerpunkte (= Kraftangriffspunkte) der beiden Flächen in einen Punkt zusammenrücken, so daß die eine etwaige Veränderlichkeit des Spannungszustandes kennzeichnenden Zusatzglieder herausfallen. — Entsprechend ruft der Vektor

$$\mathfrak{s}_y = \tau_{yx}\mathfrak{i} + \sigma_y\mathfrak{j}$$

in der Fläche F eine Spannung

$$\mathfrak{s}_n^{(y)} = \mathfrak{s}_y \cdot \frac{F_2}{F} = \mathfrak{s}_y \sin\alpha$$

hervor; die gesamte in F wirkende Spannung ist also

$$\mathfrak{s}_n = \mathfrak{s}_n^{(x)} + \mathfrak{s}_n^{(y)} = \mathfrak{s}_x \cos\alpha + \mathfrak{s}_y \sin\alpha. \tag{7}$$

Die Angabe der *zwei* Vektoren

$$\mathfrak{s}_x, \mathfrak{s}_y$$

ist notwendig und hinreichend zur Bestimmung des Spannungsvektors in einer beliebigen Richtung. Das *Vektorpaar* ($\mathfrak{s}_x$, $\mathfrak{s}_y$) kennzeichnet also den ebenen Spannungszustand in einem Punkte. Man nennt diese neue Größe, die sich in keiner Weise zu einem resultierenden *Vektor* zusammenfassen läßt, gewöhnlich *Tensor* (tendere = spannen) und schreibt sie, wenn man ihre *vier* Komponenten (je zwei von jedem Vektor) in Evidenz setzen will, in der Form

$$\begin{pmatrix} \sigma_x & \tau_{yx} \\ \tau_{xy} & \sigma_y \end{pmatrix}. \tag{8}$$

Der Begriff des Tensors, auf den wir hier bei der Untersuchung des Spannungszustandes ganz zwangläufig geführt worden sind, ist nicht nur für die Elastizitätslehre (Spannungstensor, Verzerrungstensor), sondern auch für viele andere Zweige der Physik von Wichtigkeit. — Die formale Analogie, die zwischen

$$\text{Zahlenpaar} = \text{Vektor}$$

einerseits und

$$\text{Vektorpaar} = \text{Tensor}$$

anderseits besteht, ist unmittelbar deutlich. Das Zahlenpaar v_x, v_y (Komponenten des *Vektors* $\mathfrak{v}$) ordnet einer Richtung $\mathfrak{n}$ der Ebene (oder des Raumes) eine *Zahl* v_n zu (s. Fig. 6) nach dem in den Richtungskosinus linearen Gesetz

$$v_n = v_x \cos\alpha + v_y \sin\alpha.$$

Das Vektorpaar $\mathfrak{s}_x$, $\mathfrak{s}_y$ (Komponenten des *Tensors* $\mathfrak{S}$) ordnet der Richtung $\mathfrak{n}$ des Raumes einen *Vektor* $\mathfrak{s}_n$ zu nach dem in den Richtungskosinus linearen Gesetz

$$\mathfrak{s}_n = \mathfrak{s}_x \cos\alpha + \mathfrak{s}_y \sin\alpha.$$

Der Unterschied ist nur der, daß der Vektor selbst noch einer einfachen geometrischen Deutung fähig ist. Er ist, genau wie die „Richtung des Raumes", durch eine gerichtete Strecke darstellbar, und die Zahl v_n läßt sich auch erklären als das Skalarprodukt der beiden Vektoren $\mathfrak{v}$ und $\mathfrak{n}$

$$v_n = \mathfrak{v} \cdot \mathfrak{n} = |\mathfrak{v}| \cos \beta .$$

Eben diese geometrische Anschaubarkeit des Vektors ermöglicht es, von ihm zu sprechen wie von einer Zahl — u. a. also auch wieder Paare zu bilden und auf Grund der soeben angegebenen formalen Analogie zu dem nächst höheren Gebilde, dem Tensor, fortzuschreiten.

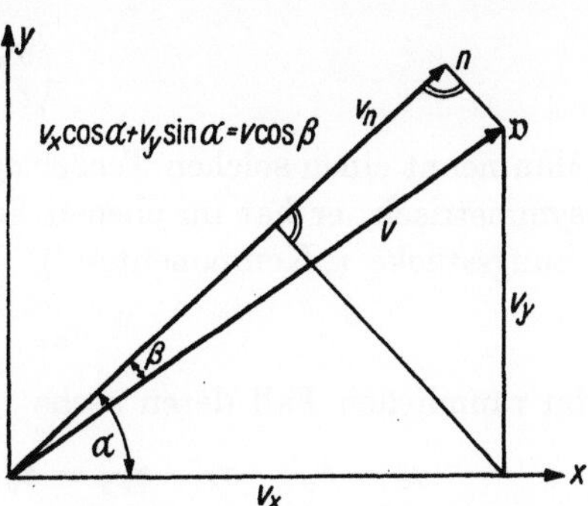

Fig. 6. Vektor $\mathfrak{v}$ mit seinen Komponenten und seinem Betrag „in der Richtung n".

Ist der Tensor $\mathfrak{S}$ von Punkt zu Punkt veränderlich, so spricht man von einem Tensorfeld — in genauer Analogie zum Vektorfeld. Das Feld der Balkenschnittkräfte ist ein degeneriertes Tensorfeld: Wenn man in jedem Punkte nur *eine* Richtung x zu betrachten verabredet, wird aus dem Tensor ein Vektor, der durch drei (in der Ebene durch zwei) Bestimmungsstücke festgelegt ist.

Der Spannungstensor weist eine Besonderheit auf, die nicht alle in der Physik auftretenden Tensoren mit ihm teilen. Es besteht zwischen seinen beiden Komponenten

$$\mathfrak{S}_x, \quad \mathfrak{S}_y$$

eine gewisse Bindung. — In der Tat garantiert die Gl. (7) für $\mathfrak{S}_n$ nur das *Kräfte*gleichgewicht am Dreieck Fig. 5. Die Forderung des *Momenten*gleichgewichtes lautet, wenn man als Bezugspunkt den Mittelpunkt der Hypotenuse wählt:

$$(\mathfrak{S}_x F_1) \times \left(\mathfrak{i}\,\frac{F_2}{2}\right) + (\mathfrak{S}_y F_2) \times \left(\mathfrak{j}\,\frac{F_1}{2}\right) = 0 ,$$

ist also nur erfüllt, wenn zwischen $\mathfrak{S}_x$ und $\mathfrak{S}_y$ die Beziehung

$$\mathfrak{S}_x \times \mathfrak{i} + \mathfrak{S}_y \times \mathfrak{j} = 0$$

besteht. Mit

$$\mathfrak{S}_x = \sigma_x \mathfrak{i} + \tau_{xy} \mathfrak{j}, \quad \mathfrak{S}_y = \tau_{yx} \mathfrak{i} + \sigma_y \mathfrak{j}$$

geht diese Beziehung über in

$$\tau_{yx} - \tau_{xy} = 0 .$$

Aus dem Momentengleichgewicht für das Dreieck Fig. 5 folgt also die Gleichheit der beiden „zugeordneten" Schubspannungen τ_{yx} und τ_{xy}.

Mit

$$\tau_{yx} = \tau_{xy} = \tau \tag{9}$$

schreibt sich der ebene Tensor (8) einfacher

$$\begin{pmatrix} \sigma_x & \tau \\ \tau & \sigma_y \end{pmatrix}.$$

Man nennt einen solchen Tensor *symmetrisch*. Der Spannungstensor ist symmetrisch; er hat im ebenen Fall drei unabhängige skalare Bestimmungsstücke („Komponenten")

$$\sigma_x, \quad \sigma_y, \quad \tau,$$

im räumlichen Fall deren sechs

$$\sigma_x, \quad \sigma_y, \quad \sigma_z, \quad \tau_{xy} = \tau_{yx}, \quad \tau_{yz} = \tau_{zy}, \quad \tau_{zx} = \tau_{xz}.$$

Schreibt man die Vektorgleichung (7) unter Beachtung von (8) in Komponenten, so erhält man die *Transformationsformeln* für den ebenen symmetrischen Tensor

$$\sigma_n = \mathfrak{S}_n \cdot \mathfrak{n} = [(\mathfrak{i}\sigma_x + \mathfrak{j}\tau_{xy}) \cos\alpha + (\mathfrak{i}\tau_{yx} + \mathfrak{j}\sigma_y) \sin\alpha] \cdot (\mathfrak{i}\cos\alpha + \mathfrak{j}\sin\alpha)$$

$$\left. \begin{aligned} &= \sigma_x \cos^2\alpha + 2\tau \sin\alpha \cos\alpha + \sigma_y \sin^2\alpha, \\ \tau_{nm} = \mathfrak{S}_n \cdot \mathfrak{m} = (\sigma_y - \sigma_x)\cos\alpha \sin\alpha + \tau(\cos^2\alpha - \sin^2\alpha). \end{aligned} \right\} \tag{10}$$

Die Gln. (10) beantworten die Frage, wie die Spannungen in einer beliebigen Fläche aussehen, wenn sie für zwei bestimmte (aufeinander senkrechte) Richtungen x, y bekannt sind. Die Zugstabformeln (6) sind ein Sonderfall der allgemeineren Beziehungen (10).

Aus der zweiten Formel (10) erkennt man, daß es Richtungen $\alpha = \alpha^*$ gibt, für die τ_{nm} verschwindet. In diesen Richtungen nehmen zugleich die Normalspannungen als Funktionen von α Extremwerte an. Die zwei Richtungen $\alpha = \alpha^*_{1,2}$ heißen die *Hauptrichtungen*; sie bestimmen sich aus der Gleichung

$$\operatorname{tg} 2\alpha^* = \frac{2\tau}{\sigma_x - \sigma_y}. \tag{11}$$

Das Problem der Hauptrichtungen tritt nicht nur beim Spannungstensor auf; jeder symmetrische Tensor besitzt ein Paar aufeinander senkrechte Hauptachsen. Man hat viele geometrische Konstruktionen ersonnen, um die Hauptachsenlängen und Richtungen im ebenen Fall (wo es sich wesentlich um die Auflösung einer quadratischen Gleichung handelt) in einfacher und übersichtlicher Form zu bestimmen. Einiges darüber findet man im Kapitel IV, Ziff. 7 dieses Buches, wo auch Schrifttum angegeben ist.

Genau wie bei den Schnittkräften werden wir nun nach den Gleichungen fragen, die die Veränderlichkeit der drei Spannungen σ_x, τ, σ_y

mit den Koordinaten kennzeichnen. Wie dort sind diese Aussagen die Gleichgewichtsbedingungen am Element. Aus der Fig. 7 entnimmt man

$$-\sigma_x\,dy + \left(\sigma_x + \frac{\partial\sigma_x}{\partial x}dx\right)dy - \tau_{yx}\,dx + \left(\tau_{yx} + \frac{\partial\tau_{yx}}{\partial y}dy\right)dx + X\,dx\,dy = 0\,,$$

$$-\tau_{xy}\,dy + \left(\tau_{xy} + \frac{\partial\tau_{xy}}{\partial x}dx\right)dy - \sigma_y\,dx + \left(\sigma_y + \frac{\partial\sigma_y}{\partial y}dy\right)dx + Y\,dx\,dy = 0\,,$$

$$(\tau_{xy}\,dy)\,dx - (\tau_{yx}\,dx)\,dy = 0\,,$$

wobei in allen drei Gleichungen die nächsthöheren Potenzen in dx, dy gleich weggelassen sind. Faßt man zusammen, so kommt

$$\frac{\partial\sigma_x}{\partial x} + \frac{\partial\tau_{yx}}{\partial y} + X = 0\,, \qquad \frac{\partial\tau_{xy}}{\partial x} + \frac{\partial\sigma_y}{\partial y} + Y = 0\,, \tag{12}$$

$$\tau_{yx} = \tau_{xy}\,. \tag{12'}$$

Im räumlichen Fall ergibt sich

$$\left.\begin{array}{c} \dfrac{\partial\sigma_x}{\partial x} + \dfrac{\partial\tau_{yx}}{\partial y} + \dfrac{\partial\tau_{zx}}{\partial z} + X = 0\,, \qquad \dfrac{\partial\tau_{xy}}{\partial x} + \dfrac{\partial\sigma_y}{\partial y} + \dfrac{\partial\tau_{zy}}{\partial z} + Y = 0\,, \\[2ex] \dfrac{\partial\tau_{xz}}{\partial x} + \dfrac{\partial\tau_{yz}}{\partial y} + \dfrac{\partial\sigma_z}{\partial z} + Z = 0\,, \end{array}\right\} \tag{13}$$

$$\tau_{xy} = \tau_{yx}\,, \qquad \tau_{yz} = \tau_{zy}\,, \qquad \tau_{zx} = \tau_{xz}\,. \tag{13'}$$

Man erkennt, daß die Momentenbedingungen noch einmal die Symmetrieforderung für den Spannungstensor aussprechen, d. h. daß die Gleichgewichtsforderung für den Quader Fig. 7 im ebenen Fall zwei Gleichungen für drei Unbekannte (im räumlichen drei Gleichungen für sechs Unbekannte) liefert. Eine eindeutige Formulierung mehrdimensionaler Elastizitätsprobleme ist also nur möglich, wenn man die statischen Gleichungen durch Hinzuziehung weiterer Aussagen ergänzt; in den Ziffern 5 und 6 werden wir diese Aussagen durch Betrachtung der *Deformation* (Verzerrung) des elastischen Körpers gewinnen.

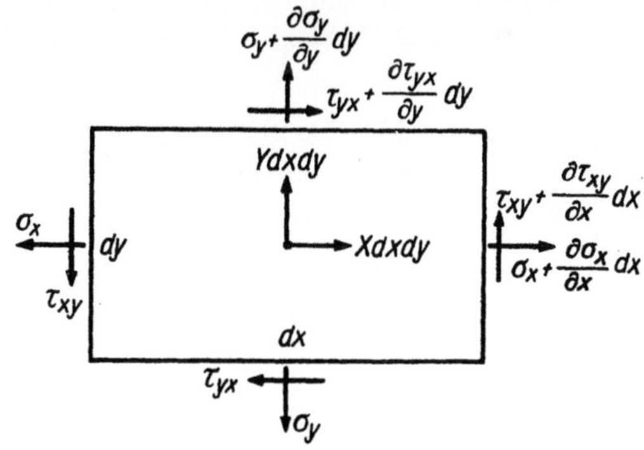

Fig. 7. Gleichgewicht der Spannungen und Volumkräfte am Scheibenelement $dx\,dy$.

4. Der Stab als Beispiel für ein innerlich statisch bestimmtes System.

Bevor wir uns dem Begriff der Verzerrung zuwenden, wollen wir
an einigen einfachen Beispielen zeigen, daß sich die Höchstbeanspru-
chungen eines Bauteils in manchen Fällen schon ohne Kenntnis seiner
Verformungen berechnen lassen. Denn die für die Anwendungen wichtigen
Bauglieder (Stäbe, Platten, Schalen) haben eine besondere geometrische
Gestalt (eine oder zwei ihrer Erstreckungen sind „klein"), und das legt
es nahe, über den Spannungsverlauf einfache Näherungsannahmen zu
machen, durch die die Zahl der Unabhängig-Veränderlichen reduziert
und im Falle des Stabes eine Bestimmung der Spannungen allein auf
Grund der Gleichgewichtsaussagen ermöglicht wird[1]. Wir betrachten
als die einfachsten Beispiele den Zugstab, den Biegebalken und das
tordierte dünnwandige Rohr.

a) Von einem auf *Zug oder Druck* beanspruchten Stab wird man
voraussetzen können, daß (außer in der unmittelbaren Umgebung der
Enden, wo die Kräfte angreifen) die Spannungsverteilung gleichförmig
sei. Bezeichnet N die von dem Stab übertragene Schnittkraft

$$N = \int \sigma \, dF, \tag{14}$$

so folgt mit $\sigma = \mathrm{const} = \bar{\sigma}$

$$N = \bar{\sigma} \int dF = \bar{\sigma} F,$$

also für die die Anstrengung des Materials kennzeichnende Größe $\bar{\sigma}$
einfach

$$\bar{\sigma} = N/F. \tag{15}$$

b) In ganz ähnlicher Weise läßt sich auch die Anstrengung eines
auf *Biegung* beanspruchten Balkens auf Grund einer plausiblen Näherungsannahme über den Spannungsverlauf in der Querrichtung bestimmen. Wirken auf den Balken
Biegemomente M_y, so werden diese
von Längsspannungen σ_x übertragen;
für jede Stelle x des Balkens muß
gelten

$$M_y = \int \sigma_x z \, dF, \tag{16}$$

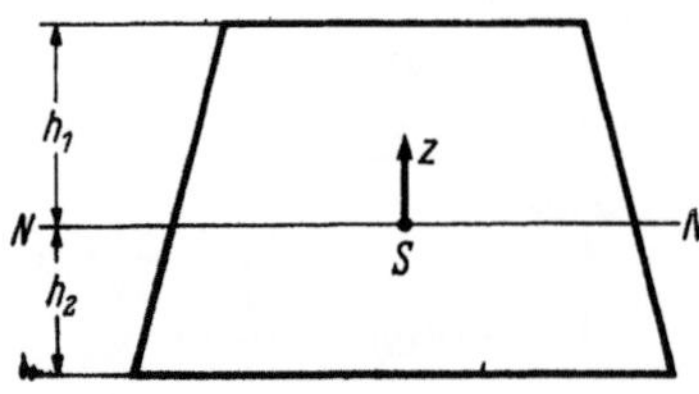
Fig. 8. Balkenquerschnitt mit „neutraler"
Achse NN.

wobei der Hebelarm z von einer geeigneten Geraden durch den Querschnitt gemessen wird (s. Fig. 8). Wir
nehmen nun an, daß die Spannungen über die Querschnittshöhe *linear*
und über die Breite konstant verteilt sind (die einfachste Annahme,
die man machen kann — wir werden sehen, daß sie in gewissen
Fällen sogar exakt zutrifft), und schreiben

$$\sigma_x = \tilde{\sigma} \frac{z}{h_1} \tag{17}$$

---

[1] Siehe auch die „Membran"theorie der Schalen. Kap. III. Ziff. 2.

($\tilde{\sigma}$ bezeichnet den Betrag der Biegespannung an der Randfaser $z = h_1$); dann folgt aus (16)

$$M_y = \int \tilde{\sigma}\, \frac{z}{h_1}\, z\, dF = \frac{\tilde{\sigma}}{h_1} \int z^2\, dF.$$

Die Größe $\int z^2 dF$ ist eine reine Querschnittsfunktion. Wir nennen sie mit einem aus der Dynamik übernommenen Ausdruck das Trägheitsmoment I_y (bezogen auf die y-Achse) und schreiben daher

$$M_y = \tilde{\sigma}\, \frac{I_y}{h_1}. \tag{18}$$

Die Lage der Geraden $\overline{NN}$ im Querschnitt (Fig. 8) folgt aus der Bedingung, daß, wenn Längskräfte nicht vorhanden sind, die Resultierende der Spannungen σ_x

$$\sigma_x = \frac{M_y}{I_y}\, z \tag{19}$$

verschwinden muß:

$$\int \sigma_x\, dF = \frac{\tilde{\sigma}}{h_1} \int z\, dF = 0.$$

Die Gerade $\overline{NN}$ muß also durch den *Schwerpunkt* des Querschnittes gehen, denn der Schwerpunkt ist gekennzeichnet durch die Bedingung

$$\int z\, dF = 0.$$

Durch Gl. (18) ist $\tilde{\sigma}$, die größte Spannung im Querschnitt, schon definiert, wenn wir noch die Verabredung treffen, unter h_1 immer den größeren der beiden Abstände Randfaser-Schwerpunkt verstehen zu wollen. Der Größe I_y/h_1, die die Widerstandsfähigkeit des Balkens gegen Biegung kennzeichnet, heißt das Widerstandsmoment des Balkens. Man pflegt sie mit einem besonderen Buchstaben, W, zu bezeichnen, so daß als Gegenstück zu Formel (15) endgültig kommt:

$$\sigma_{\max} = M/W, \quad \text{mit} \quad W = I/h_1. \quad [\text{cm}^3] \tag{20}$$

In (20) ist M entweder gegeben oder es bestimmt sich (bei verteilten Lasten) aus der Gleichgewichtsdifferentialgleichung (3′).

Die Formel (20) gibt nur dann wirklich die Höchstspannung im Balken an, wenn die Längsspannungen σ_x wesentlich größer sind als die von den Querkräften herrührenden Schubspannungen τ. Wir wollen am Beispiel eines Stabes mit längs x unveränderlichem Rechteckquerschnitt von der Breite b und der Höhe h kurz zeigen, daß bei einem Träger, der sehr viel länger ist als hoch („Balken"), in der Tat $\tau \ll \sigma_x$ ist. Wegen $\dfrac{\partial \sigma_x}{\partial x} + \dfrac{\partial \tau_{zx}}{\partial z} = 0$ und wegen des Ansatzes (17) ist der Verlauf der Schubspannungen $\tau_{xz} = \tau_{zx} = \tau$ über z gegeben durch

$$\tau = -\frac{\partial}{\partial x} \int \sigma_x\, dz = -\frac{\partial}{\partial x} \frac{M_y}{I_y} \int z\, dz = \frac{\partial}{\partial x} \frac{M_y}{I_y} \frac{1}{2} \left(\frac{h^2}{4} - z^2 \right)$$

$$[\text{denn } \tau(\pm h/2) = 0].$$

Den Höchstbetrag nimmt τ für $z=0$ an; wegen $\dfrac{\partial}{\partial x}\, M = Q$ und $I_y = \dfrac{b\,h^3}{12}$ ist also

$$\tau_{\max} = \frac{3}{2}\,\frac{Q}{b\,h} = \frac{3}{2}\,\frac{Q}{F} \tag{21}$$

Bedeutet l^* einen geeigneten Bruchteil der Stablänge, so ist

$$M_y = Q \cdot l^*. \tag{22}$$

Aus (20) und (21) folgt mit

$$W = \frac{b\,h^3}{12}\,\frac{2}{h} = \frac{b\,h^2}{6} = F \cdot \frac{h}{6}\,,$$

also

$$\frac{\tau_{\max}}{\sigma_{\max}} = \frac{3}{2}\,\frac{Q}{F}\,\frac{F \cdot h/6}{Q\,l^*} = \frac{h}{4\,l^*}\,; \tag{23}$$

d. h. es ist $\tau_{\max}$ im Verhältnis Balkenhöhe zu Balkenlänge klein gegen $\sigma_{\max}$ (außer in unmittelbarer Nachbarschaft eines konzentrierten Kraftangriffes, d. h. wenn l^* klein ist).

c) Die Höchstbeanspruchung im *tordierten* Stab von beliebigem Querschnitt läßt sich nicht in ähnlich einfacher Weise bestimmen wie beim gebogenen Balken. Denn das Torsionsmoment wird von *zwei* Schubspannungskomponenten τ_{xz} und τ_{xy} übertragen (Fig. 9), über deren Verlauf mit y und z sich bei einem beliebig geformten Voll-

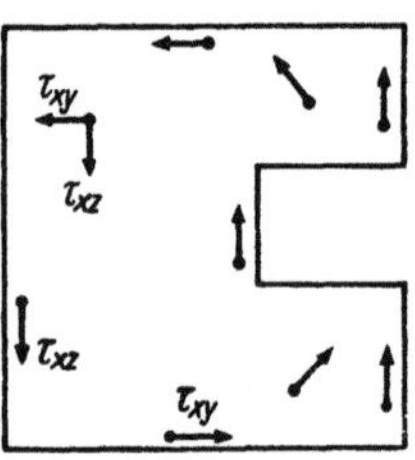

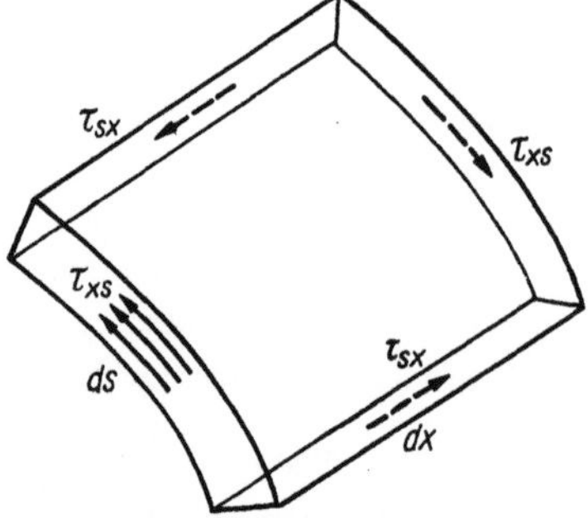

Fig. 9. Schubspannungen im tordierten Stab.

Fig. 10. Wandelement $d\,x\,d\,s$ des tordierten Rohres.

querschnitt keine brauchbare Näherungsannahme machen läßt. Wohl aber ist eine derartige Annahme möglich bei dünnwandigen Querschnitten, z. B. bei einem dünnwandigen *Rohr*. Wir betrachten das in Fig. 10 gezeichnete Element der Rohrwand von der Dicke t. Da die beiden Leibungen frei sein sollen von Schubkräften in Richtung der Achse, so folgt aus der paarweisen Zuordnung der Schübe, daß die Querschnittsschubspannungen in der Randfaser keine Komponente senkrecht zum Rande haben dürfen; sie können daher in der *dünnen* Wand wesentlich nur *parallel* zur Tangente an die Mittellinie des Rohrquerschnittes gerichtet sein. Machen wir die weitere Annahme, daß sie sich über die Wanddicke gleichförmig verteilen, so ist die Bestimmung der höchsten Schub*spannung* $\tau_{\max}$ zurückgeführt auf die Bestimmung der in die Tangente der Rohrmittellinie fallenden Schub*kraft* (Dimension: Kraft/Länge)

$$T_{xs} = \tau_{xs} \cdot t. \qquad (24)$$

Für deren Bestimmung aber reichen nun die Gleichgewichtsbedingungen aus. Zunächst folgt aus $\tau_{xs} = \tau_{sx}$ auch

$$T_{sx} = T_{xs} = T.$$

Da ferner keine Längskräfte σ_x auf das Element wirken sollen, so muß wegen $\dfrac{\partial \sigma_x t}{\partial x} + \dfrac{\partial T}{\partial s} = 0$ die Schubkraft T mit s unveränderlich sein. Die Bedingung, daß das Schnittmoment durch die Schubkraft übertragen wird (Fig. 11)

$$M_t = \oint T r_t ds, \qquad (25)$$

liefert daher unmittelbar eine Bestimmungsgleichung für T:

$$M_t = T \oint r_t ds = 2T \mathfrak{F}; \qquad (25')$$

dabei ist $\mathfrak{F}$ nach einem bekannten geometrischen Satz die von der Mittellinie des Rohrquerschnittes umschlossene Fläche (s. Fig. 11). Es ist also — da die Wandstärke t mit s veränderlich sein kann —

$$\tau_{\max} = \frac{T}{t_{\min}} = \frac{M_t}{2 \mathfrak{F} t_{\min}}.$$

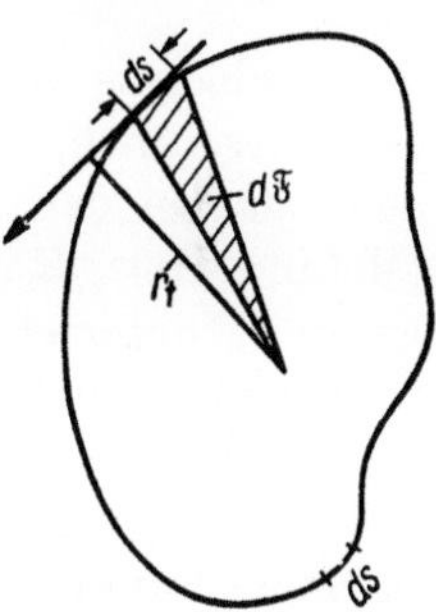

Fig. 11. Zur Deutung von $r_t ds = 2 d\mathfrak{F}$

Bezeichnen wir die Größe $2\mathfrak{F} \cdot t_{\min}$ als das Torsionswiderstandsmoment W_T des Rohres, so kann man in enger Analogie zu (20) schreiben

$$\tau_{\max} = M_t / W_T \quad \text{mit} \quad W_T = 2\mathfrak{F} t_{\min} \quad ([W_T] = \text{cm}^3). \qquad (26)$$

Die Größe M_t selbst ist entweder unmittelbar bekannt (wenn das Rohr Endmomente einer gegebenen Größe erfährt), oder sie bestimmt sich (bei verteilten Momenten m_t) ihrerseits aus der ersten Gleichgewichtsdifferentialgleichung (3).

5. Die Verzerrung.

Maximale Beanspruchungen auf Grund von Gleichgewichtsaussagen zu bestimmen, ist nur in wenigen Fällen möglich. Schon beim einfachen Biegebalken kann man $\sigma_{\max} = M/W$ nicht berechnen, wenn die Lagerung an den Enden „statisch unbestimmt" ist, d. h. wenn die bei der Integration der Gl. (3') auftretenden Konstanten aus statischen Aussagen allein nicht bestimmt werden können. Und sehr viel komplizierter liegen die Verhältnisse bei mehrdimensionalen Gebilden, wo vielfach, wie wir am Beispiel der Scheibe oben gesehen haben, nicht einmal die Zahl der Gleichgewichtsdifferentialgleichungen mit der Zahl der Unbekannten übereinstimmt. — Man muß in diesen Fällen auf die *Formänderungen* des Körpers eingehen und damit in die Rechnung insbesondere seine *elastischen* Eigenschaften einbeziehen [über die die Gln. (13), (18) und (24), (25) noch keinerlei Annahmen enthalten].

Wir betrachten wieder zunächst den Zugstab. Infolge der Zugkraft N erfährt der Stab eine Verlängerung. Es ist klar, daß die Verlängerung Δl selbst kein Maß für das elastische Verhalten des Stabes abgibt, denn die gleiche Verlängerung bedeutet bei einem kurzen Stab eine sehr viel größere Nachgiebigkeit als bei einem langen. Als *Dehnung* bezeichnet man die Größe

$$\varepsilon = \frac{\Delta l}{l},$$

das Verhältnis der Verlängerung zur ursprünglichen Länge. Dabei ist es unwesentlich, daß man sich auf die ursprüngliche Länge l bezieht; denn da bei den in der Technik vorkommenden elastischen Stoffen (Metalle, Holz, Kunststoffe, Beton) die Verlängerung Δl sehr klein ist gegen l, unterscheiden sich die Verzerrungen $\Delta l/l$ und $\Delta l/(l + \Delta l)$ zahlenmäßig nicht.

Wie bei der Definition der Spannung wird auch hier die schärfere Definition durch einen Grenzwert notwendig, wenn man die Dehnung in einem Punkt eines ungleichförmig verzerrten Körpers angeben will. Bezeichnet $u = u(x)$ die Verschiebung eines Punktes x des Stabes, $u + \Delta u = u(x + \Delta x)$ die eines Nachbarpunktes $x + \Delta x$, so definieren wir

$$\varepsilon = \lim_{\Delta x \to 0} \frac{u + \Delta u - u}{x + \Delta x - x} = \frac{du}{dx}. \tag{27}$$

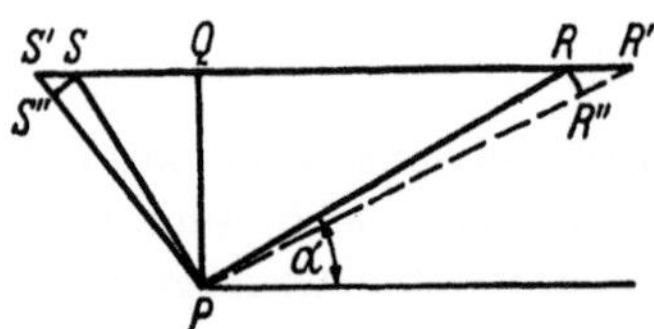

Fig. 12. Dehnung und Gleitung im Zugstab.

Die Dehnung eines eindimensionalen Gebildes ist danach einfach die *erste Ableitung* der Verschiebung.

Die Dehnung ist nicht die einzige Art von Verzerrung, die ein elastischer Körper erleiden kann. Den *Längs*spannungen und *Schub*spannungen entsprechen bei den Verzerrungen *Längen*änderungen und *Winkel*änderungen. Winkeländerungen treten schon beim nur längsgedehnten Zugstab auf. In der Tat: Betrachten wir zwei unter den Winkeln α und $\pi/2 + \alpha$ gegen die Stabachse x geneigte Richtungen. Die Strecke PQ in Fig. 12 denken wir uns festgehalten. Durch die Dehnung ε gelangen die Punkte R, S nach R', S'. Wählen wir PQ als Einheit, so ist

$$QR = \operatorname{ctg}\alpha, \qquad QS = \operatorname{tg}\alpha,$$

$$RR' = \varepsilon \operatorname{ctg}\alpha, \qquad SS' = \varepsilon \operatorname{tg}\alpha.$$

Da die Winkeländerungen γ_1 und γ_2 kleine Größen $[\sin(\alpha + \gamma_i) \approx \sin\alpha]$ sind, gilt ferner

$$\gamma_1 = \frac{RR''}{PR} = \frac{RR'\sin\alpha}{1/\sin\alpha} = \varepsilon \sin\alpha \cos\alpha,$$

$$\gamma_2 = \frac{SS''}{PS} = \frac{SS'\cos\alpha}{1/\cos\alpha} = \varepsilon \sin\alpha \cos\alpha.$$

Für die Gesamtänderung $\gamma = \gamma_1 + \gamma_2$ des ursprünglich rechten Winkels ergibt sich daher

$$\tfrac{1}{2}\gamma = \varepsilon \sin\alpha \cos\alpha. \tag{28a}$$

Für die Längenänderung (Dehnung) der unter α gegen die Stabachse geneigten Geraden gilt

$$\varepsilon_\alpha = \frac{R'R''}{PR} = \frac{\varepsilon \operatorname{ctg}\alpha \cdot \cos\alpha}{1/\sin\alpha} = \varepsilon \cos^2\alpha. \tag{28b}$$

Die Gln. (28) sind genau wie die Gln. (6) für die Spannungen ein Sonderfall des allgemeinen Transformationsgesetzes für die Verzerrungen. — Um das zu zeigen, müssen wir etwas weiter ausholen. Der allgemeine ebene Verzerrungszustand wird beschrieben durch die vier partiellen Ableitungen (Verschiebungs*änderungen*)

$$\begin{pmatrix} \dfrac{\partial u}{\partial x} & \dfrac{\partial v}{\partial x} \\[2mm] \dfrac{\partial u}{\partial y} & \dfrac{\partial v}{\partial y} \end{pmatrix}, \tag{29}$$

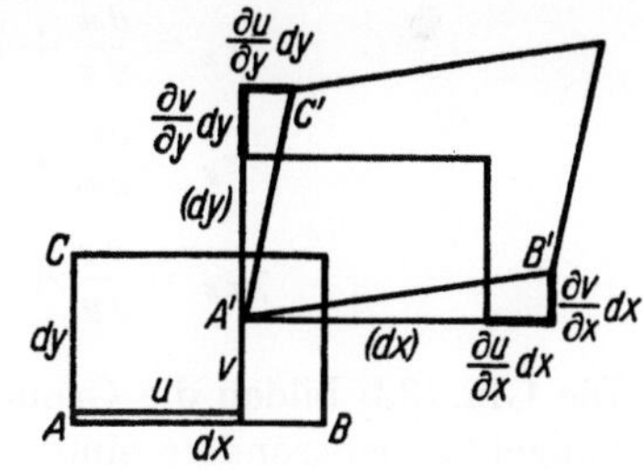

Fig. 13. Verschobenes und verzerrtes Scheibenelement $dx\,dy$.

mit deren Hilfe sich die oben erwähnten Längen- und Winkeländerungen darstellen lassen. Wir betrachten Fig. 13, wo das über den Strecken AB und AC aufgespannte Flächenelement $dx\,dy$ vor und nach der Verzerrung gezeichnet ist: Nach dem Pythagoräischen Lehrsatze ist die neue Länge $A'B'$ gegeben durch

$$((1 + \varepsilon_x)\,dx)^2 = \left(\left(1 + \frac{\partial u}{\partial x}\right)dx\right)^2 + \left(\frac{\partial v}{\partial x}\,dx\right)^2. \tag{30a}$$

Den Winkel $B'A'C'$ erhält man am einfachsten durch Bildung des Skalarproduktes der beiden Vektoren

$$\left[\left(1 + \frac{\partial u}{\partial x}\right)\mathfrak{i} + \frac{\partial v}{\partial x}\mathfrak{j}\right]dx \quad \text{und} \quad \left[\frac{\partial u}{\partial y}\mathfrak{i} + \left(1 + \frac{\partial v}{\partial y}\right)\mathfrak{j}\right]dy.$$

Bezeichnen wir die *Abnahme* des ursprünglich rechten Winkels mit γ, so ist

$$(1 + \varepsilon_x)\,dx\,(1 + \varepsilon_y)\,dy\,\cos\left(\frac{\pi}{2} - \gamma\right)$$

$$= \left(1 + \frac{\partial u}{\partial x}\right)dx\,\frac{\partial u}{\partial y}\,dy + \frac{\partial v}{\partial x}\,dx\left(1 + \frac{\partial v}{\partial y}\right)dy. \tag{30b}$$

Aus (30b), (30a) und seinem Analogon für dy folgen die drei Verzerrungs-Verschiebungsgleichungen

$$\left.\begin{aligned}
(1+\varepsilon_x)^2 &= \left(1+\frac{\partial u}{\partial x}\right)^2 + \left(\frac{\partial v}{\partial x}\right)^2, \\[2mm]
(1+\varepsilon_y)^2 &= \left(\frac{\partial u}{\partial y}\right)^2 + \left(1+\frac{\partial v}{\partial y}\right)^2, \\[2mm]
\sin\gamma &= \frac{\left(1+\frac{\partial u}{\partial x}\right)\frac{\partial u}{\partial y} + \left(1+\frac{\partial v}{\partial x}\right)\frac{\partial v}{\partial x}}{(1+\varepsilon_x)(1+\varepsilon_y)}.
\end{aligned}\right\} \quad (31)$$

Die für beliebig große Verzerrungen und Verschiebungsableitungen gültigen Beziehungen (31) vereinfachen sich entscheidend, wenn man von der Tatsache Gebrauch macht, daß alle für die Anwendungen wichtigen Baustoffe (Metalle, Holz, Kunststoffe, Beton) im elastischen Bereich nur *kleine Verzerrungen* erleiden. Dann kann ε gegen 1, ε^2 gegen ε wegbleiben, und an die Stelle des Sinus tritt der Winkel selbst. Es wird

$$\left.\begin{aligned}
\varepsilon_x &= \frac{\partial u}{\partial x} + \frac{1}{2}\left(\frac{\partial u}{\partial x}\right)^2 + \frac{1}{2}\left(\frac{\partial v}{\partial x}\right)^2, \\[2mm]
\varepsilon_y &= \frac{\partial v}{\partial y} + \frac{1}{2}\left(\frac{\partial v}{\partial y}\right)^2 + \frac{1}{2}\left(\frac{\partial u}{\partial y}\right)^2, \\[2mm]
\gamma_{xy} &= \frac{\partial u}{\partial y} + \frac{\partial v}{\partial x} + \frac{\partial u}{\partial x}\frac{\partial u}{\partial y} + \frac{\partial v}{\partial x}\frac{\partial v}{\partial y}.
\end{aligned}\right\} \quad (32)$$

Die Gln. (32) bilden die Grundlage für die Theorie „endlicher Verschiebungen", insbesondere sind sie auch der Ausgangspunkt für die energetische Behandlung von Stabilitätsproblemen[1].

Sind auch die Verschiebungsableitungen einzeln kleine Größen — und das trifft für eine große Klasse von Problemen mit hinreichender Genauigkeit zu —, so vereinfachen sich die Gleichungen noch weiter; sie werden in den Verzerrungen *und* den Verschiebungen linear:

$$\varepsilon_x = \frac{\partial u}{\partial x}, \qquad \gamma_{xy} = \frac{\partial u}{\partial y} + \frac{\partial v}{\partial x}, \qquad \varepsilon_y = \frac{\partial v}{\partial y}. \qquad (33)^2$$

Um nun das Transformationsgesetz für die durch (32) oder (33) dargestellten Verzerrungsgrößen zu finden, gehen wir aus von den Beziehungen

$$\left.\begin{aligned}
x' &= x\cos\alpha + y\sin\alpha, \\
y' &= -x\sin\alpha + y\cos\alpha,
\end{aligned}\right\} \quad (34)$$

---

[1] Kap. VI, Ziff. 8.

[2] Übrigens ist — wie sich im VI. Kapitel zeigen wird — das Verfahren, die Gleichgewichtsaussagen am unverformten, statt (wie man es eigentlich tun müßte) am verformten Element auszusprechen, nur bei kleinen Verschiebungsableitungen zulässig, so daß neben den Gleichgewichtsbedingungen (12) nur die Gln. (33) benutzt werden dürfen.

durch die die auf ein System (x', y') bezogenen Koordinaten eines Punktes verbunden werden mit den Koordinaten x, y desselben Punktes. Nach (34) erhält man die Verschiebung u' in einer um α gegen x gedrehten Richtung x' aus

$$u' = u \cos \alpha + v \sin \alpha.$$

Die Änderung dieser Größe in Richtung x' ist also

$$\frac{\partial u'}{\partial x'} = \frac{\partial u}{\partial x'} \cos \alpha + \frac{\partial v}{\partial x'} \sin \alpha.$$

Nach Fig. 14 ist aber die Ableitung von u in Richtung x' gegeben durch

$$du = du^{(1)} + du^{(2)},$$

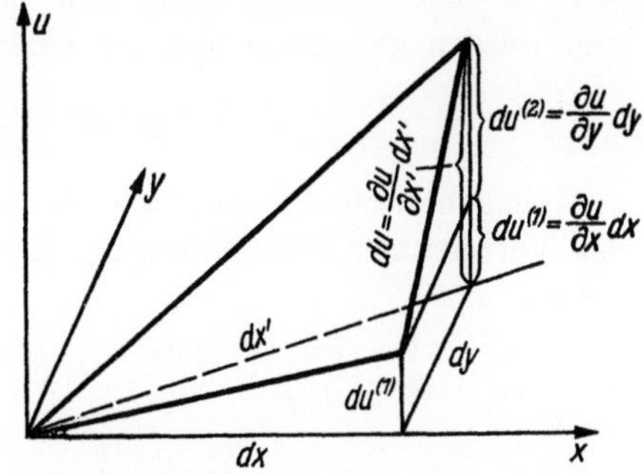

Fig. 14. Zur geometrischen Veranschaulichung des vollständigen Differentials $du = \dfrac{\partial u}{\partial x} dx + \dfrac{\partial u}{\partial y} dy$.

also

$$\frac{\partial u}{\partial x'} = \frac{\partial u}{\partial x} \cos (x, x') + \frac{\partial u}{\partial y} \cos (y, x') = \frac{\partial u}{\partial x} \cos \alpha + \frac{\partial u}{\partial y} \sin \alpha.$$

Ebenso gilt

$$\frac{\partial v}{\partial x'} = \frac{\partial v}{\partial x} \cos \alpha + \frac{\partial v}{\partial y} \sin \alpha;$$

also kommt

$$\frac{\partial u'}{\partial x'} = \frac{\partial u}{\partial x} \cos^2 \alpha + \left(\frac{\partial u}{\partial y} + \frac{\partial v}{\partial x} \right) \cos \alpha \sin \alpha + \frac{\partial v}{\partial y} \sin^2 \alpha.$$

In ganz entsprechender Weise ergeben sich die Formeln

$$\left. \begin{aligned} \frac{\partial v'}{\partial y'} &= \frac{\partial v}{\partial y} \cos^2 \alpha - \left(\frac{\partial v}{\partial x} + \frac{\partial u}{\partial y} \right) \cos \alpha \sin \alpha + \frac{\partial u}{\partial x} \sin^2 \alpha, \\ \frac{\partial u'}{\partial y'} + \frac{\partial v'}{\partial x'} &= 2 \left(\frac{\partial v}{\partial y} - \frac{\partial u}{\partial x} \right) \sin \alpha \cos \alpha + \left(\frac{\partial u}{\partial y} + \frac{\partial v}{\partial x} \right) (\cos^2 \alpha - \sin^2 \alpha). \end{aligned} \right\} \quad (35)$$

Aus (35) und (32) oder (33) folgen die Transformationsgleichungen für die Verzerrungen. Sie lauten, wie im zweiten Fall unmittelbar evident ist und im ersten durch eine einfache Zwischenrechnung bestätigt werden kann:

$$\left. \begin{aligned} \varepsilon_{x'} &= \varepsilon_x \cos^2 \alpha + \gamma_{xy} \cos \alpha \sin \alpha + \varepsilon_y \sin^2 \alpha, \\ \varepsilon_{y'} &= \varepsilon_x \sin^2 \alpha - \gamma_{xy} \sin \alpha \cos \alpha + \varepsilon_y \cos^2 \alpha, \\ \gamma_{x'y'} &= 2 (\varepsilon_y - \varepsilon_x) \sin \alpha \cos \alpha + \gamma_{xy} (\cos^2 \alpha - \sin^2 \alpha). \end{aligned} \right\} \quad (36)$$

Da die ε, $\gamma/2$ das gleiche Transformationsgesetz aufweisen wie die σ, τ nach (10), ist auch die Größe

$$\begin{pmatrix} \varepsilon_x & \tfrac{1}{2}\gamma \\ \tfrac{1}{2}\gamma & \varepsilon_y \end{pmatrix} \qquad (37)$$

ein symmetrischer Tensor; man nennt sie den Deformationstensor. — Wie die Spannungen haben auch die Verzerrungen (37) *Haupt*richtungen; sie sind definiert durch die Bedingungen $\gamma = 0$ oder $\varepsilon = $ Extr. und werden gewonnen aus der Gleichung

$$\operatorname{tg} 2\alpha^* = \frac{\gamma}{\varepsilon_x - \varepsilon_y}. \tag{38}$$

Wir geben ohne Herleitung die den Gln. (32) und (33) entsprechenden Verzerrungs-Verschiebungsgleichungen in drei Dimensionen an; sie lauten

$$\left.\begin{aligned}
\varepsilon_x &= \frac{\partial u}{\partial x} + \frac{1}{2}\left(\left(\frac{\partial u}{\partial x}\right)^2 + \left(\frac{\partial v}{\partial x}\right)^2 + \left(\frac{\partial w}{\partial x}\right)^2\right), \\
&\quad \gamma_{xy} = \frac{\partial u}{\partial y} + \frac{\partial v}{\partial x} + \frac{\partial u}{\partial x}\frac{\partial u}{\partial y} + \frac{\partial v}{\partial x}\frac{\partial v}{\partial y} + \frac{\partial w}{\partial x}\frac{\partial w}{\partial y}, \\
\varepsilon_y &= \frac{\partial v}{\partial y} + \frac{1}{2}\left(\left(\frac{\partial u}{\partial y}\right)^2 + \left(\frac{\partial v}{\partial y}\right)^2 + \left(\frac{\partial w}{\partial y}\right)^2\right), \\
&\quad \gamma_{yz} = \frac{\partial v}{\partial z} + \frac{\partial w}{\partial y} + \frac{\partial u}{\partial y}\frac{\partial u}{\partial z} + \frac{\partial v}{\partial y}\frac{\partial v}{\partial z} + \frac{\partial w}{\partial y}\frac{\partial w}{\partial x}, \\
\varepsilon_z &= \frac{\partial w}{\partial z} + \frac{1}{2}\left(\left(\frac{\partial u}{\partial z}\right)^2 + \left(\frac{\partial v}{\partial z}\right)^2 + \left(\frac{\partial w}{\partial z}\right)^2\right), \\
&\quad \gamma_{zx} = \frac{\partial w}{\partial x} + \frac{\partial u}{\partial z} + \frac{\partial u}{\partial z}\frac{\partial u}{\partial x} + \frac{\partial v}{\partial z}\frac{\partial v}{\partial x} + \frac{\partial w}{\partial z}\frac{\partial w}{\partial x}
\end{aligned}\right\} \tag{39}$$

und

$$\left.\begin{aligned}
\varepsilon_x &= \frac{\partial u}{\partial x}, & \gamma_{xy} &= \frac{\partial u}{\partial y} + \frac{\partial v}{\partial x}, & \varepsilon_y &= \frac{\partial v}{\partial y}, \\
\gamma_{yz} &= \frac{\partial v}{\partial z} + \frac{\partial w}{\partial y}, & \varepsilon_z &= \frac{\partial w}{\partial z}, & \gamma_{xz} &= \frac{\partial u}{\partial z} + \frac{\partial w}{\partial x}.
\end{aligned}\right\} \tag{40}$$

6. Das Elastizitätsgesetz
und die Grundgleichungen der Elastizitätstheorie.

Zwischen den Größen σ und ε besteht ein einfacher Zusammenhang. Wie das Experiment zeigt, sind die beiden Größen in einem gewissen (für viele Anwendungen ausreichenden) Bereich einander proportional; bei dem nur in einer Richtung beanspruchten Zugstab ist

$$E\varepsilon = \sigma. \tag{41}$$

Der Proportionalitätsfaktor E heißt Elastizitätsmodul. Er hat die Dimension kg/cm². Man nennt das lineare Elastizitätsgesetz (41) nach dem englischen Mathematiker, der es zuerst ausgesprochen hat, das HOOKEsche Gesetz. Beim dreiachsigen Spannungszustand lautet es, wenn wir mit σ_1, σ_2, σ_3, ε_1, ε_2, ε_3 die *Hauptwerte* von Spannung und Dehnung bezeichnen,

$$E\varepsilon_1 = \sigma_1 - \nu(\sigma_2 + \sigma_3),\; E\varepsilon_2 = \sigma_2 - \nu(\sigma_1 + \sigma_3),\; E\varepsilon_3 = \sigma_3 - \nu(\sigma_1 + \sigma_2); \tag{41'}$$

v ist darin eine zweite Elastizitätskonstante, die sog. Querkontraktions-
zahl (vielfach auch Querzahl oder POISSONsche Konstante genannt),
die zum Ausdruck bringt, daß jede Längsspannung außer einer
Längsdehnung auch eine Querzusammenziehung des Materials bewirkt.
Für die gebräuchlichen Metalle hat sie den Wert 0,3.

Das Elastizitätsgesetz (41') gilt zunächst nur für die Hauptwerte
von Spannung und Dehnung, d. h. für die aufeinander senkrechten
Richtungen, die eine reine Längsspannung und eine reine Dehnung
(also keinen Schub und keine Gleitung) erfahren. Vermöge der Tensor-
transformationsformeln läßt es sich aber sofort auch für eine beliebige
Richtung x, y, z aussprechen. Wir zeigen den Rechnungsgang an dem
ebenen Sonderfall $\sigma_3 = 0$. Bedeutet α den Winkel zwischen x und der
Hauptrichtung 1, so ist nach (10) und (36)

$$\sigma_x = \sigma_1 \cos^2\alpha + \sigma_2 \sin^2\alpha, \quad \tau_{xy} = (\sigma_2 - \sigma_1)\cos\alpha\sin\alpha, \quad \sigma_y = \sigma_1 \sin^2\alpha + \sigma_2 \cos^2\alpha,$$
$$\varepsilon_x = \varepsilon_1 \cos^2\alpha + \varepsilon_2 \sin^2\alpha, \quad \gamma_{xy} = 2(\varepsilon_2 - \varepsilon_1)\cos\alpha\sin\alpha, \quad \varepsilon_y = \varepsilon_1 \sin^2\alpha + \varepsilon_2 \cos^2\alpha.$$

Also kommt

$$E\,\varepsilon_x = (\sigma_1 - v\,\sigma_2)\cos^2\alpha + (\sigma_2 - v\,\sigma_1)\sin^2\alpha = \sigma_x - v\,\sigma_y,$$
$$E\,\varepsilon_y = (\sigma_2 - v\,\sigma_1)\cos^2\alpha + (\sigma_1 - v\,\sigma_2)\sin^2\alpha = \sigma_y - v\,\sigma_x,$$
$$E\,\gamma_{xy} = 2(\sigma_2 - v\,\sigma_1 - \sigma_1 + v\,\sigma_2)\cos\alpha\sin\alpha = 2(1 + v)\,\tau_{xy}.$$

Das heißt: das HOOKEsche Gesetz behält bezüglich der Dehnungen
seine Form, auch wenn die Richtungen x, y nicht Hauptrichtungen
sind; und für die Beziehung zwischen Gleitung und Schub ergibt sich
eine unmittelbare Proportionalität, die sich mit der Abkürzung

$$\frac{E}{2(1 + v)} = G, \qquad \text{Gleitmodul} \tag{42}$$

in der Form

$$G\gamma = \tau$$

schreiben läßt.

Das Elastizitätsgesetz in drei Dimensionen (41') lautet danach für
beliebige orthogonale Richtungen x, y, z:

$$\left.\begin{aligned}
&E\varepsilon_x = \sigma_x - v(\sigma_y + \sigma_z), \quad G\gamma_{xy} = \tau_{xy}, \quad E\varepsilon_y = \sigma_y - v(\sigma_z + \sigma_x), \\
&G\gamma_{yz} = \tau_{yz}, \quad E\varepsilon_z = \sigma_z - v(\sigma_x + \sigma_y), \quad G\gamma_{zx} = \tau_{zx}.
\end{aligned}\right\} \tag{43}$$

In zweierlei Weise läßt es sich auf zwei Dimensionen spezialisieren.
Setzen wir $\tau_{xz} = \tau_{yz} = \sigma_z = 0$, so erhalten wir die bei der Herleitung
von (43) schon gewonnenen Gleichungen

$$E\varepsilon_x = \sigma_x - v\,\sigma_y, \quad G\gamma_{xy} = \tau_{xy}, \quad E\varepsilon_y = \sigma_y - v\,\sigma_x. \tag{44}$$

Machen wir $\gamma_{xz} = \gamma_{yz} = \varepsilon_z = 0$, so ergibt sich

$$\left.\begin{aligned}
&E\varepsilon_x = (1 - v^2)\sigma_x - v(1 + v)\sigma_y, \quad G\gamma_{xy} = \tau_{xy}, \\
&E\varepsilon_y = (1 - v^2)\sigma_y - v(1 + v)\sigma_x.
\end{aligned}\right\} \tag{45}$$

Der erste Zustand ist (näherungsweise) realisiert in einer dünnen Scheibe, die Beanspruchungen nur in ihrer Ebene erfährt, die zweite Annahme kennzeichnet den Spannungs- und Verzerrungszustand im x-y-Schnitt eines in z-Richtung sehr ausgedehnten prismatischen Körpers, wenn alle äußeren Kräfte, unabhängig von z, parallel zur x-y-Ebene wirken. Man nennt den ersten den ebenen Spannungs-, den zweiten den ebenen Verzerrungszustand.

Die Gln. (43) und ihre beiden Sonderfälle (44) und (45) lassen sich nach den Spannungen auflösen. Ist

$$e_{(2)} = \varepsilon_x + \varepsilon_y, \qquad e_{(3)} = \varepsilon_x + \varepsilon_y + \varepsilon_z,$$

so lauten die Gleichungen

$$\left.\begin{aligned}
\sigma_x &= 2G\left(\varepsilon_x + \frac{\nu}{1-2\nu}e_{(3)}\right), \quad \tau_{xy} = G\gamma_{xy}, \quad \sigma_y = 2G\left(\varepsilon_y + \frac{\nu}{1-2\nu}e_{(3)}\right), \\
\tau_{yz} &= G\gamma_{yz}, \qquad \sigma_z = 2G\left(\varepsilon_z + \frac{\nu}{1-2\nu}e_{(3)}\right), \qquad \tau_{zx} = G\gamma_{zx},
\end{aligned}\right\} \quad (43')$$

$$\left.\begin{aligned}
\sigma_x &= \frac{E}{1-\nu^2}(\varepsilon_x + \nu\,\varepsilon_y), \qquad \tau = G\gamma, \qquad \sigma_y = \frac{E}{1-\nu^2}(\varepsilon_y + \nu\,\varepsilon_x) \\
&\text{oder auch} \\
\sigma_x &= 2G\left(\varepsilon_x + \frac{\nu}{1-\nu}e_{(2)}\right), \quad \tau = G\gamma, \quad \sigma_y = 2G\left(\varepsilon_y + \frac{\nu}{1-\nu}e_{(2)}\right)
\end{aligned}\right\} \quad (44')$$

und

$$\sigma_x = 2G\left(\varepsilon_x + \frac{\nu}{1-2\nu}e_{(2)}\right), \quad \tau = G\gamma, \quad \sigma_y = 2G\left(\varepsilon_y + \frac{\nu}{1-2\nu}e_{(2)}\right). \quad (45')$$

Die Dehnungssummen $e_{(2)}$ und $e_{(3)}$, die [wie man für $e_{(2)}$ aus den Transformationsgleichungen (36) sofort erkennt] invariant (= koordinatenunabhängig) sind, haben eine einfache mechanische Bedeutung. Das Volumen eines Raumelements $dx\,dy\,dz$ hat nach der Verzerrung den Betrag

$$(1 + \varepsilon_x)\,dx\,(1 + \varepsilon_y)\,dy\,(1 + \varepsilon_z)\,dz.$$

Der *Zuwachs je Volumeneinheit* ist

$$(1 + \varepsilon_x)(1 + \varepsilon_y)(1 + \varepsilon_z) - 1 = 1 + \varepsilon_x + \varepsilon_y + \varepsilon_z + \cdots - 1$$

oder, da die ε kleine Größen sind,

$$\varepsilon_x + \varepsilon_y + \varepsilon_z.$$

Zwischen der Spannungssumme $s = \sigma_x + \sigma_y + \sigma_z$ und der Dehnungssumme $e_{(3)}$ besteht die Beziehung

$$s = 2G\,\frac{1+\nu}{1-2\nu}e_{(3)} = \frac{E}{1-2\nu}e_{(3)}. \quad (46)$$

Die Größe $\dfrac{1}{3}\dfrac{E}{1-2\nu}$ heißt Kompressionsmodul. Da $\dfrac{e}{s} \geqq 0$ sein muß, folgt, daß ν zwischen 0 und $\frac{1}{2}$ liegen muß. Ein Material mit der Querzahl $\nu = \frac{1}{2}$ ist *inkompressibel* $(e_{(3)} = 0)$.

Mit den in diesem Abschnitt gewonnenen Gleichungen haben wir die zur Lösung elastischer Probleme notwendigen „Grundgleichungen" beieinander. Im ebenen Fall z. B. sind es $3 + 3 + 2 = 8$ Unbekannte:

$$\sigma_x, \tau, \sigma_y, \qquad \varepsilon_x, \gamma, \varepsilon_y, \qquad u, v$$

und $2 + 3 + 3 = 8$ Gleichungen:

die 2 Gleichgewichtsbedingungen (12),

die 3 Elastizitätsaussagen (44) oder (45)

und die 3 geometrischen Beziehungen (33).

Im räumlichen Fall sind es $6 + 6 + 3 = 15$ Unbekannte und $3 + 6 + 6$ Gleichungen — d. h. das Problem ist der Zahl der Gleichungen nach jetzt eindeutig formuliert.

Da nicht alle Unbekannten in allen Gleichungen vorkommen, kann man die Zahl der Gleichungen ohne Schwierigkeit reduzieren. Durch Elimination der *Spannungen* und der Verzerrungen erhält man im räumlichen Fall 3, im ebenen Fall 2 partielle Differentialgleichungen zweiter Ordnung für die Verschiebungen. Sie lauten z. B. für den ebenen Spannungszustand

$$\left.\begin{aligned}
\frac{E}{1-\nu^2}\frac{\partial}{\partial x}\left(\frac{\partial u}{\partial x}+\frac{\partial v}{\partial y}\right) + G\frac{\partial}{\partial y}\left(\frac{\partial u}{\partial y}-\frac{\partial v}{\partial x}\right) + X = 0, \\
\frac{E}{1-\nu^2}\frac{\partial}{\partial y}\left(\frac{\partial u}{\partial x}+\frac{\partial v}{\partial y}\right) - G\frac{\partial}{\partial x}\left(\frac{\partial u}{\partial y}-\frac{\partial v}{\partial x}\right) + Y = 0.
\end{aligned}\right\} \quad (47)$$

Bei Elimination der *Verschiebungen* erhält man z. B. im *ebenen* Fall aus den drei Gln. (33) eine Beziehung zwischen den drei Verzerrungen:

$$\frac{\partial^2 \varepsilon_y}{\partial x^2} - \frac{\partial^2 \gamma}{\partial x\,\partial y} + \frac{\partial^2 \varepsilon_x}{\partial y^2} = 0. \tag{48}$$

Gl. (48) heißt die Verträglichkeitsgleichung, weil sie zum Ausdruck bringt, daß die drei Verzerrungen

$$\varepsilon_x(x,y), \qquad \gamma(x,y), \qquad \varepsilon_y(x,y)$$

nicht vollkommen willkürliche Funktionen sein dürfen, sondern aneinander gebunden sein müssen durch die Bedingung, daß der zugehörige Verschiebungszustand, der sich aus (33) bestimmt, geometrisch möglich sei. Die Gl. (48) stellt, wenn man darin die Verzerrungen nach (44) oder (45) durch die Spannungen ersetzt, die dritte Gleichung für die Spannungen dar, deren Fehlen wir oben zum Anlaß genommen hatten, den Formänderungszustand zu betrachten.

Besonders zweckmäßig ist es, die Benutzung der Spannungsgleichungen zu kombinieren mit der Einführung der AIRY*schen Spannungsfunktion*. Durch den Ansatz

$$\sigma_x = \frac{\partial^2 \Phi}{\partial y^2}, \qquad \tau = -\frac{\partial^2 \Phi}{\partial x \partial y}, \qquad \sigma_y = \frac{\partial^2 \Phi}{\partial x^2} \qquad (49)$$

lassen sich nämlich die Gleichgewichtsbedingungen (12)

$$\frac{\partial \sigma_x}{\partial x} + \frac{\partial \tau}{\partial y} = 0, \qquad \frac{\partial \tau}{\partial x} + \frac{\partial \sigma_y}{\partial y} = 0 \qquad (50)$$

identisch befriedigen[1]; d. h. wegen (50) kann man die drei Unbekannten durch eine neue Unbekannte, die Spannungsfunktion Φ ersetzen. Jede durch (49) definierte Funktion Φ beschreibt dann einen „statisch-möglichen" Zustand, und der *wirkliche* Zustand ist unter allen statisch-möglichen derjenige, der auch „elastisch-möglich" ist, d. h. die Verträglichkeitsforderung (48) erfüllt. Führt man in (48) vermöge des Elastizitätsgesetzes die Funktion Φ ein, so erhält man — sowohl beim ebenen Spannungs- wie beim ebenen Verzerrungszustand — für Φ die *Bipotentialgleichung*

$$\Delta \Delta \Phi = 0. \qquad (51)$$

Da sich für diese Gleichung, die eine enge Verwandtschaft mit der in vielen Zweigen der Physik auftretenden Potentialgleichung aufweist, ein großer Vorrat von Lösungen angeben läßt[2], ist die Formulierung (49) des Elastizitätsproblems für viele ebene Probleme sehr vorteilhaft[3].

7. Dehnsteifigkeit, Biegesteifigkeit, Torsionssteifigkeit.

In Ziff. 4 hatten wir für die Widerstandsfähigkeit eines Balkens (d. h. das Verhältnis zwischen Schnittkraft und größter Spannung) bei Zug, Biegung und (für den Sonderfall eines Rohres) bei Torsion einfache Formeln gewonnen. Wir wollen nun für die gleichen Fälle die sog. *Steifigkeiten* bestimmen, die die *Schnittkraft* mit der für den betreffenden Vorgang kennzeichnenden *Verzerrungsgröße* verbinden. Da die Spannung nach (44) mit den Verzerrungen und diese nach (33) mit den Verschiebungen zusammenhängen, wird sich bei der Bestimmung dieser Formeln zugleich zeigen, ob und inwieweit die vereinfachenden Annahmen über den Spannungsverlauf zutreffend waren, da ja die von diesen Spannungen hervorgerufenen Verschiebungen *geometrisch möglich* sein müssen (d.h. die einzelnen Elemente des Körpers müssen auch nach der Verzerrung wie die Steine eines Baukastens aneinander passen).

---

[1] Bei Anwesenheit von Massenkräften X, Y muß man den Ansatz (49) entsprechend erweitern; siehe z. B. NADAI: Elast. Platten, S. 225. Berlin 1925.

[2] Techn. Dynamik, S. 123ff.

[3] Beispiele insbesondere bei TIMOSHENKO: Theory of Elasticity. New York 1935. — NADAI: Siehe Fußnote 1.

a) Am einfachsten liegen die Verhältnisse beim *Zugstab*. Aus $\sigma = E\varepsilon$ und $N = \sigma F$ folgt hier

$$N = EF\varepsilon \tag{52}$$

oder als Kraft-Verschiebungsgleichung geschrieben

$$N = EF\frac{du}{dx}. \tag{52'}$$

Die Größe EF nennen wir die Dehnsteifigkeit des Stabes.

Gl. (52) gilt streng, wenn der Stab durch Endkräfte oder durch sein Eigengewicht in Richtung der Achse belastet wird, weil dann die Annahme einer gleichförmigen Spannungsverteilung mit dem Verzerrungszustand verträglich ist. Ist der Spannungs- und Verzerrungszustand im Innern des Stabes komplizierter — dies ist z. B. der Fall, wenn die Längslasten in Form von Reibungskräften auf dem Stabmantel angreifen —, so wird durch die Gln. (52) und (52') der Dehnungs- und Verschiebungszustand mit einer für praktische Bedürfnisse ausreichenden Genauigkeit im Mittel beschrieben.

Aus (52') folgt mit $N' = -n$ als Beziehung zwischen Last und Verschiebung

$$(EFu')' = -n \tag{53}$$

eine Differentialgleichung *zweiter* Ordnung für die mittlere Längsverschiebung u.

b) Um vom Formänderungszustand des *Biegebalkens* eine streng gültige Vorstellung zu gewinnen, betrachten wir zunächst den durch zwei entgegengesetzt gleiche *End*momente beanspruchten Balken; und zwar wollen wir annehmen, daß die Momente durch linear verteilte Biegespannungen an den Enden aufgebracht seien. Wegen

$$E\varepsilon = \sigma$$

besteht dann der zugehörige Verzerrungszustand darin, daß jede einzelne Faser eine Dehnung proportional dem Abstand z von einer „neutralen" Faser erfährt. Der Proportionalitätsfaktor ergibt sich aus der Bedingung, daß die Schnitte $x = $ const und $z = $ const aufeinander senkrecht bleiben müssen, weil in diesen Schnitten die Schubspannungen und daher auch die Winkeländerungen verschwinden. Das bedeutet

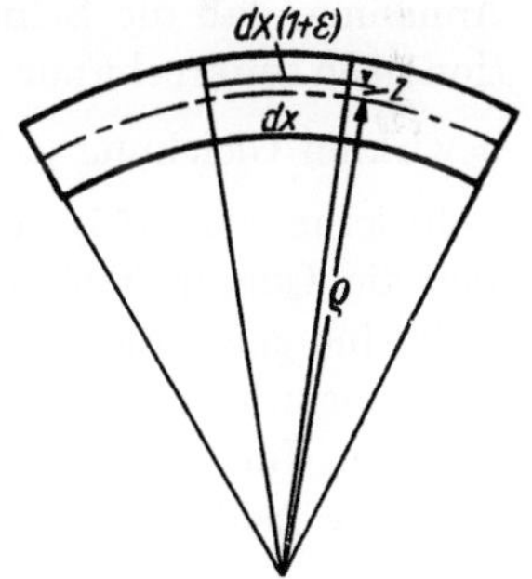
Fig. 15. Gekrümmter Balken; Dehnung der Fasern.

aber, daß der Balken sich *krümmen* muß. Die Krümmung ist wegen der gleichförmigen Beanspruchung $dM/dx = 0$ von x unabhängig, und aus Fig. 15 entnehmen wir daher unmittelbar die Beziehung

$$\frac{(1 + \varepsilon)\,dx}{dx} = \frac{z + \varrho}{\varrho} \tag{54}$$

oder

$$\varepsilon = \frac{z}{\varrho}\,. \tag{54'}$$

Dabei ist, wegen der Gleichgewichtsbedingung (16'), der Abstand z gezählt von einer waagerechten Geraden durch den Schwerpunkt. Mit

$$M_y = \int \sigma z\, dF = E \int \varepsilon z\, dF$$

folgt aus (54) die gesuchte Aussage über die Biegesteifigkeit

$$M_y = E I_y \frac{1}{\varrho}\,. \tag{55}$$

Wenn man aus Gl. (55) bei gegebenem Momentenverlauf die Durchbiegung w berechnen will, so wäre für $\frac{1}{\varrho}$ einzusetzen $-\dfrac{w''}{\sqrt{1 + w'^2}^{\,3}}$. Diese komplizierte Gleichung braucht bei den in erster Linie interessierenden sehr *kleinen* Durchbiegungen indessen nicht herangezogen zu werden. Da $w'^2 \ll 1$ ist, so ist $1/\varrho = -w''$, und als Gleichung für den Zusammenhang zwischen dem Moment und der von ihm bewirkten Verschiebung erhält man daher

$$M_y = -E I_y w''\,. \tag{55'}$$

Das Minuszeichen in dieser Gleichung entspricht einer Vorzeichenfestsetzung derart, daß zu positiven Momenten auch positive Durchbiegungen (also negative zweite Ableitungen) gehören sollen:

$$\left(\overparen{}\right) M > 0, \quad w'' < 0\,.$$

Die Gl. (55) haben wir hergeleitet unter der Voraussetzung, daß der Balken nur durch Endmomente beansprucht werde. Wirken Querkräfte, so kann sie nicht mehr streng richtig sein, weil die in (54) steckende Annahme, daß die Schnittflächen $x = \text{const}$ auch nach der Deformation noch senkrecht zur Balkenmittellinie seien, mit der vom Schub τ_{xz} bewirkten Gleichung $\gamma_{xz} = \dfrac{\partial u}{\partial z} + \dfrac{\partial w}{\partial x}$ nicht mehr verträglich ist. Gleichwohl kann man (55) als eine sehr gute Näherungsformel beibehalten, weil die Querkraftschubspannungen, wie wir in Ziff. 4 gesehen haben, klein sind gegen die Biegespannungen, so daß es sinnvoll ist, ihre Formänderungswirkungen (nicht ihre statischen Wirkungen!) zu vernachlässigen. Für den durch eine Querlast $q_z = q$ belasteten Balken gelten dann die beiden Gleichungen

$$M'' = -q, \quad E I w'' = -M\,.$$

Eliminiert man das Moment, so erhält man die Beziehung zwischen Durchsenkung und Last

$$(E I w'')'' = q \tag{56}$$

oder für den Balken unveränderlichen Querschnitts

$$E I w^{\mathrm{IV}} = q, \tag{56'}$$

eine Differentialgleichung *vierter* Ordnung für die Durchbiegung w.

Wir wollen kurz andeuten, wie man in einfacher Weise den Einfluß der Schubverformungen näherungsweise berücksichtigen kann. Lassen wir von der BERNOULLIschen Hypothese — daß die Schnitte $x =$ const *eben* bleiben und *senkrecht* zur verformten Mittellinie — die zweite Hälfte fallen, behalten aber die erste bei, so ist bei Biegung in der x-z-Ebene

$$u = u_0 + \frac{\partial u}{\partial z} z = u_0 - \psi z \,, \tag{57}$$

wenn u_0 die Verschiebung des Schwerpunktes bezeichnet. Behalten wir ferner die Annahme bei, daß in einem dünnen Balken die Querverschiebung w aller Fasern die gleiche ist, so geht die Elastizitätsgleichung für die Querkraft

$$Q \equiv \int \tau \, dF_S = G \int \gamma \, dF_S \equiv G \int \left(\frac{\partial w}{\partial x} + \frac{\partial u}{\partial z} \right) dF_S$$

über in

$$Q = GF_S (w' - \psi) \,. \tag{58}$$

(F_S ist der Querkraft-übertragende Teil, z. B. der Steg — Fig. 16 — des Querschnitts.) Für das Moment kommt

$$M = E \int u' z \, dF = - E \psi' \int z^2 \, dF = -EI \psi' \,. \tag{59}$$

Die beiden Gl. (58) und (59) bilden zusammen mit den Gleichgewichtsaussagen $M' = Q$ und $Q' = -q$ ein System von vier Gleichungen zur Bestimmung der vier Größen w, ψ, M, Q. Eliminiert man die Schnittkräfte, so erhält man zwei Gleichungen für ψ und w, die im Sonderfall konstanter Querschnittsabmessungen des Balkens die einfache Form

$$EI \psi''' = q \,, \quad \psi' = w'' + \frac{q}{GF_s} \tag{60}$$

annehmen. Für $GF_S \to \infty$ (verschwindende Schubdeformation) geht die zweite Beziehung (60) über in $\psi = w'$, d. h. man erhält, wie es sein muß, für w wieder die „elementare" Gl. (56').

Die Annahme

$$\tau = G \left(\frac{\partial w}{\partial x} + \frac{\partial u}{\partial z} \right) = G (w' - \psi) \,,$$

also eines von z unabhängigen Schubes, widerspricht der lokalen Gleichgewichtsaussage

$$\frac{\partial \tau}{\partial z} = - \frac{\partial \sigma_x}{\partial x} \,,$$

also

$$\tau - \tau_0 = -E \int \frac{\partial^2 u}{\partial x^2} \, dz = - E \int (u_0'' - \psi'' z) \, dz \,, \tag{61}$$

aus der folgt, daß der Schub parabelförmig verlaufen muß. Der Widerspruch ist unwesentlich beim Stegblechträger, wo der parabolische

Schubanteil klein ist gegen den konstanten (s. Fig. 16). Aber auch beim Vollquerschnitt ist er ungefährlich, wie man mit Hilfe einer Mittelwertaussage über die Formänderungsenergie zeigt. Wir wollen darauf hier nicht eingehen — das Ergebnis der diesbezüglichen Überlegungen[1] ist, daß man (58) der Form nach bestehen lassen kann, wenn man nur für F eine „Schubfläche" $F_S = \varkappa F$ einführt. Dabei ist $\varkappa < 1$, weil der Schub in der Nullinie größer ist als der Mittelwert Q/F. Beim Rechteckquerschnitt liegt $1/\varkappa$ je nach der Größe der Querzahl ν zwischen 1,1 und 1,2[2].

c) Ausgangspunkt für die Untersuchung des Formänderungszustandes im *tordierten Rohr* ist die Schubelastizitätsgleichung $\tau = G\gamma$, die wir in der Form

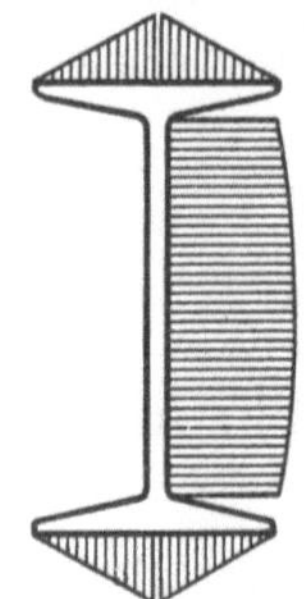

Fig. 16. Schubverteilung im querbelasteten I-Träger.

$$T = \tau_{xs}\,t = Gt\gamma_{xs} = Gt\left(\frac{\partial u}{\partial s} + \frac{\partial v}{\partial x}\right) \qquad (62)$$

schreiben, worin v die Verschiebung eines Punktes der Rohrmittellinie in Richtung ihrer Tangente s bezeichnet. In der gleichen Weise wie in der allgemeinen Torsionstheorie[3] kann man aus dieser Gleichung und der Annahme, daß außer τ_{xs} alle *Spannungen* verschwinden sollen, auf die Gestalt der Funktion

$$v = v(x,\,s)$$

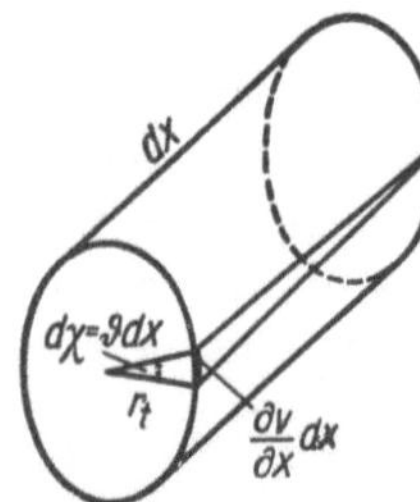

Fig. 17. Drehwinkel $d\chi$ und Tangentialverschiebung $dv = r_t\,d\chi$ im tordierten Rohr (zu r_t vgl. Fig. 11).

schließen. Anschaulicher ist es, das einfache Ergebnis der Rechnung vorwegzunehmen und (was wir hier aber auch nur zum Teil tun wollen) zu zeigen, daß es mit allen elastischen und statischen Bedingungen des Problems verträglich ist. Nehmen wir an, daß jeder Querschnitt *in* seiner Ebene eine reine *Drehung* erfährt, so ist, wenn χ den Drehwinkel, r_t den Tangentenabstand vom Drehpunkt (s. Fig. 11) bezeichnet, die Tangentialverschiebung gegeben durch (Fig. 17)

$$v = r_t\chi . \qquad (63)$$

In (63) ist χ eine reine Funktion der Längskoordinate x. Wir finden sie, wenn wir (63) in (62) einsetzen; da T bei dem durch

---

[1] Vgl. z. B. Gran Olsson: Z. angew. Math. Mech. 1935, S. 295. — Stahlbau 1931, S. 13 — Bauingenieur Aug. 1937.

[2] Eine sehr schöne („zweidimensionale") Herleitung der Korrekturgröße $1/\varkappa = 1{,}2$ findet man bei Timoshenko: Theory of elasticity, Ziff. 17, 41.

[3] Zum Beispiel K. Marguerre: Torsion von Voll- und Hohlquerschnitten. Bauingenieur 1940, S. 317.

Endmomente belasteten zylindrischen Rohr nach (25′) von x nicht abhängt, ist

$$\frac{\partial}{\partial x}\left(\frac{\partial u}{\partial s} + r_t \frac{d\chi}{dx}\right) = \frac{\partial^2 u}{\partial s\, \partial x} + r_t \frac{d^2 \chi}{dx^2} = 0\,;$$

da ferner wegen des Fehlens von Längsspannungen $\partial u / \partial x$ verschwindet, so folgt

$$\frac{d^2 \chi}{dx^2} = 0\,, \quad \text{also} \quad \chi = \vartheta x\,, \quad \text{und} \quad v = r_t \vartheta x\,, \tag{63′}$$

wenn wir x vom unverdrehten Querschnitt ($\chi = 0$) aus zählen. Es ist also

$$T = Gt\left(\frac{\partial u}{\partial s} + r_t \vartheta\right). \tag{64}$$

Die Konstante ϑ, den Drehwinkel je Längeneinheit, nennen wir die Verwindung des Rohres; sie ist die für den Torsionsvorgang kennzeichnende Verzerrungsgröße. Gesucht ist der Zusammenhang zwischen ihr und dem Schnittmoment M_t, das gleich ist dem Endmoment M_T. Wir erhalten ihn aus (64) auf Grund einer geometrischen Aussage. Da das Rohr geschlossen sein soll, muß die Axialverschiebung u eine eindeutige Funktion der Ringkoordinate s sein; diese Tatsache können wir einkleiden in die Forderung, daß das Umlaufintegral $\oint \dfrac{\partial u}{\partial s}\, ds$ verschwinden muß. Aus (64) folgt daher

$$\oint \frac{T}{t}\, ds \equiv T \oint \frac{ds}{t} = G\vartheta \oint r_t ds \equiv 2G\vartheta\mathfrak{F}\,. \tag{65}$$

Mit

$$M_T = 2\,T\,\mathfrak{F} \tag{25′}$$

ergibt sich daraus die gesuchte Steifigkeitsformel (BREDTsche Formel)

$$M_T = GI_T\vartheta \quad \text{mit} \quad I_T = \frac{(2\mathfrak{F})^2}{\oint ds/t}\,. \tag{66}$$

Im Sonderfall konstanter Wandstärke wird, wenn mit $U = \oint ds$ der Umfang der Rohrmittellinie bezeichnet wird, der Ausdruck für I_T etwas einfacher:

$$I_T = \frac{(2\mathfrak{F})^2 t}{U}\,. \tag{66′}$$

Wegen $\vartheta = \chi'$ lautet die Beziehung zwischen Moment und Verschiebungsgröße

$$M_T = GI_T\chi'\,. \tag{67}$$

Wir haben von der Verformungsgeometrie des Rohrquerschnitts nur so weit gesprochen, als es zur Erreichung unseres eigentlichen Zieles, der Gl. (66), notwendig war. Wir wollen noch ergänzend die einfachen Formeln angeben, die den Verformungszustand des tordierten Rohres vollständig beschreiben. — Die Gesamtverschiebung eines Punktes der Rohrmittellinie hat zwei für die Verzerrung wesentliche Komponenten: die Tangentialverschiebung v (hervorgerufen durch die starre Drehung des

Querschnittes) und die Axialverschiebung u. Statt der letzteren betrachtet man zweckmäßig die auf die Einheit der Verwindung bezogene „Wölbfunktion"

$$\varphi = u/\vartheta, \tag{68}$$

die nicht mehr von der Größe der Last M_T, sondern nur noch von der Querschnittsform des Rohres abhängt. Nach (64) ist dann

$$T = Gt\vartheta \left(\frac{d\varphi}{ds} + r_t \right), \tag{64'}$$

also nach (25') und (66)

$$\frac{M_T}{2\mathfrak{F}} = \frac{M_T}{I_T} t \left(\frac{d\varphi}{ds} + r_t \right),$$

oder

$$\frac{2\mathfrak{F}}{t \oint ds/t} = \frac{d\varphi}{ds} + r_t.$$

Daraus folgt

$$\varphi = \frac{2\mathfrak{F}}{\oint ds/t} \int \frac{ds}{t} - \int r_t\, ds = 2\mathfrak{F} \left[\frac{\int ds/t}{\oint ds/t} - \frac{\int r_t\, ds}{\oint r_t\, ds} \right]; \tag{69}$$

in (69) ist dabei der Symmetrie wegen im Nenner für $2\mathfrak{F}$ wieder $\oint r_t\, ds$ geschrieben.

Genau wie die Biegeformel (55) gilt auch die Torsionsformel (66) *exakt* nur bei reiner Endmomentenbelastung. Denn wenn Torsionsmomente an Zwischenstellen angreifen, so ist nach (25') $dT/dx \neq 0$; dann ist aber auch $\partial u/\partial x \neq 0$, d. h. es treten Längsspannungen auf, die ihrerseits aus Gleichgewichtsgründen wieder Schubspannungen hervorrufen, die mit s veränderlich sind und daher (im Gegensatz zu der umlaufenden Schubkraft T) die Tendenz haben, den Querschnitt zu verformen. Es kann dann also weder (63) noch gar (63') exakt gelten. Trotzdem wird man Gl. (66) als Näherungsformel in vielen Fällen beibehalten, weil bei schwach veränderlichem M_t oder in hinreichender Entfernung von den Angriffsstellen konzentrierter Momente die von der Unverträglichkeit der Formänderungen herrührenden Spannungs*gleichgewichts*gruppen vernachlässigt werden dürfen.

Die Torsionsgleichungen sind dann also

$$M_t' = -m_t, \qquad GI_T\chi' = M_t; \tag{70}$$

indem man M_t eliminiert, erhält man daraus die Beziehung zwischen Last und Drehung

$$(GI_T\chi')' = -m_t, \tag{70'}$$

eine Differentialgleichung *zweiter* Ordnung für den Drehwinkel χ.

Das Analogon zur Schubkorrektur beim Biegebalken ist beim Torsionsstab die „Wölbkorrektur", die den Einfluß der bei veränderlichem M_t auftretenden *Wölbbehinderung* auf das elastische Verhalten des Rohres beschreibt. Wir müssen darauf verzichten, die Theorie der

Wölbkrafttorsion hier zu entwickeln[1]. Sie läßt sich in übersichtlicher Weise nur anschließen an eine vollständige Theorie der Torsion[2], von der die im vorstehenden skizzierte Theorie des tordierten Rohres ja nur einen Ausschnitt darstellt. — Überhaupt besteht zwischen Biegung und Torsion, obwohl sie, wie unsere Darstellung deutlich macht, grundsätzlich gleichberechtigte Belastungsarten sind (die sich z. B. beim krummen Stab[3] gar nicht trennen lassen), ein ganz wesentlicher Unterschied, was die Schwierigkeit ihrer Theorie angeht. Die Biegeformeln (20) und (55′) gelten für einen beliebigen Querschnitt: Steifigkeit ist immer das Produkt EI, wobei I das elementar bestimmbare axiale Trägheitsmoment des Querschnitts ist, und Widerstandsmoment ist stets die einfache Größe I/h_1. Beim tordierten Stab kann man die Zusammenhänge zwischen Drehung, Moment und größter Spannung zwar formal immer in der durch (26) und (66) angegebenen Weise schreiben, aber die Größen I_T und W_T müssen für jede Querschnittsform auf Grund besonderer Überlegungen (die beim Vollquerschnitt keineswegs „elementar“ sind) bestimmt werden, und es besteht zwischen den beiden Größen I_T und W_T kein einfacher Zusammenhang.

8. Die Formänderungsarbeit; der Energiesatz.

Neben die Grundbegriffe Spannung und Verzerrung tritt als ein weiterer für die Festigkeitslehre nicht weniger wichtiger Begriff die Formänderungsenergie. Wir gehen aus von dem aus der allgemeinen Mechanik geläufigen Arbeitsbegriff (s. Fig. 18)

$$\delta A = P\,\delta u,$$

dabei schreiben wir δu statt du (und entsprechend δA statt dA), weil es in der Kontinuumsmechanik zweckmäßig ist, das Verrückungsdifferential $\delta u = \delta u(x, y \ldots)$ von den Koordinatendifferentialen $dx, dy \ldots$ durch ein besonderes Zeichen zu unterscheiden. Die Arbeit einer Kräftegruppe P_i, Q_i, R_i

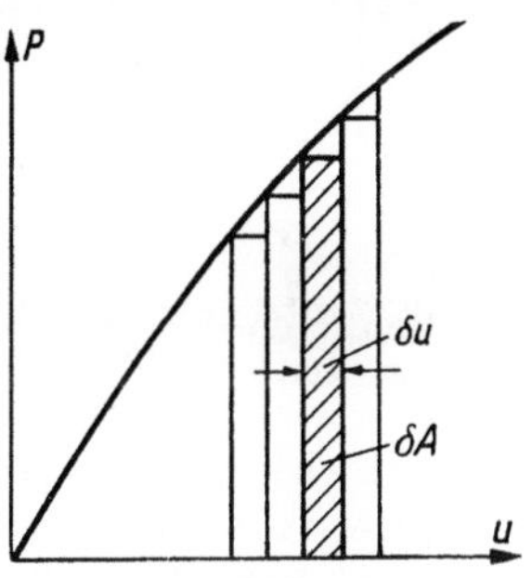

Fig. 18. Zur Definition der mechanischen Arbeit $\delta A = P\,\delta u$.

---

[1] Da eine zusammenfassende Darstellung noch fehlt, verweisen wir auf die Bemerkungen bei R. Kappus: Drillknicken gedrückter Stäbe mit offenem Profil. Luftf.-Forschg. 1937, S. 445 (bei dünnwandigen offenen Profilen, I, ⊏ usw., können die Wölbstörspannungen das Verhalten des Stabes besonders stark beeinflussen) und bei H. Ebner: Vielzelliger Kastenträger. Jb. dtsch. Versuchsanst. Luftf. 1933, III, S. 74. — Ferner Marguerre: Ringbuch der Luftfahrtforschung II A, und neuerdings W. Flügge u. K. Marguerre: Wölbkräfte in dünnwandigen Profilen, Ing.-Arch. Bd. 18 (1950).

[2] Vgl. hierzu z. B. K. Marguerre: Torsion von Voll- und Hohlquerschnitten. Bauingenieur 1940, S. 317.

[3] Techn. Dynamik, S. 305 ff.

an den jeweils in die Kraftrichtung fallenden infinitesimalen Verrückungen δu_i, δv_i, δw_i ist [unmittelbare Erweiterung der Definition (71)]

$$\delta A = \sum_i (P_i \delta u_i + Q_i \delta v_i + R_i \delta w_i), \tag{71'}$$

und von (71') können wir ohne Schwierigkeit zu dem allgemeinen Ausdruck für die Arbeit kontinuierlich verteilter Kräfte an einem deformierbaren Körper übergehen. Wenn wir noch unterscheiden zwischen
Kräften X, Y, Z je Volumeneinheit und Kräften $\varXi$, H, Z je Einheit
der Oberfläche, so lautet er

$$\delta A = \int_V (X \delta u + Y \delta v + Z \delta w)\, dV + \oint_O (\varXi \delta u + \mathsf{H} \delta v + \mathsf{Z} \delta w)\, dO, \tag{72}$$

wobei das erste Integral über alle Volumenelemente $dV = dx\, dy\, dz$
des Körperinnern, das zweite über alle Flächenelemente dO der Körperoberfläche zu erstrecken ist. Wir wollen nun zeigen, daß man, wenn
die Verschiebungen δu, δv, δw differenzierbare Funktionen der Koordinaten x, y, z sind, vermöge der Gleichgewichts-
aussagen für das Innere und die Oberfläche des Körpers die in (72) auftretenden Integrale so umformen
kann, daß an Stelle der äußeren Kräfte die von ihnen
im Körper hervorgerufenen Spannungen, an Stelle der
Verschiebungen die mit ihnen verbundenen Verzerrungen treten. Die physikalische Interpretation dieses Ergebnisses wird uns dann dazu veranlassen, als eine neue,
für den deformierbaren Körper kennzeichnende Energie-
art die Formänderungsenergie einzuführen.

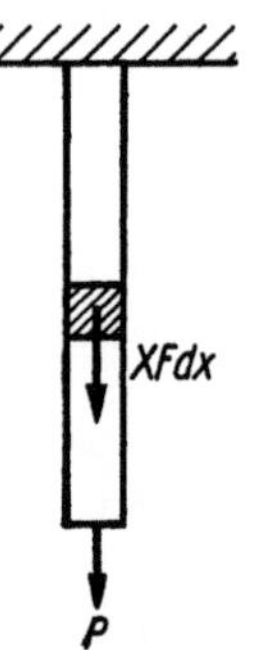

Fig. 19. Zugstab unter Endlast und Eigengewicht.

Wir beginnen wieder mit dem einfachen Beispiel des
gezogenen Stabes, auf den wir aber diesmal, damit der
Sinn der vorzunehmenden Umformung deutlicher her-
vortrete, außer der Endzugkraft auch noch das Eigengewicht wirken lassen wollen. Wir denken uns den gleichförmig dicken
Stab vertikal hängend, zählen die Längskoordinate x vom oberen
Ende und bezeichnen die Massenkraft (das Volumengewicht) mit X, die
Endzugkraft mit P (Fig. 19). Dann ist bei einer Verrückungsänderung
$\delta u = \delta u(x)$ die Arbeit der äußeren Kräfte

$$\delta A = P \delta u(l) + \int_{(V)} X \delta u\, dV, \tag{73}$$

oder wenn wir für das Volumenelement schreiben

$$dV = F\, dx$$

und die von x unabhängige Querschnittsfläche F vor das Integral ziehen,

$$\delta A = P \delta u(l) + F \int_0^l X \delta u\, dx. \tag{73'}$$

Der Übergang von den äußeren Kräften zu den Schnittspannungen wird nun vermittelt durch die Gleichgewichtsaussagen

$$\frac{\partial \sigma_x}{\partial x} + \frac{\partial \tau}{\partial y} + X = 0, \qquad \frac{\partial \tau}{\partial x} + \frac{\partial \sigma_y}{\partial y} + Y = 0, \tag{12}$$

von denen für unseren Stab nur die erste nicht-trivial ist. Da auf das Stabelement $F\,dx$ keine Schubkraft wirkt, folgt aus ihr $X = -\dfrac{\partial \sigma_x}{\partial x}$; führen wir das in (73') ein und nehmen eine *Teilintegration* vor, so wird

$$\delta A = P\delta u(l) - [\sigma_x F \delta u]_0^l + F \int\limits_0^l \sigma_x \frac{\partial \delta u}{\partial x}\,dx.$$

Da wir von der Verrückungs*änderung* $\delta u(x)$ annehmen, daß sie die für u vorgeschriebene Randbedingung $u(0) = 0$ respektiere, also der Bedingung $\delta u(0) = 0$ genüge [sonst müßte in (73) noch ein weiterer Term auftreten], so fällt der ausintegrierte Teil an der Grenze $x = 0$ weg. Am unteren Ende $x = l$ tilgt er sich wegen der Gleichgewichtsaussage

$$P = \sigma_x F$$

gegen das erste Glied, d. h. der Arbeitsausdruck (73) geht, wenn wir noch

$$\frac{\partial \delta u}{\partial x} = \delta \frac{\partial u}{\partial x} = \delta \varepsilon_x$$

setzen und F wieder unter das Integral ziehen, über in

$$\delta A = \int \sigma_x\, \delta \varepsilon_x\, dV. \tag{74}$$

Bevor wir die Bedeutung dieses Ergebnisses erörtern, wollen wir es auf zwei Dimensionen übertragen, d. h. die entsprechende Rechnung für das ungleichförmig beanspruchte zweidimensionale Kontinuum durchführen, wobei der Formalismus der Teilintegration eine kleine Nebenbetrachtung erfordert. Der allgemeine Ausdruck für die Arbeit der „Volumen"kräfte X, Y (kg/cm^2) und der „Oberflächen"(Rand)kräfte $\varXi$, H (kg/cm) lautet

$$\delta A = \iint\limits_{(G)} (X\delta u + Y\delta v)\,dx\,dy + \oint\limits_{(R)} (\varXi\delta u + \mathsf{H}\delta v)\,ds = \delta A_1 + \delta A_2, \tag{75}$$

wenn ds das Längenelement der Kontur ist und die Integrale über das gesamte Gebiet G bzw. alle Ränder R des flächenhaften Körpers erstreckt werden. Wegen der Gleichgewichtsbedingungen (12) kann man für das Doppelintegral schreiben[1]

$$\delta A_1 = \iint\limits_{(G)} \left[\left(-\frac{\partial \sigma_x}{\partial x} - \frac{\partial \tau}{\partial y} \right) \delta u + \left(-\frac{\partial \tau}{\partial x} - \frac{\partial \sigma_y}{\partial y} \right) \delta v \right] dx\,dy;$$

---

[1] Wir beschränken uns hier auf kleine Deformationen, wo die Gleichgewichtsbedingungen (12) am unverformten Element und die Verzerrungsdefinitionen in der linearisierten Gestalt (33) gelten.

Teilintegration liefert

$$\delta A_1 = \iint\limits_{(G)} \left[\sigma_x \frac{\partial \delta u}{\partial x} + \tau \left(\frac{\partial \delta u}{\partial y} + \frac{\partial \delta v}{\partial x} \right) + \sigma_y \frac{\partial \delta v}{\partial y} \right] dx\, dy +$$

$$+ \int\limits_{(R)} \left([\sigma_x \delta u + \tau_{xy} \delta v]_{\text{links}} - [\sigma_x \delta u + \tau_{xy} \delta v]_{\text{rechts}} \right) dy + \quad (75')$$

$$+ \int\limits_{(R)} \left([\tau_{yx} \delta u + \sigma_y \delta v]_{\text{unten}} - [\tau_{yx} \delta u + \sigma_y \delta v]_{\text{oben}} \right) dx.$$

Nach Fig. 20 lassen sich die Randintegrale umformen: Es ist

$$dy = ds \cos\alpha, \quad dx = ds \cdot \sin\alpha, \quad\quad (76)$$

wenn α der Winkel zwischen der äußeren Normalen und der positiven x-Richtung ist. Und zwar gilt (76) an allen Stellen der Kontur; d. h.

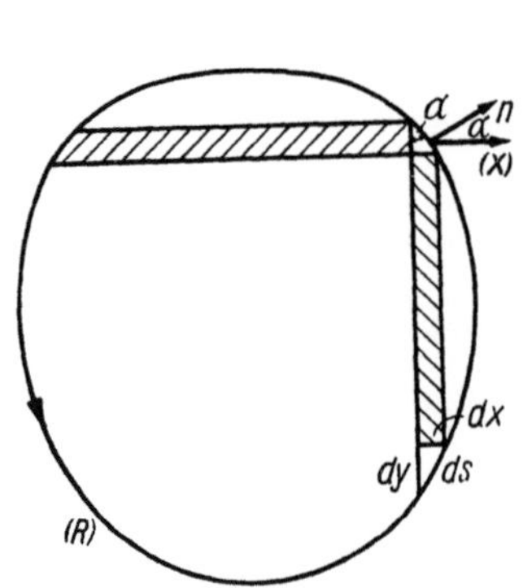

Fig. 20. Zur Umformung der Randintegrale in Gl. (75').

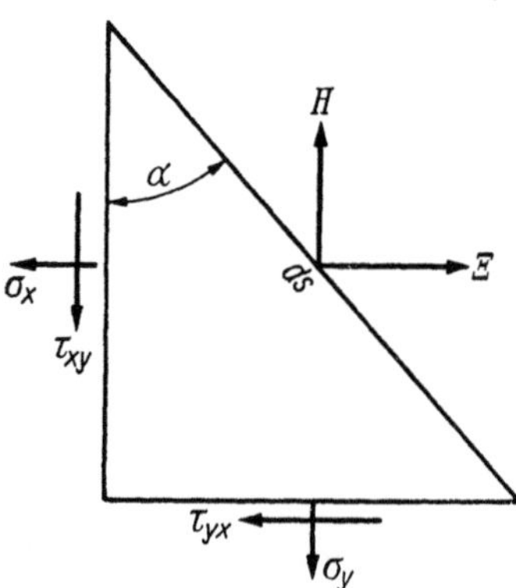

Fig. 21. Gleichgewicht am Randelement der Scheibe.

je zwei der in den eckigen Klammern getrennt geschriebenen Integrale lassen sich zu einem Randintegral zusammenfügen, so daß sich ergibt

$$\delta A_1 = \iint\limits_{(G)} \left[\sigma_x \frac{\partial \delta u}{\partial x} + \tau \left(\frac{\partial \delta u}{\partial y} + \frac{\partial \delta v}{\partial x} \right) + \sigma_y \frac{\partial \delta v}{\partial y} \right] dx\, dy -$$

$$- \int\limits_{(R)} [(\sigma_x \cos\alpha + \tau \sin\alpha)\delta u + (\tau \cos\alpha + \sigma_y \sin\alpha)\delta v]\, ds.$$

Wegen der Gleichgewichtsforderung für das infinitesimale Dreieck Fig. 21 ist

$$\sigma_x \cos\alpha + \tau_{yx} \sin\alpha = \Xi, \quad \tau_{xy}\cos\alpha + \sigma_y \sin\alpha = \mathsf{H},$$

d. h. die Randintegrale von δA_1 tilgen sich gerade gegen den Anteil δA_2 der Arbeit der äußeren Kräfte. Schreiben wir noch

$$\frac{\partial \delta u}{\partial x} = \delta \frac{\partial u}{\partial x} = \delta \varepsilon_x, \quad \frac{\partial \delta u}{\partial y} + \frac{\partial \delta v}{\partial x} = \delta\gamma, \quad \frac{\partial \delta v}{\partial y} = \delta \varepsilon_y,$$

so finden wir als Erweiterung der Gl. (74):

$$\delta A = \iint (\sigma_x \delta\varepsilon_x + \tau \delta\gamma + \sigma_y \delta\varepsilon_y)\,dx\,dy\,. \qquad (77)$$

Die für alle energetischen Überlegungen der Festigkeitslehre grundlegende Gl. (77) enthält über die bei ihrer Herleitung benutzten Gleichgewichtsaussagen hinaus keine physikalische Aussage. Wir können sie aber für die besonderen Körper, bei denen der Verzerrungszustand nur vom augenblicklichen Spannungszustand, nicht aber (wie dies bei plastischen Verformungen der Fall ist) von der „Vorgeschichte" dieses Zustandes abhängt, physikalisch interpretieren: indem wir nämlich den *Energie*begriff heranziehen. Fügen wir die Arbeiten δA durch Integration zu einer endlichen Arbeit $A = \mathsf{S}\,\delta A$ zusammen[1], so folgt aus Gl. (77)

$$A = \iint [\mathsf{S}\sigma_x \delta\varepsilon_x + \mathsf{S}\tau \delta\gamma + \mathsf{S}\sigma_y \delta\varepsilon_y]\,dx\,dy\,, \qquad (77')$$

d. h. die „verschwundene" Arbeit A findet ihr Äquivalent in dem Ausdruck

$$\Pi_i \equiv \iint [\mathsf{S}\sigma_x \delta\varepsilon_x + \mathsf{S}\tau \delta\gamma + \mathsf{S}\sigma_y \delta\varepsilon_y]\,dx\,dy\,, \qquad (78)$$

der, wenn Spannungen und Verzerrungen einander eindeutig zugeordnet sind, eine *Zustandsgröße* ist. Die Gleichung

$$\delta A = \delta \Pi_i \qquad (79)$$

ist der *Energiesatz* für den elastischen Körper, der Sonderfall des *ersten Hauptsatzes*

$$\delta A + \delta Q = \delta U\,, \qquad (80)$$

wenn Wärmewirkungen δQ nicht auftreten[2]. Die „innere Energie" $U = \Pi_i$ hängt nach (78) über das Elastizitätsgesetz

$$\sigma_x = \sigma_x(\varepsilon_x, \gamma, \varepsilon_y)\,, \qquad \tau = \tau(\varepsilon_x, \gamma, \varepsilon_y)\,, \qquad \sigma_y = \sigma_y(\varepsilon_x, \gamma, \varepsilon_y)$$

von den drei (im räumlichen Fall sechs) Verzerrungsgrößen ab — die Abhängigkeit von der Temperatur kann für die Mehrzahl der Elastizitätsprobleme außer Betracht bleiben[3]. Man nennt Π_i gewöhnlich nicht innere Energie, sondern *Formänderungsenergie* oder ausführlicher potentielle Energie der Formänderung.

Die Deutung (79) der Hauptgleichung (77) hat den Nachteil, daß sie den Gültigkeitsbereich dieser Gleichung (die auch für plastische Körper besteht) einschränkt. Der Vorteil ist, daß sie den Anschluß an

---

[1] Das Zeichen S bedeutet eine gewöhnliche Integration, nur nicht über Raumelemente $dx\ldots$, sondern über Verformungsschritte $\delta u\ldots$ Die beiden Operationen durch das Zeichen zu unterscheiden, ist zweckmäßig, weil es das Lesen der Formel erleichtert.

[2] Die *kinetische Energie* spielt bei hinreichend langsamer Verformung für den Energiehaushalt des elastischen Körpers keine Rolle (siehe aber das IV. Kapitel).

[3] Vgl. dazu R. Kappus: Z. angew. Math. Mech. 1939, S. 271.

den die Physik beherrschenden Energiesatz herstellt, überhaupt den so überaus fruchtbaren Begriff der potentiellen Energie in die Rechnungen einführt; außerdem stellt die Gl. (78) für den elastischen Körper eine Berechnungsvorschrift dar, mit deren Hilfe sich nach (79) auch die äußere Arbeit bestimmen läßt.

Wir erwähnen noch, daß die Energie im Volumenelement[1] $dx\,dy$

$$d\Pi_i = (S\sigma_x\,\delta\varepsilon_x + S\tau\,\delta\gamma + S\sigma_y\,\delta\varepsilon_y)\,dx\,dy$$

oder genauer ihre Variation

$$\delta d\Pi_i = (\sigma_x\,\delta\varepsilon_x + \tau\,\delta\gamma + \sigma_y\,\delta\varepsilon_y)\,dx\,dy$$

vielfach eingeführt wird als die Arbeit der Schnittkräfte

$$\sigma_x dy,\ \tau dy,\quad \tau dx,\ \sigma_y dx$$

an den Verschiebungsänderungen

$$\frac{\partial \delta u}{\partial x}\,dx,\ \frac{\partial \delta v}{\partial x}\,dx,\quad \frac{\partial \delta u}{\partial y}\,dy,\ \frac{\partial \delta v}{\partial y}\,dy.$$

Aus Fig. 22 erkennt man die Berechtigung zu dieser Deutung.

Die elastische Energie je Volumeneinheit

$$\Pi_i^{(3)} = S\sigma_x\,\delta\varepsilon_x + S\tau\,\delta\gamma + S\sigma_y\,\delta\varepsilon_y \tag{81}$$

besitzt ihrer Definition nach die bemerkenswerte Eigenschaft, daß

$$\frac{\partial \Pi_i^{(3)}}{\partial \varepsilon_x} = \sigma_x,\quad \frac{\partial \Pi_i^{(3)}}{\partial \gamma} = \tau,\quad \frac{\partial \Pi_i^{(3)}}{\partial \varepsilon_y} = \sigma_y \tag{82}$$

ist, d. h. daß sie bei Differentiation nach einer Verzerrung die zugehörige Spannung liefert. Mit der Festlegung eines bestimmten Elastizitätsgesetzes ist also vollkommen gleichwertig eine Annahme über die Form der Funktion

$$\Pi_i^{(3)} = \Pi_i^{(3)}(\varepsilon_x,\,\gamma,\,\varepsilon_y).$$

Die Definition von $\Pi_i^{(3)}$ oder $\Pi_i = \int \Pi_i^{(3)}\,dV$ ist nicht an die Voraussetzung gebunden, daß ε und σ *linear* miteinander verbunden seien[2] im Sinne der HOOKEschen

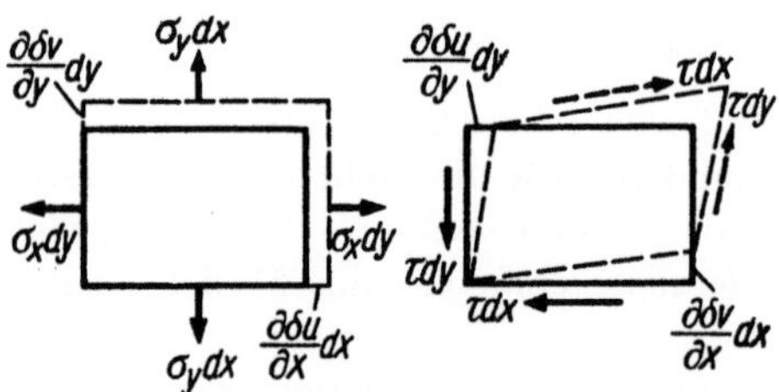

Fig. 22. Virtuelle Arbeit der Spannungen am Element $dx\,dy$:

$$d\delta\Pi_i = \left[\sigma_x \frac{\partial \delta u}{\partial x} + \tau\left(\frac{\partial \delta u}{\partial y} + \frac{\partial \delta v}{\partial x}\right) + \sigma_y \frac{\partial \delta v}{\partial y}\right]dx\,dy.$$

---

[1] Wir sprechen vom *Volumenelement* $dx\,dy \cdot 1 = dx\,dy$, da alle Überlegungen unverändert auf das eigentlich dreidimensionale Element $dx\,dy\,dz$ übertragbar sind.

[2] Bei ihrer Herleitung war nur von der *Kleinheit* der Deformation Gebrauch gemacht worden. Es läßt sich eine ähnlich einfache Formel aber auch bei großen Deformationen angeben.

Gleichungen von Ziff. 6. Wenn wir uns nun aber den besonderen Körpern zuwenden, die dieses Spannungsdehnungsgesetz aufweisen, so können wir die in (81) geforderte Integration über die Verzerrungsschritte $\delta\varepsilon$, $\delta\gamma$ in einfacher Weise explizit ausführen. Nach (44') ist für den ebenen Spannungszustand

$$\Pi_i^{(3)} = \mathop{S}_{\varepsilon,\gamma}\left(2G\left[\varepsilon_x + \frac{\nu}{1-\nu}(\varepsilon_x+\varepsilon_y)\right]\delta\varepsilon_x + G\gamma\,\delta\gamma + 2G\left[\varepsilon_y + \frac{\nu}{1-\nu}(\varepsilon_x+\varepsilon_y)\right]\delta\varepsilon_y\right)$$

$$= \mathop{S}_{\varepsilon,\gamma}\left(2G\left[\varepsilon_x\delta\varepsilon_x + \varepsilon_y\delta\varepsilon_y + \frac{\nu}{1-\nu}(\varepsilon_x+\varepsilon_y)\delta(\varepsilon_x+\varepsilon_y)\right] + G\gamma\,\delta\gamma\right) \quad (83)$$

$$= \frac{1}{2}\left[2G\left(\varepsilon_x^2 + \varepsilon_y^2 + \frac{\nu}{1-\nu}(\varepsilon_x+\varepsilon_y)^2\right) + G\gamma^2\right] = \frac{1}{2}\left[\sigma_x\varepsilon_x + \sigma_y\varepsilon_y + \tau\gamma\right]$$

Für manche Rechnungen ist es zweckmäßig, diese Größe nur durch die Verzerrungen oder nur durch die Spannungen auszudrücken; man erhält

$$\Pi_i^{(3)} = \frac{1}{2}\frac{E}{1-\nu^2}\left[(\varepsilon_x+\varepsilon_y)^2 - 2(1-\nu)\left(\varepsilon_x\varepsilon_y - \frac{1}{4}\gamma^2\right)\right] \quad (83')$$

$$= \frac{1}{2}\frac{1}{E}\left[(\sigma_x+\sigma_y)^2 - 2(1+\nu)(\sigma_x\sigma_y - \tau^2)\right]; \quad (83'')$$

dabei sind die Ausdrücke so zusammengefaßt, daß die beiden *Invarianten* der Tensoren

$$\begin{pmatrix} \varepsilon_x & \frac{1}{2}\gamma \\ \frac{1}{2}\gamma & \varepsilon_y \end{pmatrix}, \qquad \begin{pmatrix} \sigma_x & \tau \\ \tau & \sigma_y \end{pmatrix}$$

in Evidenz treten[1]. Man verifiziert mit $\partial\Pi_i^{(3)}/\partial\varepsilon_x = \sigma_x \dots$ aus (83) leicht rückwärts die Elastizitätsgleichungen (44). Wegen der Proportionalität zwischen σ und ε gilt übrigens auch (wie man nachrechnet) das zu (82) gewissermaßen reziproke Gleichungssystem

$$\frac{\partial\Pi_i^{(3)}}{\partial\sigma_x} = \varepsilon_x, \qquad \frac{\partial\Pi_i^{(3)}}{\partial\tau} = \gamma, \qquad \frac{\partial\Pi_i^{(3)}}{\partial\sigma_y} = \varepsilon_y.$$

Wir geben noch die Energieausdrücke für drei Dimensionen an, es ist

$$\left.\begin{aligned} \Pi_i^{(3)} &= \mathop{S}_{\varepsilon,\gamma}\left(\sigma_x\delta\varepsilon_x + \sigma_y\delta\varepsilon_y + \sigma_z\delta\varepsilon_z + \tau_{xy}\delta\gamma_{xy} + \tau_{yz}\delta\gamma_{yz} + \tau_{zx}\delta\gamma_{zx}\right), \\[2mm] &\frac{\partial\Pi_i^{(3)}}{\partial\varepsilon_x} = \sigma_x, \quad \frac{\partial\Pi_i^{(3)}}{\partial\varepsilon_y} = \sigma_y, \quad \frac{\partial\Pi_i^{(3)}}{\partial\varepsilon_z} = \sigma_z, \\[2mm] &\frac{\partial\Pi_i^{(3)}}{\partial\gamma_{xy}} = \tau_{xy}, \quad \frac{\partial\Pi_i^{(3)}}{\partial\gamma_{yz}} = \tau_{yz}, \quad \frac{\partial\Pi_i^{(3)}}{\partial\gamma_{zx}} = \tau_{zx} \end{aligned}\right\} \quad (85)$$

---

[1] Siehe oben Ziff. 3 und 5.

und beim Körper mit linearem Elastizitätsgesetz

$$\Pi_i^{(3)} = \tfrac{1}{2}\left[\sigma_x\varepsilon_x + \sigma_y\varepsilon_y + \sigma_z\varepsilon_z + \tau_{xy}\gamma_{xy} + \tau_{yz}\gamma_{yz} + \tau_{zx}\gamma_{zx}\right] \tag{86}$$

$$= G\left[\frac{1-\nu}{1-2\nu}e_{(3)}^2 - 2\left(\varepsilon_x\varepsilon_y + \varepsilon_y\varepsilon_z + \varepsilon_z\varepsilon_x - \frac{1}{4}\gamma_{xy}^2 - \frac{1}{4}\gamma_{yz}^2 + \frac{1}{4}\gamma_{zx}^2\right)\right] \tag{86'}$$

$$= \frac{1}{4G}\left[\frac{1}{1+\nu}s^2 - 2\left(\sigma_x\sigma_y + \sigma_y\sigma_z + \sigma_z\sigma_x - \tau_{xy}^2 - \tau_{yz}^2 - \tau_{zx}^2\right)\right]. \tag{86''}$$

9. Die Formänderungsenergie je Längeneinheit im gezogenen Stab, im gebogenen Balken und im tordierten Rohr.

Beim gezogenen, gebogenen oder tordierten Stab ist die kennzeichnende Größe die Formänderungsenergie $\Pi^{(1)}$ je *Längen*einheit.

a) Im *Zugstab*, in dem nur Längskräfte übertragen werden, ist die bei einer Zusatzverzerrung $\delta\varepsilon$ geleistete Arbeit gegeben durch

$$\delta\Pi = \iint(\sigma_x\delta\varepsilon_x)dF\,dx.$$

Ist nun $\delta\varepsilon_x$ über den Querschnitt gleichförmig verteilt

$$\delta\varepsilon_x(y,z) = \delta\bar\varepsilon, \tag{87}$$

so wird

$$\delta\Pi = \int\left(\int\sigma_x dF\right)\delta\bar\varepsilon\,dx,$$

also, da in der Klammer die Definition der Längskraft N steht,

$$\delta\Pi = \int N\,\delta\bar\varepsilon\,dx$$

und daher

$$\delta\Pi^{(1)} = N\delta\bar\varepsilon, \tag{88}$$

oder mit $\bar\varepsilon = u'$ auch

$$\delta\Pi^{(1)} = N\delta u'. \tag{88'}$$

Gl. (88) ist unabhängig vom Elastizitätsgesetz, auch unabhängig davon, ob sich die Spannungen σ_x gleichförmig über den Querschnitt verteilen oder nicht, sie folgt aus dem Ansatz (87). Besteht zwischen N und $\bar\varepsilon = \varepsilon$ die Elastizitätsbeziehung (41), so ergibt sich für die endliche Arbeit $\Pi^{(1)} = \int\delta\Pi^{(1)}$ die Beziehung

$$\Pi^{(1)} = \tfrac{1}{2}N\varepsilon$$

oder (damit gleichwertig)

$$\Pi^{(1)} = \frac{1}{2}EF\varepsilon^2, \quad \Pi^{(1)} = \frac{1}{2}\frac{N^2}{EF}. \tag{89}$$

b) Wird der *Biegebalken* nur durch Endmomente belastet, so werden auch hier nur Längsspannungen übertragen, es ist also wieder

$$\delta\Pi = \iint(\sigma_x\delta\varepsilon_x)dF\,dx.$$

Setzen wir nach (54') mit $1/\varrho = \varkappa = $ Krümmung

$$\delta\varepsilon_x = z\,\delta\varkappa, \tag{90}$$

so wird

$$\delta\Pi = \int\left[\int\sigma_x z\,\delta F\right]\delta\varkappa\,dx.$$

In der eckigen Klammer steht aber jetzt definitionsgemäß das Schnittmoment M, d. h. es ist

$$\delta \Pi = \int M \, \delta \varkappa \, dx$$

und für $\delta \Pi^{(1)}$ ergibt sich daher einfach

$$\delta \Pi^{(1)} = M \, \delta \varkappa. \tag{91}$$

Wegen $\varkappa = 1/\varrho = -w''$ kann man für (91) auch schreiben

$$\delta \Pi^{(1)} = -M \, \delta w''. \tag{91'}$$

Auch in (91) steckt zunächst keinerlei Annahme über den *Spannungsverlauf*; vorausgesetzt ist nur der lineare Verlauf der *Zusatzverzerrungen* $\delta \varepsilon_x$ nach (90). Kennt man das zwischen M und w'' vermittelnde Elastizitätsgesetz, so kann man wieder die bei einer endlichen Krümmungsänderung geleistete Formänderungsarbeit bestimmen. Im Sonderfall der (HOOKEschen) Beziehung (41) ergibt sich

$$\Pi^{(1)} = \frac{1}{2} E I w''^2 = -\frac{1}{2} M w'' = \frac{1}{2} \frac{M^2}{EI}. \tag{92}$$

c) Beim *tordierten Rohr* lautet der Ausdruck für die Formänderungsenergie

$$\delta \Pi = \int\!\int \tau_{xs} \delta \gamma_{xs} t \, ds \, dx.$$

Setzen wir nach (62) mit (63') und (68)

$$\delta \gamma_{xs} = \left(r_t + \frac{d\varphi}{ds} \right) \delta \vartheta, \tag{93}$$

so wird mit $\tau_{xs} t = T$:

$$\delta \Pi = \int \left[\oint T \left(r_t + \frac{d\varphi}{ds} \right) ds \right] \delta \vartheta \, dx.$$

Nun kann man aber wegen der Gleichgewichtsbedingung $dT/ds = 0$ den Fluß T in $\oint T \frac{d\varphi}{ds} ds$ vor das Integral ziehen; da $\oint \frac{d\varphi}{ds} ds$ verschwindet, steht in der eckigen Klammer auch hier definitionsgemäß das Schnittmoment; es ist also

$$\delta \Pi = \int M_t \delta \vartheta \, dx$$

oder

$$\delta \Pi^{(1)} = M_t \delta \vartheta. \tag{94}[1]$$

Besteht zwischen M_t und ϑ die aus dem HOOKEschen Gesetz folgende lineare Beziehung (66), so wird

$$\Pi^{(1)} = \frac{1}{2} G I_T \vartheta^2 = \frac{1}{2} M_t \vartheta = \frac{1}{2} \frac{M_t^2}{G I_T}. \tag{95}$$

Da die Gln. (54) und (63) nur bei reiner Endmomentenbelastung streng gelten, gelten auch die Arbeitsausdrücke (91) und (94) nur in

---

[1] (94) gilt übrigens nicht nur für das Rohr, sondern für jeden tordierten Stab.

diesem Falle streng. Man kann sie aber als Näherungsausdrücke auch für den durch verteilte Lasten beanspruchten Stab beibehalten, wenn die übrigen Schnittspannungen (τ bei Biegung, σ bei Torsion) so klein sind, daß man ihren Anteil an der Formänderungsenergie weglassen darf. Diese Annahme ist gleichbedeutend mit der von Ziff. 7, daß man die unmittelbare Verformungswirkung der Zusatzspannungen vernachlässigen dürfe.

10. Das Prinzip der virtuellen Verschiebungen und das Prinzip der virtuellen Kräfte.

Wir haben die Verschiebungen δu, δv bisher angesehen als die Änderungen wirklicher elastischer Verschiebungen, d. h. stillschweigend angenommen, daß sie durch eine geeignete Änderung der Kräfte und Spannungen entstanden seien. Diese einschränkende Vorstellung brauchen wir aber mit den das δ-Zeichen enthaltenden Energiegleichungen keineswegs zu verbinden, denn da in der Grenze δu, $\delta v \to 0$ die Produkte vom Typ $\delta P \cdot \delta u$ verschwinden, so kommt es auf die Art der Kraftänderung bei der Bildung des Arbeitsproduktes nicht an. In der Tat wird nun der Energiebegriff für die Anwendungen in vollem Umfang erst fruchtbar, wenn man sich von der Vorstellung einer zugehörigen Kraftänderung ganz befreit und den infinitesimalen Verschiebungen δu, δv nur die eine Bedingung auferlegt, daß sie geometrisch möglich sein sollen. Solche Verschiebungen sind in die allgemeine Mechanik von LAGRANGE eingeführt worden; sie heißen *virtuelle* Verschiebungen. Sie sind willkürliche Funktionen von $x, y, \ldots$ bis auf die im Begriff „geometrisch möglich" liegende Einschränkung; d. h. sie müssen im Innern stückweise stetig und am Rande so verteilt sein, daß sie die durch das Problem gegebenen geometrischen Randbedingungen nicht verletzen (also z. B. dort verschwinden, wo u, v vorgegeben sind[1]). Bezeichnen wir sie mit δu, δv, wobei das Zeichen δ wieder zum Ausdruck bringen soll, daß die Verschiebungen als infinitesimal gedacht sind, d. h. als so klein, daß höhere Potenzen neben den niederen stets wegfallen, so bleiben alle das δ-Zeichen enthaltenden bisherigen Formeln für diese allgemeineren Verschiebungen unverändert bestehen.

Wir greifen zurück auf unsere Hauptgleichung (77), die wir unter dem neuen Gesichtspunkte noch einmal kurz herleiten wollen, um zugleich auch den Formalismus, der sie mit den Gleichgewichtsbedingungen verbindet, ganz deutlich werden zu lassen. Multiplizieren wir die Gleichgewichtsaussagen (12)

$$\frac{\partial \sigma_x}{\partial x} + \frac{\partial \tau}{\partial y} + X = 0, \qquad \frac{\partial \tau}{\partial x} + \frac{\partial \sigma_y}{\partial y} + Y = 0 \tag{96}$$

----

[1] Es gibt Fälle, wo es zweckmäßig sein kann, diese letzte Einschränkung fallen zu lassen.

mit virtuellen Verschiebungen δu, δv und integrieren über den Bereich (x, y), so ist

$$\iint \left(\frac{\partial \sigma_x}{\partial x} + \frac{\partial \tau}{\partial y}\right) \delta u \, dx \, dy = -\iint X \delta u \, dx \, dy,$$

$$\iint \left(\frac{\partial \tau}{\partial x} + \frac{\partial \sigma_y}{\partial y}\right) \delta v \, dx \, dy = -\iint Y \delta v \, dx \, dy,$$

und wenn wir darin links durch *Teilintegration* umformen, so ergibt sich unter Beachtung der Gleichgewichtsaussagen für das Randelement Fig. 21

$$\sigma_x \cos\alpha + \tau \sin\alpha = \mathcal{E}, \qquad \tau \cos\alpha + \sigma_y \sin\alpha = \mathsf{H} \tag{97}$$

durch Addition

$$\iint \left(\sigma_x \frac{\partial \delta u}{\partial x} + \tau \left(\frac{\partial \delta u}{\partial y} + \frac{\partial \delta v}{\partial x}\right) + \sigma_y \frac{\partial \delta v}{\partial y}\right) dx \, dy$$
$$= \oint (\mathcal{E} \delta u + \mathsf{H} \delta v) \, ds + \iint (X \delta u + Y \delta v) \, dx \, dy. \tag{98}$$

Die rechte Seite ist die Arbeit δA der äußeren Kräfte an den virtuellen Verschiebungen δu, δv, die linke können wir mit

$$\frac{\partial \delta u}{\partial x} = \delta \frac{\partial u}{\partial x} = \delta \varepsilon_x, \qquad \frac{\partial \delta u}{\partial y} + \frac{\partial \delta v}{\partial x} = \delta \gamma, \qquad \frac{\partial \delta v}{\partial y} = \delta \varepsilon_y$$

deuten als die *Variation* einer Größe

$$\Pi_i \equiv \iint [\mathsf{S}\sigma_x \delta\varepsilon_x + \mathsf{S}\tau \delta\gamma + \mathsf{S}\sigma_y \delta\varepsilon_y] \, dx \, dy,$$

die wir in Ziff. 8 die *Formänderungsenergie* genannt haben. Gl. (98) lautet also

$$\delta \Pi_i = \delta A. \tag{99}$$

Wenn nun die δu, δv virtuelle Verschiebungen sind, d. h. bis auf die Bedingung geometrischer Zulässigkeit vollkommen willkürliche Funktionen, können wir die Gleichungsfolgen (99) bis (96) auch rückwärts lesen: Indem wir auf (98) Teilintegration in entgegengesetzter Richtung anwenden, kommt

$$\iint \left(\frac{\partial \sigma_x}{\partial x} + \frac{\partial \tau}{\partial y} + X\right) \delta u \, dx \, dy + \iint \left(\frac{\partial \tau}{\partial x} + \frac{\partial \sigma_y}{\partial y} + Y\right) \delta v \, dx \, dy$$

$$= \oint (\sigma_x \cos\alpha + \tau \sin\alpha - \mathcal{E}) \, \delta u \, ds + \oint (\tau \cos\alpha + \sigma_y \sin\alpha - \mathsf{H}) \, \delta v \, ds,$$

und diese Beziehung kann für willkürliche Verschiebungs„variationen" δu, δv nur erfüllt sein, wenn alle vier Klammern einzeln verschwinden. Die Gl. (99) ist also notwendig und hinreichend für die Existenz der Gleichgewichtsaussagen (96) und (97); wir nennen diese Tatsache das *Prinzip der virtuellen Verschiebungen* (vielfach findet sich auch die Bezeichnung Prinzip der virtuellen Arbeiten).

Dem Prinzip der virtuellen Verschiebungen kann man dual ein zweites Prinzip gegenüberstellen, das zwar nur innerhalb der Elastizitätstheorie kleiner Verschiebungen sinnvoll ist, dort aber eine eher noch größere praktische Bedeutung hat: das *Prinzip der virtuellen Kräfte*. — Multiplizieren wir die geometrischen Aussagen

$$\varepsilon_x = \frac{\partial u}{\partial x}, \qquad \gamma = \frac{\partial u}{\partial y} + \frac{\partial v}{\partial x}, \qquad \varepsilon_y = \frac{\partial v}{\partial y} \tag{100}$$

mit virtuellen Spannungen

$$\delta\sigma_x, \qquad\qquad \delta\tau, \qquad\qquad \delta\sigma_y,$$

integrieren über $dx\,dy$ und formen rechts durch Teilintegration um, so ergibt sich, wenn der Spannungszustand „virtuell" ist, d. h. den Gleichgewichtsbedingungen
im Innern

$$\frac{\partial\delta\sigma_x}{\partial x} + \frac{\partial\delta\tau}{\partial y} + \delta X = 0, \qquad \frac{\partial\delta\tau}{\partial x} + \frac{\partial\delta\sigma_y}{\partial y} + \delta Y = 0 \tag{101}$$

und auf dem Rande

$$\delta\sigma_x \cos\alpha + \delta\tau \sin\alpha = \delta\Xi, \qquad \delta\tau \cos\alpha + \delta\sigma_y \sin\alpha = \delta\mathsf{H}$$

genügt:

$$\iint (\varepsilon_x \delta\sigma_x + \gamma\,\delta\tau + \varepsilon_y \delta\sigma_y)\,dx\,dy$$
$$= \oint (u\,\delta\Xi + v\,\delta\mathsf{H})\,ds + \iint (u\,\delta X + v\,\delta Y)\,dx\,dy.$$

In dieser Gleichung stehen auf beiden Seiten Ausdrücke von der Dimension einer Arbeit; die rechte Seite ist eine „Arbeit" δA^* der virtuellen Spannungen an den wirklichen [in Gl. (100) als klein vorausgesetzten] Verschiebungen

$$\delta A^* \equiv \oint (u\,\delta\Xi + v\,\delta\mathsf{H})\,ds + \iint (u\,\delta X + v\,\delta Y)\,dx\,dy; \tag{102}$$

die linke kann man auffassen als die Variation einer Energiegröße

$$\varPi_i^* \equiv \iint \left(\int \varepsilon_x \delta\sigma_x + \int \gamma\,\delta\tau + \int \varepsilon_y \delta\sigma_y \right) dx\,dy. \tag{103}$$

Die Gleichung schreibt sich daher kurz

$$\delta\varPi_i^* = \delta A^*. \tag{104}$$

Da man, genau wie oben bei den virtuellen Verschiebungen, auch hier die Gleichungsfolge rückwärts lesen kann, ist die Energieaussage (104) mit der geometrischen Aussage (100) vollkommen gleichwertig. Diese Tatsache nennen wir das Prinzip der virtuellen Kräfte.

Wegen der Wichtigkeit, die die Aussagen vom Typ (104) für die Anwendungen besitzen, hat man den Größen (102) und (103) einen besonderen Namen gegeben; man nennt sie nach Engesser (äußere und innere) *Ergänzungsarbeit*, weil die Ausdrücke

$$\int \sigma\,\delta\varepsilon \quad \text{und} \quad \int \varepsilon\,\delta\sigma$$

einander zu dem Rechteck $\quad S\,\delta(\sigma\varepsilon) = \sigma\varepsilon$

(Fig. 23) „ergänzen". Danach könnte man die Gl. (104) das Prinzip der virtuellen Ergänzungsarbeiten nennen.

Die Entsprechung zwischen den Prinzipen (99) und (104) ist deutlich; jedes formuliert einen Teil der Grundaussagen als eine Energiegleichung: die erste ersetzt die Gleichgewichtsaussagen für die σ, τ unter Benutzung virtueller (d. h. geometrisch verträglicher) Verzerrungen $\delta\varepsilon$, $\delta\gamma$, die zweite ersetzt eine geometrische Aussage für die ε, γ unter Benutzung virtueller (d. h. den Gleichgewichtsforderungen genügender) Spannungen $\delta\sigma$, $\delta\tau$. Wenn zwischen den Spannungen und den Verzerrungen die lineare HOOKEsche Beziehung besteht, sind Π_i und Π_i^* zahlenmäßig gleich; der begrifflichen Unterscheidung wegen ist es aber auch dann noch geboten, sie in der Bezeichnung sorgfältig auseinanderzuhalten.

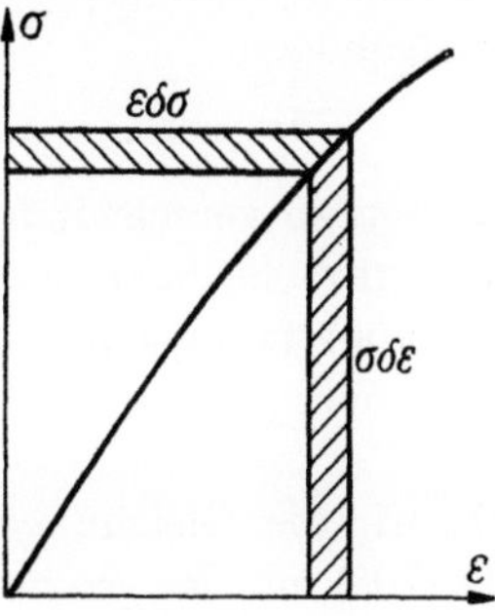

Fig. 23.　Arbeit $\sigma\,\delta\varepsilon$ und „Ergänzungsarbeit" $\varepsilon\,\delta\sigma$.

In formaler Hinsicht besteht die Analogie zwischen den Gl. (99) und (104) darin, daß die wirklichen und die virtuellen Größen die Plätze getauscht haben. Bei innerlich statisch unbestimmten Systemen läßt sich für das Prinzip der virtuellen Kräfte eine zweite Herleitung geben, die eine andere Entsprechung deutlicher hervortreten läßt: die zwischen Spannungen und Verzerrungen. Die Differentialgleichung, der (im zweidimensionalen Fall) die Verzerrungen genügen müssen, ist die Verträglichkeitsbedingung (48)

$$\frac{\partial^2\varepsilon_y}{\partial x^2} + \frac{\partial^2\varepsilon_x}{\partial y^2} - \frac{\partial^2\gamma}{\partial x\,\partial y} = 0, \tag{105}$$

die man aus (100) durch Elimination der Verschiebungen erhält. Diese Gleichung können wir, ähnlich wie die Gleichgewichtsbedingungen (96), durch eine Energieaussage ersetzen, wenn wir sie multiplizieren mit einer willkürlichen Funktion $\delta\Phi(x, y)$ und über den Bereich x, y integrieren:

$$\iint \left(\frac{\partial^2\varepsilon_y}{\partial x^2} + \frac{\partial^2\varepsilon_x}{\partial y^2} - \frac{\partial^2\gamma}{\partial x\,\partial y}\right)\delta\Phi\,dx\,dy = 0.$$

Formen wir das durch (zweimalige) Teilintegration um, so finden wir

$$\iint (\varepsilon_y\,\delta\Phi_{xx} + \varepsilon_x\,\delta\Phi_{yy} - \gamma\,\delta\Phi_{xy})\,dx\,dy -$$

$$- \oint \left(\frac{\partial\varepsilon_y}{\partial x}\cos\alpha + \frac{\partial\varepsilon_x}{\partial y}\sin\alpha - \frac{1}{2}\frac{\partial\gamma}{\partial x}\sin\alpha - \frac{1}{2}\frac{\partial\gamma}{\partial y}\cos\alpha\right)\delta\Phi\,ds - \tag{106}$$

$$- \oint \left[\left(\varepsilon_x\sin\alpha - \frac{\gamma}{2}\cos\alpha\right)\delta\Phi_y + \left(\varepsilon_y\cos\alpha - \frac{\gamma}{2}\sin\alpha\right)\delta\Phi_x\right]ds = 0.$$

Deuten wir die Größen $\delta\Phi_{xx} \equiv \dfrac{\partial^2}{\partial x^2}\,\delta\Phi$ usw. als virtuelle Spannungen [s. Gl. (49)]

$$\delta\Phi_{xx} = \delta\sigma_y, \qquad -\,\delta\Phi_{xy} = \delta\tau, \qquad \delta\Phi_{yy} = \delta\sigma_x \qquad (107)$$

(ähnlich wie wir vorher die Größen $\partial\delta u/\partial x$ usw. als Verzerrungen deuten konnten), so steht in der ersten Zeile dieser Gleichung gerade der Ausdruck $\delta\Pi_i^*$ von Gl. (103). Wenn wir den durch (107) definierten [also den Gln. (101) mit $\delta X = \delta Y = 0$ genügenden] Spannungszustand speziell so wählen, daß er auch auf dem Rande homogenen Gleichungen

$$\delta\sigma_x \cos\alpha + \delta\tau \sin\alpha = 0, \qquad \delta\tau \cos\alpha + \delta\sigma_y \sin\alpha = 0$$

genügt, so verschwindet eben dort (nach einem allgemeinen Satz über die AIRYsche Spannungsfunktion[1]) $\delta\Phi$ samt seinen ersten Ableitungen. In (106) fallen dann die Randintegrale weg, und die Energieaussage geht über in

$$\delta\Pi_i^* = 0. \qquad (108)$$

Da wir die Gleichungsfolge wieder rückwärts durchlaufen können, so ist (108) mit der geometrischen Aussage (105) vollkommen gleichwertig.

Die Gl. (108) ist ein Sonderfall des Prinzips der virtuellen Kräfte, den man aus der allgemeineren Gl. (104) erhält, wenn bei der Variation des Spannungszustandes die äußeren Lasten X, Y und $\varXi$, H unverändert bleiben ($\delta X = \delta Y = 0$, $\delta\varXi = \delta\mathsf{H} = 0$). Ob man dabei, von der Aussage $\delta\Pi_i^* = 0$ ausgehend, zur Verträglichkeitsbedingung (105) oder zu den Verschiebungs-Verzerrungsgleichungen (100) gelangt, hängt davon ab, wie man die *Nebenbedingungen* (101) formuliert[2]: benutzt man sie unmittelbar, so stößt man auf (100), erfüllt man sie durch Einführung einer Spannungsfunktion, so wird man auf (105) geführt.

Die für die Anwendungen wichtigste Besonderheit der Gl. (108) gegenüber der allgemeineren Gl. (104) besteht darin, daß diese hier in enger Anlehnung an die Herleitung des Prinzips der virtuellen Verschiebungen gewonnene Gleichung (man nennt sie vielfach das Prinzip von CASTIGLIANO) nur sinnvoll ist für innerlich statisch *unbestimmte* Systeme. Denn nur bei solchen Systemen ist bei unveränderter äußerer Last ein vom trivialen Zustand $\sigma = \tau = 0$ verschiedener mit der Gleichgewichtsforderung verträglich, und nur bei solchen Systemen gibt es Verträglichkeitsbedingungen. Die allgemeine Gl. (104) dagegen läßt sich auf jedes elastische System (das kleine Verschiebungen erleidet) anwenden und erweist sich insbesondere dann als nützlich, wenn man

---

[1] Vgl. dazu Handbuch der Physik VI, S. 110.

[2] Vgl. dazu E. TREFFTZ: Ableitung der Schalenbiegungsgleichungen mit dem Castiglianoschen Prinzip. Z. angew. Math. Mech. Bd. 15 (1935) S. 101. — Ferner K. MARGUERRE: Bestimmung der Verzerrungsgrößen. Z. angew. Math. Mech. Bd. 21 (1941) S. 218.

nur die Verschiebungen einzelner Punkte eines elastischen Körpers berechnen muß, nicht aber den gesamten Verschiebungszustand. — Um das, und überhaupt die Anwendungsart der Prinzipe (99) und (104), zu zeigen, wollen wir sie in den nächsten Ziffern auf ein Beispiel aus der Balkenbiegungslehre anwenden.

11. Anwendung des Prinzips der virtuellen Verschiebungen auf ein Beispiel aus der Balkenbiegungslehre.

Wir beginnen mit dem Prinzip der virtuellen Verschiebungen, das für den Biegebalken formuliert wird durch die Gleichung

$$-\int_0^l M\,\delta w''\,dx = -Q(0)\,\delta w(0) + Q(l)\,\delta w(l) +$$
$$+ M(0)\,\delta w'(0) - M(l)\,\delta w'(l) + \int_0^l q\,\delta w\,dx. \tag{109}$$

Diese Gleichung gilt unter der einzigen Voraussetzung kleiner Durchbiegungen für einen geraden Balken allgemein. Denn sie kann durch formale Umformung aus den Gleichgewichtsbedingungen (1) und (2) gewonnen werden, ist also genau wie diese an keinerlei Voraussetzung über die Materialbeschaffenheit gebunden. Im Sonderfall eines *elastischen* Materials läßt sich die linke Seite deuten als *Variation* $\delta\Pi_i$ der potentiellen Energie der Formänderung

$$\Pi_i = \int_0^l \left[\mathsf{S}\,(-M\,\delta w'')\right]dx, \tag{110}$$

die, wenn zwischen M und w'' die linieare Beziehung $M = -EIw''$ der elementaren Balkenbiegungslehre besteht, die Form

$$\Pi_i = \int_0^l \left[\mathsf{S}\,EIw''\,\delta w''\right]dx = \int_0^l \frac{EIw''^2}{2}\,dx \tag{110'}$$

annimmt. Auch die Arbeit der äußeren Kräfte läßt sich als Variation einer Größe

$$-\Pi_a = -Q(0)\,w(0) + Q(l)\,w(l) + M(0)\,w'(0) - M(l)\,w'(l) + \int_0^l qw\,dx \tag{111}$$

schreiben, wenn man als Variationsvorschrift verabredet, daß in den Produkten nur die Verschiebungsanteile (nicht die *gegebenen* äußeren Kräfte) variiert werden sollen. Die Größe Π_a ist dann nichts anderes als das aus der Starrkörpermechanik bekannte Potential der äußeren Kräfte, das *Potential der Lage*, dessen Abnahme $-\delta\Pi_a$ gleich ist dem

Arbeitsgewinn δA. Die Hauptgleichung (99) läßt sich daher in der einfachen Form

$$\delta \Pi_i + \delta \Pi_a = 0 \qquad (112)$$

oder, indem man durch

$$\Pi = \Pi_i + \Pi_a$$

das „elastische Potential" Π einführt, noch kürzer

$$\delta \Pi = 0 \qquad (112')$$

schreiben. Diese Gleichung hat einen einfachen mechanischen Sinn. Nach (110') und (111) sind Π_i und Π_a Funktionen der Funktion $w = w(x)$, die die Durchbiegungsform des Balkens angibt[1]. Je nach den Funktionen $w(x)$, die man in die Definitionsgleichungen (110) und (111) einsetzt, erhält man andere und andere Zahlenwerte für Π, und Gl. (112') bedeutet nun, daß es für die *richtige* Durchbiegung $w(x)$ einen stationären Wert annimmt, d. h. daß sich Π bei einer kleinen Änderung von w nicht ändert[2].

Auf der Unempfindlichkeit der für den Formänderungs- und Spannungszustand charakteristischen Größe Π gegen Unrichtigkeiten in dem Ausdruck für $w(x)$ beruht die Brauchbarkeit der Gl. (112) als Ausgangspunkt für *Näherungs*verfahren. Als einfaches Beispiel wollen wir den elastisch gebetteten, beiderseits gelenkig gelagerten Stab von konstantem Trägheitsmoment betrachten, der in der Mitte (von wo aus nun x gezählt werden soll) eine Einzellast trägt. — Wir brauchen zunächst den Ausdruck für Π, der gegenüber (110') und (111) noch durch das Bettungsglied ergänzt werden muß. Nennen wir die Bettungskraft p und zählen sie positiv in Richtung negativer Durchbiegungen (sie wirkt der Durchbiegung ja entgegen), so tritt in (111) an die Stelle von q

$$q - p,$$

und bei der Umformung auf (112) müssen wir nun darauf achten, daß der Querlastanteil p eine Funktion der unbekannten Verschiebung w ist, die man nicht, wie die *gegebene* Last q, vor das Integral ziehen kann. $\int p\, \delta w$ läßt sich auswerten, wenn man das zwischen p und w vermittelnde Elastizitätsgesetz kennt. In dem Sonderfall der gewöhnlichen „elastischen" Bettung

$$p = Kw \qquad (113)$$

wird

$$\int p\, \delta w = K \int w\, \delta w = K\, \frac{w^2}{2}. \qquad (114)$$

---

[1] Man nennt Π ein „Funktional".

[2] Es entspricht dies der bekannten Tatsache, daß die Stellen, wo eine gewöhnliche Funktion $y(x)$ „ihren Wert nicht ändert" (Maximum oder Minimum der Funktion), gekennzeichnet sind durch das Verschwinden der Ableitung oder des Differentials $dy = y'\, dx$: $dy = 0.$

Aus (110) und (111) folgt daher, da beim gelenkig gelagerten Balken die Randterme wegfallen und wir als äußere Last nur die Einzelkraft im Punkt $x = 0$ betrachten wollen:

$$\Pi = \tfrac{1}{2} E I \int\limits_{-l/2}^{l/2} w'' \, dx + \tfrac{1}{2} K \int\limits_{-l/2}^{l/2} w^2 \, dx - P w(0). \tag{115}$$

Bevor wir die an (115) anknüpfende Näherungsrechnung durchführen, wollen wir bestätigen, daß man nach den Regeln der Variationsrechnung aus

$$\delta \Pi = E I \int\limits_{-l/2}^{l/2} w'' \delta w'' \, dx + K \int\limits_{-l/2}^{l/2} w \delta w \, dx - P \delta w(0) = 0 \tag{116}$$

durch einen einfachen Formalismus die Differentialgleichung und die mechanischen Randbedingungen für den Balken erhält; außerdem geben wir — um die Näherungsrechnung mit ihr vergleichen zu können — deren exakte Lösung an. Wenn wir das erste Glied in (116) durch (zweimalige) Teilintegration umformen, so müssen wir, da am Angriffspunkt der Einzellast die Querkraft $M' = -E I w'''$ unstetig wird, den Punkt $x = 0$ wie einen Randpunkt, d. h. die beiden Hälften des Stabes als getrennte Gebiete behandeln. Die Teilintegration ergibt dann

$$\int\limits_{-l/2}^{0} E I w^{\mathrm{IV}} \delta w \, dx + \int\limits_{0}^{l/2} E I w^{\mathrm{IV}} \delta w \, dx + K \int\limits_{-l/2}^{l/2} w \delta w \, dx +$$

$$+ \big[E I w'' \delta w' \big]^0_{-l/2} + \big[E I w'' \delta w' \big]\big|^{l/2}_{0} - \big[E I w''' \delta w \big]^0_{-l/2} - \tag{117}$$

$$- \big[E I w''' \delta w \big]^{l/2}_{0} - P \delta w(0) = 0.$$

Da die Variation δw als eine geometrisch mögliche Verschiebung dort verschwindet, wo w gegeben ist [diese Annahme steckt implizit im Ansatz (115)], fallen die Randanteile $E I w'''(\pm l/2) \, \delta w(\pm l/2)$ der zweiten Zeile in (117) weg. Die Forderung, daß die übrigen Terme für eine, bis auf die Bedingung der Stetigkeit für δw und $\delta w'$ *willkürliche*, virtuelle Verrückung verschwinden sollen, liefert

$$E I w^{\mathrm{IV}} + K w = 0 \qquad \text{für} \qquad x \gtrless 0, \tag{118a}$$

$$\left.\begin{array}{l} E I w''' = 0 \quad \text{für} \quad x = \pm l/2, \qquad E I w'' \text{ stetig für } \quad x = 0, \\[4pt] \quad - E I w'''(-0) + E I w'''(+0) = P, \end{array}\right\} \tag{118b}$$

also in der Tat die Differentialgleichung mit ihren mechanischen Rand- und Übergangsbedingungen. — Die exakte Lösung des Systems (118) läßt sich leicht angeben. Setzen wir $K/E I = 4\beta^4$, so lautet das allgemeine Integral der Differentialgleichung (118a) für $x \gtrless 0$:

$$w = A \, \mathfrak{Cof} \, \beta x \cos \beta x + B \, \mathfrak{Cof} \, \beta x \sin \beta x + C \, \mathfrak{Sin} \, \beta x \cos \beta x + D \, \mathfrak{Sin} \, \beta x \sin \beta x.$$

Zur Festlegung der acht Integrationskonstanten (vier in jedem Bereich) stehen die vier Randbedingungen

$$w\,(\pm\, l/2) = 0\,, \qquad E\,I\,w''\,(\pm\, l/2) = 0$$

und die vier Übergangsbedingungen

$$w,\, w',\, E\,I\,w'' \text{ stetig}\,, \qquad \big[E\,I\,w'''\big]_{-0}^{+0} = P$$

zur Verfügung. Wegen der Symmetrie des Systems lassen sie sich ersetzen durch vier Randbedingungen für jeden der beiden Bereiche: für $x > 0$ z. B. durch

$$w\,(l/2) = w''\,(l/2) = 0\,, \qquad w'\,(0) = 0\,, \qquad E\,I\,w'''\,(0) = P/2\,.$$

Man bestätigt, daß die diesen vier Bedingungen genügende Lösung der Gl. (118a) dargestellt wird durch

$$w = \frac{P}{8\,E\,I\,\beta^{3}}\Big[\frac{\operatorname{Sin}\beta l - \sin\beta l}{\operatorname{Cos}\beta l + \cos\beta l}\operatorname{Cos}\beta x \cos\beta x + \operatorname{Cos}\beta x \sin\beta x - {} \\ - \operatorname{Sin}\beta x \cos\beta x - \frac{\operatorname{Sin}\beta l + \sin\beta l}{\operatorname{Cos}\beta l + \cos\beta l}\operatorname{Sin}\beta x \sin\beta x\Big]\,, \tag{119}$$

wobei l die *ganze* Länge des Stabes bezeichnet. Es ist daher der Pfeil unter der Last

$$f = w\,(0) = \frac{P}{8\,E\,I\,\beta^{3}}\cdot\frac{\operatorname{Sin}\beta l - \sin\beta l}{\operatorname{Cos}\beta l + \cos\beta l} \tag{120a}$$

und das maximale Biegemoment

$$M_{\max} = M\,(0) = \frac{P}{4\,\beta}\frac{\operatorname{Sin}\beta l + \sin\beta l}{\operatorname{Cos}\beta l + \cos\beta l}\,. \tag{120b}$$

Wenn die Bettungskonstante K klein ist, können wir diese Ausdrücke nach Potenzen von β entwickeln. Schreiben wir zur Abkürzung

$$4\,\beta^{4}l^{4} = K\,l^{4}/E\,I = \alpha\,, \tag{121}$$

so kommt

$$f = \frac{P\,l^{3}}{48\,E\,I}\,\frac{1 + \dfrac{1}{35}\dfrac{\alpha}{96} + \cdots}{1 + \dfrac{\alpha}{96} + \cdots} \approx \frac{P\,l^{3}}{48\,E\,I}\Big(1 - \frac{34}{35}\frac{\alpha}{96}\Big)\,, \tag{122a}$$

$$M_{\max} = \frac{P\,l}{4}\,\frac{1 + \dfrac{\alpha}{480} + \cdots}{1 + \dfrac{\alpha}{96} + \cdots} \approx \frac{P\,l}{4}\Big(1 - \frac{\alpha}{120}\Big)\,. \tag{122b}$$

Mit (122) wollen wir nun die energetische *Näherungsrechnung* vergleichen. Der Grundgedanke des an Gl. (112′) anknüpfenden Rɪᴛᴢschen Näherungsverfahrens ist der, in das Potential Π, das durch die wirkliche Lösung w zum absoluten Minimum gemacht wird, eine Näherungsfunktion

$$\overline{w} = f_{1}w_{1} + f_{2}w_{2} + \cdots + f_{n}w_{n} = \sum_{1}^{n} f_{i}w_{i} \tag{123}$$

einzuführen, derart, daß Π, wenn schon nicht als Funktional $\Pi(w(x))$, so doch wenigstens als Funktion der f_i einen Minimalwert annimmt. Dabei sind die $w_i(x)$ gegebene Funktionen von x, die — weil sie in der Rechnung die Rolle virtueller Verschiebungen spielen — den geometrischen Randbedingungen genügen müssen. Die n Minimalbedingungen

$$\frac{\partial \Pi}{\partial f_1} = 0, \quad \frac{\partial \Pi}{\partial f_2} = 0, \quad \ldots, \quad \frac{\partial \Pi}{\partial f_n} = 0 \tag{124}$$

liefern für die n Freiwerte f_i gerade n Aussagen, die in dem — die lineare Elastizitätslehre kennzeichnenden — Sonderfall, daß Π in den f_i vom zweiten Grade ist, *lineare* Gleichungen werden[1].

Wir beschränken uns hier der Kürze halber auf einen eingliedrigen Ansatz. Wählen wir

$$\overline{w} = f_1 w_1 = f_1 \cos \frac{\pi x}{l}, \quad \delta w = \delta f_1 \cos \frac{\pi x}{l}, \tag{125}$$

so erfüllt diese Funktion die geometrischen Bedingungen

$$w(\pm l/2) = 0, \quad w, \quad \overline{w}' \text{ stetig bei } x = 0.$$

Der Ansatz (125) befriedigt sogar die mechanischen Randbedingungen $M(\pm l/2) = 0$; dagegen verletzt er die mechanische Übergangsbedingung $[EIw''']_{-0}^{+0} = P$, d. h. die Unstetigkeitsforderung für die Querkraft bei $x = 0$.

Den Freiwert f_1, der zugleich der Pfeil in der Balkenmitte ist, erhalten wir aus

$$\frac{\partial \Pi}{\partial f_1} \equiv EIf_1 \frac{\pi^4}{l^4} \int\limits_{-l/2}^{l/2} \cos^2 \frac{\pi x}{l}\, dx + Kf_1 \int\limits_{-l/2}^{l/2} \cos^2 \frac{\pi x}{l}\, dx - P = 0. \tag{126}$$

Bevor wir die Integrale ausrechnen, wollen wir uns die mechanische Bedeutung der Gl. (126) klarmachen: Durch den „Ansatz" (125) werden vermöge der Elastizitätsaussagen auch das Moment M und die Bettungskraft p festgelegt, und zwar, wie man sofort sieht, derart, daß von den beiden Gleichgewichtsaussagen

$$M'' - p = 0 \quad \text{für} \quad x \gtrless 0, \quad [M']_{-0}^{+0} = -P \tag{127}$$

die zweite, die Sprungbedingung, sicher *nicht* erfüllt wird. Wir können die Gln. (127) aber durch geeignete Bestimmung des Parameters f_1 im Mittel erfüllen, und (126) ist nichts anderes als die Bildung eines „gewogenen" Mittels, wobei als Gewicht die virtuelle Verschiebung $\delta f_1 w_1(x)$ dient. Denn die Gleichung

$$\int\limits_{-l/2}^{l/2} (M'' - p + q)\, \delta w\, dx = 0 \tag{126'}$$

geht mit

$$M = EIf \frac{\pi^2}{l^2} \cos \frac{\pi x}{l}, \quad p = Kf \cos \frac{\pi x}{l}, \quad q \to \text{Einzellast } P$$

---

[1] Zum Ritzschen Verfahren vgl. auch Kap. V, Ziff. 6, Kap. VI, Ziff. 9.

genau in die Gl. (126) über. Daß gerade diese Mittelaussage besonders zweckmäßig ist, ist eine Folge ihrer Deutbarkeit als Energieaussage[1].

Die rechnerische Auswertung der Gl. (126) ist elementar; führen wir gleich die schon benutzte Abkürzung $\alpha = K l^4 / E I$ wieder ein, so ergibt sich

$$f = \frac{2}{\pi^4} \frac{P l^3}{E I} \frac{1}{1 + \alpha/\pi^4} = \frac{1}{48,7} \frac{P l^3}{E I} \frac{1}{1 + \alpha/97,4}. \tag{128a}$$

Das Maximalmoment wird

$$M_{\max} = E I \frac{\pi^2}{l^2} f = \frac{2}{\pi^2} \frac{P l}{1 + \alpha/\pi^4} = \frac{1}{4,93} \frac{P l}{1 + \alpha/97,4}. \tag{128b}$$

Das Näherungsverfahren liefert also, wie wir aus dem Vergleich mit (122) erkennen, für den Biegepfeil eine sehr gute, für das Biegemoment eine sehr schlechte Formel. Die große Abweichung bei $M_{\max}$ rührt zwar daher, daß wir es uns mit dem *ein*gliedrigen Ansatz (der die Übergangsbedingung für die erste Ableitung von M verletzte!) etwas zu leicht gemacht haben — trotzdem ist das Ergebnis typisch für den Wert der Methode: Verschiebungen bestimmen sich aus einem vernünftigen Ansatz mit guter Näherung; bei den Spannungen dagegen, die durch Ableitungsbildung aus den Verschiebungen hervorgehen, machen sich die Unstimmigkeiten des Ansatzes sehr viel stärker bemerkbar.

12. Anwendung des Prinzips der virtuellen Kräfte auf dasselbe Beispiel.

Bei der Behandlung des Balkenbeispiels in der vorigen Ziffer sind wir ausgegangen von der Extremalform (112′) des Prinzips der virtuellen Verrückungen. Wenn wir dasselbe Beispiel in analoger Weise mit Hilfe des Prinzips der virtuellen Kräfte rechnen wollen, müssen wir auch dieses Prinzip zunächst auf eine Extremalform bringen. — Die zu (109) „reziproke" Balkengleichung lautet, wenn wir den Bettungsanteil diesmal gleich mitnehmen

$$-\int\limits_{-l/2}^{l/2} w'' \delta M \, dx + \int\limits_{-l/2}^{l/2} w \delta p \, dx = \int\limits_{-l/2}^{l/2} w \delta q \, dx - w(0) \delta Q(0) + \cdots, \tag{129}$$

und genau wie (109) gilt sie unter der Voraussetzung kleiner Durchbiegungen für den geraden Balken allgemein. Denn sie kann durch formale Umformung aus der Identität $w(x) = w(x)$ gewonnen werden, wobei lediglich die Gleichgewichtsaussagen für die virtuellen Kraftgrößen gebraucht werden[2]. Im Sonderfall HOOKEschen Materials und

---

[1] Siehe dazu Kap. V, Ziff. 7, Verfahren von GALERKIN.

[2] Der Leser führe die einfache Rechnung, die zu der an (100) anknüpfenden analog verläuft, durch!

durchbiegungsproportionaler Bettung läßt sich für die linke Seite schreiben

$$\delta\left[\int\limits_{-l/2}^{l/2}\frac{M^2}{2\,EI}\,dx+\int\limits_{-l/2}^{l/2}\frac{p^2}{2\,K}\,dx\right],$$

und auf der rechten Seite kann man das δ-Zeichen ebenfalls herausziehen, wenn man als Variationsvorschrift verabredet, in den Produkten nur die Kräfte zu variieren. (129) lautet dann

$$\delta\,\Pi^* = \delta\Pi_i^* + \delta\Pi_a^* = 0$$

mit

$$\Pi_i^* = \int\limits_{-l/2}^{l/2}\frac{M^2}{2\,EI}\,dx + \int\limits_{-l/2}^{l/2}\frac{p^2}{2\,K}\,dx,$$

$$\Pi_a^* = w(0)\,Q(0) - w(l)\,Q(l) - w'(0)\,M(0) + w'(l)\,M(l) - \int\limits_{-l/2}^{l/2}w\,q\,dx.$$

$$\left.\right\}(130)$$

In unserem Sonderfall fallen die *Rand*terme in Π_a^* weg, weil $w(-l/2) = w(l/2) = 0$ ist und wir δM so wählen, daß es ebenso wie M an den Balkenenden verschwindet. Es bleibt nur der Querlastanteil $-\int w q\,dx$, der in unserem Beispiel übergeht in

$$w(0)\,P.$$

Der Energieausdruck lautet daher

$$\Pi^* = \frac{1}{2\,EI}\int\limits_{-l/2}^{l/2}M^2\,dx + \frac{1}{2\,K}\int\limits_{-l/2}^{l/2}p^2\,dx - w(0)\,P. \qquad (131)$$

An Gl. (131) können wir ein Näherungsverfahren analog dem RITZschen anknüpfen: wir machen für die Bettungskraft p einen Ansatz

$$p = b_1\,p_1(x) + b_2\,p_2(x) + \cdots b_n\,p_n(x), \qquad (132)$$

bestimmen M aus den Gleichgewichtsaussagen

$$M'' - p = 0, \qquad M'(-0) - M'(+0) = P \qquad (133)$$

und errechnen die Parameter b_i aus den n Extremalforderungen

$$\frac{\partial\Pi^*}{\partial b_i} = 0, \qquad i = 1, 2 \ldots n, \qquad (134)$$

die wir als Näherungsforderungen an die Stelle der Funktionalgleichung $\delta\Pi^* = 0$ treten lassen. Dabei können wir den Näherungsansatz (die virtuellen Kräfte) so wählen, daß die an der Stelle $x = 0$ angreifende

Einzellast sich nicht ändert, d. h. daß in (131) $\delta P = 0$ ist. Die Extremalforderungen (134) lauten dann

$$\frac{\partial}{\partial b_i}\left[\frac{1}{2\,EI}\int M^2\,dx + \frac{1}{2\,K}\int p^2\,dx\right] = 0, \quad i = 1, 2 \ldots n. \quad (134')$$

Wir benutzen wieder einen einparametrigen Ansatz, etwa

$$p = b_1 \cos\frac{\pi x}{l}\,; \qquad\qquad (135)$$

nach (133) bestimmt sich M zu

$$M = A\,x + B - \frac{l^2}{\pi^2}\,b_1\cos\frac{\pi x}{l}\,,$$

wobei die Integrationskonstanten A, B aus den mechanischen Randbedingungen folgen — für den Bereich $x > 0$ z. B. aus

$$M\,(l/2) = 0\,, \qquad M'(0) = -\,P/2\,.$$

Es wird also

$$M = \frac{P}{2}\left(\frac{l}{2} - x\right) - \frac{l^2}{\pi^2}\,b_1\cos\frac{\pi x}{l} \quad \text{für} \quad x > 0 \qquad (136)$$

und daher

$$\frac{\partial}{\partial b_1}\left[\frac{1}{2\,EI}\int\limits_{-l/2}^{l/2} M^2\,dx + \frac{1}{2\,K}\int\limits_{-l/2}^{l/2} p^2\,dx\right] = \frac{1}{EI}\int\limits_{-l/2}^{l/2} M\frac{\partial M}{\partial b_1}\,dx + \frac{1}{K}\int\limits_{-l/2}^{l/2} p\frac{\partial p}{\partial b_1}\,dx$$

$$\qquad (137)$$

$$= 2\left[-\frac{1}{EI}\int\limits_{0}^{l/2}\left(\frac{P}{2}\left(\frac{l}{2}-x\right) - \frac{l^2}{\pi^2}b_1\cos\frac{\pi x}{l}\right)\frac{l^2}{\pi^2}\cos\frac{\pi x}{l}\,dx + \frac{b_1}{K}\int\limits_{0}^{l/2}\cos^2\frac{\pi x}{l}\,dx\right] = 0\,.$$

Wieder wollen wir uns, bevor wir die Integrale auswerten, klarmachen, was die Näherungsgleichung (137) bedeutet. Durch den Ansatz (135) für p ist vermöge

$$w = p/K$$

auch die Ausbiegeform $w = w_1(x)$ festgelegt. Für diese Ausbiegeform besteht aber gleichzeitig nach (126) wegen $-EIw'' = M$, d. h. (wie wir kurz schreiben wollen)

$$w = -\frac{''M}{EI}\,,$$

ein zweiter Ausdruck $w = w_2$. Da beide verschieden sind, fordern wir ihre Übereinstimmung wenigstens im gewogenen Mittel. Wählen wir als Gewicht die virtuelle Last $\delta p = \delta b_1 p_1(x)$ so ergibt sich aus

$$\int (w_1 - w_2)\,\delta p\,dx = \int\left(\frac{p}{K} + \frac{''M}{EI}\right)\delta p\,dx = 0,$$

mit $\delta p = \delta M''$ durch Teilintegration

$$\int\left(\frac{M\,\delta M}{EI} + \frac{p\,\delta p}{K}\right) dx = \left[\frac{1}{EI}\int M\,\frac{\partial M}{\partial b_1}\,dx + \frac{1}{K}\int p\,\frac{\partial p}{\partial b_1}\,dx\right]\delta b_1 = 0\,,$$

also genau die Gl. (137), die demnach gedeutet werden kann als eine Vorschrift, die Verträglichkeit im Innern „möglichst gut" zu erfüllen.

Werten wir nun in (137) die elementaren Integrale aus, so erhalten wir

$$b_1 = \frac{P}{l}\,\frac{2\,\alpha/\pi^4}{1 + \alpha/\pi^4}\,,$$

wobei α wieder abkürzend das Verhältnis Kl^4/EI bezeichnet. Es ist also

$$f = \frac{b_1}{K} = \frac{2}{\pi^4}\,\frac{Pl^2}{EI}\,\frac{1}{1 + \alpha/\pi^4}\,,\tag{138a}$$

ferner

$$M = \frac{Pl}{4}\left[1 - \frac{x}{l/2} - \frac{1}{\pi^2}\,\frac{8\,\alpha/\pi^4}{1 + \alpha/\pi^4}\cos\frac{\pi x}{l}\right]$$

und daher

$$M_{\max} \equiv M(0) = \frac{Pl}{4}\,\frac{1 + \alpha/\pi^4(1 - 8/\pi^2)}{1 + \alpha/\pi^4}\tag{138b}$$

oder für kleines α:

$$\approx \frac{Pl}{4}\left(1 - \frac{8}{\pi^2}\,\frac{\alpha}{\pi^4}\right) = \frac{Pl}{4}\left(1 - 0{,}9986\,\frac{\alpha}{120}\right).$$

Vergleichen wir (138) mit (128), so sehen wir, daß die beiden Näherungsformeln für f gleich, für M aber sehr verschieden gut sind. Daß die beiden f-Formeln exakt übereinstimmen, rührt her von der Eigenschaft der als Ansatz verwendeten cos-Funktion, sich bei zweimaliger Differentiation oder Integration zu reproduzieren. Die Verschiedenheit der Momentenformeln aber liegt in den Verfahren begründet: die erste wird aus w durch zweifache Differentiation, die zweite aus p durch zweifache Integration gewonnen, und das Ergebnis ist der Ausdruck der allen Iterationsverfahren zugrunde liegenden Tatsache[1], daß Näherungsausdrücke durch Integration verbessert, durch Differentiation verschlechtert werden. Natürlich wird die größere Genauigkeit der zweiten Formel durch ein gewisses Mehr an Rechenarbeit erkauft: die Herstellung des Ausdruckes (136) für M ist etwas umständlicher als eine einfache Differentiation, und bei der Auswertung der Integrale (137) tritt das erste Glied gegenüber (126) zusätzlich auf. — Übrigens kann man sich auch für den Pfeil im Rahmen unseres Näherungsverfahrens eine sehr viel bessere Formel beschaffen: Vermöge $M = -EIw''$ erhält man aus (136) durch Integration $w = w(x)$ und damit speziell

$$f = w(0) = \frac{Pl^3}{48\,EI}\left(1 - \frac{96\,\alpha/\pi^8}{1 + \alpha/\pi^4}\right) \approx \frac{Pl^3}{48\,EI}\left(1 - 0{,}97\,128\,\frac{\alpha}{96}\right),\tag{138a'}$$

---

[1] Zum Verfahren der Iteration vgl. das schon erwähnte Buch von COLLATZ: Eigenwerte und ihre numerische Behandlung. Leipzig, 1945.

was mit dem exakten Ausdruck (122a) bezüglich des von α freien Anteiles genau, bezüglich des α-Anteiles auf mehr als Rechenschieber-genauigkeit übereinstimmt (wobei allerdings angemerkt werden muß, daß man mit anderen einfachen Ansätzen, etwa Polynomen

$$p = b_1 = \text{const}$$

oder

$$p = b_1 \left(1 - \left(\frac{2\,x}{l} \right)^2 \right)$$

eine *so* gute Übereinstimmung bezüglich des α-Anteiles nicht erhält).

In Fig. 24 sind die Ergebnisse (120), (128) und (138) aufgetragen. Man erkennt, daß nur das Moment nach (128) herausfällt. M (138) und M (120) liegen in dem gezeichneten Bereich zusammen, ebenso f (138′) und f (120), und davon weichen f (128) = f (138) nur sehr wenig ab.

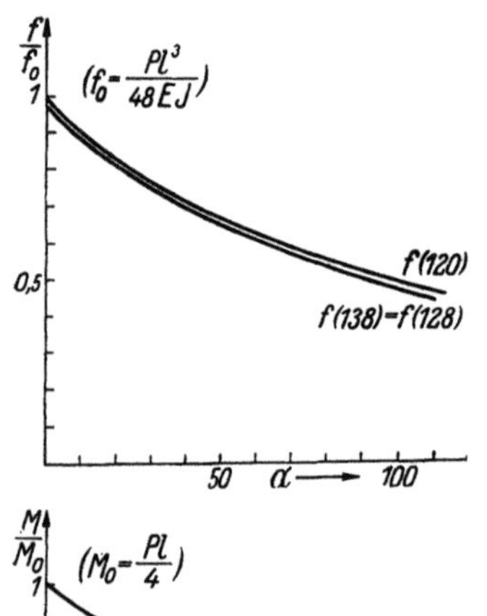

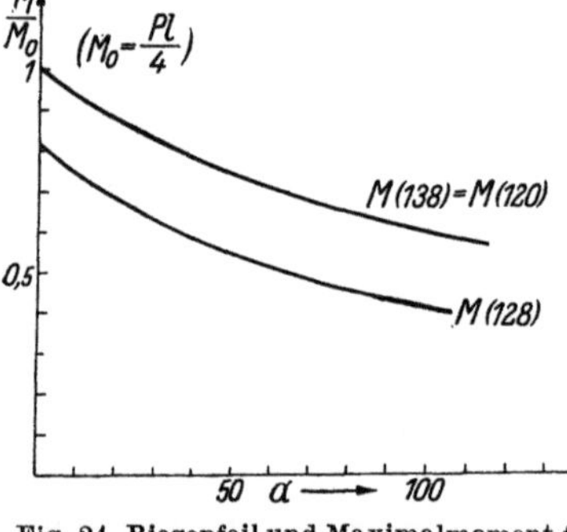

Fig. 24. Biegepfeil und Maximalmoment für den elastisch gebetteten Balken unter Einzellast. a) Exakte Lösung. Die beiden energetischen Näherungswerte: b) auf Grund des Verschiebungsansatzes (125); c) auf Grund des Kräfteansatzes (135). $(\alpha = K\,l^4/E\,I)$.

13. Die Lösung einfacher statisch unbestimmter Aufgaben mit Hilfe des Prinzips der virtuellen Kräfte. Bemerkungen zur Energiemethode.

Wir haben in den Ziff. 11 und 12 die Rechnung so geführt, daß die Entsprechung zwischen den beiden energetischen Näherungsverfahren möglichst vollkommen wurde: beim ersten Verfahren Ansatz für eine Verschiebungsgröße, Erfüllung der Gleichgewichtsbedingungen nur im Mittel, beim zweiten Verfahren Ansatz für eine Kraftgröße, Erfüllung der Verträglichkeitsbedingung nur im Mittel. Eine solche Entsprechung läßt sich aber nur herstellen bei einem unendlich vielfach statisch-unbestimmten System. Wenn z. B. bei unserem Balken die Bettungskräfte (d. h. die unendlich vielen statisch-unbestimmten Stützkräfte) wegfallen, so ändert sich das erste Verfahren (die sog. Deformationsmethode) nicht wesentlich. Beim zweiten Verfahren dagegen (der sog. Kraftmethode) verläuft die Rechnung völlig anders: Die Energiegleichung (131) wird, wenn P gegeben, δP also Null ist, sinnlos, der Anteil

$$M = \frac{P}{2} \left(\frac{l}{2} - x \right) \quad \text{für} \quad x > 0$$

des Ausdrucks (136) gibt das Moment vollständig an, der Pfeil f kann nicht mehr aus $w = p/K$, sondern nur noch aus $w'' = -M/EI$ durch Integration gewonnen werden und wird durch

$$f = \frac{Pl^3}{48\,EI}$$

exakt dargestellt. Das alles ist Ausdruck der Tatsache, daß man statisch bestimmte Systeme nach der Kraftmethode notwendig exakt berechnet, weil es nur *einen* statisch-möglichen Gleichgewichtszustand gibt.

Trotzdem lassen sich Energieaussagen vom Typ (131) auch dann mit Vorteil verwenden, wenn man bei Fehlen der von der Bettung herrührenden statischen Unbestimmtheit auf eine exakte Lösung des Problems zielt. Man muß sich nur von der Bindung frei machen, bei der Variation die *äußeren* Lasten festhalten zu wollen, bei gegebenen P also (wie wir es bei unserem Beispiel bisher getan haben) $\delta P = 0$ zu setzen. Denken wir uns in (131), d. h. in

$$\delta\left[\frac{1}{2\,EI}\int_{-l/2}^{l/2} M^2\,dx - Pw\right] = 0 \qquad (139)$$

im Gegenteil gerade die Einzellast variiert [wie in (102)], so wird

$$\int_{-l/2}^{l/2} \frac{M}{EI}\,\delta M\,dx - w\,\delta P = 0\,, \qquad (140)$$

wobei unter δM jetzt die zu δP gehörige Variation des Schnittmomentes

$$\frac{\partial M}{\partial P}\,\delta P$$

zu verstehen ist. Aus (140) folgt dann

$$w(0) = \int_{-l/2}^{l/2} \frac{M}{EI}\,\frac{\partial M}{\partial P}\,dx = \frac{\partial}{\partial P}\int_{-l/2}^{l/2} \frac{M^2}{2\,EI}\,dx\,, \qquad (140')$$

d. h. man erhält eine Gleichung zur Bestimmung der Verschiebung $w(0)$, die sich auf diese Weise also berechnen läßt, ohne daß man erst die vollständige Lösung der Differentialgleichung $w'' = -M/EI$ bestimmen müßte:

$$w(0) = \int_{-l/2}^{l/2} \frac{M}{EI}\,\frac{\partial M}{\partial P}\,dx = 2\int_{0}^{l/2} \frac{M}{EI}\,\frac{\partial M}{\partial P}\,dx = \frac{P}{2EI}\int_{0}^{l/2}\left(\frac{l}{2}-x\right)^2 dx = \frac{Pl^3}{48\,EI}\,.$$

Die Gl. (140′) ist ein Beispiel für den Satz von CASTIGLIANO, daß man durch Ableitung der (in den Spannungen ausgedrückten) Formänderungsenergie nach einer äußeren Kraft die Verschiebung des Kraftangriffspunktes in Richtung der Kraft erhält.

Den Nutzen, den Gleichungen vom Typ (140) oder (140′) haben können, wollen wir noch an einem ganz einfachen baustatischen Beispiel zeigen. — Wir betrachten einen bei $x = 0$ eingespannten, bei $x = l$ gelenkig gelagerten und irgendwie, z. B. durch eine Gleichlast $q = \text{const}$, belasteten Balken. Die Lösung der beiden Differentialgleichungen

$$M'' + q = 0, \qquad E I w'' + M = 0 \tag{141}$$

läßt sich in diesem Fall nicht getrennt durchführen, weil für die erste nur *eine* Randbedingung $M(l) = 0$, für die zweite *drei* ($w(0, l) = 0$, $w'(0) = 0$) zur Verfügung stehen. Will man nun $M(x)$ berechnen, ohne erst die vollständige Lösung der zweiten Gleichung angeben zu müssen (was z. B. bei veränderlichem EI eine zeitraubende Aufgabe wäre), so wendet man folgenden Kunstgriff an: man denkt sich das System statisch bestimmt gemacht, z. B. indem man die Stütze bei $x = l$ entfernt. Dann folgt $M = M_0(x)$ aus der ersten Gl. (141) mit den Randbedingungen $M_0(l) = M_0'(l) = 0$, und man muß nun nur noch durch Überlagerung einer „statisch Unbestimmten" für eine nachträgliche Erfüllung der Randbedingung $w(l) = 0$ sorgen. Zu diesem Zweck bringt man bei $x = l$ die unbekannte Stützkraft X an, berechnet die von ihr hervorgerufene Durchbiegung $w_X(l)$ und bestimmt X aus der Bedingung

$$w(l) = w_{M_0}(l) + w_X(l) = 0. \tag{142}$$

Durch Superposition von M_0 mit der zu X gehörigen Momentenverteilung M_X ergibt sich dann der endgültige Momentenverlauf.

Zur Gewinnung der in Gl. (142) geforderten Verschiebungen w an der Stelle l dient nun unsere Energieaussage. Bringen wir als virtuelle Last an der Stelle l eine Einzelkraft δP an und bezeichnen mit δM die zugehörige Schnittmomentenverteilung

$$\delta M = (l - x)\, \delta P, \tag{143}$$

so gilt

und

$$\left.\begin{aligned} \delta P\, w_{M_0}(l) &= -\int_0^l \frac{M_0}{EI}\, \delta M\, dx \\[2ex] \delta P\, w_X(l) &= -\int_0^l \frac{M_X}{EI}\, \delta M\, dx. \end{aligned}\right\} \tag{144}$$

In diesen Gleichungen ist δP ein Proportionalitätsfaktor, der nach der Auswertung der Integrale auf beiden Seiten heraustritt und auf das Ergebnis daher ohne Einfluß ist. Da man sich in den baustatischen Anwendungen im Superpositionsbereich befindet, wo *alle* Kräfte und Verschiebungen den Charakter von infinitesimalen Größen haben, ist es nicht notwendig, die virtuellen Kräfte in dieser Hinsicht besonders zu kennzeichnen. Man pflegt daher in den Anwendungen von vornherein $\delta P = 1$ zu setzen; bezeichnet man noch die zugehörigen Schnittmomente mit $\overline{M}$, so liefert die Zusammenfassung der Gln. (142) und (144):

$$\int\limits_0^l \frac{M_0}{EI}\,\overline{M}\,dx + \int\limits_0^l \frac{M_x}{EI}\,\overline{M}\,dx = 0; \tag{145}$$

oder, da $M_0 + M_X$ ja nichts anderes ist als die endgültige Momentenverteilung M, kurz

$$\int\limits_0^l \frac{M\,\overline{M}}{EI}\,dx = 0. \tag{145'}$$

In unserem besonderen Beispiel ist

$$M = M_0 + X\,(l - x) = \frac{q}{2}\,(l - x)^2 + X\,(l - x)$$

und

$$\overline{M} = l - x.$$

Es wird also

$$-X = \frac{\dfrac{q}{2}\displaystyle\int\limits_0^l (l - x)^3\,dx}{\displaystyle\int\limits_0^l (l - x)^2\,dx} = \frac{3}{8}\,ql. \tag{146}$$

Da die Stützkraft X und die virtuelle Last „1" beide Einzelkräfte sind, die an derselben Stelle $x = l$ des einseitig eingespannten Trägers angreifen, sind die zugehörigen Momentenverteilungen einander proportional:

$$M_X = X\,\overline{M}.$$

Für (145) kann man daher auch schreiben

$$\int\limits_0^l \frac{M_0 + X\,\overline{M}}{EI}\,\overline{M}\,dx = 0 \tag{145''}$$

und dafür wieder

$$\frac{\partial}{\partial X}\int\limits_0^l \frac{1}{2EI}\,(M_0 + X\,\overline{M})^2\,dx = 0. \tag{147}$$

Gl. (147) ist ein Beispiel für das Prinzip von MENABREA, nach dem unter allen statisch möglichen Gleichgewichtszuständen der wirkliche die innere Ergänzungsarbeit Π_i^* zum Extremum (Minimum) macht[1]. Wir erwähnen das nur der Vollständigkeit halber. Für die Anwendungen ist die Formulierung (147) in doppelter Hinsicht unzweckmäßig. Die Aussage

$$\frac{\partial}{\partial X_i} \int \frac{M^2}{2EI} dx = 0 \quad (i = 1, 2, \ldots, n) \tag{147'}$$

ist bei mehreren statisch Unbestimmten unbeweglicher als die mechanisch gleichwertige

$$\int \frac{M}{EI} \cdot \overline{M}_i dx = 0; \tag{148}$$

denn in (148) ist nur gefordert, daß $\overline{M}$ die zu einer Gleichgewichtsgruppe von Kräften gehörigen Schnittmomente seien, und durch deren geschickte Auswahl kann man oft die Gestalt des zur Bestimmung der X_i dienenden linearen Gleichungssystems noch vorteilhaft beeinflussen. Und auch aus didaktischen Gründen möchten wir der Formulierung (148) den Vorzug geben: Das Wesentliche an Gleichungen vom Typ (147') oder (148) ist, daß sie *geometrische* Aussagen darstellen [s. die Gl. (142) unseres Beispiels], für deren Fassung der Energiebegriff *nützlich*, aber keineswegs *notwendig* ist. Denn den allen Energieformulierungen zugrunde liegenden Rechentrick der Teilintegration kann man natürlich auch unmittelbar heranziehen. Wenden wir z. B. (im Hinblick auf den Biegebalken) auf die Identität

$$w(\xi) = w(0) + \int_0^\xi w'(x)\, dx \tag{149}$$

rechts Teilintegration an, so tritt unter dem Integral das Produkt aus w'' und

$$\int dx = x - x_0$$

auf. Da man $w'' = -M/EI$ kennt, sobald nur der Momentenverlauf bestimmt ist, läßt sich das Integral unmittelbar auswerten, so daß nur eine Schwierigkeit bleibt: bei der Teilintegration die Integrationskonstante x_0 so zu wählen, daß auch die ausintegrierten Bestandteile alle bekannt sind. Setzt man z. B. $x_0 = 0$, so ergibt sich

$$w(\xi) = w(0) + [xw']_0^\xi - \int_0^\xi xw''\, dx, \tag{150}$$

---

[1] Siehe Gl. (108). Das Prinzip der virtuellen Kräfte wird vielfach, statt nach MENABREA, nach CASTIGLIANO genannt. Diese Bezeichnungsweise widerspricht dem historischen Tatbestand (MENABREA hat das Prinzip ein Jahrzehnt vor dem Erscheinen der berühmt gewordenen Arbeit von CASTIGLIANO ausgesprochen) und ist überdies unzweckmäßig, weil CASTIGLIANO nicht nur den obenerwähnten „zweiten" Satz ausgesprochen hat, der letzten Endes eine besondere Formulierung des Prinzips virtueller *Kräfte* darstellt, sondern noch einen „ersten", der aus dem Prinzip der virtuellen *Verschiebungen* entspringt, so daß eine Kontraposition „virtuelle Verschiebungen" ←→ „CASTIGLIANO" dazu beiträgt, den wesentlichen Unterschied zwischen den beiden Energieprinzipen zu verwischen.

in unserem Beispiel also, wo $w(0) = w'(0) = 0$ ist:

$$w(\xi) = \xi w'(\xi) - \int_0^\xi x w'' \, dx\,,$$

und diese Formel nützt nicht viel, weil $w'(\xi)$ unbekannt ist. Anders, wenn man $x_0 = \xi$ setzt; dann kommt

$$w(\xi) = w(0) - [(\xi - x)\,w']_0^\xi + \int_0^\xi (\xi - x)\,w''(x)\,dx\,, \qquad (150')$$

und nun fallen in unserem Beispiel die drei ausintegrierten Terme alle weg; für $\xi = l$ ergibt sich aus (150') dann genau die Gl. (144)

$$w(l) = \int_0^l w''(x)\,(l - x)\,dx = - \int_0^l \frac{M}{EI}\,(l - x)\,dx\,,$$

aus der vermöge $w(l) = 0$ oben die gesuchte Gleichung für X hervorging.

Die energetische Deutung ist also zur Gewinnung der Formänderungsaussage (144) keineswegs notwendig. Das Beispiel zeigt aber, inwiefern sie überaus nützlich ist: es ist im allgemeinen gar nicht so einfach, die Teilintegration (die w überführen soll in w'', das vermöge $w'' = -M/EI$ bekannt ist) so zu *lenken*, daß nur der gesuchte Randterm stehenbleibt. Eine solche Lenkung ermöglicht aber das energetische Rezept (145') in einfachster Weise; denn danach braucht man nur den zur virtuellen Kraftgröße 1 gehörigen Momentenverlauf zu bestimmen — eine Aufgabe, die jedem Ingenieur von der Lösung statisch bestimmter Aufgaben her geläufig ist.

Wir müssen es uns aus Raumgründen versagen, durch weitere Beispiele die am Leitseil eines einfachen Beispiels erörterten Gedanken noch weiter auszuführen. Zwei Hinweise allgemeiner Natur mögen unsere Betrachtungen abschließen.

Die erste Bemerkung betrifft eine Frage der Terminologie. Es ist vielfach üblich, die Gleichung

$$\delta \Pi_i^* = 0\,,$$

für die wir in den Gln. (103), (131), (139) Beispiele kennengelernt haben, nicht unmittelbar aus den geometrischen Aussagen vom Typ (106), sondern auf dem Umweg über das Prinzip der virtuellen Verschiebungen

$$\delta \Pi = \delta \Pi_i + \delta \Pi_a = 0$$

herzuleiten. Es ist dies möglich, wenn man sich daran erinnert, daß man wegen der *Kleinheit* der elastischen Verschiebungen u, v in

$$\delta \Pi_i \equiv \iint (\sigma_x\,\delta\varepsilon_x + \tau\,\delta\gamma + \sigma_y\,\delta\varepsilon_y)\,dx\,dy$$

an Stelle von virtuellen Verzerrungen $\delta\varepsilon_x \ldots$ auch die wirklichen elastischen Verzerrungen $\varepsilon_x \ldots$ einsetzen kann; denn diese erfüllen die zwei an virtuelle Verzerrungen zu stellenden Forderungen: sie sind verträglich und so klein, daß höhere Potenzen als die ersten in $\delta u = u$, $\delta v = v$ nicht auftreten. Betrachtet man ferner an Stelle der wirklichen Spannungen $\sigma_x \ldots$ virtuelle $\delta\sigma_x \ldots$, die den *homogenen* Gleichgewichtsbedingungen im Innern *und* am Rande genügen, so verschwindet $\delta\Pi_a$, und aus $\delta\Pi = 0$ folgt also

$$\iint (\varepsilon_x\,\delta\sigma_x + \gamma\,\delta\tau + \varepsilon_y\,\delta\sigma_y)\,dx\,dy \equiv \delta\Pi_i^* = 0.$$

Dieser Herleitung entsprechend wird die Gleichung $\delta\Pi_i^* = 0$ auch häufig „Prinzip der virtuellen Verschiebungen" genannt. Das hätte eine gewisse Berechtigung, wenn man die Mechanik — was sich durchführen läßt — aus dem Energiebegriff statt aus dem Kraftbegriff entwickelte, so daß $\delta\Pi_i^* = 0$ als ein Sonderfall von $\delta\Pi = 0$ erscheint. Für die Anwendungen aber sollte man diese Bezeichnung vermeiden. Denn trotz ihrer formalen Ähnlichkeit sind die beiden Energieformeln wesensverschieden; jede liefert Aussagen über die wirklichen Größen: $\delta\Pi = 0$ ersetzt die Gleichgewichtsaussagen für die Spannungen, $\delta\Pi_i^* = 0$ ersetzt die Verträglichkeitsaussagen für die Verzerrungen. Die beiden Gleichungen *zielen* also auf gänzlich verschiedene Dinge, und überdies ist es irreführend, von virtuellen Verschiebungen zu sprechen, wenn man — vermittels virtueller Kräfte — Aussagen über *wirkliche* Verschiebungen formuliert.

Es gibt noch einen weiteren Grund, warum man die beiden Prinzipe auch in der Bezeichnung auseinanderhalten sollte. Wenn wir uns — und das ist die zweite ergänzende Bemerkung — fragen, wie sich die Energieformeln modifizieren, wenn man die Voraussetzungen *kleiner* Formänderungen fallen läßt, so zeigt sich, daß das Prinzip der virtuellen Verschiebungen sich auch bei großen Verformungen in sehr einfacher Weise formulieren läßt, daß man das Prinzip der virtuellen Kräfte dagegen zwar aussprechen, aber nicht in eine praktisch unmittelbar brauchbare Form bringen kann. Bei großen Verformungen geht also die Abart, das Prinzip der virtuellen Kräfte, für die Anwendungen verloren — es bleibt nur das „eigentliche" Prinzip der virtuellen Verschiebungen fruchtbar; im VI. Kapitel werden wir es in der auf große Verformungen erweiterten Form bei der Untersuchung von *Stabilitätsproblemen* anwenden.

III. Die Festigkeit von Schalen.

Von

W. Flügge/Stanford University, Cal. (USA.).

Mit 17 Figuren.

1. Grundlagen.

a) Schale, Scheibe, Platte.

In Kapitel II wurde gezeigt, daß sich die Verzerrungen und Spannungen in einem elastischen Körper leicht berechnen lassen, wenn die Komponenten u, v, w der elastischen Verschiebung jedes Punktes bekannt sind, und es wurde wenigstens für zwei Dimensionen vorgeführt, wie man zu den zwei partiellen Differentialgleichungen [II, (47)] für u und v kommen kann. Entsprechendes ist natürlich auch für den allgemeineren dreidimensionalen Fall möglich, und man bezeichnet diese Gleichungen als die Grundgleichungen der Elastizitätstheorie. Die Aufgabe, die Spannungen eines gegebenen Körpers zu berechnen, ist damit zurückgeführt auf die Lösung dieser Grundgleichungen für bestimmte Lastglieder und bestimmte Randbedingungen. Trotzdem spielen diese Grundgleichungen im praktischen Aufbau der Elastizitätstheorie keine sehr sichtbare Rolle. Das liegt daran, daß sie recht kompliziert sind, so daß es gar nicht gelingt, sie in allgemeiner Form zu lösen. Man ist vielmehr darauf angewiesen, die Differentialgleichungen durch spezielle Annahmen über die Form des untersuchten Körpers und die Art der angreifenden Kräfte zu vereinfachen, und kommt so zu einer ganzen Reihe von verschiedenen Problemgruppen, deren jede durch eine spezielle Differentialgleichung oder ein einfaches Differentialgleichungssystem gekennzeichnet ist, das natürlich immer ein Sonderfall der allgemeinen Grundgleichungen sein muß, aber doch ein so stark spezialisierter, daß den Differentialgleichungen der einzelnen Problemgruppen die gemeinsame Herkunft nicht mehr anzusehen ist. Solche Gruppen sind z. B. die Theorie des gebogenen Stabes, die Torsionstheorie, die Theorie der gebogenen Platte, der ebenen Scheibe, des Umdrehungskörpers, und auch die Theorie der Schalen gehört hierher.

Von diesen Problemgruppen haben diejenigen der Schale, der Scheibe und der Platte gemeinsam, daß sie sich mit elastischen Körpern befassen, die im wesentlichen zweidimensionale Gebilde sind,

Gebilde, die sich längs einer Fläche erstrecken und in der Richtung senkrecht dazu nur eine geringe Ausdehnung, die Wanddicke t, haben. Diejenige Fläche, die die unter Umständen veränderliche Wanddicke t überall halbiert, nennt man die Mittelfläche. Bei der Schale ist diese gekrümmt, bei Scheibe und Platte dagegen eben; Scheibe und Platte unterscheiden sich durch die Art der Belastung, die bei der Scheibe in der Mittellinie liegt, bei der Platte dagegen darauf senkrecht steht. Warum man diese Unterschiede macht, werden wir im folgenden sehen.

b) Schnittkräfte.

Ebenso wie es im II. Kapitel für die Stäbe gezeigt wurde, führt man auch bei den Schalen die Spannungen nicht unmittelbar in die Rechnung ein, sondern bildet aus ihnen resultierende Kräfte und Momente, die man zusammenfassend als Schnittkräfte bezeichnet. Ihren Zusammenhang mit den Spannungen wollen wir zunächst an dem einfachen Sonderfall der ebenen Scheibe oder Platte kennenlernen. Fig. 1 zeigt ein Plattenelement $dx\,dy\,t$.

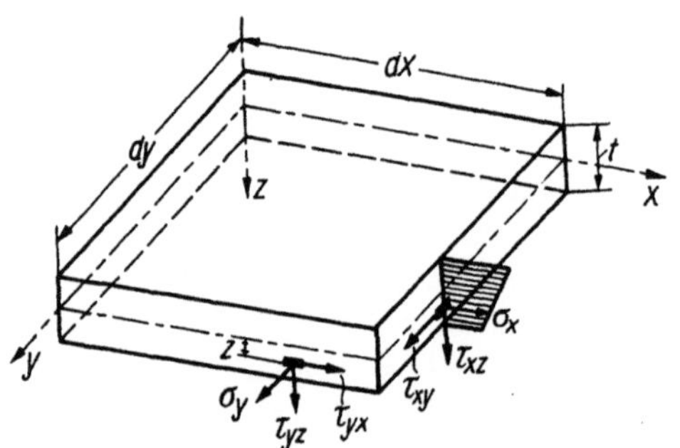

Fig. 1. Plattenelement.

In seinen Schnitten $t\,dy$, in denen also die Koordinate $x =$ const ist, wirken die Spannungen σ_x, τ_{xy}, τ_{xz}. Ihre Resultierende ist proportional der Schnittlänge dy, so daß wir zweckmäßig gleich einen Faktor dy abspalten, also z. B. für die Resultierende der Normalspannungen schreiben:

$$N_x\,dy = \int\limits_{z=-t/2}^{z=+t/2} \sigma_x\,dy\,dz\,.$$

Die damit definierte Größe N_x nennen wir Längskraft; sie hat die Dimension einer Kraft je Längeneinheit. Entsprechend geben die in Richtung y laufenden Schubspannungen eine Schubkraft N_{xy} und die Schubspannungen τ_{xz} eine Querkraft Q_x:

$$N_x = \int\limits_{-t/2}^{+t/2} \sigma_x\,dz\,, \qquad N_{xy} = \int\limits_{-t/2}^{+t/2} \tau_{xy}\,dz\,, \qquad Q_x = \int\limits_{-t/2}^{+t/2} \tau_{xz}\,dz\,. \qquad (1\mathrm{a-c})$$

Ganz entsprechende Schnittkräfte lassen sich auch für das Flächenelement $t\,dx$ bilden:

$$N_y = \int\limits_{-t/2}^{+t/2} \sigma_y\,dz\,, \qquad N_{yx} = \int\limits_{-t/2}^{+t/2} \tau_{yx}\,dz\,, \qquad Q_y = \int\limits_{-t/2}^{+t/2} \tau_{yz}\,dz\,. \qquad (1\mathrm{d-f})$$

Wegen der paarweisen Gleichheit der Schubspannungen $\tau_{xy} = \tau_{yx}$ nach [II, (9)] ist $N_{xy} = N_{yx}$; im übrigen sind aber die angegebenen Größen voneinander unabhängig. Es gibt also fünf wesentlich verschiedene.

Wenn die Spannungen in Richtung der Wanddicke veränderlich sind, so genügen diese Kräfte noch nicht zu einer ausreichenden Beschreibung des Spannungszustandes. Wir bilden deshalb ebenso wie beim dünnen Stab noch die Momente der Spannungen in bezug auf die Mittelebene $z = 0$. Die lotrechten Schubspannungen fallen hierbei aus, da sie die Bezugsachse schneiden, und die anderen Spannungen liefern die Biegemomente

$$M_x = \int_{-t/2}^{+t/2} \sigma_x\, z\, dz, \qquad M_y = \int_{-t/2}^{+t/2} \sigma_y\, z\, dz \qquad (2\,\text{a, b})$$

und das Drillmoment

$$M_{xy} = \int_{-t/2}^{+t/2} \tau_{xy}\, z\, dz, \qquad (2\,\text{c})$$

das wieder für beide Schnittrichtungen dasselbe ist. Nimmt man ebenso wie beim gebogenen Stab eine lineare Verteilung der Normalspannungen über die Plattendicke an, so kann man aus Längskräften und Biegemomenten diese Spannungen selbst eindeutig berechnen. Aus Gründen, die wir hier nicht im einzelnen ausführen wollen, muß man dann auch eine lineare Verteilung der Schubspannungen τ_{xy} annehmen und kann diese entsprechend aus Schubkraft und Drillmoment ausrechnen. Die Querkraftschubspannungen τ_{xz} und τ_{yz} dagegen müssen ebenso wie beim Balken mit Rechteckquerschnitt parabolisch verteilt sein, und ihren Einfluß auf die Formänderung werden wir bei der Platte ebenso wie beim dünnen Stab vernachlässigen, wenn wir die Differentialgleichung des Problems aufstellen.

Für die Schale erfahren die Definitionsgleichungen (1), (2) wegen der Krümmung eine kleine Abänderung, die aber im allgemeinen wenig

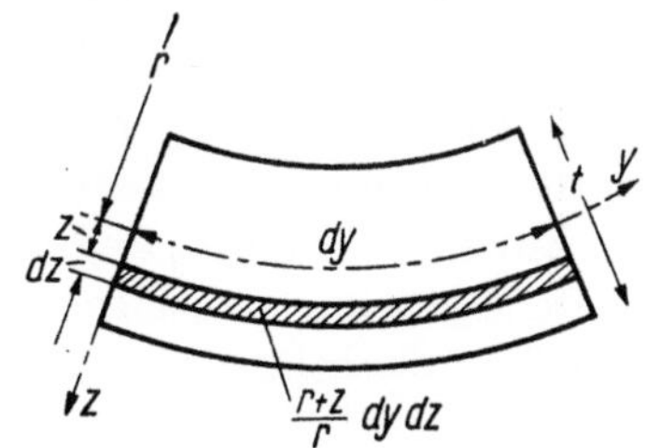

Fig. 2. Seitenansicht eines Schalenelements.

zu bedeuten hat und bei den meisten Untersuchungen vernachlässigt werden kann. Wir erläutern sie an Hand der Fig. 2, die eine Schnittfläche $t\, dy$ eines Schalenelements darstellt, wobei x, y GAUSSsche Koordinaten auf der Mittelfläche sein mögen. Die im Abstand z von der Mittelfläche wirkende Spannung σ_x liefert jetzt zu der Längskraft N_x nicht mehr den Beitrag $\sigma_x \cdot dy \cdot dz$, sondern, wie aus der Abbildung abzulesen, $\sigma_x \cdot \dfrac{r+z}{r}\, dy\, dz$, so daß die Längskraft jetzt definiert ist durch das Integral

$$N_x = \int\limits_{-t/2}^{+t/2} \sigma_x \left(1 + \frac{z}{r}\right) dz\,.$$

Entsprechendes gilt auch für alle anderen Schnittkräfte.

c) Gleichgewicht am Plattenelement.

Die Schnittkräfte N_x, N_y, N_{xy}, Q_x, Q_y, M_x, M_y, M_{xy} sind acht unabhängige Größen, die wir berechnen müssen, wenn wir den Spannungszustand des Plattenelements kennenlernen wollen. Zur Beschaffung der dazu nötigen Gleichungen beginnen wir mit der Aufstellung der Gleichgewichtsbedingungen für das von diesen Schnittkräften und den angreifenden Lasten gebildete räumliche Kräftesystem. Bezeichnen wir die auf die Einheit der Plattenmittelfläche bezogenen Komponenten der äußeren Belastung mit X, Y, Z (Fig. 3a), so fordert das Gleichgewicht der Kräfte in x-Richtung offenbar:

$$\frac{\partial N_x}{\partial x}\, dx\, dy + \frac{\partial N_{xy}}{\partial y}\, dy\, dx + X\, dx\, dy = 0\,.$$

Entsprechende Gleichungen für die Richtungen y und z enthalten N_{xy}, N_y und die Querkräfte Q_x, Q_y. Nach Division durch die Differentiale heißen sie

$$\frac{\partial N_x}{\partial x} + \frac{\partial N_{xy}}{\partial y} + X = 0\,, \qquad \frac{\partial N_{xy}}{\partial x} + \frac{\partial N_y}{\partial y} + Y = 0\,, \qquad (3\,\text{a, b})$$

$$\frac{\partial Q_x}{\partial x} + \frac{\partial Q_y}{\partial y} + Z = 0\,. \qquad\qquad (4\,\text{a})$$

Das Gleichgewicht der Momente, die um eine durch die Mitte des Plattenelements in y-Richtung gehende Achse drehen, enthält außer den Zuwächsen von M_y und M_{xy} noch das Kräftepaar der beiden Querkräfte $Q_x dy$ am Hebelarm dx, das entgegengesetzten Drehsinn hat (Fig. 3b). Sie heißt daher, wenn wir gleich die Differentiale weglassen:

$$\frac{\partial M_x}{\partial x} + \frac{\partial M_{xy}}{\partial y} = Q_x\,. \qquad\qquad (4\,\text{b})$$

Entsprechendes gilt für die Richtung x:

$$\frac{\partial M_{xy}}{\partial x} + \frac{\partial M_y}{\partial y} = Q_y\,. \qquad\qquad (4\,\text{c})$$

Eine dritte Momentengleichung gibt es nicht, denn sie ist durch $N_{xy} = N_{yx}$ schon identisch erfüllt.

Diese Gleichungen lassen erkennen, warum man dasselbe ebene Gebilde bald als Scheibe und bald als Platte bezeichnet je nach den Lasten, die darauf wirken: Die Gln. (3) enthalten nur die Längs- und Schubkräfte, die also allein imstande sind, den in der Mittelebene liegenden Komponenten X, Y der Last das Gleichgewicht zu halten, während die Gln. (4) nur die Querkräfte und Momente enthalten, durch die allein eine zur Platte senkrechte Last Z getragen werden kann. Da sich die damit gegebene Trennung des Spannungszustandes in zwei voneinander unabhängige Teile auch auf die zugehörigen Formänderungen übertragen läßt, so gibt es tatsächlich in demselben elastischen

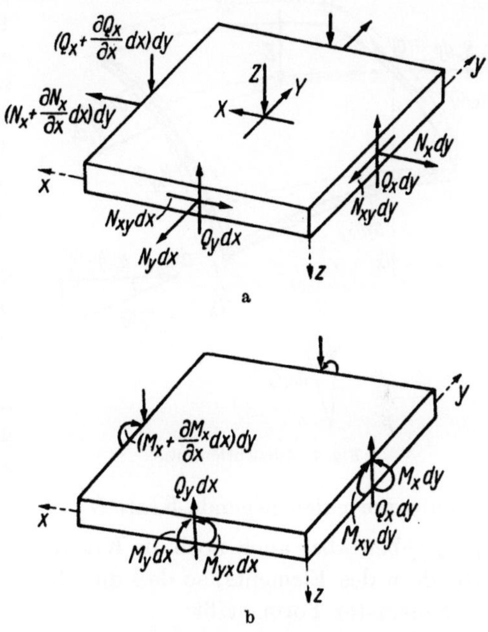

Fig. 3. Plattenelement. a) mit Schnittkräften; b) mit Schnittmomenten.

Körper zwei völlig voneinander unabhängige Probleme, was die Einführung zweier verschiedener Namen für ihn, Platte und Scheibe, rechtfertigt.

2. Membranschalen.

a) Eiflächensatz und Membrantheorie.

Eine solche Trennung in zwei ganz unabhängige Teilprobleme ist bei den Schalen nicht möglich. Das erkennen wir sofort, wenn wir einmal versuchen, die der Gl. (4a) entsprechende Gleichgewichtsbedingung der Kräfte in Richtung der Schalennormalen für das in Fig. 4 gezeichnete Schalenelement aufzustellen. Zu den Kräften, die schon in Gl. (4a) vorkommen und in Fig. 4 nicht noch einmal eingezeichnet sind, treten hier noch Beiträge der Längs- und Schubkräfte. Die beiden Kräfte $N_x dy$ haben ja infolge der Schalenkrümmung nicht dieselbe Richtung, sondern schließen im Krafteck den kleinen Winkel dx/r_x miteinander ein, haben also eine zum Krümmungsmittelpunkt hin gerichtete Komponente $N_x dy \dfrac{dx}{r_x}$. Einen ganz entsprechenden Beitrag liefert natürlich N_y, wobei der Krümmungsradius r_y der Linien $x = $ const einzusetzen ist. Aber auch die Schubkräfte liefern einen Bei-

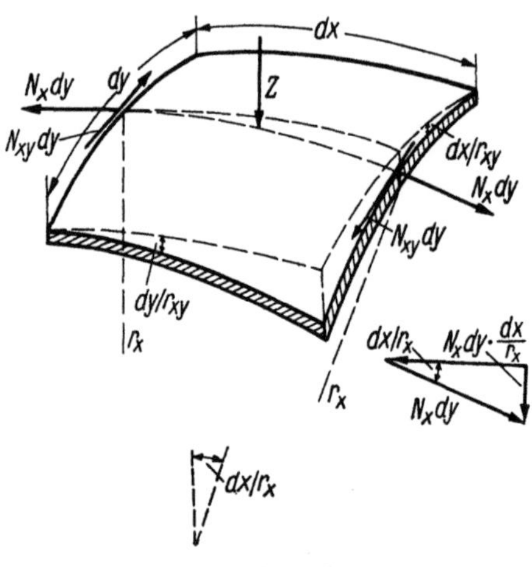

Fig. 4. Schalenelement.

trag, wenn die Ränder des Elements nicht zufällig Linienelemente der Hauptkrümmungslinien der Flächen sind; denn im allgemeinen sind ja die beiden Linienelemente dy nicht genau parallel, sondern um einen Winkel dx/r_{xy} windschief, wobei r_{xy} ein Maß für die Verwindung der Fläche ist. Man kann daher auch für die Schubkräfte $N_{xy} dy$ ein ebensolches Krafteck zeichnen, wie es in Fig. 4 für N_x geschehen ist, und findet daraus die in Richtung der Schalennormalen liegende Kraft $N_{xy} dy \dfrac{dx}{r_{xy}}$. Einen ebenso großen Beitrag geben aber auch noch die Kräfte $N_{yx} dx$ auf den beiden anderen Rändern des Elements, so daß die Gl. (4a) für das Schalenelement in allgemeinster Form heißt:

$$\frac{N_x}{r_x} + 2 \frac{N_{xy}}{r_{xy}} + \frac{N_y}{r_y} + \frac{\partial Q_x}{\partial x} + \frac{\partial Q_y}{\partial y} + Z = 0 . \tag{5}$$

Diese Gleichung zeigt, warum sich in der Schalentheorie nicht die gleiche Trennung durchführen läßt wie zwischen der ebenen Scheibe und der ebenen Platte: Schnittkräfte beider Spannungszustände treten in derselben Gleichung auf. Genau dasselbe gilt auch für die beiden anderen Kräftegleichungen, deren Aufstellung in allgemeiner Form wir uns hier ersparen wollen. Man hat also im allgemeinen alle acht unbekannten Schnittkräfte für jeden Schalenpunkt zu berechnen, und das ist eine recht mühsame und schwierige Aufgabe.

Man wird sich deshalb die Frage vorlegen, ob denn diese Schnittkräfte wirklich alle nötig sind, um die auf der Schale liegenden Lasten zu tragen. Auf der Suche nach einer Antwort kann uns eine Erfahrung aus der Fachwerktheorie leiten: Wir wissen, daß die Stäbe eines *Gelenk*fachwerks nur Längskräfte führen, keine Biegemomente und Querkräfte. Macht man die Knoten steif, so hat man zwar grundsätzlich ein Rahmentragwerk vor sich, in dem also Längskräfte, Querkräfte und Biegemomente zu erwarten sind, aber doch ein Rahmentragwerk besonderer Art, weil man nämlich schon weiß, daß Längskräfte allein auch genügen würden, um die Lasten zu tragen. Wir wissen, daß man fast alle Fachwerke steifknotig baut, aber als Gelenkfachwerke berechnet, und wir kennen auch die Begründung: Unter der Einwirkung der Stablängskräfte entsteht zwar eine Deformation, die Biegemomente zur Folge hat. Diese Biegemomente sind aber so klein, daß die zugehörigen Querkräfte nicht wesentlich in das Kräftespiel eingreifen können.

Entsprechendes ist von solchen Schalen zu erwarten, die imstande sind, ihre Lasten mit Längs- und Schubkräften allein zu tragen. Auf die Frage, welche Schalen das sind, gibt uns ein Satz der Differentialgeometrie wenigstens teilweise eine Antwort. Man bezeichnet dort eine Fläche, die völlig geschlossen ist wie etwa eine Kugel oder ein Ellipsoid oder eine Eierschale und die überall ihre konvexe Seite nach außen kehrt, als eine Eifläche, und der Satz, auf den wir uns stützen können, besagt, daß eine solche Eifläche, die aus undehnbarem Material hergestellt ist, sich nicht deformieren kann, auch wenn die Schale keinerlei Biegesteifigkeit besitzt. Das heißt, daß diese Eifläche keine endliche oder auch nur unendlich kleine Deformation erfahren kann, bei der nicht eine Reckung ihrer Flächenelemente einträte. Wenn sie aber starr ist, so heißt das, daß sie durch keine Kraft verformt werden kann, und das wiederum bedeutet, daß es in ihr zu jeder Last einen Spannungszustand geben muß, der jedes Flächenelement ins Gleichgewicht setzt und der die Biegesteifigkeit der Schale nicht in Anspruch nimmt.

Schalen, die nach Eiflächen geformt sind, können also Lasten aufnehmen allein durch Längskräfte N_x, N_y und Schubkräfte N_{xy}. Da nun sehr viele Schalen Eiflächenschalen sind, z. B. alle Behälterschalen, und wiederum andere, wie die Dachkonstruktionen, in ihrer Stützung so gehalten werden können, daß sie wie ein Stück einer Eiflächenschale wirken, so lohnt es sich, eine Schalentheorie aufzustellen, die nur mit diesen Kräften rechnet. Man hat ihr den nicht ganz glücklichen Namen Membrantheorie gegeben, weil in einer gespannten Membran auch nur Längs- und Schubkräfte wirken. Es zeigt sich übrigens, daß sogar eine ganze Menge von nicht konvexen Schalen, wenigstens unter den Lasten, für die sich die Technik interessiert, auch Membranschalen sind.

b) Membrankräfte der Drehschalen.

Eine wichtige Gruppe von Schalen ist die der drehsymmetrischen. Eine Drehfläche entsteht bekanntlich, wenn sich eine ebene Kurve um eine in ihrer Ebene liegende Gerade dreht. Die erzeugende Kurve heißt Meridiankurve, ihre Ebene Meridianebene. Ebene Schnitte senkrecht zur Schalenachse sind Kreise, die man Breitenkreise nennt. Ein Schalenpunkt ist bestimmt durch die Angabe seiner Meridianebene und durch eine längs des Meridians veränderliche Koordinate. Den Meridian kennzeichnen wir durch den Winkel ϑ, den seine Ebene mit einer festen Meridianebene einschließt, und als zweite Koordinate wählen wir den längs des Meridians gemessenen Abstand s des Punkts vom Schalenscheitel oder auch von irgendeinem anderen Breitenkreis.

Mit der Wahl der Koordinaten ist auch das Schalenelement bestimmt, an dem wir das Gleichgewicht der Kräfte zu studieren haben (Fig. 5). Wir betrachten zuerst die *Kräfte in Richtung der Meridiantangente*: Die längs des Meridians wirkende Schubkraft hat die Größe $N_{\vartheta s}\,ds$, die am Nachbarmeridian $\vartheta + d\vartheta$ wirkende die Größe $\left(N_{\vartheta s} + \dfrac{\partial N_{\vartheta s}}{\partial \vartheta}\,d\vartheta\right)ds$. Ihre Differenz liefert ein Glied der Gleichgewichtsbedingung. Ebenso gibt der Unterschied der beiden Kräfte $N_s \cdot r_0\,d\vartheta$ einen Beitrag. Hier müssen wir aber berücksichtigen, daß nicht nur die Kraft je Längeneinheit, sondern auch die Schnittlänge $r_0\,d\vartheta$ mit s veränderlich ist, also mitdifferenziert werden muß. Wir haben daher in die Gleichgewichtsbedingung

$$\frac{\partial}{\partial s}(r_0\,N_s)\,ds\,d\vartheta$$

einzusetzen. Als dritter Summand tritt ein Glied mit N_ϑ auf. Die beiden Kräfte $N_\vartheta ds$, die in einer waagerechten Breitenkreisebene wirken, schließen miteinander den Winkel $d\vartheta$ ein und haben deshalb eine in ihrer Ebene liegende, nach der Schalenachse gerichtete Resultierende $N_\vartheta\,ds \cdot d\vartheta$. Diese Kraft müssen wir in zwei Komponenten zerlegen, normal zur Schale und in Richtung der Meridiantangente. Die letztere, also

$$N_\vartheta\,ds\,d\vartheta \cdot \cos\varphi,$$

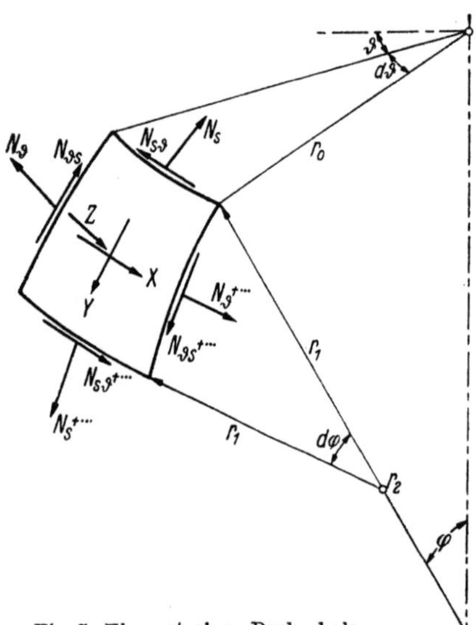

Fig. 5. Element einer Drehschale.

geht in unsere Gleichung ein. Schließlich haben wir noch die Komponente der Last zu berücksichtigen, die tangential zum Meridian gerichtet ist. Wir erhalten sie, indem wir die Komponente Y der Last je Flächeneinheit mit $ds \cdot r_0 d\vartheta$ multiplizieren. Die Gleichgewichtsbedingung heißt also

$$\frac{\partial N_{\vartheta s}}{\partial \vartheta}\,d\vartheta\,ds + \frac{\partial}{\partial s}(r_0\,N_s)\,ds\,d\vartheta - N_\vartheta\,ds\,d\vartheta\,\cos\varphi + Y\,ds\,r_0\,d\vartheta = 0.$$

Darin können wir mit $d\vartheta\,ds$ durchdividieren und erhalten so die partielle Differentialgleichung

$$\frac{\partial}{\partial s}(r_0 N_s) + \frac{\partial N_{\vartheta s}}{\partial \vartheta} - N_\vartheta \cos\varphi + Y r_0 = 0. \qquad (6\,\mathrm{a})$$

Die Größen r_0 und φ müssen natürlich als Funktionen von s bekannt sein.

Ebenso können wir eine Gleichung für die *Kräfte in Richtung der Breitenkreistangente* aufstellen: Sie heißt

$$\frac{\partial}{\partial s}(r_0 N_{s\vartheta}) + \frac{\partial N_\vartheta}{\partial \vartheta} + N_{\vartheta s} \cos\varphi + X r_0 = 0. \qquad (6\,\mathrm{b})$$

Die Bedeutung ihrer Glieder läßt sich leicht übersehen: Das erste gibt den Unterschied der Schubkräfte oben und unten, wobei wieder r_0 mitdifferenziert werden muß, weil sich die Schnittlänge ändert. Das zweite Glied gibt den Zuwachs der Ringkraft, das dritte die Resultierende der beiden in den Meridianschnitten wirkenden Schubkräfte, die ja nicht genau parallel sind und sich deshalb nicht gegenseitig aufheben. Das vierte ist das entsprechende Lastglied, das nur selten Interesse hat.

Besonders einfach ist die dritte Gleichung, die das Gleichgewicht der *Kräfte in Richtung der Schalennormalen* enthält. Wir können hier auf Gl. (5) zurückgreifen, die dieses Kräftegleichgewicht in sehr viel allgemeinerer Form enthält. Für die Membrantheorie haben wir darin die beiden Querkraftglieder zu streichen, und da die Meridiane und Breitenkreise Hauptkrümmungslinien der Rotationsfläche sind, ist auch $1/r_{xy} = 0$. Führen wir schließlich in den Längskraftgliedern die hier gewählten Bezeichnungen nach Fig. 5 ein, so erhalten wir

$$\frac{N_s}{r_1} + \frac{N_\vartheta}{r_2} = -Z. \qquad (6\,\mathrm{c})$$

Die anschauliche Deutung dieser Beziehung liegt auf der Hand. So wie in der Differentialgleichung des biegsamen Seils die Last gleich ist dem Produkt aus der Seilkraft und der Seilkrümmung, so gibt auch hier jede der beiden Längskräfte multipliziert mit der zugehörigen Krümmung der Schale eine in Richtung der Normalen wirkende Kraft, und diese beiden zusammen tragen die Last.

Über die Lösung des Gleichungssystems (6a—c) gibt es eine umfangreiche Literatur. Wir wollen hier einige Dinge herausgreifen, die geeignet sind, einen Einblick in die Mannigfaltigkeit der Erscheinungen zu geben.

c) Kesselboden.

Oft hat man es mit Drehschalen zu tun, die drehsymmetrisch belastet sind. Als Beispiel betrachten wir einen Kesselboden. Man kann die Differentialgleichungen leicht für Drehsymmetrie vereinfachen. Noch einfacher ist eine unmittelbare Rechnung: Schneidet man nämlich durch einen Breitenkreis eine Kalotte ab, so verlangt deren Gleichgewicht, daß die Summe aller Lasten, die sich leicht durch Integration berechnen läßt, gleich ist der Resultierenden der im Schnitt übertragenen Meridiankräfte N_s. Da diese wegen der Drehsymmetrie der Belastung über den ganzen Umfang des Schnittes gleichmäßig verteilt sind, kann man sie sofort aus dieser Forderung berechnen. Die Ringkraft bestimmt sich dann nach (6c).

Wir wollen diese Rechnung hier nicht in Formeln durchführen, sondern uns nur ein paar Ergebnisse ansehen. Für eine Kugel vom Radius a, die unter einem Überdruck $-Z = p$ steht, erhält man das bekannte Ergebnis, daß $N_s = N_\vartheta = pa/2$ ist. Für einen abgeplatteten Boden muß N_s am Rand dasselbe sein, da sich ja die gleiche Resultierende auf den gleichen Schnittumfang verteilt. Da aber r_1 sehr viel kleiner ist, so wird N_s/r_1 sehr viel größer als $p/2$, möglicherweise sogar $> p$. Dann muß N_ϑ negativ sein. Das tritt z. B., wie die Rechnung zeigt, bei einem Ellipsoid ein, wenn seine kleine Hauptachse $< \dfrac{a}{\sqrt{2}}$ ist.

Diese Erscheinung ist sehr wichtig für die Festigkeit des Bodens. Der anschließende kreiszylindrische Teil hat ja bekanntlich eine Ringkraft $N_\vartheta = pa$, die also viel größer ist. Dementsprechend erfährt er auch eine größere Umfangsdehnung, und Kessel und Boden passen im deformierten Zustand überhaupt nicht mehr zusammen; der Boden ist zu klein. Das einzige Mittel, sie zusammenzuhalten, ist die Anbringung von Radialkräften, am Zylinder nach innen, am Boden nach außen (Fig. 6). Das sind aber für die Schale Querkräfte, und die kann sie unmöglich mit Membrankräften aufnehmen. Es muß also hier ein Biegezustand entstehen, mit dem wir uns nachher etwas näher befassen wollen.

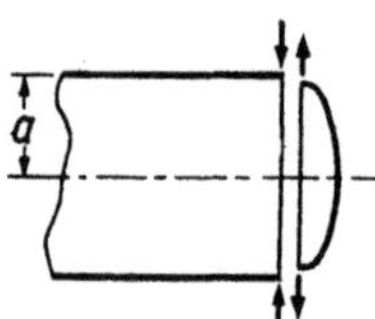

Fig. 6. Formänderung von Kessel und Kesselboden.

Man kann sich die Frage vorlegen, ob sich diese Biegungsspannungen nicht dadurch vermeiden lassen, daß man dem Boden eine geeignete Form gibt. Offenbar ist dazu nur nötig, daß die Meridiankurve des Bodens am Ende der Krümmung $1/r_1 = 0$ hat. Dann ist am Rande $N_s/r_1 = 0$, und Gl. (6c) heißt dort

$$\frac{N_\vartheta}{a} = -Z = p,$$

also genau so wie im zylindrischen Teil. Es ist allerdings nicht leicht, die Schale um ihre Biegespannungen zu bringen, denn wenn der Boden nicht allzu länglich werden soll, so ist nahe am Rande ein so scharfer Übergang der Spannungen zu anderen Werten nötig, daß sich dort doch Biegespannungen einfinden werden, die nicht ganz unbeträchtlich sind.

d) Behälter gleicher Festigkeit.

Die Frage nach dem Behälter gleicher Festigkeit gehört in das Gebiet der Formgebungsprobleme. Die Antwort hängt von der aufzunehmenden Belastung ab. Ein konstanter Gasdruck führt auf die triviale Lösung des Kugelbehälters und bei einer gewissen Lockerung der Aufgabenstellung auf eine Reihe von Drehschalen, deren Meridiankurven durch elliptische Integrale darstellbar sind[1]. Ein weiterer Fall von technischem Interesse ist der Behälter mit einem nach der Tiefe zunehmenden Flüssigkeitsdruck. Diesen wollen wir uns hier etwas ausführlicher ansehen.

Die Oberfläche einer Flüssigkeit verhält sich bekanntlich so, als ob sie mit einer dünnen Haut überzogen wäre, in der eine an allen Stellen und nach allen Richtungen hin gleich große Schalenlängskraft $N_s = N_\vartheta$ wirkt, die man als Kapillarkraft bezeichnet. Zwar ist diese Haut in Wirklichkeit gar nicht vorhanden, aber die durch die Oberfläche gestörte gegenseitige Anziehung der Moleküle läßt sich in dieser Form mechanisch beschreiben. Die Kapillarkraft hängt von der Art der Flüssigkeit und von der Temperatur ab und ist sehr klein, so daß sie bei Flüssigkeitsspiegeln der Größe, wie der Ingenieur sie kennt, gar keinen Einfluß mehr ausübt. Anders ist es bei sehr kleinen Flüssigkeitsoberflächen. Bringt man z. B. einen Wassertropfen auf eine nicht benetzbare Unterlage, etwa auf eine leicht eingefettete Tischplatte, so läuft er nicht breit, sondern wird durch die Kapillarkraft wie in einem Behälter zusammengehalten. Die Frage nach der Form eines solchen Tropfens ist ein Formgebungsproblem der Membranschalentheorie. Wir können es so formulieren: Gegeben ist die Schnittkraft $N_s = N_\vartheta$ = const und die innere Belastung, nämlich ein hydrostatischer Druck, der linear mit der Tiefe zunimmt. Welche Form muß der Behälter haben, damit diese Schnittkraft mit dieser Belastung im Gleichgewicht ist? Wir sehen jetzt, daß der Wassertropfen auch eine technische Bedeutung hat: Wenn man für N_s nicht die Kapillarkraft, sondern die zulässige Beanspruchung eines Eisenblechs von einigen Millimetern Dicke einsetzt, so liefert die Antwort auf unsere Frage die Form eines Behälters gleicher Festigkeit.

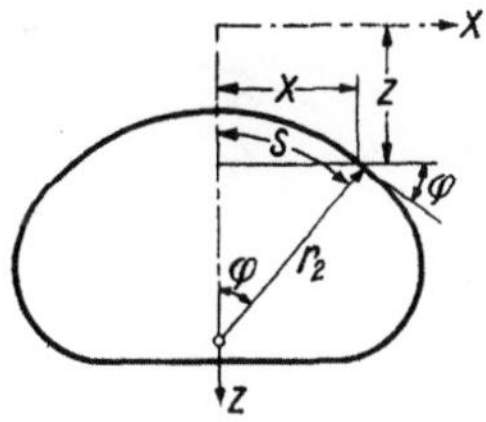

Fig. 7. Behälter gleicher Festigkeit.

Für $N_s = N_\vartheta$ nimmt Gl. (6c) die Form an

$$N_s \left(\frac{1}{r_1} + \frac{1}{r_2} \right) = \gamma z \, ,$$

---

[1] Tölke, F.: Z. angew. Math. Mech. Bd. 19 (1939), S. 338.

wobei γ das spezifische Gewicht der Füllung ist. Nun ist nach Fig. 7

$$\frac{1}{r_2} = \frac{\sin \varphi}{x}$$

und

$$\frac{1}{r_1} = \frac{d\varphi}{ds} = \frac{d\varphi}{dx} \cos \varphi = \frac{d \sin \varphi}{dx}.$$

Wir erhalten also die Gleichung

$$\frac{\sin \varphi}{x} + \frac{d \sin \varphi}{dx} = \frac{\gamma}{N_s} z.$$

Sie liefert zusammen mit der Beziehung

$$\tan \varphi = \frac{dz}{dx}$$

zwei Differentialgleichungen zur Bestimmung der beiden Größen $z(x)$ und $\varphi(x)$. Die Lösung ist nur durch numerische Integration möglich und liefert Behälter der Form, wie sie Fig. 8 zeigt.

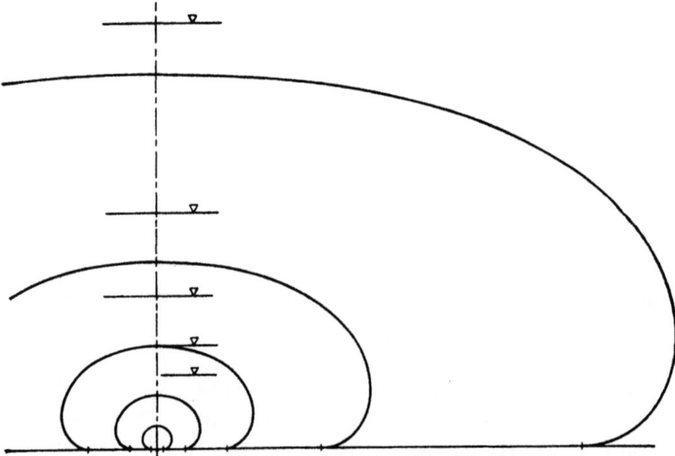

Fig. 8. Meridiane von Tropfenbehältern.

Behälter dieser Art müssen im Scheitel einen endlichen Überdruck haben. Sie sind deshalb für Wasserbehälter nicht verwendbar, wohl aber für flüssige Brennstoffe und sind besonders in Amerika in großer Zahl gebaut worden (Fig. 9). Von Interesse sind Spannungsmessungen, die vor einigen Jahren an einem solchen Behälter in Curacao gemacht worden sind[1], weil sie zeigen, daß die konstruktive Durchführung des so bestechend aussehenden Gedankens doch noch einige Schwierigkeiten hat. Um nämlich den Behälter gegen-

---

[1] Bouman, C. A.: De Ingenieur, Bd. 53 (1938), S. P 39.

über anderen Lastfällen, vor allem gegenüber den bei Teilfüllung auftretenden Kräften und während des Zusammenbaus steifer zu machen,
hatte man dort ein leichtes Eisengerüst eingebaut, das insbesondere
eine große Zahl von Meridianrippen umfaßt, die auf die Behälterhaut

Fig. 9. Ölbehälter in Tropfenform. Ausführung der Chicago Bridge & Iron Works
(entnommen aus: W. FLÜGGE: Statik und Dynamik der Schalen, Berlin 1934, S. 37).

aufgenietet sind (Fig. 10a). Nun ist ja, wie wir wissen, die Meridiankraft dadurch bestimmt, daß sich die oberhalb eines Breitenkreises
angreifende Last über den Metallquerschnitt des Breitenkreises verteilt. Zu diesem Querschnitt gehören aber auch die Rippen. Die
Kraft N_s in der eigentlichen Blech-

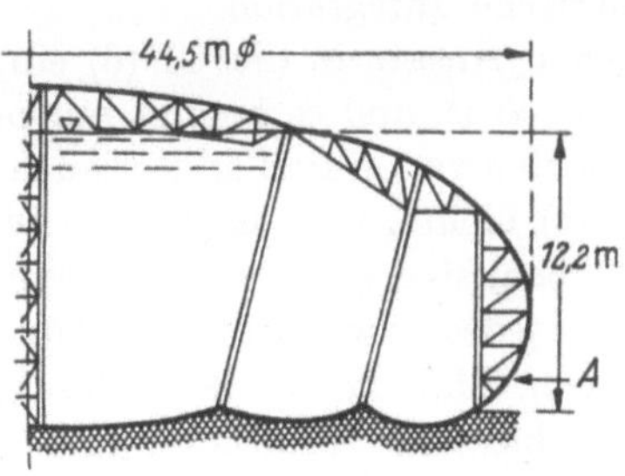

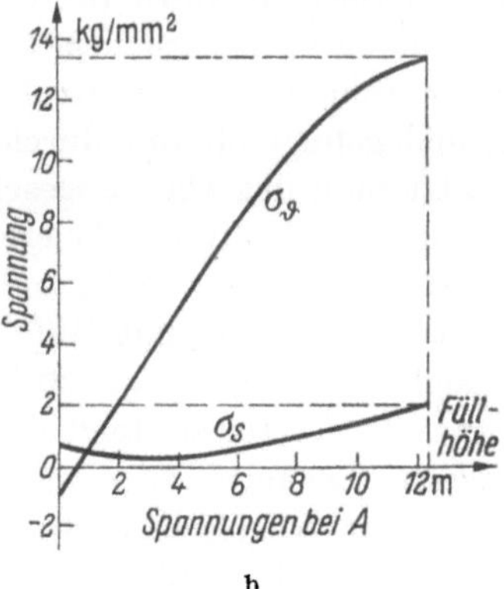

Fig. 10. Meridianschnitt eines Behälters gleicher Festigkeit und Ergebnis von
Spannungsmessungen.

schale fällt also wegen des Mittragens der Rippen viel geringer aus,
als die Theorie voraussetzt. Dann folgt aber aus (6c), daß die Ringkraft N_ϑ entsprechend größer sein muß, und man nähert sich damit
sehr dem Spannungzustand der Zylinderschale, hat also gar nicht mehr
einen Behälter gleicher Festigkeit. Genau das zeigen die Messungen

(Fig. 10b). Man kann daraus die Lehre ziehen, daß man sich in der baulichen Ausführung auch an die wesentlichen Voraussetzungen der Theorie halten muß oder aber die Theorie so abändern muß, daß sie zu den baulich notwendigen Maßnahmen auch wirklich paßt.

e) Unsymmetrische Belastung.

Wir haben unsere Differentialgleichungen (6) gleich für den Fall angeschrieben, daß die Belastung beliebig über die Drehschale verteilt ist, und wir wollen uns jetzt diesem allgemeineren Fall zuwenden. Man kann dann leicht Gl. (6c) dazu benutzen, um die Ringkraft N_ϑ zu eliminieren, und kommt so offensichtlich auf zwei Differentialgleichungen für die beiden Unbekannten N_s und $N_{s\vartheta}$. Wir wollen diese beiden Gleichungen nicht erst anschreiben, da wir auch ohne das die wesentlichen Eigenschaften der Lösungen erkennen können. Diese Gleichungen haben veränderliche Koeffizienten, aber diese Koeffizienten hängen nur von s ab, dagegen nicht von ϑ. Wir können daher die Lösungen ansetzen in der Form

$$N_s = N_{sn} \cos n\vartheta$$

usw., wenn wir auch die Belastungsglieder in dieser Form schreiben können. Da man nun jede stetige Belastung durch eine unendliche Summe solcher Glieder darstellen kann, so können wir also die Lösung in Form einer Fourierreihe Glied für Glied erhalten. Die wirkliche numerische Bestimmung ist natürlich je nach der Meridianform, d. h. je nach der Art der Abhängigkeit der Koeffizienten von s, mehr oder weniger mühsam und gelingt oft nur durch numerische Integration.

Setzt man den eben angeschriebenen Ansatz in die Gl. (6) ein, so verschwinden damit alle Ableitungen nach ϑ, und es kommt nur noch die erste Ableitung von N_s und $N_{s\vartheta}$ nach s vor. Daran ändert auch die Elimination von N_ϑ mit Hilfe von (6c) nichts, und die beiden Differentialgleichungen, die wir zu lösen haben, sind also zwei Gleichungen erster Ordnung. Daraus folgt, daß wir für jedes n zwei linear unabhängige homogene Lösungen zu erwarten haben. Man kennt diese Lösungen im Fall der Kugelschale, wo sich geschlossene Ausdrücke dafür angeben lassen. Sie heißen

$$N_{sn} = N_{s\vartheta n} = \frac{\cot^n \varphi/2}{\sin^2 \varphi}$$

und

$$N_{sn} = -N_{s\vartheta n} = \frac{\tan^n \varphi/2}{\sin^2 \varphi}.$$

Man sieht, daß für $n \geqq 2$ die eine Lösung bei $\varphi = 0$, d. h. im oberen Scheitel der Kugel, unendlich wird, die andere Lösung im unteren Scheitel $\varphi = \pi$. An einer Kugelkalotte ist deshalb nur eine der beiden

Lösungen möglich, an einer Kugelzone beide. Man kann also je Rand eine Randbedingung vorschreiben, d. h. entweder N_s oder $N_{s\vartheta}$ vorgeben. Die andere der beiden Kräfte muß man aber so hinnehmen, wie sie sich aus der Rechnung ergibt. Dies Ergebnis steht im Widerspruch mit der anschaulichen Vorstellung, daß man doch bei einer Schale beide Randkräfte in willkürlicher Größe als äußere Lasten aufbringen kann. Das kann man wohl, aber dann erhält man eben keinen Membranspannungszustand, sondern in der Schale treten Biegespannungen auf, obgleich am Rand nur in der Tangentialebene liegende Kräfte angreifen.

Diese Erkenntnis ist baulich wichtig: Wenn man z. B. eine Kuppel nicht stetig längs des ganzen Randes unterstützt, sondern auf Einzelstützen stellt, so bilden die Stützkräfte eine solche Randbelastung N_s, und man muß der Schale Gelegenheit geben, die zu einem biegungsfreien Spannungszustand nötigen Randschubkräfte $N_{s\vartheta}$ abzusetzen. Man macht das, indem man längs des Randes einen Versteifungsring vorsieht, das Randglied der Kuppel, das in seiner Ebene durch diese von der Schale abgegebenen Kräfte wesentlich beansprucht wird. Das Verhalten der Schale steht in engem Zusammenhang mit dem Eiflächensatz: Die Vollkugel ist starr, die Kalotte nur dann,. wenn man die Wirkung des fehlenden Kugelteils durch ein Randglied ersetzt, das eine Tangentialverschiebung unmöglich macht.

Diese Ergebnisse gelten nicht nur für die Kugelschale, sondern qualitativ auch für jede andere konvexe Schale. Immer gibt es, solange nicht Besonderheiten der Scheitelkrümmung das Verhalten weiter abändern, für jede Harmonische eine im oberen Scheitel reguläre Lösung und eine, die dort singulär wird, also nur zu brauchen ist, wenn das Scheitelgebiet der Schale fehlt und dort ein zweiter Rand vorhanden ist.

f) Drehschalen negativer Krümmung.

In einer Hinsicht muß man sich allerdings mit Verallgemeinerungen sehr in acht nehmen: Die meisten landläufigen Anschauungen über das Verhalten von Drehschalen sind an Schalen positiver Krümmung gewonnen. Hat die Schale negative Krümmung, so behalten die Differentialgleichungen zwar ihre Form, aber ein Koeffizient von ausschlaggebender Bedeutung ändert sein Vorzeichen. Eliminiert man nämlich aus den partiellen Differentialgleichungen (6) nicht nur N_ϑ, sondern auch noch $N_{s\vartheta}$, so erhält man eine partielle Differentialgleichung zweiter Ordnung für N_s, die den Bau hat:

$$\frac{\partial^2 N_s}{\partial s^2} + a(s)\,\frac{\partial^2 N_s}{\partial \vartheta^2} + b(s)\,\frac{\partial N_s}{\partial s} + c(s)\,N_s = 0,$$

und dabei ist

$$a(s) = \frac{1}{r_1 r_2 \sin^2 \varphi},$$

also positiv für Schalen von positivem Krümmungsmaß, negativ für Schalen von negativem Krümmungsmaß. Nun weiß man aus der Theorie der partiellen Differentialgleichungen, daß dieses Vorzeichen den Charakter der Lösung sehr wesentlich beeinflußt. Ist nämlich $a(s)$ positiv, so ist die Lösung im Innern des Bereichs weniger unstetig als die vorgeschriebenen Randwerte. Läßt man z. B. am Rand einer Schale Einzelkräfte angreifen, fordert also eine ganz und gar unstetige Verteilung der Meridiankraft N_s, so sind die Kräfte in der Schale selbst durchaus stetig, und die Schwankungen längs eines Breitenkreises sind um so geringer, je weiter dieser Breitenkreis vom Randkreis entfernt ist. Das äußert sich in der Rechnung darin, daß die homogene Lösung für die höheren Harmonischen vom Rande weg immer stärker abklingt.

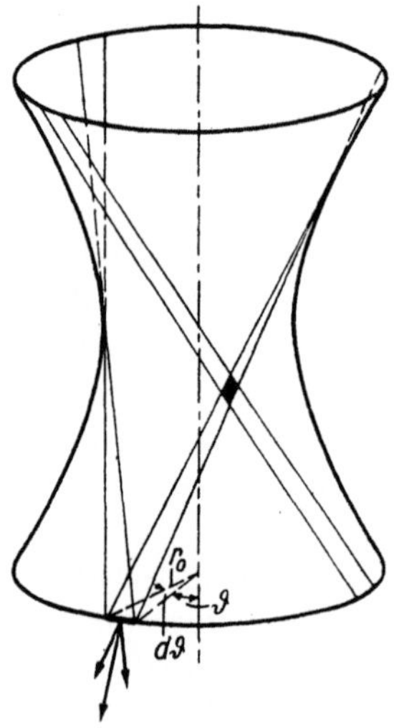
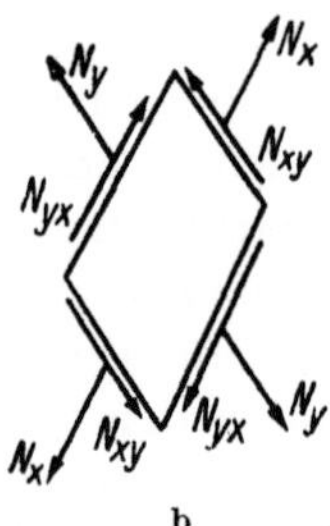

a b

Fig. 11. Rotationshyperboloid, a) Schale, b) windschiefes Schalenelement.

Ist dagegen $a(s)$ negativ, so pflanzen sich Unstetigkeiten der Randwerte längs bestimmter Linien, der sog. Charakteristiken, in das Innere fort, und der Spannungszustand ist in der ganzen Schale durchaus unstetig. Wir wollen das an einem anschaulich leicht übersehbaren Beispiel näher betrachten.

Dreht sich um eine Achse eine dazu windschiefe Gerade, so beschreibt sie bekanntlich ein einschaliges Rotationshyperboloid (Fig. 11a). Das ist also eine Fläche, die gerade Erzeugende hat und sogar zwei Scharen mit entgegengesetztem Schraubungssinn, so daß durch jeden Punkt von jeder Schar eine hindurchgeht. Wir betrachten eine Schale, die durch zwei Breitenkreise aus einem solchen Hyperboloid herausgeschnitten ist. Auf dem unteren Rand wählen wir ein Linienelement $r_0 d\vartheta$ und legen durch seinen Mittelpunkt die beiden Erzeugenden. Diese bestimmen die Tangentialebene des Punktes, und wir können eine Kraft, die in dem Randelement angreift und die wie bei allen Membranproblemen in der Tangentialebene liegen soll, nach diesen beiden Erzeugenden zerlegen. Dann kann sich offenbar jede dieser beiden Komponenten längs eines geraden Streifens, der durch die Breite des Randelements bestimmt wird, durch die ganze Schale bis zum oberen Rand fortpflanzen und muß dann dort durch eine entsprechende äußere Kraft aufgenommen werden. Man überzeugt sich auch leicht, daß die in einen solchen zwischen zwei unendlich benachbarten Erzeugenden liegenden Streifen eingeleitete Kraft nicht seitwärts aus ihm herauskann. Zeichnet man sich nämlich ein Schalenelement auf, das durch vier Erzeugende begrenzt wird (Fig. 11b), so ist das ein windschiefes Viereck, d. h. ein Flächenstück, das vier gerade Seiten hat. Stellt man hierfür die Gl. (5) auf, so kommen darin nur die Schubkräfte vor:

$$2\frac{N_{xy}}{r_{xy}} = -Z,$$

wobei N_{xy} die in den Kanten dieses Elements wirkende Schubkraft sein soll und r_{xy} eine geometrische Größe ist, die die Verwindung des Flächenelements definiert. Wenn $Z = 0$ ist, so ist also auch der Schub $= 0$ und damit keine Möglichkeit vorhanden, daß die in den Streifen eingeleitete Längskraft ihn seitlich verläßt.

Wir können das Ergebnis in folgende verblüffende Form kleiden: Stellt man eine Membranschale von der Form eines einschaligen Rotationshyperboloids auf drei punktförmige Stützen und drückt mit der Hand auf den oberen Rand, so erfährt die Hand nicht längs des ganzen Kreises einen gleichmäßigen Widerstand, sondern man wird nur durch die von den Stützpunkten ausgehenden Erzeugenden in die Hand gestochen! Daß diesem Ergebnis in dieser scharfen Form keine physikalische Realität zukommt, ist selbstverständlich, denn wenn in einer Schale nur längs einiger weniger schmaler Streifen Spannungen vorhanden wären, und dazu noch recht hohe, so erführen diese Streifen eine Längsdehnung oder -zusammendrückung, durch die sie mit ihrer Nachbarschaft überhaupt nicht mehr zusammenpassen würden. Da aber anderseits das Ergebnis eine unausweichliche Folge der Membrangleichungen ist, so ist daraus zu schließen, daß hier eine wesentliche Umlagerung der Kräfte durch Biegespannungen stattfinden muß, für die allerdings bis jetzt noch jede nähere Untersuchung fehlt.

Unserem Ergebnis kommt aber durchaus Realität zu, wenn es sich nicht gerade um eine Schale mit Einzelkräften handelt, sondern wenn wir durch Aneinanderreihung von vielen kleinen Einzelkräften eine stetige Randbelastung bilden. Dann kann man durch Weiterverfolgung des hier angedeuteten Gedankens eine sehr einfache Lösung für das Rotationshyperboloid gewinnen[1], dessen Differentialgleichung ohne diese Hilfsmittel durchaus nicht einfach zu integrieren ist.

---

[1] Flügge, W.: Z. angew. Math. Mech. Bd. 27 (1947), S. 65.

g) Windschiefe Vierecke.

Dieselben Erscheinungen, die wir eben an einem Beispiel einer negativ gekrümmten Drehschale kennengelernt haben, findet man auch bei allen anderen Schalen negativer Krümmung wieder. Wir wollen noch einen Typ von solchen Schalen kurz besprechen, der in Frankreich den Ausgangspunkt für eine Reihe von originellen Dachbauten gebildet hat. Fig. 12a zeigt ein windschiefes Viereck mit rechteckigem Grundriß. Wir spannen in dieses Viereck eine Fläche, indem wir ausgehend von einer Seite eine Gerade so darüber schieben, daß ihr Grundriß stets parallel zur Ausgangslage bleibt. Man überlegt sich leicht, daß man dieselbe Fläche erhält, wenn man von dem anderen Seitenpaar ausgeht. Sie heißt hyperbolisches Paraboloid. Ihr wesentliches Formbestimmungsstück ist die Größe

$$\frac{1}{r_{xy}} = \frac{h}{ab},$$

die angibt, um wieviel sich die Neigung einer Geraden ändert, wenn man sie um die Einheit quer verschiebt. Die beiden Geradenscharen,

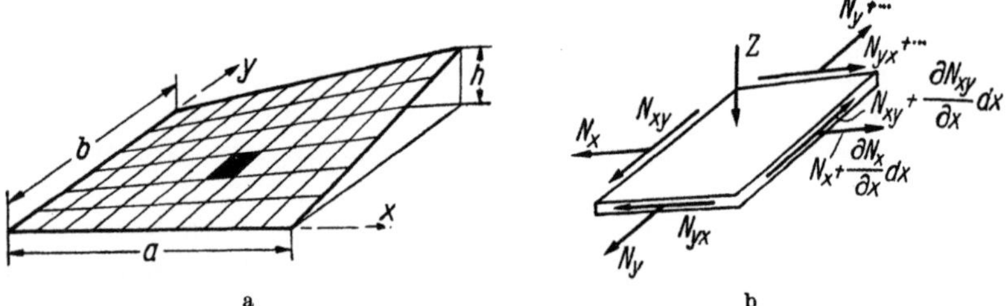

Fig. 12. Schale in Form eines windschiefen Vierecks, a) ganze Schale; b) Schalenelement.

die das Paraboloid enthält, benutzen wir als Koordinatenlinien und wählen als Koordinaten x und y die kartesischen Koordinaten des Grundrisses eines Schalenpunktes.

Ein Schalenelement sieht ähnlich aus wie die ganze Fläche auch: Es ist ein windschiefes Viereck (Fig. 12b). Die Lasten daran zerlegen wir nach einem schiefwinkligen Achsenkreuz, bestehend aus der Lotrechten und den beiden Kantenrichtungen des Elements, wollen aber hier einfach annehmen, daß nur ihre lotrechte Komponente von null verschieden sei. Die Schnittkräfte wollen wir, damit unsere Gleichungen einfach und übersichtlich werden, in etwas ungewöhnlicher Weise definieren: Wir zerlegen die z. B. in einem Schnitt $x = $ const übertragene Kraft nicht normal und parallel zur Schnittrichtung, sondern so, daß die Grundrisse der beiden Vektoren die Richtungen x und y haben. Diese Kräfte stehen in der Tangentialebene der Schale nicht genau senkrecht aufeinander. Außerdem wollen wir diese Kräfte nicht auf die Längeneinheit des Schnittes beziehen, sondern auf die Einheit des Koordinatenzuwachses, also auf die Grundrißlänge des Schnittelements. Die so erhaltenen Kräfte je Längeneinheit nennen wir wieder kurz Längs- und Schubkraft.

Dann wird also am linken Rande des Elements eine Schubkraft $N_{xy}\,dy$ übertragen und rechts die um $\dfrac{\partial N_{xy}}{\partial x}\,dx\,dy$ größere, und die in gleicher Richtung wirkenden Längskräfte haben den Unterschied $\dfrac{\partial N_y}{\partial y}\,dy\,dx$, ohne daß die Veränderlichkeit der Schnittlänge beim Differenzieren berücksichtigt werden müßte. Die Gleichgewichtsbedingung für die in Richtung einer Erzeugenden wirkenden Kräfte heißt also

$$\frac{\partial N_{xy}}{\partial x} + \frac{\partial N_y}{\partial y} = 0 \tag{7a}$$

und entsprechend für die andere Richtung

$$\frac{\partial N_x}{\partial x} + \frac{\partial N_{xy}}{\partial y} = 0. \tag{7b}$$

In lotrechter Richtung liefern die Längskräfte keine Beiträge, weil gegenüberliegende Kräfte keinen Richtungsunterschied haben, und nur die Schubkräfte geben wegen der Verwindung zwei Beiträge: Die beiden Kräfte $N_{xy}\,dy$ schließen einen Winkel ein, der gleich $\dfrac{1}{r_{xy}}\,dx$ ist, und haben daher die Z-Komponente $N_{xy}\,dy\,\dfrac{1}{r_{xy}}\,dx$. Dasselbe ergeben noch einmal die beiden anderen Schubkräfte, so daß wir in Übereinstimmung mit Gl. (5) erhalten

$$2\,\frac{N_{xy}}{r_{xy}} = -Z. \tag{7c}$$

Diese Gleichungen haben manches gemeinsam mit den Gleichungen der Drehschalen. Auch hier sind es zwei partielle Differentialgleichungen erster Ordnung und eine gewöhnliche Gleichung. Es ist aber doch auch manches wesentlich anders: Gl. (7c) enthält nur eine einzige Unbekannte und führt sofort zu dem Schluß: Ohne Normallast gibt es keine Schubkraft, und wo eine Normallast ist, ist damit auch die Schubkraft bestimmt. Die Veränderlichkeit der so errechneten Schubkraft bestimmt dann nach (7a, b) die Veränderlichkeit der Längskräfte und damit diese selbst, wenn sie an je einem Rande bekannt sind.

Aus solchen Schalen hat man in Frankreich Hallendächer gebaut, indem man z. B. 4 hyperbolische Paraboloide nach Fig. 13 zusammensetzte. Für das linke vordere ist z. B. für gleichförmig verteiltes Eigengewicht

$$N_{xy} = -\frac{ab}{2h}\,Z$$

und für die anderen entsprechend gespiegelt, während überall $N_x = N_y = 0$ ist, weil die äußeren freien Ränder die Längskräfte nicht aufnehmen können. Durch die Randschubkräfte werden die äußeren Randglieder nach der Mitte zu wachsend auf Druck beansprucht, während die schrägen Gratstäbe auf Zug beansprucht werden und die Last des Daches nach der einzigen Stütze in der Mitte abtragen.

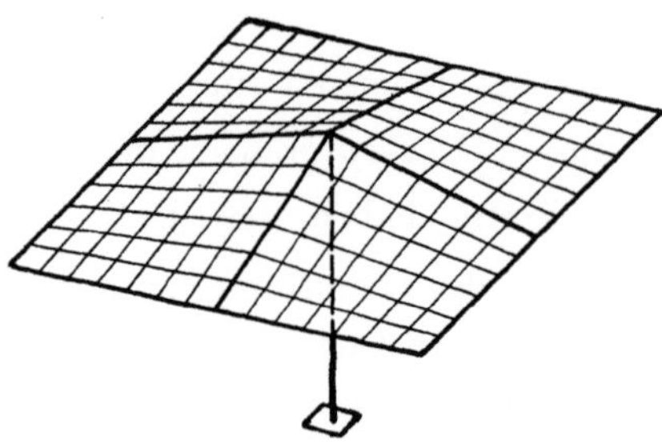

Fig. 13. Schalendach aus vier hyperbolischen Paraboloiden.

3. Biegetheorie der Schalen.

Wir sind an verschiedenen Stellen bei der Besprechung von Membranspannungzuständen auf Ungereimtheiten gestoßen, aus denen folgt, daß es solche Membranzustände eigentlich gar nicht geben kann. Beim Kesselboden sahen wir, daß er nach der Deformation gar nicht mehr auf den Kesselzylinder paßt. Beim Hyperboloid sahen wir, daß es ganz unstetige Spannungzustände haben kann, zu denen überhaupt kein stetiger Deformationszustand existiert. Beim Paraboloid sahen wir, daß die Längskraft längs eines Randes und damit auch dessen Dehnung Null ist, während das damit verbundene Randglied eine hohe Zug- oder Druckspannung führt, so daß die Teile nach der Deformation nicht mehr zusammenpassen. Bei den Drehschalen sahen wir, daß zu einer bestimmten Normalbelastung des Randes eine ganz bestimmte Tangentialbelastung gehört, und wenn man sie nicht aufbringt, so gibt es keine Lösung der Membrangleichungen.

Angesichts so vieler Mißerfolge muß man sich natürlich die Frage vorlegen, ob der Begriff der Membranschale nicht eine zu weit getriebene Abstraktion ist, mit der man wirkliche Dinge überhaupt nicht beschreiben oder verstehen kann. Die Beantwortung dieser Frage erfordert das Studium der Biegetheorie, und wir wollen das grundsätzliche Ergebnis gleich vorwegnehmen: In allen bisher untersuchten Fällen handelt es sich um eine Störung des Membranzustandes, die vom Rande ausgeht und mit Biegemomenten verbunden ist, aber diese Biegemomente nehmen mit wachsender Entfernung von dem gestörten Rand so schnell ab, daß der wesentliche Teil der Schale tatsächlich eine Membranschale ist und für die Randgebiete eine Biegetheorie aufgebaut werden kann, die dadurch wesentlich vereinfacht wird, daß die Biegemomente nur als eine Störung des schon vorher berechneten Membranzustandes betrachtet werden.

a) Das Elastizitätsgesetz für die Momente.

Wir wollen auch die grundlegenden Tatsachen der Biegetheorie nur am einfachen Fall des Plattenelements ausführlicher studieren. Ebenso wie man beim gebogenen Stab von der Annahme ausgeht, daß die Querschnitte bei der Formänderung eben bleiben, so legen wir hier die Annahme zugrunde, daß eine Normale auf der Mittelfläche bei der Deformation gerade und auf der deformierten Mittelfläche senkrecht bleibt. Aus dieser Annahme folgt sofort nach Fig. 14 und einer entsprechend für die y-z-Ebene zu zeichnenden für die waagerechten Verschiebungen u, v eines Punktes im Abstand z von der Mittelfläche:

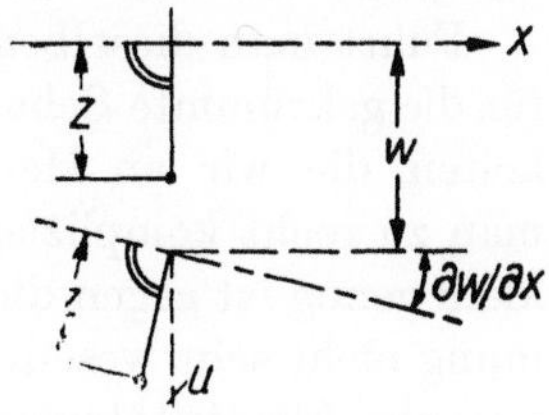

$$u = -z \frac{\partial w}{\partial x}, \qquad v = -z \frac{\partial w}{\partial y}$$

Fig. 14. Zur Geometrie der Deformation eines Schalenelements.

und daraus für die Verzerrungen nach (II (33))

$$\varepsilon_x = -z \frac{\partial^2 w}{\partial x^2}, \qquad \varepsilon_y = -z \frac{\partial^2 w}{\partial y^2}, \qquad \gamma_{xy} = -2z \frac{\partial^2 w}{\partial x \, \partial y}.$$

Setzt man das in das Hookesche Gesetz (II (44′)) ein, so erhält man

$$\sigma_x = -\frac{Ez}{1 - \nu^2} \left(\frac{\partial^2 w}{\partial x^2} + \nu \frac{\partial^2 w}{\partial y^2} \right), \qquad \sigma_y = -\frac{Ez}{1 - \nu^2} \left(\frac{\partial^2 w}{\partial y^2} + \nu \frac{\partial^2 w}{\partial x^2} \right),$$

$$\tau_{xy} = -\frac{Ez}{1 + \nu} \frac{\partial^2 w}{\partial x \, \partial y}.$$

Führt man schließlich diese Ausdrücke in die Definitionsgleichungen (2) der Momente ein, so ergibt sich das Elastizitätsgesetz der Plattenbiegung

$$\left. \begin{aligned} M_x &= -K \left(\frac{\partial^2 w}{\partial x^2} + \nu \frac{\partial^2 w}{\partial y^2} \right), \qquad M_y = -K \left(\frac{\partial^2 w}{\partial y^2} + \nu \frac{\partial^2 w}{\partial x^2} \right), \\ M_{xy} &= -K (1 - \nu) \frac{\partial^2 w}{\partial x \, \partial y}. \end{aligned} \right\} \quad (8)$$

Darin bedeutet die Abkürzung

$$K = \frac{E t^3}{12 (1 - \nu^2)}$$

eine Größe, die dem Produkt EI in der Stabbiegung entspricht und die man daher als Biegesteifigkeit der Platte bezeichnet.

Das Elastizitätsgesetz (8) und die Gleichgewichtsbedingungen (4a—c) sind zusammen 6 Gleichungen für 3 Momente, 2 Querkräfte und die Durchbiegung w, reichen also zur Berechnung dieser 6 Unbekannten aus. Wir gewinnen daraus eine Differentialgleichung 4. Ordnung für w, indem wir zunächst mit (4b, c) die Querkräfte aus (4a) eliminieren:

$$\frac{\partial^2 M_x}{\partial x^2} + 2 \frac{\partial^2 M_{xy}}{\partial x \, \partial y} + \frac{\partial^2 M_y}{\partial y^2} = -p$$

und dann das Elastizitätsgesetz (8) einsetzen:

$$\frac{\partial^4 w}{\partial x^4} + 2 \frac{\partial^4 w}{\partial x^2 \, \partial y^2} + \frac{\partial^4 w}{\partial y^4} = \frac{p}{K}. \tag{9}$$

Das ist die Differentialgleichung der Plattenbiegung. Hat man sie für gegebene Lasten und Randbedingungen gelöst, so kann man nach (8) die Momente, nach (4b, c) die Querkräfte und aus beiden die Spannungen berechnen.

Führt man dieselben Überlegungen, die die Gl. (8) geliefert haben, für die gekrümmte Schale durch und berücksichtigt dabei die Besonderheiten, die wir an Hand der Fig. 2 kennengelernt haben, so kommt man zu recht komplizierten Formeln[1]. Solange aber die Schalenstärke klein genug ist gegen die Krümmungsradien, ist der Einfluß der Krümmung nicht sehr wesentlich, und man kann dann für die Momente das einfache Elastizitätsgesetz (8) der Platte benutzen, wenn man nur an Stelle der Ableitungen der Durchbiegung w die durch die elastische Deformation entstandene Änderung der Krümmungen und der Verwindung der Mittelfläche schreibt. Für die Längs- und Schubkräfte gelten mit der gleichen Annäherung die einfachen Formeln der ebenen Scheibe, die man durch Erweitern der Gl. (II, 44') mit der Schalendicke t erhält ($N_x = \sigma_x t \dots$).

b) Beispiel: Behältertheorie.

Nach diesen Vorbereitungen wollen wir ein einfaches Beispiel aus der Biegetheorie der Schalen durchrechnen: Ein zylindrischer Behälter sei mit einer Flüssigkeit oder einem Gas unter Überdruck gefüllt. Dann hat er bestimmte Ringkräfte N_ϑ, die wir, wenn die Belastung bekannt ist, leicht nach Gl. (6c) ausrechnen können und die jedenfalls von ϑ unabhängig sind. Jeder Breitenkreis wird sich seinem Spannungszustand entsprechend etwas dehnen, insbesondere auch der unterste und der oberste. Wenn nun der Behälter einen starken Boden hat, etwa eine dicke Betonplatte, so ist dadurch die Formänderung des unteren Randes behindert und möglicherweise auch seine Verdrehung. Auf den Rand wirken dabei Querkräfte Q_x und Biegemomente M_x, und solche Schnittkräfte sind also auch in der ganzen Schale zu erwarten. Dagegen tritt eine Ringquerkraft Q_ϑ aus Symmetriegründen nicht auf, und auch die Längskraft N_x spielt keine Rolle.

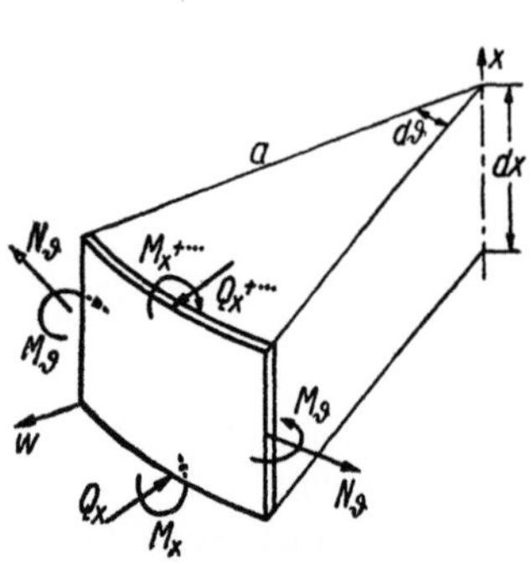

Fig. 15. Element einer zylindrischen Behälterwand.

---

[1] FLÜGGE, W.: Statik und Dynamik der Schalen, Berlin 1934, S. 116.

Fig. 15 zeigt das Schalenelement. Die beiden Ringmomente M_ϑ sind für sich im Gleichgewicht. Das Gleichgewicht der radialen Kräfte gibt

$$\frac{\partial Q_x}{\partial x} \cdot a - N_\vartheta = 0, \tag{10a}$$

das Gleichgewicht der Momente

$$\frac{\partial M_x}{\partial x} \cdot a - Q_x \cdot a = 0. \tag{10b}$$

Durch Elimination der Querkraft findet man daraus wie beim einfachen Biegebalken:

$$\frac{\partial^2 M_x}{\partial x^2} \cdot a - N_\vartheta = 0. \tag{11}$$

In dieser Gleichung müssen wir, um weiterzukommen, die Schnittkräfte durch die Radialverschiebung w ausdrücken und benutzen dafür die vereinfachten Beziehungen:

$$\left.\begin{aligned} N_\vartheta &= \frac{E\,t}{a}\,w, \\ M_x &= -\,\frac{E\,t^3}{12\,(1-v^2)}\,\frac{\partial^2 w}{\partial x^2}. \end{aligned}\right\} \tag{12a, b}$$

Der Faktor $(1 - v^2)$ im Nenner von (12b) ist die einzige Spur, die die Ringmomente M_ϑ in der ganzen Rechnung hinterlassen. Aus (11) wird durch Einsetzen dieses Elastizitätsgesetzes eine Differentialgleichung für w:

$$\frac{t^2 a^2}{12\,(1-v^2)}\,\frac{\partial^4 w}{\partial x^4} + w = 0,$$

die wir in der Form schreiben wollen

$$w^{\mathrm{IV}} + 4\,\lambda^4 w = 0,$$

wobei

$$\lambda = \frac{\sqrt[4]{3\,(1-v^2)}}{\sqrt{a\,t}}$$

ist. Sie hat, wie man leicht nachprüft, die Lösungen

$$w = C_1 e^{-\lambda x} \cos \lambda x + C_2 e^{-\lambda x} \sin \lambda x + C_3 e^{\lambda x} \cos \lambda x + C_4 e^{\lambda x} \sin \lambda x.$$

Diese Formel zeigt eine wesentliche Eigenschaft, die sich bei allen Lösungen der Schalenbiegetheorie wiederfindet: Sie verhalten sich wie gedämpfte Wellen; ein Teil klingt in Richtung wachsender x stark ab, der andere Teil in Richtung abnehmender x. Wie stark das Abklingen ist, sehen wir daraus, daß das Argument der e-Funktionen im wesentlichen $\frac{x}{\sqrt{a\,t}} = \frac{x}{a} \cdot \sqrt{\frac{a}{t}}$ ist, also eine Zahl, die wegen des großen Faktors $\sqrt{a/t}$ schnell wächst. Für einen Blechbehälter von 10 mm Wandstärke und 2 m Radius ist z. B. $\sqrt{a/t} = \sqrt{200} \approx 14$ und mithin für $x = \tfrac{1}{3}\,a$ schon

$$\lambda x = \sqrt[4]{3 \cdot \frac{8}{9} \cdot \frac{1}{3} \cdot 14} \approx 6, \text{ also } e^{-\lambda\,x} = e^{-6} = 0,0025,\ \text{d. h. die Lösung ist}$$

schon bis auf $^1/_4\%$ abgeklungen. Für einen Eisenbetonbehälter, dessen Wandstärke dicker ist, liegen die Verhältnisse nicht ganz so günstig, aber auch hier verschwinden die Biegespannungen doch schon sehr rasch.

Hat man an zwei Rändern Randbedingungen zu erfüllen, so werden meist an einem die Lösungen 1 und 2, am anderen die Lösungen 3 und 4 so wesentlich überwiegen, daß jeweils die beiden anderen dagegen zu vernachlässigen sind, und man hat es also tatsächlich mit einem Membranspannungszustand zu tun, der nur an den beiden Rändern in einer schmalen Zone etwas gestört ist.

c) Allgemeine Biegetheorie der Drehschalen.

Von dieser Erfahrung ausgehend, kann man auch für andere drehsymmetrische Schalen eine Biegetheorie aufbauen. Das erfordert ebenso, wie wir es eben beim Kreiszylinder gesehen haben, ein ausführliches Eingehen auf das elastische Verhalten der Schale und führt deshalb zu recht umständlichen Rechnungen. Ihr Ergebnis[1] ist eine sehr einfache Differentialgleichung für die Meridianquerkraft Q_s:

$$\frac{d^4 Q_s}{d s^4} + 4 \varkappa^4 Q_s = 0,$$

wobei

$$\varkappa^4 = \frac{3\,(1 - v^2)}{t^2 r_2{}^2}$$

ist. Für konstantes $\varkappa$ gibt das wieder Lösungen in Form gedämpfter Wellen:

$$Q_s = C\,e^{-\sqrt[4]{-4}\,\varkappa s} = C\,e^{-(1 \pm i)\,\varkappa s}.$$

Für die praktische Rechnung wird man natürlich den Imaginärteil in Kreisfunktionen verwandeln und erhält dann Lösungen vom Bau

$$Q_s = A\,e^{-\varkappa s} \sin\,(\varkappa s + \psi),$$

wobei die Amplitude A und der Phasenwinkel ψ die Integrationskonstanten sind. Die Querkraft verläuft also wie beim Zylinder in Form einer abklingenden Welle, und alle anderen Schnittkräfte, Spannungen, Verschiebungen verlaufen ebenso, nur mit anderen Phasenwinkeln. So hat z. B. das für die Biegespannungen wichtige Meridianbiegemoment M_s den Phasenwinkel $\psi + \dfrac{\pi}{4}$. Es hat also genau da sein Maximum, wo die Querkraft Null ist, denn bei der Kurve $y = e^{-x}\sin x$ sind ja Nullstellen und Maxima nicht um $\pi/2$ gegeneinander versetzt wie bei einer Sinuskurve, sondern gerade um $\pi/4$.

---

[1] Schalenbuch, S. 169ff.

Für die Schnelligkeit des Abklingens ist die Größe $\varkappa$ entscheidend, die Abklingzahl. Sie ist das Reziproke einer Länge, die bis auf einen Faktor gleich $\sqrt{r_2 t}$ ist. Wächst $\varkappa s$ um π, so ist der Zuwachs von s gleich dem Abstand zweier aufeinanderfolgender Extremwerte irgendeiner Schnittkraft, deren Beträge sich wie $1 : e^{-\pi} \approx 23 : 1$ verhalten. Das zweite Maximum ist also im allgemeinen schon für die Festigkeit der Schale ohne Bedeutung. Die Halbwellenlänge ist

$$\frac{\pi}{\varkappa} = \frac{\pi}{\sqrt[4]{3\,(1-\nu^2)}} \cdot \sqrt{r_2 t}\,.$$

Das bedeutet z. B. bei einer Blechschale von $t = 1$ mm und einem Querkrümmungsradius von $r_2 = 1$ m eine Länge von etwa 8 cm.

Die Biegespannungen in dünnen Schalen nehmen also nur einen recht schmalen Bereich längs des Randes ein, können aber dort eine beträchtliche Größe erreichen.

d) Der Kesselboden.

Besonders bekannt sind diese Spannungen am Anschluß eines Kesselbodens an die zylindrische Kesseltrommel. In diesem Fall ist $r_2 =$ dem Zylinderradius a, und die Differentialgleichung hängt also überhaupt nicht davon ab, wie der Boden im einzelnen geformt ist, und das gleiche gilt im Rahmen dieser Theorie auch für den Zusammenhang der Schnittkräfte mit den Formänderungen. Daraus folgt dann, daß die entgegengesetzt gleichen Querkräfte, die auf Mantelrand und Bodenrand wirken, bei gleichen Wandstärken nicht nur den einen so viel nach innen biegen, wie den anderen nach außen, sondern auch die Endtangenten um den gleichen Winkel verdrehen, so daß im Schnittkreis keine Biegemomente mehr nötig sind, um die Stetigkeit der Tangentenrichtung herbeizuführen. Dieser Kreis, in dem ja meist eine Schweißnaht liegt, ist also gerade frei von Biegespannungen. Allerdings treten sie in seiner näheren Umgebung durchaus auf und haben dort auch ihr Maximum.

Die Biegespannungen, die immer dann auftreten, wenn sich die Meridiankrümmung sprunghaft ändert, weil das ja eine ebenso sprunghafte Änderung der Membrankräfte zur Folge hat, haben den Charakter von Zwängungsspannungen. Das heißt: Diese Spannungen sind nicht nötig, um die Lasten zu tragen, also um überall Gleichgewicht herzustellen, sondern nur, um die Kontinuität der Formänderung herzustellen. Wird in einem plastisch dehnbaren Material durch diese Biegespannungen die Fließgrenze erreicht, so fließt das Material, und die Formänderung, die zur Herstellung der Kontinuität nötig ist, wird ohne weitere Spannungserhöhung beschafft. Solange also die Dehnbarkeit des Werkstoffs ausreicht und solange sich nicht durch Lastwechsel bleibende Formänderungen summieren können, sind diese Biegungsspannungen ungefährlich.

Wesentlich gefährlicher und meist auch größer sind Biegespannungen, die zur Herstellung des Gleichgewichts nötig sind. Sie treten dann auf, wenn die Meridiankurve einen Knick hat. Setzt man z. B. an einen Zylindermantel einen Kegelboden oder eine flache Kugelkalotte ohne Ausrundung an, so müssen die Randschnittkräfte N_x des Bodens und des Mantels jeweils die Richtung der Meridiantangente haben, passen also überhaupt nicht als Aktion und Reaktion zusammen, und man muß zu beiden eine diesmal gleichsinnige Querkraftbelastung hinzufügen, um überhaupt erst einmal beide Randkräfte in dieselbe Wirkungslinie zu bringen (Fig. 16). Dann verdrehen sich aber die beiden Schalenränder gegeneinander, und man muß noch weitere entgegengesetzte Querkräfte und Biegemomente

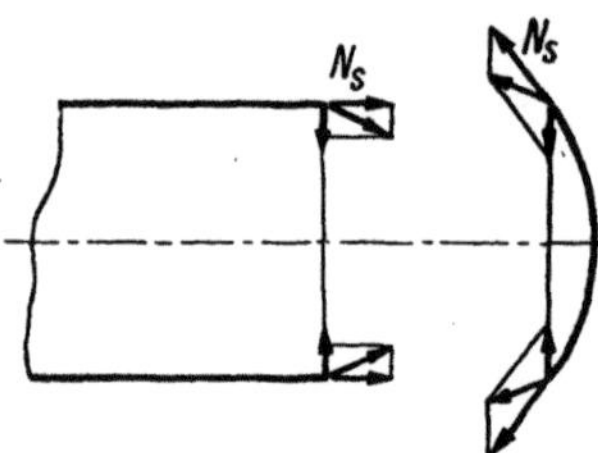

Fig. 16. Kessel und flacher Kesselboden.

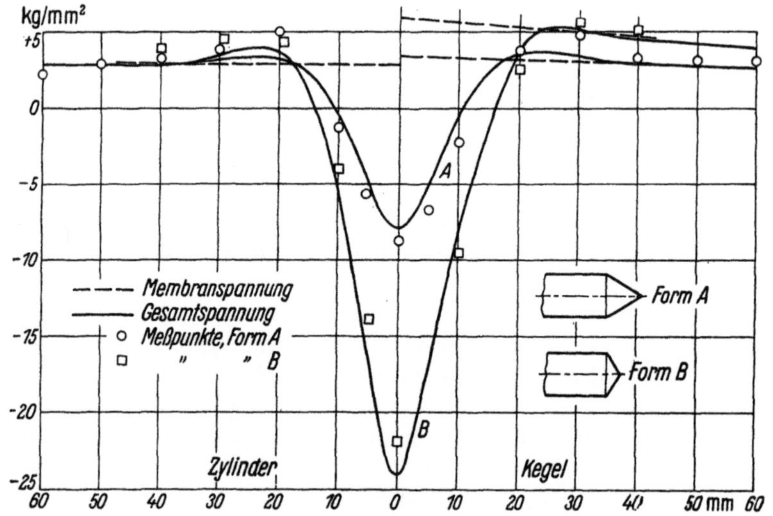

Fig. 17. Gerechnete und gemessene Spannungen an konischen Kesselböden.

hinzufügen, um auch die Kontinuität der Formänderung herzustellen. Der Statiker fordert deshalb in solchen Fällen am Übergang zwischen Mantel und Boden einen Flansch, der die radiale Komponente der Deckelkraft aufnimmt. Dann sind nur noch Zwängungsspannungen nötig, um die ungleiche Ringdehnung von Zylinder, Flansch und Boden aufeinander abzustimmen.

Das schließt natürlich nicht aus, daß der Vorzug der Einfachheit, den die flanschlose Konstruktion für sich hat, gelegentlich überwiegt und man sie deshalb doch ausführt.

Für einen solchen Fall liegen Modellmessungen von SIEBEL und SCHWAIGERER vor, die sich wegen der einfachen geometrischen Form der Versuchsstücke besonders einfach nachrechnen lassen. SIEBEL und SCHWAIGERER[1] haben an Zylindern mit Kegelboden die Ringspannungen auf der Außenseite gemessen, die sich durch Überlagerung der gleichmäßig über die Dicke verteilten Membranspannungen mit den eben erörterten Biegespannungen ergeben. Fig. 17 zeigt das Ergebnis der Messungen und den mit den eben geschilderten theoretischen Mitteln bestimmten Verlauf dieser Spannungen. Die gute Übereinstimmung zwischen beiden läßt erkennen, wie weit sich die Spannungen in Schalen theoretisch berechnen lassen.

---

[1] SIEBEL, E. u. S. SCHWAIGERER: Neuere Untersuchungen an Dampfkesseln und Behältern. VDI-Forsch.-Heft Nr. 400 (1940) S. 11—12.

IV. Schwingungserscheinungen im Bau- und Maschinenwesen.

Von

K. KLOTTER / Karlsruhe.

Mit 30 Figuren.

1. Einleitung.

Die Aufgabe der Festigkeitslehre besteht im wesentlichen darin, die Beanspruchungen zu ermitteln, die in Bauteilen auftreten, und danach die Abmessungen zu bestimmen, die notwendig sind, um die von diesen Beanspruchungen hervorgerufenen Spannungen und Verformungen in zulässigen Grenzen zu halten. Solange es sich um die Einwirkungen unveränderlicher oder nur langsam veränderlicher Kräfte handelt, nehmen die Spannungen monoton ab, wenn die Querschnittsabmessungen zunehmen. Sobald man es jedoch mit zeitlich rasch veränderlichen Vorgängen zu tun hat, tritt außer der Belastung und den Abmessungen als weitere maßgebende Größe die Frequenz auf, durch die das einfache Bild eines monotonen Zusammenhangs zwischen Spannungen und Abmessungen vollkommen verändert werden kann.

Im Mittelpunkt der folgenden Betrachtungen wird der Begriff der *Eigen*frequenz oder Eigenschwingzahl stehen; derselbe Begriff des — mathematisch gesprochen — *Eigenwertes* hat auch für die Stabilitätsprobleme (bei denen, wie wir im VI. Kapitel sehen werden, ebenfalls die angedeuteten monotonen Beziehungen zwischen Lasten und Verformungen nicht bestehen) zentrale Bedeutung.

2. Lineare Schwinger von einem Freiheitsgrad; erzwungene Schwingungen.

Wir beginnen mit der Betrachtung der Schwinger von *einem Freiheitsgrad*. An diesen Systemen (den sogenannten „einfachen Schwingern") lassen sich schon die Mehrzahl der für unsere Untersuchungen notwendigen Begriffe entwickeln und die wesentlichen Erscheinungen aufzeigen. Die Zahl der Freiheitsgrade wird jeweils bestimmt durch die (Mindest-) Zahl der zur Festlegung einer Lage oder zur Beschreibung einer Bewegung notwendigen Koordinaten. Beispiele für Systeme von einem Freiheitsgrad sind

1. das Punktkörperpendel (mathematisches Pendel) (Fig. 1),
2. das Starrkörperpendel (physikalisches Pendel) (Fig. 2),
3. ein elastisches Gebilde, wenn die aufgesetzte Masse die Masse des Trägers bedeutend. übertrifft (Fig. 3, 4).

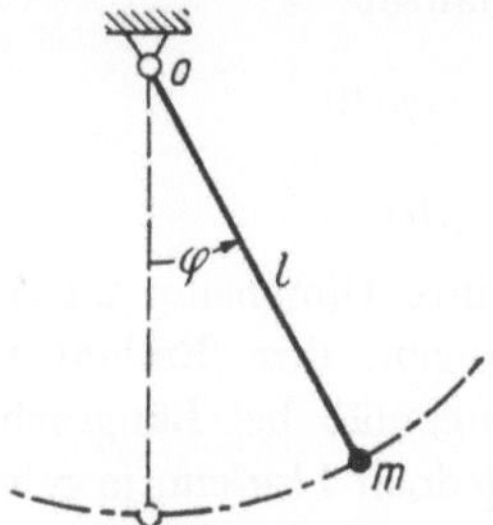

Fig. 1. Punktkörper-Pendel.

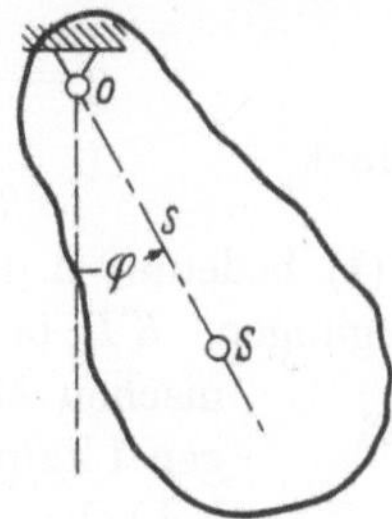

Fig. 2. Starrkörper-Pendel.

Wir erinnern daran, daß den Untersuchungen der Mechanik nie die wirklichen Objekte selbst, sondern stets *Idealgebilde* zugrunde gelegt werden, die aus den wirklichen Objekten durch eine in bestimmter Weise

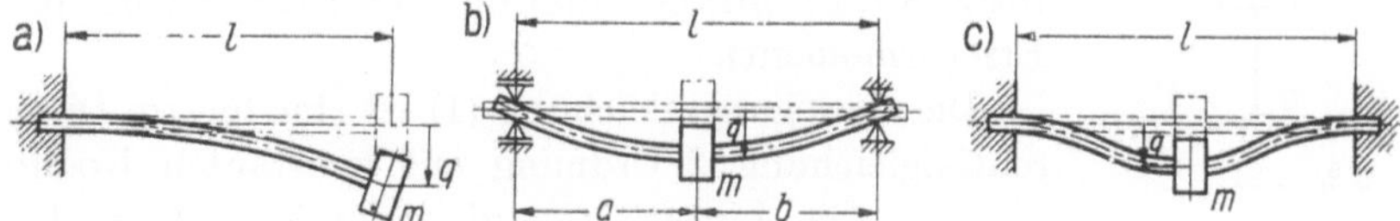

Fig. 3. Biegeschwinger.

vorgenommene Idealisierung hervorgehen. Der Punktkörper, der starre Körper, der elastische Körper, der plastische Körper sind solche Idealgebilde. Ebenso stellt die Annahme einer endlichen Zahl von Freiheitsgraden eine derartige Idealisierung dar, indem Teile des mechanischen Gebildes (Stange des Pendels in Fig. 1, Träger in Fig. 3 usf.) als massefrei betrachtet werden.

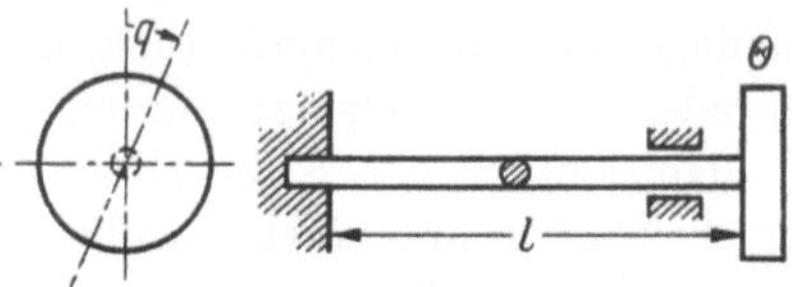

Fig. 4. Torsionsschwinger.

Wir beschränken unsere Betrachtungen auf elastische Schwinger. Die Bewegungsgleichungen der Schwinger (vgl. Fig. 3 und 4; „Ersatzbild" Fig. 5) entstehen aus der NEWTONschen Bewegungsgleichung

$$\ddot{q} = \frac{1}{a} \sum K\,;$$

darin bedeutet q die kennzeichnende Koordinate (Längen- oder Winkelkoordinate), a den Trägheitsfaktor (Masse m des Punktkörpers oder

Trägheitsmoment Θ der Scheibe) und $\sum K$ die Summe aller auf den Körper einwirkenden Kräfte oder Momente. Unter diesen Kräften sind die wesentlichsten die elastischen Rückstellkräfte, die Dämpfungskräfte und die von außen aufgebrachten erregenden (oder erzwingenden) Kräfte, so daß die Bewegungsgleichung lautet

$$\ddot{q} = \frac{1}{a}\left[-cq - b\dot{q} + p(t)\right]$$

oder geordnet

$$a\ddot{q} + b\dot{q} + cq = p(t). \tag{1}$$

In Gl. (1) bedeutet c die Federzahl, ihre Dimension ist KL^{-1} bei Längsbewegungen, KL bei Drehbewegungen, ihre Einheit im tech-

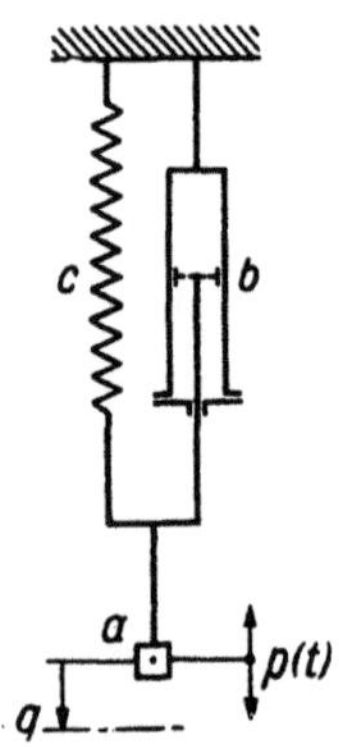

Fig. 5. Einfacher Schwinger (mit Erregerkraft $p(t)$).

nischen Maßsystem demgemäß bei Längsschwingungen 1 kg/m; meist wird jedoch 1 kg/cm, ja gelegentlich bei sehr steifen Gebilden, z. B. bei Werkzeugmaschinen, 1 t/μ gebraucht (dort in schlecht gewählter Bezeichnungsweise auch als „Starrheit" bezeichnet). b bedeutet den Koeffizienten der der Geschwindigkeit proportional angesetzten Dämpfungskraft (oder des Dämpfungsmomentes); seine Dimension ist $KL^{-1}T$ (bzw. KLT). $p(t)$ bedeutet die Erregerkraft (oder das Erregermoment).

Die Bewegungsgleichung (1) ist eine lineare Differentialgleichung 2. Ordnung mit konstanten Koeffizienten. Die Linearität wird dadurch erreicht, daß nur ausschlagproportionale Federkräfte und geschwindigkeitsproportionale Dämpfungskräfte in Betracht gezogen werden. Man spricht in diesem Fall auch von linearen Schwingern und von linearen Schwingungen (gelegentlich auch von „kleinen" Schwingungen im Hinblick darauf, daß ein nicht-linearer Verlauf einer Federkennlinie oder Dämpfungskennlinie für kleine Ausschläge und demgemäß auch kleine Geschwindigkeiten durch eine gerade Kennlinie ersetzt werden kann).

Hinsichtlich der Erregerkraft ist für uns, da wir ja Schwingungserscheinungen untersuchen wollen, vor allem der Fall einer periodischen Erregerkraft $p(t)$ von Interesse. Wie das FOURIERsche Theorem aussagt, ist die periodische Funktion $p(t)$ zerlegbar in harmonische Bestandteile. Wegen der Linearität der Differentialgleichung und der daraus folgenden Überlagerbarkeit der Vorgänge kann dann jede einzelne Harmonische der Erregung für sich betrachtet werden. Es genügt deshalb, die folgende Gleichung zu untersuchen:

$$a\ddot{q} + b\dot{q} + cq = P\cos\Omega t. \tag{2}$$

Die allgemeine Lösung dieser Differentialgleichung setzt sich aus zwei Anteilen zusammen, der allgemeinen Lösung q_h der verkürzten (homogenen) Differentialgleichung und einem partikularen Integral q_p der unverkürzten (inhomogenen),

$$q = q_h + q_p. \tag{3}$$

Der erste Anteil klingt, wie wir in Ziff. 3 noch zeigen werden, im Laufe der Zeit ab, es bleibt der zweite Anteil übrig. Für ihn macht man den Ansatz

$$q_p = Q \cos (\Omega t - \varepsilon) \tag{4}$$

und findet (mit der Abkürzung $\delta = b/2a$)

$$a^2 Q^2 \left[(\omega^2 - \Omega^2)^2 + 4\delta^2 \Omega^2 \right] = P^2$$

sowie

$$\operatorname{tg} \varepsilon = \frac{2\delta\Omega}{\omega^2 - \Omega^2}$$

oder

$$Q = \frac{P}{c} \frac{1}{\sqrt{(1 - \eta^2)^2 + 4\mathsf{D}^2 \eta^2}} = \frac{P}{c} \, \mathsf{V}_3 \tag{5a}$$

sowie

$$\varepsilon = \operatorname{arc\,tg} \frac{2\mathsf{D}\,\eta}{1 - \eta^2} = \varepsilon_3 , \tag{5b}$$

wenn mit η eine bezogene Frequenz, $\eta = \Omega/\omega$, nämlich das Verhältnis der Erregerfrequenz zur sog. Eigenfrequenz des ungedämpften Schwingers, $\omega = \sqrt{c/a}$ (gelegentlich auch „Abstimmung" genannt), und mit D eine dimensionslose „Dämpfungszahl" $\mathsf{D} = b/2 \sqrt{ac} = \delta/\omega$ bezeichnet wird. Diagramme der Funktionen V_3 und ε_3 zeigen die Fig. 6 und 7.

(Die Wahl des Index 3 an dieser und des Index 1 an einer bald folgenden Stelle hat Gründe, die nur aus der Systematik der Funktionen V und ε erklärt werden können; wir müssen dieserhalb auf die Schwingungslehre verweisen[1].)

Wir erörtern nun die Bedeutung des Faktors V_3, der auch *Vergrößerungsfunktion* heißt. Für ihn gibt es zwei wichtige Deutungen:

1. Mit $P/c = d$ folgt aus (5a)

$$\mathsf{V}_3 = Q/d ; \tag{6a}$$

d. h. die Vergrößerungsfunktion gibt an, um wievielmal die Amplitude Q des von einer harmonischen Erregerkraft mit der Amplitude P erzwungenen Ausschlags größer ist als der statische Ausschlag d, der unter Wirkung der ruhenden Kraft P zustande käme.

2. Es ist

$$\mathsf{V}_3 = K/P, \tag{6b}$$

wenn mit $K = cQ$ die Kraft in der Feder bezeichnet wird. Die Vergrößerungsfunktion gibt also überdies an, um wievielmal die Ampli-

---

[1] KLOTTER, K.: Einführung in die Technische Schwingungslehre, Bd. 1, S. 135 ff. Berlin 1938. (Neuauflage im Druck.)

tude K der harmonischen Wechselkraft in der Feder (d. h. in einem Bauglied etwa) größer ist, als die statische Kraft wäre.

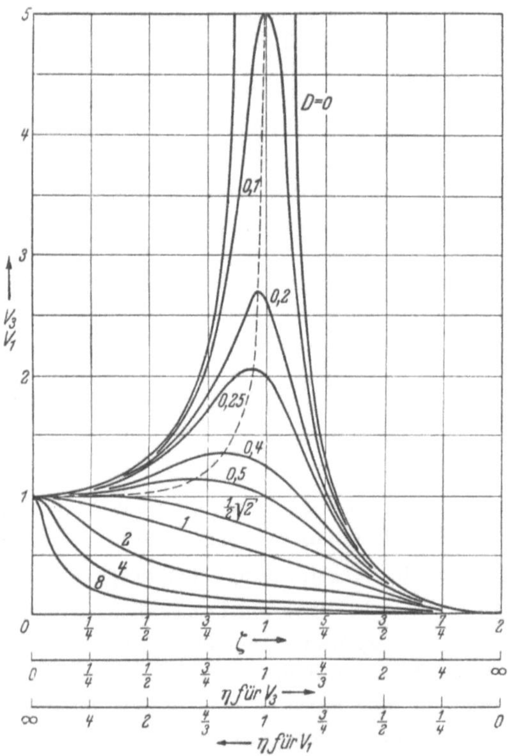

Fig. 6. Vergrößerungsfunktion $V_3\,(\eta, D)$.

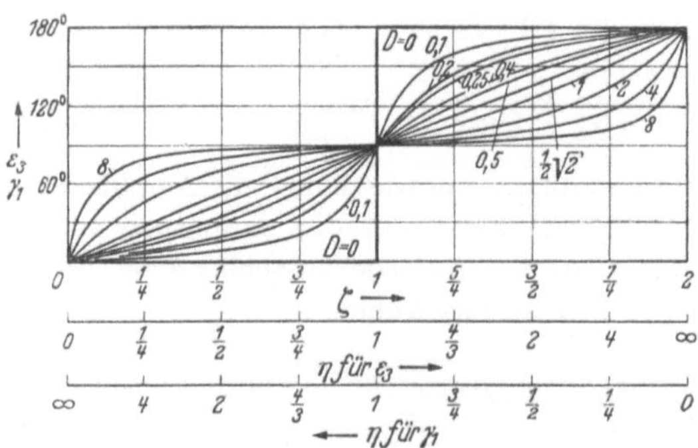

Fig. 7. Phasenverschiebungswinkel (Nacheilwinkel) $\varepsilon_3\,(\eta, D)$.
(Statt γ_1 ist ε_1 zu lesen.)

Für den Ingenieur, den vor allem die Beanspruchungen interessieren, ist insbesondere die zweite Deutung wichtig: Die Kräfte K in der Konstruktion sind nicht jene Kräfte P, die durch die statische Belastung hervorgerufen würden; diese werden vielmehr mit dem Faktor V_3 *multipliziert*. Die Größe dieses Faktors hängt ab von η, der Abstimmung, und D, dem Dämpfungsmaß. Besonders groß werden die Werte V_3, wenn η gegen 1 geht, die Erregerfrequenz Ω also mit der Eigenfrequenz ω (des ungedämpft gedachten Gebildes) zusammenfällt. In diesem Fall spricht man von *Resonanz* (der Erregerfrequenz mit der Eigenfrequenz).

Die Vergrößerungsfunktion tritt in der Form V_3 auf, wenn die Amplitude der Störkraft konstant ist, sich also mit der Frequenz nicht selbst ändert. Störkräfte, die von Massenkräften herrühren, Fig. 8, ändern ihre Amplitude jedoch

proportional dem Quadrat einer Störfrequenz Ω (die im Fall der Fig. 8 gleich der Winkelgeschwindigkeit ω_0 ist). In diesem Fall wird die

Amplitude des erzwungenen Ausschlags gegeben durch

$$Q = \frac{m}{m + a}\, U\, \mathsf{V}_1 \tag{7}$$

(wie wir nur angeben, aber nicht herleiten). Dabei bedeutet m die umlaufende Masse, die die Störkraft erzeugt, U den Radius, auf dem sie umläuft, a die gesamte Masse des Schwingers und V_1 eine andere Vergrößerungsfunktion

$$\mathsf{V}_1 = \frac{\eta^2}{\sqrt{(1 - \eta^2) + 4\,\mathsf{D}^2\,\eta^2}} \,. \tag{7a}$$

Die sogenannten Schwingungserregermaschinen (Pulsatoren) erzeugen die Störkräfte auf die genannte Weise, für sie gelten deshalb die Gln. (4) und (5a) mit der Vergrößerungsfunktion V_1.

Zwischen den beiden Vergrößerungsfunktionen V_1 und V_3 besteht die Beziehung

$$\mathsf{V}_1(\eta) = \mathsf{V}_3\left(\frac{1}{\eta}\right) \quad \text{oder} \quad \mathsf{V}_3(\eta) = \mathsf{V}_1\left(\frac{1}{\eta}\right). \tag{8}$$

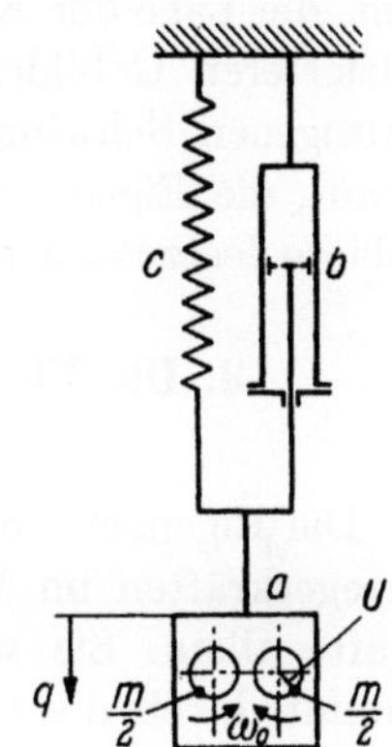

Fig. 8. Einfacher Schwinger mit Erregerkraft, deren Amplitude dem Quadrat einer Frequenz proportional ist.

In der Fig. 6 sind schon beide Vergrößerungsfunktionen dargestellt, und zwar durch dieselben Kurven. Dies gelingt dadurch, daß als Abszisse jeweils eine Größe ζ benutzt ist, für die gilt

$$\zeta = \eta \qquad \text{im Bereich} \quad 0 \leqq \eta \leqq 1,$$
$$\zeta = 2 - \frac{1}{\eta} \quad \text{im Bereich} \quad 1 \leqq \eta < \infty.$$

Nicht nur die Amplitude Q des erzwungenen Ausschlags ist eine Funktion von η, sondern auch der nach Gl. (4) auftretende Phasenverschiebungswinkel ε. Für manche Untersuchungen (insbesondere die der Anzeige von Schwingungsmeßgeräten) ist diese Tatsache überaus bedeutungsvoll. In dem engen Rahmen, der unseren Betrachtungen hier gezogen ist, können wir nicht mehr tun, als den Verlauf der Kurven ε_3 und $\gamma_1 = -\varepsilon_1$ in Fig. 7 zu zeigen.

Zum Abschluß der Betrachtungen *wiederholen* wir:

1. Das Gesagte gilt in der einfachen Form — nämlich, daß die Wirkung der einzelnen Harmonischen einer periodischen Störfunktion getrennt untersucht werden darf — nur, solange es sich um *lineare* Differentialgleichungen handelt (solange es erlaubt ist, die Schwingungsgleichung zu „linearisieren").

2. Stimmt die Erregerfrequenz Ω nahezu mit der Eigenfrequenz $\omega = \sqrt{c/a}$ überein, so werden die Ausschläge und die Beanspruchungen

in schwingenden Gebilden besonders groß. Bei ungedämpften Systemen gingen die Werte (falls die linearen Ansätze gültig blieben) sogar über alle Grenzen. Jedenfalls werden sie unzulässig groß. Oder anders ausgedrückt: Bei der Eigenfrequenz können nennenswerte Ausschläge unter der Wirkung einer sehr kleinen Erregerkraft zustande kommen. Es ist deshalb für alle Schwingungsuntersuchungen von grundlegender Wichtigkeit, die Lage der Eigenfrequenzen eines Gebildes zu kennen. Bei komplizierteren Gebilden pflegt man auf die genauere Erörterung der erzwungenen Schwingungen sogar ganz zu verzichten und begnügt sich damit, die Eigenfrequenzen und somit die zu vermeidenden Frequenzgebiete festzustellen.

3. Die Eigenschwingungen der linearen Schwinger von einem Freiheitsgrad.

Die Eigenschwingungen verlaufen ohne Mitwirkung von Stör- oder Erregerkräften im Wechselspiel der Massen-, Feder- und Dämpfungskräfte allein. Sie werden in Systemen von einem Freiheitsgrad bestimmt durch die homogene Differentialgleichung

$$a\ddot{q} + b\dot{q} + cq = 0. \tag{9}$$

Wenn im besonderen auch noch die Dämpfungskräfte fehlen, so wird die Differentialgleichung einfach zu

$$a\ddot{q} + cq = 0. \tag{9'}$$

Sie hat die allgemeine Lösung

$$q = A \cos \omega t + B \sin \omega t \tag{10}$$

mit

$$\omega^2 = c/a, \tag{10a}$$

in der A und B die Integrationskonstanten sind, die durch die Anfangsbedingungen bestimmt werden. Die Frequenz $\omega = 2\pi f$ und damit die Periode $T = 1/f$ jedoch, mit der die Schwingungen ablaufen, wird durch die Anfangsbedingungen nicht beeinflußt, sie ist vielmehr allein eine Funktion der in der Differentialgleichung auftretenden beiden Koeffizienten Masse und Federzahl. Ein sich selbst überlassenes System kann nicht mit einer beliebigen Frequenz schwingen, sondern nur mit der durch die Konstanten der Differentialgleichung festgelegten.

In mathematischer Sprechweise, wo man sich um die physikalische Bedeutung der Größen nicht kümmert, spricht man statt von der Eigenfrequenz vom *Eigenwert* der Differentialgleichung. Das Problem der Bestimmung der Frequenz, mit der freie Schwingungen eines Schwingers von einem Freiheitsgrad vor sich gehen können, ist also ein Eigenwertproblem, und zwar ein so einfaches, daß man die besonderen

Kennzeichen dieser Problemart noch kaum erkennt. Bei Systemen mit mehr als einem Freiheitsgrad (Ziff. 6) wird die Besonderheit dieser Probleme deutlicher werden.

An die Gl. (10a), die die Frequenz der freien Schwingungen bestimmt, wollen wir noch einige Erörterungen anchließen. Unter Benutzung des Kehrwertes h der Federzahl c, $h = 1/c$, schreibt sie sich

$$\omega^2 = \frac{1}{ah}$$

oder, da $h = d/G$ ist, wenn d die statische Durchsenkung unter der Wirkung des Gewichtes $G = ag$ der aufgesetzten Masse a bezeichnet,

$$\omega^2 = \frac{g}{d}. \tag{10b}$$

Das Frequenzquadrat eines Schwingers ist also umgekehrt proportional der statischen Durchsenkung d, die unter Wirkung des Gewichtes der aufgesetzten Masse zustande kommt. Wie immer auch zwei Schwinger gebaut sein mögen, ob es sich um ein Fachwerk, eine Decke, eine Platte oder sonst ein elastisches Gebilde handelt, falls die beiden Gebilde (sofern sie als Gebilde von einem Freiheitsgrad angesehen werden dürfen) unter Wirkung des Gewichts der aufgesetzten Masse a die gleiche statische Durchsenkung erfahren, so schwingen sie auch mit derselben Frequenz. Da aber auch die Frequenzgleichung eines Pendels dieselbe Form hat,

$$\omega^2 = \frac{g}{l}, \tag{10c}$$

so spielt also die statische Durchsenkung dieselbe Rolle wie die (reduzierte) Pendellänge eines Pendels.

Tabelle 1. *Zusammenhang zwischen statischer Durchsenkung (oder reduzierter Pendellänge) und Frequenz (in runden Zahlen).*

d (oder l)		ω^2 sec^{-2}	ω sec^{-1}	f Hz
1	m	10^1	$\sqrt{10}$	0,5
10	cm	10^2	10	1,6
1	cm	10^3	$10\sqrt{10}$	5
1	mm	10^4	100	16
0,1	mm	10^5	$100\sqrt{10}$	50
0,01	mm	10^6	1000	160
1	μm	10^7	$1000\sqrt{10}$	500

Die Tabelle 1 gibt den Zusammenhang zwischen der statischen Durchsenkung bzw. reduzierten Pendellänge einerseits und der Frequenz andrerseits an.

Aus diesem Zusammenhang erklärt sich auch die auf den ersten Blick erstaunlich anmutende Tatsache, daß z. B. Bauwerksteile, Decken insbesondere, in der Regel nahezu übereinstimmende Eigenfrequenzen aufweisen, ganz gleichgültig, um welche Art der Ausführung es sich handelt, ob um eine Stahl-, Stahlbeton- oder Massivbauweise oder eine sonstige Ausführungsform. Die Erklärung liegt darin, daß in den Bauwerksteilen fast dieselben statischen Durchsenkungen zugelassen werden; daraus folgt dann die Übereinstimmung der Schwingungszahlen.

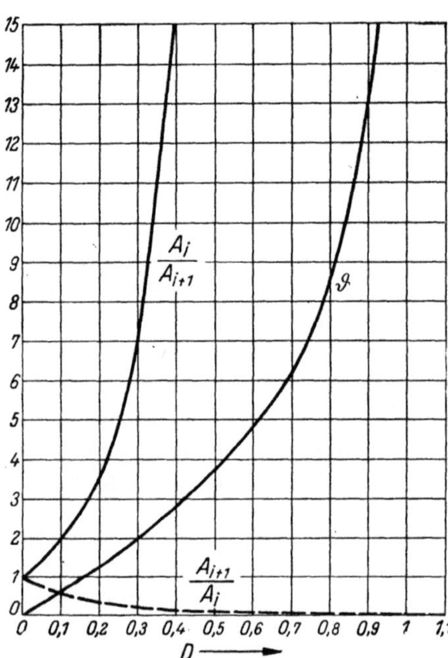

Fig. 9. Log. Dekrement ϑ und Amplitudenverhältnisse A_i/A_{i+1}, A_{i+1}/A_i in Abhängigkeit vom Dämpfungsmaß D.

Aus dem gleichen Grunde haben z. B. auch Dampfturbinenrotoren stets so nahe übereinstimmende „kritische" Drehzahlen, d. h. Eigenschwingzahlen.

Bis hierher hatten wir angenommen, daß bei den freien Schwingungen außer den Trägheitskräften nur die elastischen, vom Ausschlag abhängigen Kräfte ins Spiel treten. Die sich unter diesen Voraussetzungen einstellenden Bewegungen werden durch die Gl. (10) angegeben. Es sind stationäre Schwingungen (d. h. Schwingungen von gleichbleibender Amplitude). In Wirklichkeit ist aber eine zweite Art von Kräften stets vorhanden: die sogenannten Widerstands- oder Dämpfungskräfte. Die Bewegungsgleichung hat dann die vollständige Form (9).

Je nachdem nun, ob die Dämpfungskonstante b groß oder klein ist, kommen verschiedene Bewegungsabläufe zustande. Bei elastischen Schwingern, die uns hier im wesentlichen beschäftigen, ist b und damit auch das Dämpfungsmaß $D = b/2\sqrt{ac}$ stets sehr klein. Dieses Dämpfungsmaß nimmt für elastische Schwinger selten Werte über 0,1 an. Unter Benutzung dieses Dämpfungsmaßes D und der Größe $\delta = b/2a$ lautet die Lösung von (9)

$$q = e^{-\delta t}[A \ccos \nu t + B \sin \nu t] \left.\right\}$$
$$\text{mit} \qquad \nu^2 = \omega^2 - \delta^2 = \omega^2 (1 - D^2). \left.\right\} \qquad (11)$$

Man sieht, die Größtausschläge bleiben nicht mehr dieselben, sondern sie nehmen ab, und zwar tun sie das, wie man leicht nachrechnet, in geometrischer Progression, d. h. das Verhältnis zweier aufeinanderfolgender Größtausschläge ist eine Konstante. Der Logarithmus dieses Ausschlagverhältnisses (das „logarithmische Dekrement" ϑ) wird häufig ebenfalls als Maß für die Dämpfung benutzt. Den Zusammenhang zwischen dem Dämpfungsmaß D, dem logarithmischen Dekrement ϑ, dem Verhältnis zweier Größtausschläge, die nach derselben Seite gehen, und dessen Kehrwert zeigt Fig. 9.

Wir wiederholen: Die Eigenfrequenzen ω sind von Wichtigkeit nicht so sehr deswegen, weil die freien Schwingungen mit diesen Frequenzen ablaufen, als weil die erzwungenen Schwingungen, wenn die Erregung durch die eingeprägte Kraft mit etwa derselben Frequenz erfolgt, ganz besonders große Ausschläge und damit Beanspruchungen in den Gebilden hervorrufen.

4. Vergrößerungsfunktionen der Spannung[1].

Die Erscheinung, daß bei Einwirkung periodisch veränderlicher Belastungen die Kräfte und damit die Beanspruchungen in Bauteilen vergrößert werden gegenüber jenen, die bei den entsprechenden ruhenden Belastungen auftreten (vgl. Ziff. 2), haben wir bisher vor allem im Hinblick auf die Variation der Erregerfrequenz Ω untersucht [s. die Gl (4) und (5a) sowie Fig. 6]. Wir wollen die Erscheinung jetzt noch nach einer anderen Richtung hin betrachten, und zwar im Hinblick auf die eingangs in den Vordergrund gestellte Frage nach der *Bemessung* eines Bauteils, der Wechselkräften ausgesetzt ist.

Um die Fragestellung klar hervortreten zu lassen, beginnen wir mit dem einfachen Beispiel eines Schwingers, dem Zugstab, der eine Einzelmasse am Ende trägt (Fig. 10). Greift am Ende eines solchen Stabes eine ruhende Kraft P an (Fig. 10a), so beträgt die Spannung in einem Querschnitt des Stabes

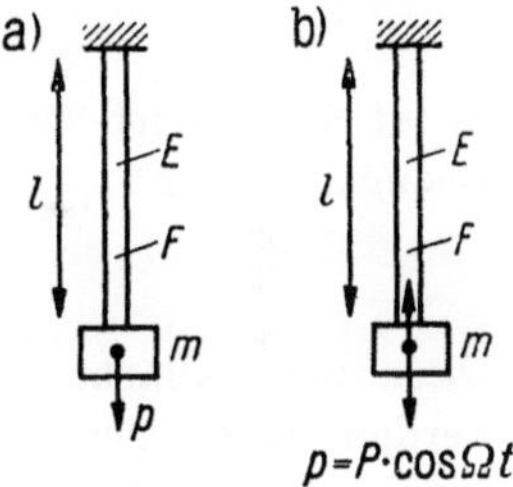

Fig. 10. Zugstab mit Einzelmasse.

$$\sigma_0 = P/F. \qquad (12\,\text{a})$$

Ist die angreifende Kraft dagegen eine harmonisch veränderliche Wechselkraft, $p = P \cos \Omega t$, so gilt nach dem in Ziff. 2 Gesagten für die Amplitude K der Kraft im Stab

$$K = P \mathsf{V}_3 \qquad (12\,\text{b})$$

und damit für die Amplitude $\bar{\sigma}$ der harmonischen Wechselspannung

$$\bar{\sigma} = \sigma_0 \mathsf{V}_3. \qquad (12\,\text{c})$$

Wir wollen diesen Ausdruck nun nicht wie bisher in Abhängigkeit von der Abstimmung $\eta = \Omega/\omega$, sondern in Abhängigkeit von den

---

[1] Diese Ziffer mag man beim ersten Lesen überschlagen.

Querschnittsabmessungen des Stabes untersuchen. Die Querschnittsabmessungen gehen in den Ausdruck für das Quadrat der Eigenfrequenz ω^2 ein. ω steckt im Ausdruck V_3 sowohl im Frequenzverhältnis $\eta = \Omega/\omega$ wie auch im Dämpfungsmaß D, das ja durch $\mathsf{D} = \dfrac{b/2a}{\omega}$ erklärt ist. Um ω zu isolieren, formen wir den Ausdruck für V_3, den wir bisher stets an Hand der Gl. (5a) angeschrieben haben, in der folgenden Weise um:

$$\mathsf{V}_3 = \frac{1}{\sqrt{(1-\eta^2)^2 + 4\,\mathsf{D}^2\eta^2}} = \frac{1}{\sqrt{(1-\eta^2)^2 + 4\,\mathsf{D}_1^2\eta^4}}\,; \qquad (13)$$

indem wir statt des auf ω bezogenen Dämpfungsmaßes D ein neues Dämpfungsmaß D_1 benutzen, das jetzt auf die feste Erregerfrequenz Ω bezogen ist,

$$\mathsf{D}_1 = \frac{b/2a}{\Omega} = \frac{\mathsf{D}}{\eta}. \qquad (13\,\mathrm{a})$$

Führt man noch statt η seinen Kehrwert $\beta = 1/\eta$ ein, so kommt

$$\mathsf{V}_3 = \frac{\beta^2}{\sqrt{(1-\beta^2)^2 + 4\,\mathsf{D}_1^2}} \qquad (14)$$

Das Argument β^2 lautet im Fall des Zugstabes

$$\beta^2 = \frac{\omega^2}{\Omega^2} = \frac{E}{\Omega^2 l m}F = \frac{F}{F^*}\,; \qquad (14\,\mathrm{a})$$

es ist also gleich dem Verhältnis der Querschnittsfläche F zu einer Bezugsfläche F^*

$$F^* = \frac{\Omega^2 l m}{E}. \qquad (14\,\mathrm{b})$$

Diese Bezugsfläche F^* könnte etwa als „Resonanzfläche" bezeichnet werden: Hätte der Stab die Querschnittsfläche F^*, so befände er sich bei der Erregerfrequenz Ω in Resonanz.

Die Spannungsamplitude nach Gl. (12) wird schließlich zu

$$\bar{\sigma} = \sigma_0 \mathsf{V}_3 = \frac{P}{F}\frac{F}{F^*}\frac{1}{\sqrt{(1-\beta^2)^2 + 4\,\mathsf{D}_1^2}} = \frac{P}{F^*}\,\mathsf{V}_{\sigma_1}(\beta)\,, \qquad (15)$$

wobei

$$\mathsf{V}_{\sigma_1}(\beta) = \frac{1}{\sqrt{(1-\beta^2)^2 + 4\,\mathsf{D}_1^2}} \qquad (15\,\mathrm{a})$$

ist. Die gesamte Abhängigkeit vom Querschnitt $F = F^*\beta^2$ wird jetzt durch die Funktion $\mathsf{V}_{\sigma_1}(\beta)$ angegeben. Das Diagramm dieser Funktion zeigt Fig. 11.

Wir wenden uns nun noch einem zweiten Beispiel zu, dem beiderseits gelenkig gelagerten Biegebalken, der Rechteckquerschnitt habe und eine Einzelmasse in Balkenmitte trägt (Fig. 12). Eine ruhende Last P

ruft in der meist-beanspruchten Faser und an der Stelle des größten Momentes (d. i. hier in der Mitte) eine Normalspannung

$$\sigma_0 = \frac{M}{W} = \frac{Pl/4}{2I/h} = \frac{3}{2}\frac{Pl}{bh^2} \tag{16}$$

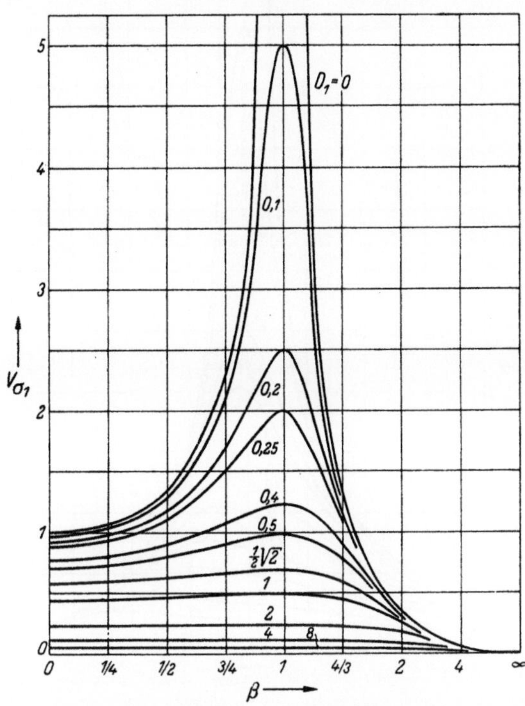

Fig. 11. Vergrößerungsfunktion $V_{\sigma_1}(\beta)$ für Spannungen im Zugstab, der Wechselkräften ausgesetzt ist.

hervor (Bezeichnungen s. Fig. 12). Eine Wechsellast von der Amplitude P ruft eine Wechselspannung der Amplitude $\bar{\sigma}$ hervor, die sich wieder nach

$$\bar{\sigma} = \sigma_0 V_3$$

$$= \sigma_0 \frac{\beta^2}{\sqrt{(1-\beta^2)^2 + 4D_1^2}} \tag{16'}$$

errechnet. Wieder bedeutet $\beta^2 = \omega^2/\Omega^2$. Das Eigenfrequenzquadrat ist hier

$$\omega^2 = 4\frac{E}{m}\frac{h^3}{l^3}b,$$

also ist

$$\beta^2 = \frac{4Eh^3b}{\Omega^2 m l^3}. \tag{17}$$

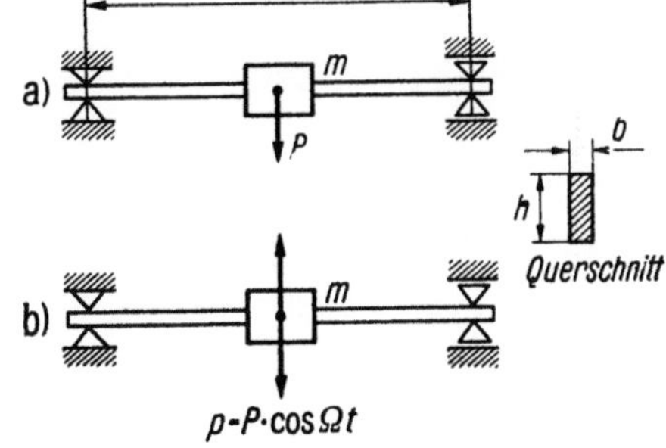

Fig. 12. Balken mit Einzelmasse in Stabmitte.

Hier muß man nun entscheiden, wie die Veränderung der Querschnittsfläche vor sich gehen soll, ob b bei festem h oder h bei festem b oder beide Größen in festem Verhältnis sich verändern sollen.

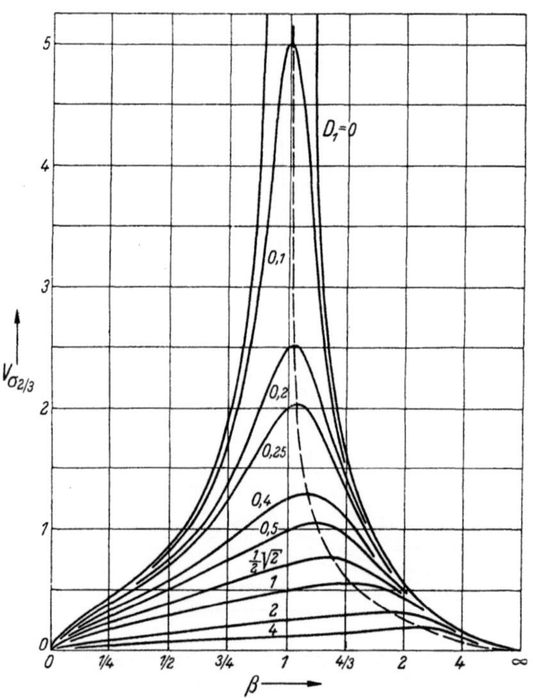

Fig. 13. Vergrößerungsfunktion $V_{\sigma^2/_3}(\beta)$ für Spannungen im Balken bei Variation der Höhe des Rechteckquerschnittes.

Im ersten Fall, wenn h fest ist und b sich ändert, schreibt man zweckmäßig die dimensionslose Veränderliche β^2 in der Form

$$\beta^2 = \frac{b}{b^*}, \tag{17a}$$

benutzt also eine Bezugsgröße

$$b^* = \frac{\Omega^2 m l^3}{4 E h^3}. \tag{17b}$$

Diese Größe läßt sich sinngemäß als „Resonanzbreite des Balkens" deuten, d. h. als diejenige Breite, die der Balken haben muß, um bei der Erregerfrequenz Ω in Resonanz zu schwingen. Die Spannungsamplitude lautet dann

$$\bar{\sigma} = \frac{3}{2}\frac{Pl}{h^2}\frac{1}{b^*}\,\mathsf{V}_{\sigma_1}(\beta). \tag{18}$$

Die gesamte Abhängigkeit der Spannungsamplitude von der allein veränderlichen Querschnittsgröße $b = b^*\beta^2$ wird hier wie beim Zugstab durch die Funktion $V_{\sigma_1}(\beta)$ angegeben.

Im zweiten Fall setzt man

$$\beta^2 = \frac{h^3}{h^{*3}} \quad \text{mit} \quad h^{*3} = \frac{\Omega^2 m l^3}{4 E b}. \tag{19}$$

Dann kommt

$$\begin{aligned}
\bar{\sigma} &= \frac{3}{2} \frac{Pl}{b} \frac{1}{h^{*2}} \beta^{2/3} V_{\sigma_1}(\beta) \\
&= \frac{3}{2} \frac{Pl}{b} \frac{1}{h^{*2}} V_{\sigma^{2/3}}(\beta),
\end{aligned} \tag{20}$$

wenn das Produkt $\beta^{2/3} V_{\sigma_1}(\beta)$ durch $V_{\sigma^{2/3}}(\beta)$ bezeichnet wird. Das Diagramm dieser neuen Funktion zeigt Fig. 13.

Im dritten Fall setzt man $b/h = \varkappa$ und

$$\beta^2 = \frac{h^4}{h^{*4}} \quad \text{mit} \quad h^{*4} = \frac{\Omega^2 m l^3}{4 E \varkappa};$$

dann erhält man für die Spannungsamplitude

$$\begin{aligned}
\bar{\sigma} &= \frac{3}{2} \frac{Pl}{\varkappa h^{*3}} \beta^{1/2} V_{\sigma_1}(\beta) \\
&= \frac{3}{2} \frac{Pl}{\varkappa h^{*3}} V_{\sigma^{1/2}}(\beta),
\end{aligned} \tag{21}$$

wenn das Produkt $\beta^{1/2} V_{\sigma_1}(\beta)$ durch $V_{\sigma^{1/2}}(\beta)$ bezeichnet wird. Das Diagramm dieser Funktion ist dem der Funktion $V_{\sigma^{2/3}}(\beta)$ so ähnlich, daß wir auf eine Auftragung verzichten.

Als weiteres Beispiel betrachten wir noch einen einseitig eingespannten Balken von Kreisringquerschnitt (Innendurchmesser d_1, Außendurchmesser d_2), der am freien Ende eine Einzelmasse m trägt (Fig. 14). Eine ruhende Kraft P, die am freien Ende angreift, ruft in der äußersten Faser des Einspannquerschnitts (an der Stelle des größten Momentes) eine Normalspannung

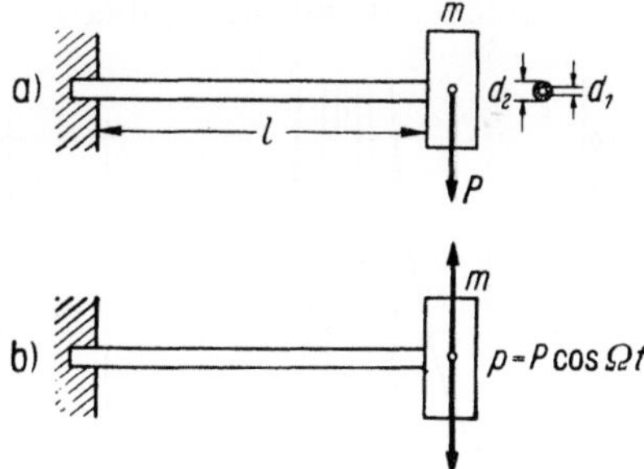

Fig. 14. Balken mit Einzelmasse am Ende.

$$\sigma_0 = \frac{M}{W} = \frac{Pl}{2I/d_2} = \frac{32 Pl d_2}{\pi (d_2^4 - d_1^4)}$$

hervor. Eine Wechsellast von der Amplitude P ruft eine Wechselspannung der Amplitude $\bar{\sigma}$ hervor, die sich wieder nach

$$\bar{\sigma} = \sigma_0 V_3 = \sigma_0 \frac{\beta^2}{\sqrt{(1 - \beta^2)^2 + 4 D_1^2}} \tag{22}$$

bestimmt. β^2 ist dabei ω^2/Ω^2. Das Eigenfrequenzquadrat ist nun

$$\omega^2 = \frac{g}{d} = \frac{3EI}{ml^3}.$$

Soll z. B. das Verhältnis $\varkappa = d_1/d_2 < 1$ der Durchmesser fest bleiben, so wird

$$\beta^2 = \omega^2/\Omega^2 = d_2^4/d^{*4},$$

wenn eine Bezugsgröße („Resonanzdurchmesser") d^* durch

$$d^{*4} = \frac{64\,m\,\Omega^2\,l^3}{3\pi E\,(1-\varkappa^4)}$$

eingeführt wird. Die Spannungsamplitude lautet dann

$$\begin{aligned}
\bar{\sigma} &= \frac{32\,Pl}{\pi(1-\varkappa')\,d_2^{*3}}\,\beta^{1/2}\mathsf{V}_{\sigma_1}(\beta)\\[2mm]
&= \frac{32\,Pl}{\pi(1-\varkappa')\,d_2^{*3}}\,\mathsf{V}_{\sigma^{1/2}}(\beta),
\end{aligned} \tag{23}$$

wenn $\mathsf{V}_{\sigma^{1/2}}(\beta)$ wieder die Funktion $\beta^{1/2}\mathsf{V}_{\sigma_1}(\beta)$ bedeutet.

Wie man bei ähnlichen Problemen vorzugehen hätte, ließe sich auch in einer allgemeinen Form beschreiben. Diese würde jedoch, wenn sie alle Fälle umfassen soll, eine weitläufige Bezeichnungsweise erfordern. Mit den angeführten Beispielen ist das jeweils einzuschlagende Verfahren wohl schon so weit deutlich gemacht, daß auf die allgemeine Fassung verzichtet werden kann.

5. Erzwungene Schwingungen nicht-linearer Systeme.

Bis hierher haben wir ausschließlich lineare Systeme betrachtet, d. h. solche, deren Bewegungsgleichungen (auf der linken Seite) nur lineare Glieder enthalten. Die erzwungenen Schwingungen solcher Systeme haben wir in Ziff. 2 untersucht. Wir fanden dort: Die Bewegungsgleichung (2)

$$a\ddot{q} + b\dot{q} + cq = P\cos\Omega t$$

hat die Lösung (4)

$$q = Q\cos(\Omega t - \varepsilon)$$

mit $Q = \dfrac{P}{c}\mathsf{V}_3$ und $\varepsilon = \varepsilon_3$, wo V_3 und ε_3 Funktionen sind, die durch die Gl. (5) erklärt werden.

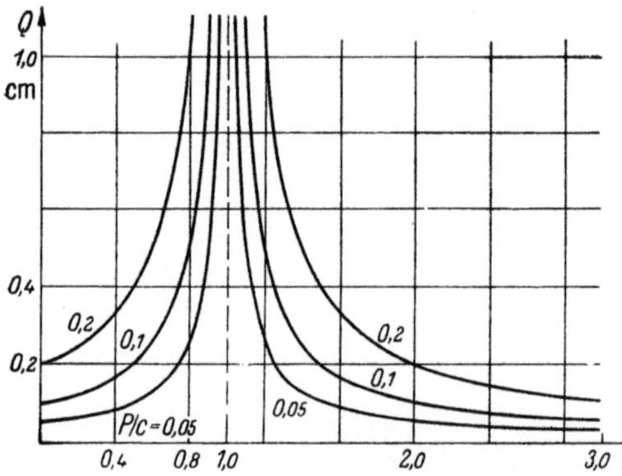

Fig. 15. Ausschlagamplitude Q der erzwungenen Schwingungen eines linearen ungedämpften Schwingers für verschiedene Erregerkraftamplituden P [Parameter $Q_0 = P/c$].

Stellen wir die erzwungenen Ausschläge eines ungedämpften Systems mit der Erregerkraftamplitude P oder der sie ersetzenden Größe P/c als

Parameter dar und benutzen dabei (im Gegensatz zur Fig. 6) als Abszisse durchweg die Größe η^2, so finden wir die Kurven der Fig. 15. (Sie haben die Gleichung $Q = \dfrac{P}{c(1-\eta^2)}$.)

Die Kurven sind einander ähnlich und gehen sämtlich an der „Resonanzstelle" $\eta^2 = 1$ über alle Grenzen. Die Resonanzstelle hat einen festen Wert, weil die Eigenfrequenz des Schwingers vom Ausschlag Q nicht abhängt. Die entsprechenden Kurven eines Systems mit der Dämpfung $D = 0{,}05$ zeigt Fig. 16.

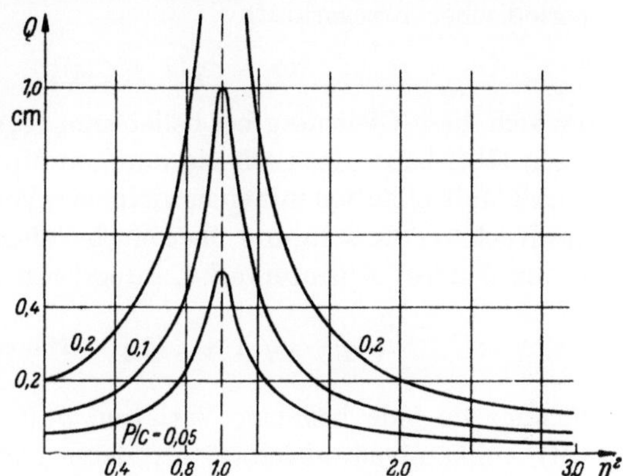

Fig. 16. Wie zuvor; für Dämpfung $D = 0{,}05$.

Die Verhältnisse werden anders bei Schwingern mit nicht-gerader Kennlinie [Rückstellkraft $R(q)$ s. Fig. 17, Kurven a, b]. Verfahren, den Verlauf der erzwungenen Schwingungen näherungsweise zu bestimmen, sind in der Schwingungslehre bekannt[1]. Wir wollen hier ein neues Verfahren kennenlernen[2], das sich anlehnt an die im II. Kapitel (Ziff. 11, 12) ausführlich diskutierte Energiemethode, nur daß wir uns hier der nach HAMILTON benannten *Erweiterung* des Prinzips der virtuellen Verrückungen auf bewegte Systeme bedienen müssen. Um den sehr einfachen Gedankengang deutlich hervortreten zu lassen, beginnen wir mit dem Schwinger ohne Dämpfung.

Schreiben wir die Funktion für die Rückstellkraft, die an die Stelle der linearen Funktion cq tritt, in der Form

$$R(q) = cq\,[1 + \zeta(q)],$$

---

[1] KLOTTER: Schwingungslehre S. 98ff. und 186ff. Lit. auf S. 202.

[2] Der Vorschlag stammt vom Herausgeber dieses Buches.

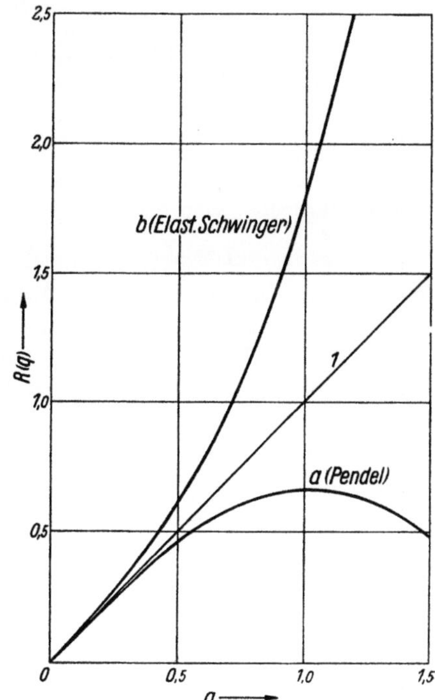

Fig. 17. Lineare [1], unterlineare [a] und überlineare [b] Federkennlinien.

bezeichnen also durch die Dimensionslose ζ die (nicht notwendig kleine) Abweichung von der Geraden[1], so lautet die Bewegungsgleichung bei periodischer Erregerkraft

$$a\ddot{q} + cq\,[1 + \zeta(q)] = P\cos\Omega t. \tag{24}$$

Da sich diese Gleichung bei beliebigem $\zeta(q)$ *nicht* in geschlossener Form lösen läßt, befriedigen wir sie nur „im Mittel“: Indem wir jedes Glied durch Multiplikation mit einer virtuellen Verrückung δq in einen Arbeitsausdruck verwandeln und über ein beliebiges (später dann zweckmäßig zu wählendes) Zeitintervall t_0 integrieren, wird aus (24)

$$\int_0^{t_0} \{a\ddot{q} + cq\,[1 + \zeta(q)] - P\cos\Omega t\}\,\delta q\,dt = 0. \tag{25}[2]$$

Solange δq jede beliebige Variation $\delta q(t)$ bedeuten kann, ist (25) mit (24) vollkommen gleichwertig; denn nach dem sog. Fundamentallemma der Variationsrechnung folgt dann (24) aus (25). Unser Näherungsverfahren besteht nun darin, (25) nur für eine ganz bestimmte Funktion $\delta q(t)$ zu erfüllen, indem wir für $q(t)$ eine Funktion *wählen*, bei der nur ein Faktor noch offen bleibt,

$$q = Qf(t),$$

und dementsprechend für δq setzen

$$\delta q = \delta Q f(t).$$

Bei nicht zu großer Abweichung ζ von der geraden Kennlinie wird man als $f(t)$ diejenige Funktion nehmen, die für $\zeta = 0$ in die exakte Lösung von (24) übergeht, also ansetzen

$$q = Q\cos\Omega t, \qquad \delta q = \delta Q\cos\Omega t. \tag{26}$$

(Deutbar natürlich auch als der Anfang einer Fourierreihe. Übrigens müßte man — worauf wir weiter unten noch zurückkommen — genauer $\pm Q\cos\Omega t$ schreiben; da sich aber das doppelte Zeichen in den Endformeln leicht ergänzen läßt, verzichten wir auf die umständliche Schreibweise.)

Geht man mit (26) in (25) ein und läßt, da $\delta Q \neq 0$ sein muß, diesen Faktor gleich beiseite, so ergibt sich

$$\int_0^{t_0} [(-a\Omega^2 + c)\,Q - P]\cos^2\Omega t\,dt + cQ\int_0^{t_0}\zeta(Q\cos\Omega t)\cos^2\Omega t\,dt = 0. \tag{27}$$

Als Intervall t_0 wird man, da eine Mittelwertaussage über den (periodischen!) Schwingungsvorgang gesucht wird, die halbe oder ganze Periode

---

[1] Bei einem Sinusverlauf von R wäre z. B. $\zeta(q) = \left(\dfrac{q_0}{q}\sin\dfrac{q}{q_0} - 1\right)$, also < 0.

[2] Aus (25) entsteht durch Teilintegration das HAMILTONsche Prinzip; siehe z. B. Handbuch der Physik VI, S. 73.

der Erregerkraft wählen. Wir nehmen $t_0 = T/2 = \pi/\Omega$ und erhalten mit der Abkürzung $\Omega t = \tau$:

$$\int_0^\pi [Q(-a\Omega^2 + c) - P]\cos^2\tau\,d\tau + cQ\int_0^\pi \zeta(Q\cos\tau)\cos^2\tau\,d\tau = 0$$

oder, da $\displaystyle\int_0^\pi \cos^2\tau\,d\tau = \frac{\pi}{2}$ ist:

$$Q(-a\Omega^2 + c) - P + cQ\,\frac{2}{\pi}\int_0^\pi \zeta(Q\cos\tau)\cos^2\tau\,d\tau = 0. \qquad (28)$$

Das verbliebene Integral $(2/\pi)\int\cdots$ ist eine Funktion von Q:

$$\frac{2}{\pi}\int_0^\pi \zeta(Q\cos\tau)\cos^2\tau\,d\tau = \xi(Q),$$

deren Ausrechnung im Einzelfalle entweder in geschlossener Form oder aber numerisch oder graphisch jederzeit möglich ist. Hat man $\zeta(q)$ in Form einer Reihe

$$\zeta = \beta_2 q^2 + \beta_4 q^4 + \beta_6 q^6 \qquad (29)$$

[es dürfen nur gerade Potenzen auftreten, weil wir nur ungerade Funktionen $R(q)$ betrachten], so ergibt sich z. B.[1]

$$\xi(Q) = \frac{3}{4}\beta_2 Q^2 + \frac{5}{8}\beta_4 Q^4 + \frac{35}{64}\beta_6 Q^6 + \cdots$$

Was wir suchen, ist Q als Funktion von P und von Ω. Da man nach Q im allgemeinen nicht wird auflösen können, bestimmen wir die Umkehrfunktion $\Omega(Q, P)$ und erhalten, wenn wir wieder die Dimensionslose

$$\eta^2 = \frac{a}{c}\Omega^2$$

einführen:

$$\eta^2 = 1 + \xi(Q) - \frac{P}{cQ}. \qquad (30)$$

Mit Hilfe dieser Gleichung kann nun das Kurvenblatt 18 gezeichnet werden[2]. Dabei ist noch auf einen Umstand zu achten, den wir oben im Anschluß an (26) schon angedeutet haben: Aus (30) erkennt man,

---

[1] „Hütte", 25. Aufl., S. 80.

[2] Übernommen aus „Schwingungslehre", S. 192. — Für $P = 0$ läßt sich Gl. (24) in einigen Sonderfällen exakt integrieren. Für $\zeta = \beta_2 q^2$ ist die Rechnung S. 104 ff. durchgeführt; die „zugeordnete Kreisfrequenz" gibt Gl. (40.30) auf S. 106. Diese Größe stimmt mit $\eta\sqrt{c/a}$ nach (30) $[\xi = {}^3/_4\,\beta_2 Q^2]$ bis zu den Gliedern zweiter Ordnung in Q überein und weicht sogar im Grenzfall $Q \to \infty$ von ihr nur um 4% ab. Für technische Zwecke ist also die Genauigkeit der Formel (30) mehr als ausreichend.

daß $Q > 0$ ist für $\eta^2 < 1 + \zeta$, daß aber $Q < 0$ wird für den natürlich ebenfalls zulässigen Bereich $\eta^2 > 1 + \zeta$. Wollen wir weiterhin unter Q eine Amplitude, d. h. eine wesentlich positive Größe verstehen, so müssen wir in (30) das doppelte Zeichen einführen:

$$\eta^2 = 1 + \xi(Q) \mp \frac{P}{cQ}.\tag{31}$$

Dasselbe folgt dann rückwärts auch für den Ansatz (26). Mechanisch bedeutet das doppelte Zeichen dort, daß Kraft und Ausschlag „in Phase" oder „in Gegenphase" sein können, d. h. daß man vollständiger ansetzen muß $q = Q \cos(\Omega t - \varepsilon)$ mit $\varepsilon = 0$ oder $\varepsilon = \pi$, wenn Q eine wesentlich positive Größe sein soll. Faßt man Gl. (24) als den Grenzfall $b \to 0$ der allgemeineren Gleichung mit nicht verschwindendem Dämpfungsglied $b\dot{q}$ auf, so ergibt sich diese letzte Deutung zwangläufig.

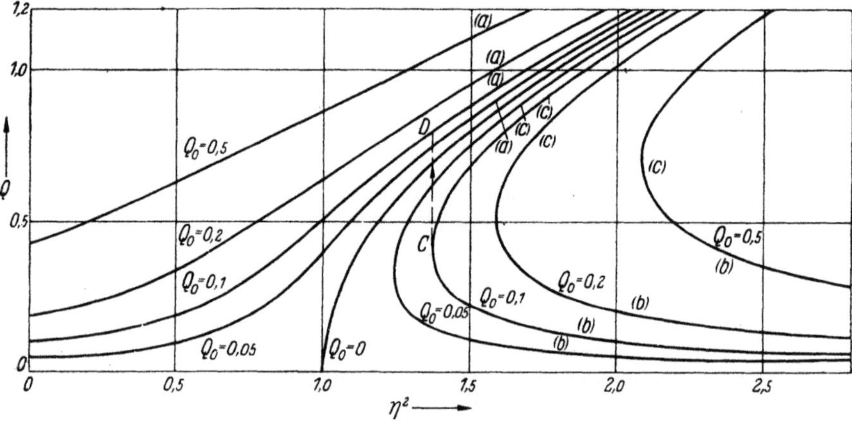

Fig. 18. Erzwungene Ausschläge eines ungedämpften Schwingers mit der Federkennlinie $R(q) = q + \beta_3 q^3$. Ordinate ist $Q\sqrt{\beta_3}$, Parameter $Q_0 = \dfrac{P}{c}\sqrt{\beta_3}$.

Die Funktion $1 + \xi(Q)$ in Fig. 18 ist vom Typus $Q/\sin Q$. Da wir in Kap. VI, beim Vergleich des Knickproblems mit dem Schwingungsproblem, eine Gleichung gerade dieser Form brauchen, merken wir sie hier an:

$$\eta^2 = \frac{Q}{\sin Q} \mp \frac{P}{cQ}$$

oder

$$\pm(-\eta^2 \sin Q + Q) = \frac{P}{c}\,\frac{\sin Q}{Q}.\tag{32}$$

Das bisher geschilderte Verfahren läßt sich auch anwenden, wenn Dämpfungskräfte vorhanden sind. (25) lautet dann

$$\int_0^{t_0}[a\ddot{q} + b\dot{q} + cq(1 + \zeta(q)) - P\cos\Omega t]\,\delta q\,dt = 0.\tag{25'}$$

An Stelle von (26a) muß man diesmal ansetzen

$$q = Q \cos (\Omega t - \varepsilon) \qquad (26\,\mathrm{a}')$$

mit *zwei* zu bestimmenden Freiwerten Q und ε. Man muß also auch *zwei* Variationen δq heranziehen, und da ist es zweckmäßig zu wählen[1]

$$\delta q_1 = \delta Q_1 \cos(\Omega t - \varepsilon), \quad \delta q_2 = \delta Q_2 \cos\!\left(\Omega t - \varepsilon - \frac{\pi}{2}\right) = \delta Q_2 \sin (\Omega t - \varepsilon). \quad (26\,\mathrm{b}')$$

Dann verläuft die weitere Rechnung vollkommen analog zur bisherigen, und zwar erhält man wegen

$$P \cos \Omega t = P \left[\cos \varepsilon \, \cos (\Omega t - \varepsilon) - \sin \varepsilon \, \sin (\Omega t - \varepsilon)\right]$$

an Stelle der einen Gl. (28) das Gleichungspaar

$$\left.\begin{aligned} Q\{- a\Omega^2 + c\,[1 + \xi(Q)]\} - P \cos \varepsilon &= 0, \\ b\Omega Q \qquad\qquad - P \sin \varepsilon &= 0. \end{aligned}\right\} \qquad (28')$$

Mit

$$\eta = \sqrt{\frac{a}{c}}\,\Omega, \quad \mathsf{D} = \frac{b}{2\,\sqrt{ac}}$$

folgt daraus

$$\operatorname{tg} \varepsilon = \frac{2\,\mathsf{D}\,\eta}{1 + \xi(Q) - \eta^2}$$

und

$$[(1 + \xi) - \eta^2]^2 + 4\,\mathsf{D}^2\eta^2 = \left(\frac{P}{cQ}\right)^2.$$

Wieder kann man nach η^2 auflösen:

$$\eta^2 = (1 + \xi - 2\,\mathsf{D}^2) \mp \sqrt{\left(\frac{P}{cQ}\right)^2 - 4\,\mathsf{D}^2\,(1 + \xi - \mathsf{D}^2)} \qquad (31')$$

und hat damit für gegebenes Dämpfungsmaß D eine Kurvenschar $\eta^2(Q,P)$. Für $\mathsf{D} = 0$ geht (31') in (31) (mit dem doppelten Vorzeichen!) über. Das Kurvenblatt 19 ist für dieselbe Federkennlinie wie Abb. 18 mit $\mathsf{D} = 0.05$ gezeichnet.

Beim Vergleich der Ausschlagkurven der Schwinger mit gerader und gekrümmter Federkennlinie fällt besonders auf, daß $Q(\eta)$ nicht mehr in allen Fällen eine einwertige Funktion ist. Zu manchen Abzissenwerten η gehören vielmehr drei Ordinatenwerte Q. So erhebt sich die Frage, welcher der drei möglich erscheinenden Werte sich wirklich einstellt.

Für die folgende Erörterung wählen wir uns ein bestimmtes Beispiel aus, die Kurve mit dem Parameter $Q_0 = 0{,}1$ in Fig. 19. Lassen wir die Erregerfrequenz von kleinen Werten η an langsam steigen, so bewegt sich der Bildpunkt auf dem linken Ast (*a*) aufwärts. Er überschreitet schließlich das Maximum der Ausschlagamplitude, und wir be-

---

[1] Ebensogut kann man natürlich $\delta q_1 = \delta Q_1 \cos\Omega t$, $\delta q_2 = \delta Q_2 \sin \Omega t$ benutzen.

merken eine kleine Abnahme der Amplitude bis zum Punkte A hin, der (im Beispiel) beim Frequenzverhältnis $\eta^2 = 1{,}515$ erreicht wird. Steigert man die Erregerfrequenz über diesen Wert hinaus, so nimmt die Ausschlagamplitude Q nicht so ab, wie der Ast (b) (d. i. AC) der Kurve angibt, sie springt vielmehr plötzlich auf den Wert B. Bei weiterer Steigerung der Erregerfrequenz η durchläuft der Bildpunkt dann den Kurvenast (b) rechts von B. Läßt man die Erregerfrequenz dagegen von hohen Werten η an langsam abnehmen, so stellt man eine Zunahme der Ausschlagamplitude fest, die einem Wandern des Bildpunktes auf dem Kurvenast (b) nach links entspricht. Wird der Punkt B überschritten, so geschieht gar nichts Besonderes, der Bildpunkt bleibt auf dem Kurvenast BC, bis (im Beispiel beim Frequenzverhältnis $\eta^2 = 1{,}35$) der

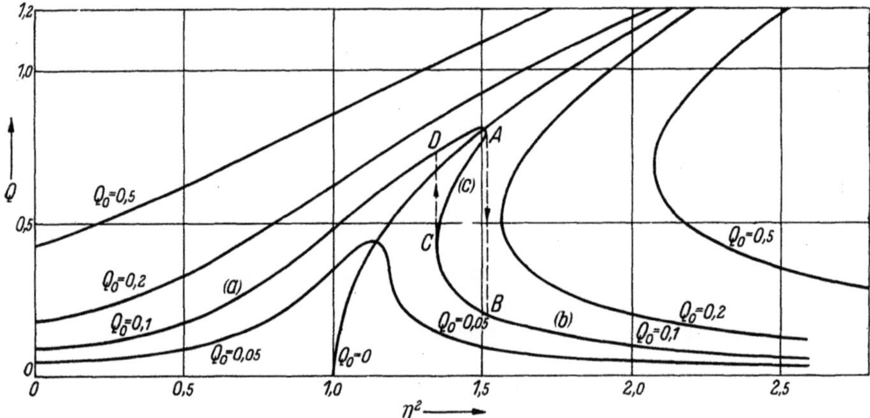

Fig. 19. Wie zuvor; jedoch mit Dämpfung D = 0,05.

Punkt C erreicht wird. Bei weiterer Verkleinerung von Ω und damit von η springt die Amplitude Q dann plötzlich auf den Wert D und nimmt von da an auf dem Ast (a) wieder stetig ab. Beim langsamen Durchlaufen des Frequenzbereichs Ω erhalten wir also zwei verschiedene Ausschlagkurven, je nachdem, ob wir die Erregerfrequenz Ω zunehmen oder abnehmen lassen. Im ersten Fall ergibt sich der Kurvenzug $(a)DAB(b)$, im zweiten $(b)BCD(a)$.

Die hier beschriebene Erscheinung ist — wenn D und P geeignete Werte haben — charakteristisch für die Schwinger mit gekrümmter Federkennlinie. Die Versuche erweisen dieses Verhalten deutlich. Man spricht davon, die Schwingung „kippe" plötzlich auf einen andern Wert der Ausschlagamplitude.

Der Ast AC der Kurve wird in keiner Richtung durchlaufen. Seine Punkte entsprechen keinen stabilen Bewegungszuständen. Wir machen uns diese Tatsache plausibel durch die Überlegung, daß im Gebiet AC

die übliche „Schichtung" der Kurven (bei der größeren Erregerkraft-amplituden auch größere Ausschlagamplituden entsprechen) umge-kehrt ist derart, daß bei konstantem η größeren Erregerkräften kleinere Ausschläge entsprechen würden.

Die Erscheinung des „Kippens", die wir soeben am schwach ge-dämpften Schwinger ausführlich erörtert haben, tritt auch beim un-gedämpften Schwinger auf, wie wir an Hand der Abb. 18 feststellen. Auch hier zeigen die mit (c) bezeichneten Kurvenäste eine umgekehrte Schichtung. Läßt man also die Erregerfrequenz Ω von hohen Werten aus langsam abnehmen, so bewegt sich der Bildpunkt wieder auf dem Kurvenast (b) bis zum Punkte C (auf der Kurve $Q_0 = 0{,}1$ eingezeichnet), springt („kippt") dort auf den höheren Wert D und bewegt sich dann auf dem stetigen Ast (a) weiter nach links abwärts. Beim Erhöhen der Frequenz von kleinen Werten aus würde ein solches Kippen nicht auf-treten, wenn Dämpfung völlig ausgeschlossen werden könnte; die Ampli-tuden Q würden dann unbeschränkt anwachsen.

Ein ähnliches Verhalten wie die Ausschlagamplitude Q zeigt auch der Phasenverschiebungswinkel ε; auch er kann „kippen". Auf die ge-nauere Erörterung dieser Erscheinung verzichten wir jedoch.

6. Systeme von mehreren (aber endlich vielen) Freiheitsgraden; die Eigenfrequenzen.

Die Systeme von mehreren Freiheitsgraden lassen sich in drei Klassen einteilen. In die erste Klasse rechnen wir jene, die durch eine Zusammen-fügung von Systemen mit einem Freiheitsgrad entstehen; sie mögen *Ketten* heißen. Beispiele von Ketten bieten die Fig. 20a bis c, die Dehnschwinger zeigen, oder die Fig. 21, die einen Torsionsschwinger zeigt, der dem System der Fig. 20a gleichwertig ist, und schließlich die Fig. 22a und b, die Biegeschwinger zeigen. Die zweite Klasse umfaßt die *Punktkörper*, die in einer Ebene sich be-wegen können und auf irgendeine Weise elastisch

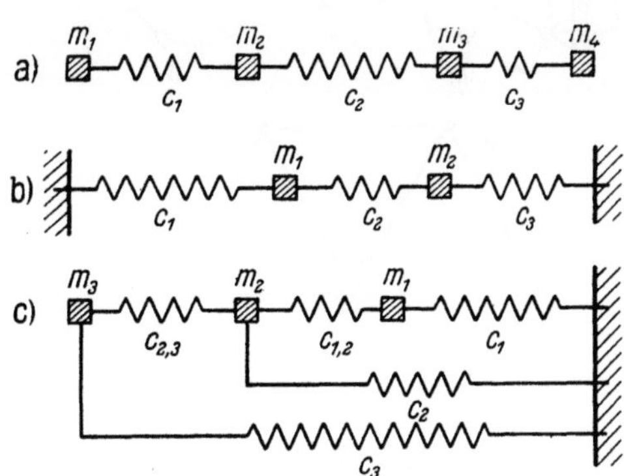

Fig. 20. Schwingerketten (Dehnschwinger).

an eine Gleichgewichtslage gefesselt sind. Beispiele zeigen die Fi-guren 23. In den Figuren a, b und d sitzt der Punktkörper im Knoten eines Zweischlags oder Fachwerks (die Stäbe sind dann Dehnfedern), in den Figuren c und e sitzt er auf einem Stab; in diesen Fällen werden Dehnung und Biegung der Stäbe berücksichtigt. Die dritte Klasse bilden schließlich die elastisch gefesselten *starren Körper* (Fahrzeuge, Maschinenfundamente nach Fig. 24).

Während wir bei der Erörterung der Systeme von einem Freiheitsgrad sowohl erzwungene wie freie Schwingungen betrachtet und bei beiden

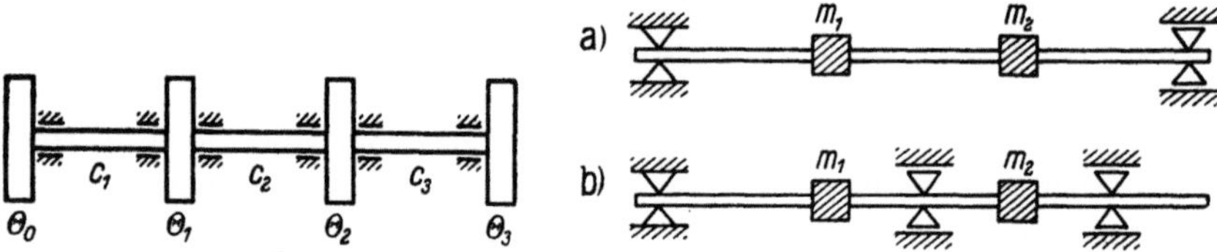

Fig. 21. Torsionsschwingerkette.

Fig. 22. Biegeschwingerketten.

Arten auch den Einfluß der (geschwindigkeitsproportionalen) Dämpfung untersucht haben, werden wir die Erörterung der Systeme mit mehreren Freiheitsgraden auf die Untersuchung der freien Schwingungen beschränken. Warum dürfen wir uns mit dieser Vereinfachung begnügen?

Die Erscheinung der *Vergrößerung* von Ausschlägen und Kräften über ihren statischen Wert hinaus tritt nicht nur in Systemen mit

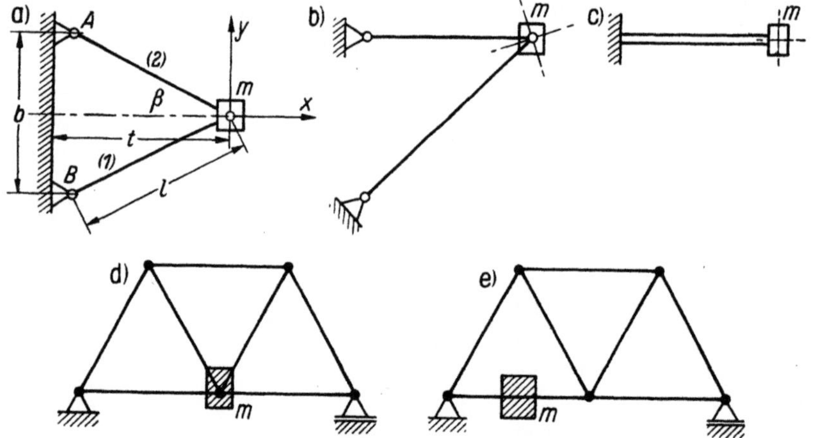

Fig. 23. Punktkörper in der Ebene.

einem Freiheitsgrad auf, sondern zeigt sich ebenso bei Systemen mit mehreren Freiheitsgraden. In der Nähe einer jeden Eigenfrequenz zeigt sich eine solche beträchtliche Vergrößerung der Ausschläge und Kräfte. Man muß daher vermeiden, die Erregerfrequenz in die Nähe einer Eigenfrequenz zu legen. Einen qualitativen Überblick über den Verlauf von Vergrößerungsfunktionen bei mehr als einem Freiheitsgrad gibt die Abb. 25. Eine abgekürzte Betrachtung kümmert sich nun um den Verlauf der Vergrößerungsfunktionen im einzelnen überhaupt nicht mehr, sondern stellt nur noch die Eigenfrequenzen der (ungedämpft gedachten) Schwinger fest mit dem Ziel, eine Übereinstimmung mit der Eigenfrequenz zu vermeiden.

Wir zeigen im folgenden an drei kennzeichnenden Beispielen, wie die Bewegungsgleichungen der freien Schwingungen aufgestellt, und danach, wie sie gelöst werden. Wir beschränken die Betrachtung dabei auf lineare Systeme.

1. Beispiel: Torsionsschwingerkette nach Fig. 21. Wir führen die folgenden Bezeichnungen ein: $c_\lambda = GI_p/l_\lambda$ sei die Torsionssteifigkeit eines Wellenstücks; dabei bedeutet I_p das polare Flächenträgheitsmoment seines kreis- oder kreisringförmigen Querschnitts, G den Gleitmodul des Wellenbaustoffes. Θ_λ ist das Massenträgheitsmoment der Scheiben. Der Drehwinkel φ_λ einer Scheibe gegenüber einer raumfesten Ausgangslage setzt sich zusammen aus einem von der gleichförmigen Rotation der Welle herrührenden Anteil $\omega_0 t$ und einem Ausschlag ϑ_λ der darüber gelagerten Schwingung, $\varphi_\lambda = \omega_0 t + \vartheta_\lambda.$

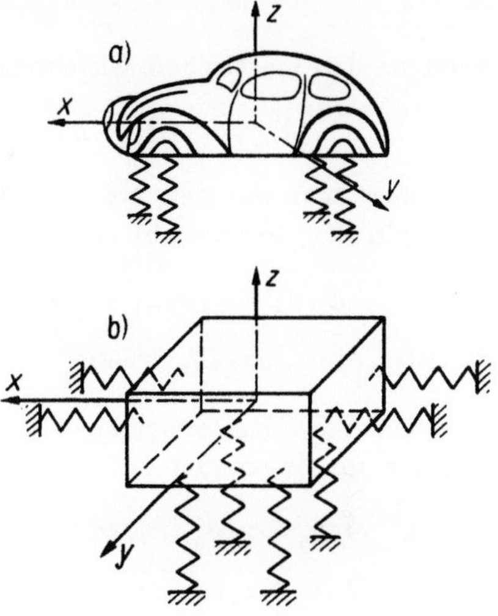

Fig. 24. Starre Körper. a) Fahrzeug; b) Maschinenfundament.

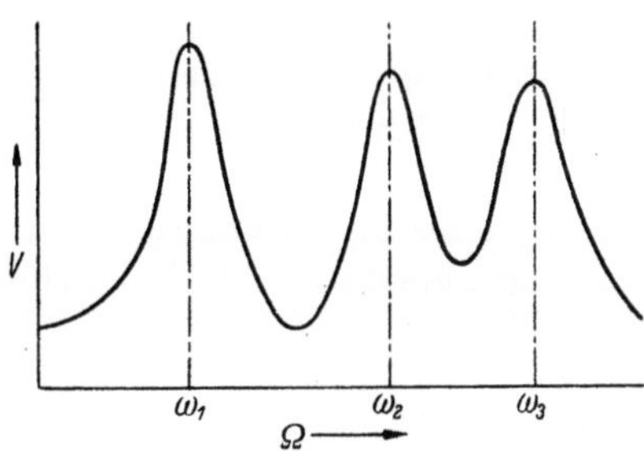

Fig. 25. Vergrößerungsfunktion eines Schwingers von drei Freiheitsgraden (qualitativ).

Verläuft die Ausschlag-Zeit-Funktion eines solchen Winkels ϑ_λ harmonisch mit einer Kreisfrequenz ω, so setzen wir

$$\vartheta_\lambda = u_\lambda \cos \omega t, \tag{33a}$$

so daß u_λ die Amplitude des Schwingungsausschlags bedeutet. Das Torsionsmoment in einem Wellenstück l_λ wird mit M_λ bezeichnet. Bei harmonischem Verlauf schreiben wir

$$M_\lambda = x_\lambda \cos \omega t. \tag{33a'}$$

Die Bewegungsgleichungen des genannten Schwingers werden beherrscht von zwei Gruppen von Gleichungen, erstens den dynamischen

Gleichungen
mit

$$\Theta_\lambda \ddot{\vartheta}_\lambda = M_{\lambda+1} - M_\lambda \quad (\lambda = 0,\ 1 \ldots n)$$
$$M_0 = 0, \quad M_{n+1} = 0, \tag{34a}$$

zweitens den elastischen Gleichungen

$$M_\lambda = c_\lambda (\vartheta_\lambda - \vartheta_{\lambda-1}) \quad (\lambda = 1, 2, \ldots, n). \tag{35a}$$

Eliminiert man aus den beiden Sätzen von Gleichungen die Torsionsmomente M_λ, so entsteht das System von Bewegungsgleichungen

mit

$$\Theta_\lambda \ddot{\vartheta}_\lambda - c_\lambda \vartheta_{\lambda-1} + (c_\lambda + c_{\lambda+1}) \vartheta_\lambda - c_{\lambda+1} \vartheta_{\lambda+1} = 0$$
$$c_0 = c_{n+1} = 0 \quad (\lambda = 0, 1 \ldots n). \tag{36a}$$

Für das Vier-Massen-System der Fig. 21 lauten die Bewegungsgleichungen im besonderen

$$\begin{aligned}
\Theta_0 \ddot{\vartheta}_0 + c_1 \vartheta_0 - c_1 \vartheta_1 &= 0,\\
\Theta_1 \ddot{\vartheta}_1 - c_1 \vartheta_0 + (c_1 + c_2) \vartheta_1 - c_2 \vartheta_2 &= 0,\\
\Theta_2 \ddot{\vartheta}_2 \quad\quad - c_2 \vartheta_1 + (c_2 + c_3) \vartheta_2 - c_3 \vartheta_3 &= 0,\\
\Theta_3 \ddot{\vartheta}_3 \quad\quad\quad\quad - c_3 \vartheta_2 + c_3 \vartheta_3 &= 0.
\end{aligned} \tag{37a}$$

2. Beispiel: Biegeschwingerkette nach Fig. 22. Denkt man sich den Balken an den Stellen (1) und (2) statt durch die Massen m_1 und m_2 durch Kräfte P_1 und P_2 belastet, so kann man die Durchsenkungen w_1 und w_2 unter der Wirkung dieser Kräfte mit Hilfe von „Einflußzahlen" h (mit der Dimension LK^{-1}) beschreiben durch die Gleichungen

$$\begin{aligned}
w_1 &= h_{11} P_1 + h_{12} P_2,\\
w_2 &= h_{21} P_1 + h_{22} P_2,
\end{aligned} \tag{33b}$$

wobei überdies $h_{12} = h_{21}$ ist. Ersetzt man nun die Kräfte P_1 und P_2 durch die negativen Massenbeschleunigungen der beiden an den Stellen (1) und (2) angebrachten Massen m_1 und m_2,

$$P_1 = - m_1 \ddot{w}_1, \qquad P_2 = - m_2 \ddot{w}_2, \tag{34b}$$

so erhält man die Bewegungsgleichungen des Gebildes in der Form

$$\begin{aligned}
h_{11} m_1 \ddot{w}_1 + h_{12} m_2 \ddot{w}_2 + w_1 &= 0,\\
h_{21} m_1 \ddot{w}_1 + h_{22} m_2 \ddot{w}_2 + w_2 &= 0.
\end{aligned} \tag{37b}$$

Die Bewegungsgleichungen haben hier die Dimension eines Ausschlags; sie sind in der Beschleunigung gekoppelt.

Für das Beispiel des an zwei Stellen (momentenfrei) gestützten Balkens nach Fig. 22a lauten die Einflußzahlen

$$
\left.
\begin{aligned}
h_{11} &= \frac{1}{3\,EIl}\,l_1^2\,(l_2 + l_3)^2\,, \\[2ex]
h_{12} &= h_{21} = \frac{1}{6\,EIl}\,l_1 l_3\,(l^2 - l_1^2 - l_3^2)\,, \\[2ex]
h_{22} &= \frac{1}{3\,EIl}\,l_3^2\,(l_1 + l_2)^2\,,
\end{aligned}
\right\}
\qquad (36\,\mathrm{b})
$$

wenn EI die Biegesteifigkeit, l die Gesamtlänge, l_1, l_2, l_3 die Teillängen bezeichnen.

Die Bewegungsgleichungen jedes anderen querschwingenden elastischen Gebildes (Saite, Balken, Membran, Platte) haben ebenfalls die Gestalt der Gl. (36 b). Die Einflußzahlen h_{11}, $h_{12} = h_{21}$, h_{22} können und müssen in jedem einzelnen Fall durch statische Betrachtungen aufgesucht werden.

3. Beispiel: Punktkörper auf Stabzweischlag nach Fig. 23a. Haben die Achsen ξ, η des Koordinatensystems irgendwelche allgemeine Richtungen, so lautet das System der Bewegungsgleichungen

$$
\left.
\begin{aligned}
m\,\ddot{\xi}\,h_{11} + m\,\ddot{\eta}\,h_{12} + \xi &= 0\,, \\
m\,\ddot{\xi}\,h_{21} + m\,\ddot{\eta}\,h_{22} + \eta &= 0\,,
\end{aligned}
\right\}
\qquad (33\,\mathrm{c})
$$

ähnlich wie das System (36 b). Wenn die Koordinatenachsen x, y jedoch mit einer Symmetrielinie der Anordnung und ihrer Senkrechten zusammenfallen, lauten sie einfach

$$
\left.
\begin{aligned}
m\,\ddot{x}\,h_1 + x &= 0 \\
m\,\ddot{y}\,h_2 + y &= 0
\end{aligned}
\right\}
\quad \text{oder} \quad
\left\{
\begin{aligned}
m\,\ddot{x} + c_1 x &= 0\,, \\
m\,\ddot{y} + c_2 y &= 0\,.
\end{aligned}
\right\}
\qquad (34\,\mathrm{c})
$$

Die Gleichungen sind dann also unabhängig voneinander, sie sind „entkoppelt". Die Einflußzahlen h_1, h_2 oder Federzahlen c_1, c_2 müssen wieder aus statischen Betrachtungen ermittelt werden. Im vorliegenden Beispiel findet man

$$
\left.
\begin{aligned}
\frac{1}{c_1} &= h_1 = \frac{l^3}{2\,b^2\,EF}\,, \\[2ex]
\frac{1}{c_2} &= h_2 = \frac{2\,l^3}{b^2\,EF}\,,
\end{aligned}
\right\}
\qquad (35\,\mathrm{c})
$$

wenn EF die Dehnsteifigkeit der beiden Stäbe bezeichnet.

Die Bewegungsgleichungen lauten also z. B.

$$
\left.
\begin{aligned}
m\,\frac{l^3}{2\,b^2\,EF}\,\ddot{x} + x &= 0\,, \\[2ex]
m\,\frac{2\,l^3}{b^2\,EF}\,\ddot{y} + y &= 0\,.
\end{aligned}
\right\}
\qquad (37\,\mathrm{c})
$$

In diesen Beispielen haben wir drei in verschiedener Hinsicht charakteristische Beispiele vor uns.

1. Hinsichtlich der Dimension der Glieder: Die Gleichungen des ersten Beispiels haben die Dimension eines Momentes (d. i. einer verallgemeinerten Kraft); sie sind aufgestellt mit Hilfe von „Federzahlen". Die des zweiten und dritten Beispiels haben die Dimension eines Weges; sie sind aufgestellt mit Hilfe von „Einflußzahlen".

2. Hinsichtlich der Art der Kopplung: Die Gleichungen des ersten Beispiels sind „im Ausschlag gekoppelt", die des zweiten sind „in der Beschleunigung gekoppelt", die des dritten weisen keine Kopplung auf; sie sind „entkoppelt". Bei den Ketten von der Art des Beispiels 1 treten Koppelglieder übrigens nur in den Nachbardiagonalen zur Hauptdiagonalen der Ausschlagglieder auf. (Dieser Umstand wird für einige Lösungsmethoden von Bedeutung sein, s. S. 149 ff.)

3. Hinsichtlich der Zahl der Freiheitsgrade: Der Schwinger des Beispiels 1 weist vier Freiheitsgrade auf, die beiden anderen jeweils zwei.

In den Bewegungsgleichungen aller drei Beispiele treten außer den Koordinaten selbst nur ihre zweiten Ableitungen auf; die ersten Ableitungen fehlen, weil wir Dämpfungskräfte nicht in Betracht gezogen haben. Der Umstand, daß allein die nullten und zweiten Ableitungen der Koordinaten in den Differentialgleichungen vorkommen, erlaubt nun, die Gleichungen mit dem sog. „Hauptschwingungsansatz" zu integrieren. Wir setzen zu diesem Zweck

$$\left.\begin{aligned}
\vartheta_\lambda &= u_\lambda \cos \omega t && \text{im Beispiel 1,} \\
w_\lambda &= W_\lambda \cos \omega t && \text{im Beispiel 2,} \\
\left.\begin{aligned} x &= A \cos \omega t \\ y &= B \cos \omega t \end{aligned}\right\} && \text{im Beispiel 3.}
\end{aligned}\right\} \qquad (38)$$

Mechanisch gesprochen heißt das, wir „fragen an", ob die Gl. (37) Bewegungen zulassen, die in allen Koordinaten harmonisch mit der gleichen Frequenz und in Phase (oder Gegenphase) verlaufen.

Mit den Ansätzen (38) erhalten wir im Beispiel 1

$$\left.\begin{aligned}
u_0(c_1-\Theta_0\omega^2)-u_1 c_1 &= 0, \\
-u_0 c_1 +u_1(c_1+c_2-\Theta_1\omega^2)-u_2 c_2 &= 0, \\
-u_1 c_2 +u_2(c_2+c_3-\Theta_2\omega^2)-u_3 c_3 &= 0, \\
-u_2 c_3 +u_3(c_3-\Theta_3\omega^2) &= 0,
\end{aligned}\right\} \qquad (39\,\text{a})$$

im Beispiel 2

$$\left.\begin{aligned}
W_1(1-h_{11}m_1\omega^2) - W_2 h_{12} m_2\omega^2 &= 0, \\
- W_1 h_{21} m_1\omega^2 + W_2(1-h_{22}m_2\omega^2) &= 0,
\end{aligned}\right\} \qquad (39\,\text{b})$$

im Beispiel 3

$$A\left[1 - m\,\omega^2\,\frac{l^3}{2\,b^2\,EF}\right] = 0 \,, \\[2mm] B\left[1 - m\,\omega^2\,\frac{2\,l^3}{b^2\,EF}\right] = 0 \,. \tag{39c}$$

Aus den Differentialgleichungen (37) sind die Systeme von homogenen algebraischen Gl. (39) geworden. Die Antwort auf unsere „Anfrage" hängt nun davon ab, ob diese Systeme algebraischer Gleichungen Lösungen besitzen. Ein homogenes System algebraischer Gleichungen hat dann und nur dann eine von der trivialen verschiedene Lösung, wenn die Determinante der Koeffizienten des Gleichungssystems verschwindet. Diese Bedingung führt in den drei Fällen zu den Gleichungen

1)

$$\begin{vmatrix} c_1 - \Theta_0\omega^2 & -c_1 & 0 & 0 \\ -c_1 & c_1 + c_2 - \Theta_1\omega^2 & -c_2 & 0 \\ 0 & -c_2 & c_2 + c_3 - \Theta_2\omega^2 & -c_3 \\ 0 & 0 & -c_3 & c_3 - \Theta_3\omega^2 \end{vmatrix} = 0, \tag{40a}$$

2)

$$\begin{vmatrix} 1 - h_{11}\,m_1\,\omega^2 & -h_{12}\,m_2\,\omega^2 \\ -h_{21}\,m_1\,\omega^2 & 1 - h_{22}\,m_2\,\omega^2 \end{vmatrix} = 0 \tag{40b}$$

oder

$$1 - \omega^2\,(h_{11}\,m_1 + h_{22}\,m_2) + \omega^4 m_1 m_2\,(h_{11}\,h_{22} - h_{12}^2) = 0\,, \tag{40b'}$$

3)

$$\omega^2 = \frac{2\,b^2\,EF}{m\,l^3}\,, \\[2mm] \omega^2 = \frac{b^2\,EF}{2\,m\,l^3}\,. \tag{40c}$$

Die Antwort auf die obige Frage lautet also: Es gibt Bewegungen der vorausgesetzten Art; sie können aber nicht mit irgendwelchen Frequenzen ablaufen, sondern nur mit solchen, die den Bedingungsgleichungen (40), den Frequenzengleichungen, genügen. Diese Gleichungen haben jeweils so viele Lösungen, wie der Grad der algebraischen Gleichung für ω^2 beträgt; dieser stimmt seinerseits wieder überein mit der Anzahl der Freiheitsgrade des mechanischen Schwingers.

Hier tritt der Charakter des „Eigenwertproblems" nun deutlich zutage. Die Differentialgleichungen (37) haben Lösungen der Bauart (38) für solche Werte ω^2, die „Eigenwerte" des Problems, d.h. Wurzeln der „charakteristischen Gleichungen" (40) sind.

Die Amplituden u_λ, W_λ, A, B der Koordinaten in den Gleichungssystemen (39) werden durch die homogenen algebraischen Gleichungen nicht festgelegt, wohl aber, in den beiden ersten Fällen, ihre Verhältnisse

$$u_0 : u_1 : \ldots \qquad \text{bzw.} \qquad W_2 : W_2\,,$$

die „Ausschlagverhältnisse" oder „Formzahlen". Zu jeder Eigenschwingung gehört jeweils eine Eigenfrequenz und eine Formzahl, d. i. ein Satz von Ausschlagverhältnissen. Wegen der Beziehung (38) stimmen die Verhältnisse der Amplituden u_λ bzw. W_λ überein mit den Verhältnissen der Koordinaten ϑ_λ bzw. w_λ zu allen Zeiten.

Ohne Beweis erwähnen wir noch, daß im Beispiel 1 die „Ausschlaglinie" für die niedrigste (von Null verschiedene) Eigenschwingzahl ω_1 eine Nullstelle, die Schwingung also einen Knoten, für die zweite, ω_2, zwei Knoten usf. aufweist.

7. Der Frequenzenkreis.

In diesem Abschnitt wollen wir zeigen, wie man die rechnerische Auflösung der Frequenzengleichung durch ein sehr bequemes graphisches Verfahren ersetzen kann, falls der Schwinger nicht mehr als zwei Freiheitsgrade aufweist. Das Verfahren ist anwendbar, gleichgültig, ob die Gleichungen mit Hilfe von Federzahlen oder von Einflußzahlen aufgestellt, ob sie im Ausschlag oder in der Beschleunigung gekoppelt sind.

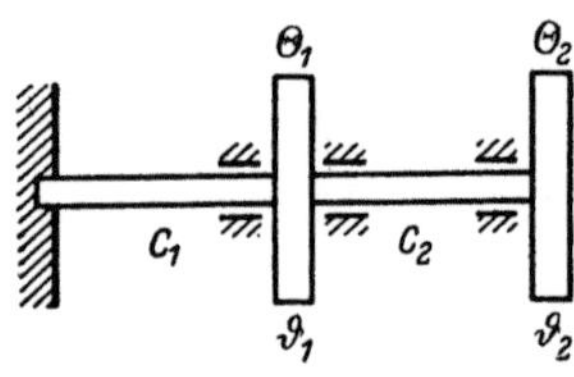

Fig. 26. Torsionsschwinger von zwei Freiheitsgraden.

Statt allgemeiner Erörterungen zeigen wir das Vorgehen wieder an charakteristischen Beispielen. Wir schließen diese Beispiele eng an die der Ziff. 6 an. Als erstes Beispiel wählen wir (wie in Ziff. 6) einen Torsionsschwinger, hier von zwei (statt wie dort von vier) Freiheitsgraden (Fig. 26), als zweites das zweite Beispiel von Ziff. 6, den Biegeschwinger, selbst. Die Bewegungsgleichungen des ersten Systems lauten

$$\left.\begin{aligned}\Theta_1\ddot{\vartheta}_1 + (c_1 + c_2)\,\vartheta_1 - c_2\vartheta_2 &= 0,\\ \Theta_2\ddot{\vartheta}_2 - c_2\vartheta_1 \qquad\quad + c_2\vartheta_2 &= 0.\end{aligned}\right\}\tag{41}$$

Aus ihnen gehen nach Einführung des Hauptschwingungsansatzes (37) die algebraischen Gleichungen

$$\left.\begin{aligned}u_1\,(c_1 + c_2 - \Theta_1\omega^2) - u_2 c_2 \qquad\quad &= 0,\\ -u_1 c_2 \qquad\qquad\quad + u_2\,(c_2 - \Theta_2\omega^2) &= 0\end{aligned}\right\}\tag{42}$$

für die Ausschlagamplituden hervor. Die Bedingung für das Verschwinden der Determinante ihrer Koeffizienten liefert die Frequenzengleichung

$$\begin{vmatrix} c_1 + c_2 - \Theta_1\omega^2 & -c_2 \\ -c_2 & c_2 - \Theta_2\omega^2 \end{vmatrix} = 0 \tag{43}$$

und die Ausschlagverhältnisse (Formzahlen)

oder

$$\left.\begin{aligned}\varkappa &\equiv \frac{u_2}{u_1} = \frac{c_1 + c_2 - \Theta_1\omega^2}{c_2}\\[2mm] \varkappa &\equiv \frac{u_2}{u_1} = \frac{c_2}{c_2 - \Theta_2\omega^2}\,.\end{aligned}\right\}\tag{44}$$

Die Bewegungsgleichungen des zweiten Beispiels sind die Gl. (37b), das algebraische Gleichungssystem für die Ausschlagamplituden ist (39b), die Frequenzengleichung (40b), die Formzahlen lauten

$$\text{oder} \qquad \begin{aligned} \varkappa &\equiv \frac{W_2}{W_1} = \frac{1 - h_{11}\, m_1\, \omega^2}{h_{12}\, m_2\, \omega^2} \\[2mm] \varkappa &\equiv \frac{W_2}{W_1} = \frac{h_{21}\, m_1\, \omega^2}{1 - h_{22}\, m_2\, \omega^2}\,. \end{aligned} \right\} \qquad (45)$$

Setzt man nun im ersten Fall abkürzend

$$\frac{c_1 + c_2}{\Theta_1} = d_{xx}\,, \qquad \frac{-c_2}{\Theta_1} = d_{yx}\,, \qquad \frac{-c_2}{\Theta_2} = d_{xy}\,, \qquad \frac{c_2}{\Theta_2} = d_{yy}\,, \qquad (46a)$$

im zweiten

$$h_{11}\, m_1 = d_{xx}\,, \qquad h_{21}\, m_1 = d_{yx}\,, \qquad h_{12}\, m_2 = d_{xy}\,, \qquad h_{22}\, m_2 = d_{yy}\,, \qquad (46b)$$

so lauten, falls A_1, A_2 die Ausschlagamplituden u_1, u_2 oder W_1, W_2 vertreten und λ im ersten Fall für ω^2, im zweiten für $1/\omega^2$ steht, die Gleichungssysteme übereinstimmend

$$\begin{aligned} A_1\,[d_{xx} - \lambda] + A_2\, d_{yx} &= 0\,, \\ A_1\, d_{xy} + A_2\,[d_{yy} - \lambda] &= 0\,. \end{aligned} \right\} \qquad (47)$$

Demgemäß ist die Frequenzengleichung

$$(d_{xx} - \lambda)\,(d_{yy} - \lambda) - d_{xy}\, d_{yx} = 0 \qquad (48)$$

und die Formzahlen werden

$$\varkappa = \frac{-\,d_{yx}}{d_{xx} - \lambda} \qquad \text{oder} \qquad \varkappa = \frac{d_{yy} - \lambda}{-\,d_{xy}}\,. \qquad (49)$$

Die Gl. (48) und (49) bilden nun den Ausgangspunkt für das graphische Verfahren. Sein Grundgedanke ist der folgende: Die Beziehung $ab = cd$, auf welche die Gl. (48) führt, wird durch die in Fig. 27 entsprechend bezeichneten Strecken in einem Kreise erfüllt, denn die beiden schraffierten Dreiecke sind ähnlich, weil die gleichartig überstrichenen Winkel als Umfangswinkel über den gleichen Bogen übereinstimmen (ab heißt auch die Potenz des Punktes P bezüglich des Kreises). Zur Auflösung der Gl. (48) trägt man deshalb (nach Wahl eines Maßstabes) in einem kartesischen Koordinatensystem (Fig. 28) als Abszissen die

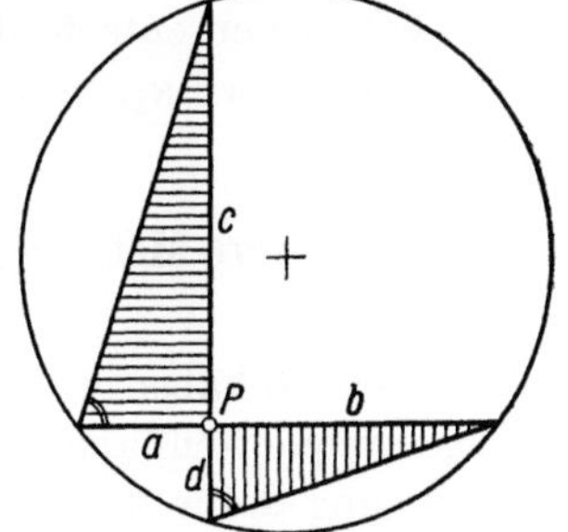

Fig. 27. Sehnenabschnitte im Kreis.

Werte $d_{xx} = O A_0$ und $d_{yy} = O B_0$ auf und in A_0 und B_0 als Ordinaten nach zwei verschiedenen Richtungen die Werte d_{xy} und d_{yx} (die ja stets

übereinstimmende Vorzeichen haben). In unserer Fig. 28 ist beispielsweise d_{yx} nach oben, d_{xy} nach unten aufgetragen. Über den so entstehen-
den vier Punkten ($A_1(d_{xx}, d_{yx})$, $A_2(d_{xx}, d_{xy})$, $B_1(d_{yy}, d_{yx})$, $B_2(d_{yy}, d_{xy})$)
schlägt man einen Kreis. Dieser schneidet auf der Abszissenachse in
den Punkten L_I und L_II die beiden Hauptwerte λ_I und λ_II ab. Denn
es ist (nach Fig. 27)

$$\overline{A_1 A_0} \cdot \overline{A_2 A_0} = \overline{L_\mathrm{I} A_0} \cdot \overline{A_0 L_\mathrm{II}} = \overline{L_\mathrm{I} B_0} \cdot \overline{B_0 L_\mathrm{II}} \left.\begin{array}{r}\\[1.2em]\end{array}\right\} \quad (50\,\mathrm{a})$$
$$= \overline{L_\mathrm{I} A_0} \cdot \overline{L_\mathrm{I} B_0} = \overline{A_0 L_\mathrm{II}} \cdot \overline{B_0 L_\mathrm{II}}.$$

Erinnert man sich der Bedeutung der sechs Strecken, so findet man

$$d_{yx} d_{xy} = (d_{xx} - \lambda_\mathrm{I})(d_{yy} - \lambda_\mathrm{I}) = (\lambda_\mathrm{II} - d_{xx})(\lambda_\mathrm{II} - d_{yy}), \quad (50\,\mathrm{b})$$

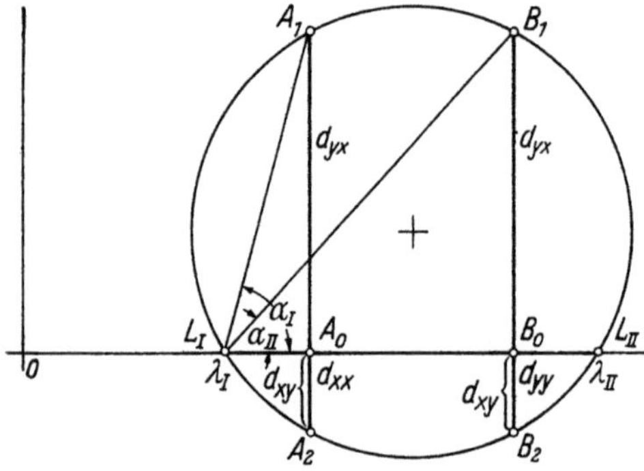

Fig. 28. Frequenzenkreis.

wie (48) fordert. Die Strek-
ken $\overline{0 L_\mathrm{I}}$ und $\overline{0 L_\mathrm{II}}$ sind somit ein Maß für die Haupt-
werte λ_I und λ_II (die für ω_I^2
bzw. $1/\omega_\mathrm{I}^2$ und ω_II^2 bzw. $1/\omega_\mathrm{II}^2$
stehen).

Die Beträge $|\varkappa_\mathrm{I}|$ und $|\varkappa_\mathrm{II}|$
der Formzahlen kann man
der Fig. 28 ebenfalls entnehmen. Nach der ersten
Gleichung aus (49) erhält
man die Beträge $|\varkappa_\mathrm{I}|$ und
$|\varkappa_\mathrm{II}|$ durch die Tangenten
der Winkel α_1 und α_2, die am Punkte L_I zwischen der Abszissenachse
und den Strahlen nach den Endpunkten der Strecken d_{yx} sich bilden
(gleichgültig, ob d_{yx} positiv oder negativ ist, ob es nach oben oder
unten aufgetragen wurde). Es ist $\alpha_1 = \measuredangle A_1 L_\mathrm{I} L_\mathrm{II}$, $\alpha_2 = \measuredangle B_1 L_\mathrm{I} L_\mathrm{II}$.
Das Vorzeichen entscheidet man nach Gl. (49). Ist d_{yx} negativ, so ist
$\varkappa_\mathrm{I}$ positiv, aber $\varkappa_\mathrm{II}$ negativ, für positives d_{yx} ist $\varkappa_\mathrm{I}$ negativ, aber $\varkappa_\mathrm{II}$
positiv.

8. Weitere Methoden zur Ermittelung der Eigenfrequenzen mehrgliedriger Schwinger.

In Ziff. 6 haben wir ein Verfahren zur Ermittelung der Eigenwerte
(Eigenfrequenzen) angegeben und gezeigt, wie die Eigenwerte aus einer
Bedingung dafür fließen, daß die nach Einführung des Hauptschwingungsansatzes zu einem System von algebraischen Gleichungen gewordenen Bewegungsgleichungen nicht identisch verschwindende Lösungen
haben. Die Bedingung besteht im Verschwinden einer Determinante.
Sie liefert (bei n Freiheitsgraden) eine algebraische Gleichung n-ten

Grades, die Säkular- oder Frequenzengleichung. Die ihr genügenden Wurzeln stellen eine Anzahl diskreter Werte, die Eigenwerte (oder Eigenschwingzahlen) dar. Die partikularen Integrale selbst sind dabei nur bis auf eine willkürliche Konstante bestimmt. Die Quotienten der partikularen Integrale heißen die Formzahlen.

Das dort beschriebene und hier noch einmal kurz skizzierte Verfahren zur Aufsuchung der Eigenwerte ist stets anwendbar, gleichgültig, welche Bauart die Bewegungsgleichungen und damit die Determinanten im einzelnen aufweisen. Das Verfahren ist jedoch nicht immer das bequemste für die numerische Aufsuchung der Eigenwerte. Wir wollen deshalb noch weitere Wege und zunächst einen zweiten kennenlernen. Dieser hat nicht nur den Vorzug, in manchen Fällen rascher zu den numerischen Werten zu führen, sondern er ist auch geeignet, das Wesen eines Eigenwertproblems von einer anderen bedeutungsvollen Seite aus zu zeigen, indem er die Verbindung zu den sogenannten „Randwertproblemen" herstellt, aus denen bei Systemen von unendlich vielen Freiheitsgraden die Eigenwerte (nach der Methode der Differentialgleichungen) fließen.

Was wir vorzuführen haben, zeigen wir wieder an einem Beispiel. Wir wählen dazu eine Torsionsschwingerkette nach Fig. 29, die

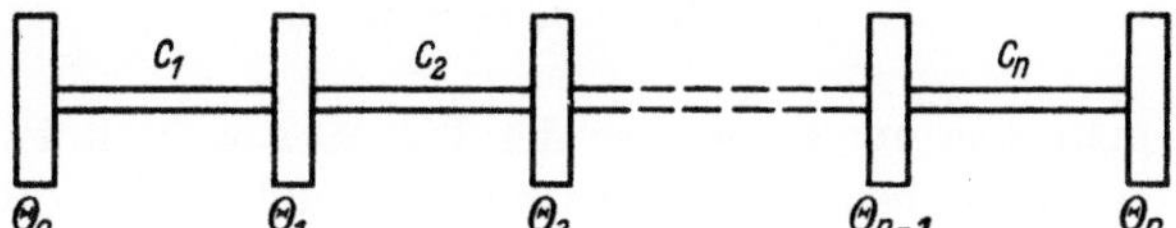

Fig. 29. Torsionsschwinger von $(n + 1)$ Freiheitsgraden.

$(n + 1)$ Massen Θ_0 bis Θ_n, also $(n + 1)$ Freiheitsgrade aufweist. Ihre Bewegungsgleichungen sind in (36a) angegeben. Nach Einführung des Hauptschwingungsansatzes (37) entsteht daraus das folgende System von algebraischen Gleichungen:

$$\left.\begin{aligned}
u_0(c_1 - \Theta_0 \omega^2) - u_1 c_1 &= 0,\\
- u_0 c_1 + u_1(c_1 + c_2 - \Theta_1 \omega^2) - u_2 c_2 &= 0,\\
- u_1 c_2 + u_2(c_2 + c_3 \Theta_2 - \omega^2) - u_3 c_3 &= 0,\\
\vdots\\
- u_{k-1} c_k + u_k(c_k + c_{k+1} - \Theta_k \omega^2) - u_{k+1} c_{k+1} &= 0,\\
\vdots\\
- u_{n-2} c_{n-1} + u_{n-1}(c_{n-1} + c_n - \Theta_{n-1} \omega^2) - u_n c_n &= 0,\\
- u_{n-1} c_n + u_n(c_n - \Theta_n \omega^2) &= 0.
\end{aligned}\right\} \quad (51)$$

Wie wir schon in Ziff. 6 bemerkt haben, treten Glieder nur in der Hauptdiagonalen und ihren beiden Nachbarreihen auf.

Zur Bestimmung der Eigenfrequenzen bilden wir nun nicht die Determinante, sondern überlegen so: Falls wir über ω^2 eine Verfügung treffen und den Wert der ersten Ausschlagamplitude u_0 frei wählen, etwa $u_0 = 1$ setzen, so bilden die $(n + 1)$ Gleichungen (51) ein System von rekurrierenden Gleichungen, aus denen sich unter Benutzung der ersten n Gleichungen der Reihe nach u_1, u_2, ... bis u_n ausrechnen lassen. Die letzte, $(n + 1)$-te Gleichung gibt dann noch einmal eine Beziehung zwischen u_{n-1} und u_n an. Sie wird im allgemeinen — bei beliebiger Wahl von ω^2 — nicht erfüllt sein. Eigenwerte sind nun solche Werte, für die auch diese letzte der Gl. (51) erfüllt wird.

Noch deutlicher, vor allem mechanisch anschaulicher, tritt der Charakter dieser zweiten Lösungsmethode dann zutage, wenn man nicht von dem System (36a) von Bewegungsgleichungen ausgeht, das durch Elimination der Drillungsmomente aus (34a) und (35a) entsteht, sondern wenn man diese Gleichungen selbst benutzt, die nach Einführung des Hauptschwingungssatzes (33) zu

$$\left.\begin{aligned} \Theta_\lambda u_\lambda \omega^2 &= - x_{\lambda+1} + x_\lambda \\ x_\lambda &= c_\lambda (u_\lambda - u_{\lambda-1}) \end{aligned}\right\} \tag{52}$$

mit

$$x_0 = 0, \qquad x_{n+1} = 0$$

werden.

Denkt man sich am Schwinger der Fig. 29 sowohl links als auch rechts einen überstehenden Wellenstumpf l_0 und l_{n+1} angebracht, so weiß man, daß die Drillungsmomente x_0 und x_{n+1} in diesen Wellenstümpfen Null sein müssen. Nach Wahl eines Wertes ω^2 lassen sich nun aus den beiden Anfangswerten $x_0 = 0$ (den man kennt) und $u_0 = 1$ (den man normierend beliebig wählen darf) durch abwechselnde Benutzung der ersten und der zweiten Gleichung aus (52) die Drillungsmomente x_λ und Ausschläge u_λ in der folgenden Reihenfolge berechnen: x_1, u_1, x_2, u_2 usf. bis u_n, x_{n+1}. Im allgemeinen wird bei beliebiger Wahl von ω^2 das Drillungsmoment x_{n+1} nicht verschwinden. Man hat also auf die genannte Weise jenes Drillungsmoment x_{n+1} ausgerechnet, das im überstehenden Wellenstumpf anzubringen wäre, um eine Schwingung der Welle mit der angegebenen Frequenz und einem Ausschlag $u_0 = 1$ zu erzwingen. Freie Schwingungen sind nun aber solche Schwingungen, die ohne ein solches erzwingendes Moment ablaufen können. Sie lassen sich geradezu definieren als jene Schwingungen, die die zweite „Randbedingung" $x_{n+1} = 0$ (neben der anderen, $x_0 = 0$, von der wir ausgingen) erfüllen.

Rechnet man sich also unter Vorgabe verschiedener Werte ω^2 die „Restmomente" x_{n+1} in Abhängigkeit von ω^2 aus, so erhält man eine Funktion $x_{n+1}(\omega^2)$, deren Nullstellen die Eigenschwingzahlen bezeichnen.

Auf diese Weise haben wir die Eigenschwingzahlen als die Lösungen eines *Randwertproblems* erkannt. Der angegebene Gedankengang liefert zudem ein Verfahren, das zur numerischen Bestimmung der Eigenschwingzahlen häufig sehr zweckmäßig ist.

Das Verfahren läßt sich übrigens noch in verschiedenartiger Weise abwandeln. Die mannigfachen in der Schwingungstechnik gebräuchlichen Methoden zur Aufsuchung der Eigenfrequenzen, die mit den Namen GÜMBEL, GEIGER, TOLLE, HOLZER, GRAMMEL, TUPLIN, FRANK und ARNOLD bezeichnet werden, gehen alle auf den dargelegten Gedankengang zurück[1].

Außer jenen beiden Verfahren zur Aufsuchung der Eigenfrequenzen, die an die Gl. (39) oder (52) anschließen, das Verfahren des Nullsetzens der Determinante und das „Randwertverfahren" (und ihren Abwandlungen), gibt es noch eine Reihe weiterer. Eines von ihnen wollen wir in seinen Grundzügen hier noch vorführen, die übrigen jedoch nur erwähnen.

Wieder halten wir uns an ein Beispiel, und zwar wieder an das der Fig. 29. Die Schwingung mit der höchsten Eigenfrequenz ω_n weist ein Ausschlagbild mit n (reellen) Knoten auf, je einen auf jedem Wellenstück. Ein Knoten der Schwingung heißt reell, wenn er auf dem Wellen-

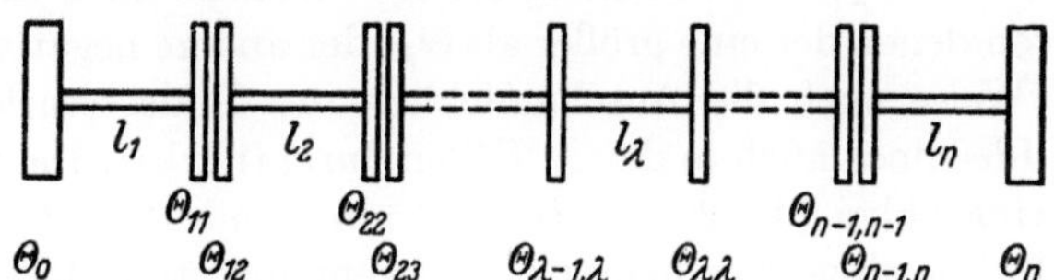

Fig. 30. Aufspaltung des Schwingers der Fig. 29 in Teilschwinger.

stück selbst liegt, virtuell, wenn er auf der Verlängerung des Wellenstücks liegt. Denkt man sich nun alle Scheiben Θ_λ (außer der ersten, Θ_0, und der letzten, Θ_n) in zwei Anteile aufgespalten, einen Anteil $\Theta_{\lambda\lambda}$, der am rechten Ende des Wellenstücks l_λ, und einen Anteil $\Theta_{\lambda,\lambda+1}$, der am linken Ende des Wellenstücks $l_{\lambda+1}$ sitzt, so zerfällt der ganze Schwinger in n Teilschwinger, die jeweils aus einem Wellenstück l_λ mit den Scheiben $\Theta_{\lambda-1,\lambda}$ und $\Theta_{\lambda\lambda}$ bestehen ($\lambda = 1, 2, \ldots, n$) (Fig. 30). Die Eigenfrequenzen dieser Teilsysteme lassen sich leicht angeben; es ist

$$\omega^2 = c_\lambda \left[\frac{1}{\Theta_{\lambda-1,\lambda}} + \frac{1}{\Theta_{\lambda\lambda}} \right]. \tag{53}$$

Die Aufsuchung einer Eigenfrequenz des gesamten Schwingers ist nun gleichbedeutend mit der Forderung, die Aufspaltung der Trägheits-

---

[1] Siehe etwa die zusammenfassende Darstellung von K. KLOTTER: Ing.-Arch Bd. 17 (1949) S. 1—61.

momente der Scheiben so vorzunehmen, daß alle diese Teilschwinger dieselbe Frequenz aufweisen. Dann schwingen sie nämlich insgesamt genau so wie der unzerlegte Schwinger. Die gemeinsame Frequenz der Teilschwinger ist damit gleich der gesuchten höchsten Frequenz des unzerlegten Schwingers.

Eine solche Zerlegung der ganzen Welle in Teilsysteme ist für die höchste Schwingungsform, wo alle Knotenpunkte reell sind (d. h. auf den zugehörigen Wellenstücken selbst liegen), recht anschaulich. Sie läßt sich für die niedrigeren Schwingungsformen aber ebenfalls vornehmen. Der Unterschied besteht dann nur darin, daß die Knotenpunkte nicht mehr alle reell sind, sondern zum Teil virtuell werden, d. h. sie liegen nicht mehr auf dem Wellenstück l_λ selber, sondern rechts oder links auf seiner Verlängerung. Anders ausgedrückt: Die Summanden auf der rechten Seite der Gleichung

$$l_{\lambda\lambda} = l_{\lambda-1,\lambda} + l_{\lambda\lambda},$$

in die der Knoten das Wellenstück l_λ zerlegt, sind nicht mehr beide positiv und kleiner als l_λ; der eine Summand ist vielmehr größer als l_λ, der andere negativ. Gleichbedeutend damit ist, daß das Trägheitsmoment Θ_λ nicht mehr in zwei positive Anteile zerlegt wird, die beide kleiner sind als Θ_λ; die Aufteilung erfolgt vielmehr auch hier in Summanden, von denen der eine größer als Θ_λ, der andere negativ ist. Wenn auf diese Weise auch die Anschaulichkeit des Bildes stark leidet, so bleibt die Idee doch auch in diesen Fällen durchführbar. Die niedrigeren Eigenschwingzahlen [1., 2., ..., $(n-1)$-ten Grades] sind dann jene, die den n Teilschwingern gemeinsam sind, wenn insgesamt 1, 2, ..., $(n-1)$ reelle Knoten vorhanden sind.

Auf dem hier beschriebenen Gedanken der Aufteilung, der zuerst ums Jahr 1921 verschiedentlich in der Literatur auftauchte (O. FÖPPL, H. WYDLER), beruhen eine Reihe von Verfahren vor allem graphischer Art zur Ermittlung der Eigenfrequenzen (K. KUTZBACH, G. BARANOW, R. DREVES, P. KOHN, E. RAUSCH, S. SALYI). Im Rahmen dieser Darstellung lassen sich weitere Einzelheiten nicht mehr ausführen[1].

Es gibt noch weitere Methoden zur Aufsuchung der Eigenfrequenzen von Schwingern. Sie sind nicht wie die Methode der „Randwerte“ und die der „Aufspaltung“ auf Schwinger der Bauart Fig. 29 beschränkt, sondern allgemeiner anwendbar. Es ist dies z. B. die auf RAYLEIGH zurückgehende Methode, einen Näherungswert für das Frequenzquadrat aus

$$\omega^2 = \frac{U}{T^*} \tag{54}$$

zu berechnen. In dieser Gleichung bedeutet U die potentielle Energie der Schwingungsform, T^* einen Ausdruck, der analog der kinetischen

---

[1] Siehe K. KLOTTER, zitiert S. 151.

Energie, aber aus den Ausschlagamplituden statt den Geschwindigkeiten gebildet ist.

Und schließlich kommen noch alle Iterationsverfahren in Betracht, die sich an die Gl. (51) anschließen lassen.

9. Eigenschwingungen kontinuierlicher Gebilde (Systeme von unendlich vielen Freiheitsgraden).

Aus den gleichen Gründen, aus denen wir bei den Gebilden mit endlich vielen Freiheitsgraden nur freie Schwingungen untersuchten, begnügen wir uns auch bei den kontinuierlichen Gebilden mit der vereinfachten Betrachtung: Die Kenntnis der Eigenschwingzahlen gibt die Kenntnis der Resonanzstellen, die vermieden werden müssen.

Die Bewegungsgleichungen der Systeme mit endlich vielen Freiheitsgraden bestanden (Ziff. 6) in Simultansystemen von gewöhnlichen Differentialgleichungen. Beim Übergang zu unendlich vielen Freiheitsgraden wird (wie man durch Ausführung des Grenzübergangs zeigen kann) aus einem solchen Simultansystem gewöhnlicher Differentialgleichungen eine partielle Differentialgleichung. Sie ist in der Zeit nach wie vor von zweiter Ordnung. Daneben weist sie eine, zwei oder drei Raumkoordinaten auf, je nachdem, ob es sich um ein in einer, zwei oder drei Dimensionen erstrecktes Gebilde handelt, z. B. um eine Saite oder einen Balken, um eine Membran oder eine Platte, um eine Schale oder einen elastischen Körper. Die Ordnung der höchsten Ableitung der Raumkoordinaten kann dabei verschieden hoch sein. Bei der Saite oder Membran tritt als höchste Ordnung die zweite auf, bei geraden Balken oder ebenen Platten die vierte, bei krummen Stäben oder bei Schalen auch die sechste.

Entsprechend den unendlich vielen Freiheitsgraden gibt es auch unendlich viele Eigenfrequenzen. Die Frequenzengleichungen, aus denen die Eigenfrequenzen fließen, sind in diesen Fällen transzendente Gleichungen.

Das Vorgehen zur Lösung der Bewegungsdifferentialgleichungen und zur Gewinnung der Eigenfrequenzen zeigen wir an drei Beispielen. Wir wählen dafür (Figuren erübrigen sich):

1. die Torsionsschwingungen einer kontinuierlich mit Masse belegten Welle von kreisförmigem Querschnitt, deren Enden frei sind,

2. die Biegeschwingungen eines geraden Stabes, wobei wir verschiedene einfache Randbedingungen in Betracht ziehen (eingespannt, gelenkig gelagert, frei),

3. die Biegeschwingungen einer Kreisplatte, die am Rande fest eingespannt ist.

1. Beispiel: Die Bewegungsgleichung der Torsionsschwingungen der Welle erhält man aus der statischen Torsionsgleichung (II (70), ϑ statt χ geschrieben):

$$\frac{\partial}{\partial x}\left(G\,I_T\,\frac{\partial\vartheta}{\partial x}\right) = -m_t \tag{55}$$

(I_T = Torsionswiderstand, ϑ = Drehwinkel), indem man für das Lastmoment je Längeneinheit m_t die Trägheitswirkung der Drehbewegung einführt,

$$m_t = -\,\mu I_p\,\frac{\partial^2\vartheta}{\partial t^2} \tag{55a}$$

(μ = Dichte des Baustoffes). Für die Welle mit Kreisquerschnitt ist der Widerstand I_T gleich dem polaren Trägheitsmoment I_p, und die Bewegungsgleichung lautet daher

$$G\,\frac{\partial^2\vartheta}{\partial x^2} - \mu\,\frac{\partial^2\vartheta}{\partial t^2} = 0\,. \tag{56}$$

Sie ist sowohl in der Raumkoordinate x wie in der Zeitkoordinate t von zweiter Ordnung. Mit einem dem Hauptschwingungsansatz (38) entsprechenden Ansatz

$$\vartheta = u\cos\omega t \tag{57}$$

wird daraus die gewöhnliche Differentialgleichung zweiter Ordnung

$$\left.\begin{aligned}\frac{d^2u}{dx^2} + \varkappa^2 u &= 0,\\[2mm]\varkappa^2 &= \frac{\mu\omega^2}{G}\end{aligned}\right\} \tag{58}$$

wobei

den sogenannten Frequenzparameter darstellt. Um seine Bestimmung handelt es sich nun.

Die allgemeine Lösung der Differentialgleichung (58) lautet

$$u = A\cos\varkappa x + B\sin\varkappa x\,. \tag{59}$$

Ihr sind Randbedingungen auferlegt. Diese lauten, wenn die Welle an den Enden $x = 0$ und $x = l$ frei sein (also keine Torsionsmomente übertragen) soll:

$$u'(0) = 0\,, \qquad u'(l) = 0\,, \tag{59a}$$

Die erste dieser Bedingungen fordert $B = 0$, die zweite

$$\sin\varkappa l = 0\,. \tag{59b}$$

Sie ist eine transzendente Gleichung zur Bestimmung der Frequenzparameter $\varkappa_n$ und damit der Eigenfrequenzen ω_n und liefert

$$\varkappa_n l = n\pi \quad (n = 1, 2, \ldots)\,. \tag{59c}$$

Die möglichen Eigenfrequenzen des Gebildes sind ganzzahlige Vielfache einer Grundzahl, sie liegen also harmonisch. Die vollständige

Lösung der partiellen Differentialgleichung (56) lautet schließlich

$$\vartheta(x,t) = \cos\frac{n\pi}{l}x(C\cos\omega_n t + D\sin\omega_n t) \tag{60}$$

mit

$$\omega_n = \sqrt{\frac{G}{\mu}}\,\frac{\pi}{l}\,n. \tag{60a}$$

Die Funktionen

$$u_n(x) = \cos\frac{n\pi}{l}x \tag{61}$$

sind die sogenannten Eigenfunktionen des hier vorliegenden Randwertproblems. Sie entsprechen den Formzahlen der Systeme mit endlich vielen Freiheitsgraden. Auch hier bleibt ein gemeinsamer Faktor $\sqrt{C^2+D^2}$ unbestimmt.

2. Beispiel: Die Bewegungsdifferentialgleichung der Biegeschwingungen eines Balkens entsteht aus der Differentialgleichung II, (56′) für die statische Durchsenkung w,

$$EI\frac{\partial^4 w}{\partial x^4} - p = 0, \tag{62}$$

indem als Last p je Längeneinheit die Trägheitskraft der Querbewegung

$$p = -\mu_1\frac{\partial^2 w}{\partial t^2} \tag{62a}$$

eingesetzt wird (μ_1 ist die Masse je Längeneinheit, die „Längendichte"). Die Differentialgleichung lautet demnach

$$EI\frac{\partial^4 w}{\partial x^4} + \mu_1\frac{\partial^2 w}{\partial t^2} = 0. \tag{63}$$

In der Längenkoordinate ist sie von vierter Ordnung. Der „Hauptschwingungsansatz"

$$w(x,t) = W(x)\cos\omega t \tag{64}$$

stellt daraus die gewöhnliche Differentialgleichung vierter Ordnung

$$EI\frac{d^4 W}{dx^4} - \mu_1\omega^2 W = 0 \tag{65}$$

oder

$$W^{\text{IV}} - \varkappa^4 W = 0$$

für die Amplitude W der Schwingung her, in der $\varkappa^4$ den Frequenzparameter

$$\varkappa^4 = \frac{\mu_1}{EI}\,\omega^2 \tag{65a}$$

bedeutet.

Auch die Lösung der Differentialgleichung (65) ist leicht angebbar. Auf systematischem Wege würde sie mittels des „e-Ansatzes" gefunden werden. Wir geben sie gleich in einer etwas umgeformten Weise wieder:

$$W(x) = A\cos\varkappa x + B\sin\varkappa x + C\mathfrak{Coj}\varkappa x + D\mathfrak{Sin}\varkappa x. \tag{66}$$

Die Eigenwerte $\varkappa_n$ des Frequenzparameters bestimmen sich wieder aus einer Frequenzengleichung, die aus den Randbedingungen entsteht. Die einfachsten Fälle von Randbedingungen für einen Balken sind

$$
\begin{aligned}
&\text{a) eingespanntes Ende} && W' &&= 0 \;\text{ und }\; W' &&= 0, \\
&\text{b) gestütztes Ende} && W &&= 0 \;\text{ und }\; W'' &&= 0, \\
&\text{c) freies Ende} && W'' &&= 0 \;\text{ und }\; W''' &&= 0.
\end{aligned}
$$

Für einen an den Enden $x = 0$ und $x = l$ gestützten Balken lautet die Frequenzengleichung

$$\sin \varkappa l = 0. \tag{67}$$

Sie hat die Wurzeln

$$\varkappa_n l = n\pi \qquad (n = 1, 2, 3 \ldots). \tag{67a}$$

Die Eigenfunktionen $W_n(x)$ lauten

$$W_n(x) = \sin \frac{n\pi x}{l},$$

die vollständige Lösung der partiellen Differentialgleichung (63) ist in diesem Fall gegeben durch

$$w(x,t) = \sum_{n=1}^{\infty} (a_n \cos \omega_n t + b_n \sin \omega_n t) \sin \frac{n\pi x}{l} \tag{68}$$

mit

$$\omega_n = \varkappa_n^2 \sqrt{\frac{EI}{\mu_1}} = \left(\frac{n\pi}{l}\right)^2 \sqrt{\frac{EI}{\mu_1}}. \tag{69}$$

Um auch Beispiele für etwas verwickelter gebaute Frequenzengleichungen zu haben, betrachten wir noch zwei weitere Fälle von Randbedingungen. Ist der Balken bei $x = 0$ gestützt, bei $x = l$ dagegen eingespannt, so lautet die Frequenzengleichung

$$\operatorname{tg} \varkappa l = \operatorname{\mathfrak{T}g} \varkappa l. \tag{70}$$

Ihre Wurzeln können streng nicht mehr in geschlossener Form angegeben werden. Die beiden ersten lauten

$$\left.\begin{aligned}
\varkappa_1 l &= 2{,}4998 \,\frac{\pi}{2} = 3{,}9266, \\
\varkappa_2 l &= 4{,}500 \;\;\frac{\pi}{2} = 7{,}0686.
\end{aligned}\right\} \tag{71}$$

Man sieht also, daß schon von $n = 1$ an die „asymptotische Darstellung"

$$\varkappa_n l = (n + \tfrac{1}{4})\,\pi$$

brauchbar ist. Die Eigenfunktionen des Balkens sind hier

$$W_n(x) = \operatorname{\mathfrak{Sin}} \varkappa_n l \sin \varkappa_n x - \sin \varkappa_n l \operatorname{\mathfrak{Sin}} \varkappa_n x. \tag{72}$$

Für einen am Ende $x = 0$ eingespannten, am Ende $x = l$ freien Balken lautet die Frequenzengleichung

$$1 + \cos \varkappa l \operatorname{\mathfrak{Cof}} \varkappa l = 0. \tag{73}$$

Ihre ersten drei Wurzeln haben die Werte

$$\varkappa_1 l = \frac{\pi}{2} + 0{,}304\,31 = 1{,}875\,10\,,$$

$$\varkappa_2 l = \frac{3\,\pi}{2} - 0{,}018\,30 = 4{,}694\,10\,, \tag{74}$$

$$\varkappa_3 l = \frac{5\,\pi}{2} + 0{,}000\,78 = 7{,}854\,76\,,$$

asymptotisch also

$$\varkappa_n l = (2\,n - 1)\,\frac{\pi}{2}\,.$$

Die zugehörigen Eigenfunktionen sind

$$W_n(x) = (\sin \varkappa_{n_i} l + \mathfrak{Sin}\,\varkappa_n^- l)\,(\cos \varkappa_n x - \mathfrak{Cos}\,\varkappa_n x)$$
$$- (\cos \varkappa_n l + \mathfrak{Cos}\,\varkappa_n l)\,(\sin \varkappa_{n_i} x - \mathfrak{Sin}\,\varkappa_n x)\,. \tag{75}$$

3. Beispiel: Die Differentialgleichung der Querschwingungen einer dünnen, ebenen Platte folgt aus der Differentialgleichung für ihre statische Durchsenkung

$$\frac{2}{3}\,\frac{E h^3}{1 - \nu^2}\,\Delta\Delta w - p = 0 \tag{76}$$

wieder dadurch, daß statt der Flächenbelastung p die Trägheitskraft der Querbewegung

$$p = -\,\mu_2\,\frac{\partial^2 w}{\partial t^2} \tag{76a}$$

eingeführt wird; μ_2 ist dabei die Masse je Flächeneinheit („Flächendichte"). So kommt

$$\frac{2}{3}\,\frac{E h^3}{1 - \nu^2}\,\Delta\Delta w + \mu_2\,\frac{\partial^2 w}{\partial t^2} = 0\,. \tag{77}$$

Hierin bedeutet h die *halbe* Plattendicke, ν die POISSONsche Konstante, E den Elastizitätsmodul. Unter Δ ist der LAPLACEsche Operator zu verstehen; führen wir in der Mittelebene der Platte Polarkoordinaten r und φ ein, so lautet er

$$\Delta w = \frac{\partial^2 w}{\partial r^2} + \frac{1}{r}\,\frac{\partial w}{\partial r} + \frac{1}{r^2}\,\frac{\partial^2 w}{\partial \varphi^2}\,. \tag{78}$$

Der Hauptschwingungsansatz

$$w(r, \varphi, t) = W(r, \varphi)\cos \omega t \tag{79}$$

macht aus (77) hier eine partielle Differentialgleichung in zwei Raumkoordinaten,

$$\Delta\Delta W - \varkappa^4 W = 0 \tag{80}$$

mit

$$\varkappa^4 = \frac{3}{2}\,\frac{1 - \nu^2}{E h^3}\,\mu_2\,\omega^2\,, \tag{80a}$$

oder, wenn wir noch statt der Flächendichte μ_2 die räumliche (eigentliche) Dichte $\varrho = \dfrac{\mu_2}{2h}$ einführen:

$$\varkappa^4 = \frac{3\varrho(1-\nu^2)}{Eh^2}\,\omega^2. \tag{80b}$$

Die vollständige Lösung von (80) erhält man als die Summe der vollständigen Lösungen der beiden Differentialgleichungen

$$\varDelta W \pm \varkappa^2 W = 0\,. \tag{81}$$

Auch in diesen beiden partiellen Differentialgleichungen lassen sich mit Hilfe des Ansatzes

$$W(r,\varphi) = F(r)\,\varPhi(\varphi) \tag{82}$$

die Veränderlichen trennen. Man erhält so die gewöhnlichen Differentialgleichungen

und

$$\left.\begin{aligned}\frac{d^2F}{dr^2} + \frac{1}{r}\frac{dF}{dr} + \left(\pm\varkappa^2 - \frac{n^2}{r^2}\right)F &= 0\\[2mm] \frac{d^2\varPhi}{d\varphi^2} + n^2\varPhi &= 0\,,\end{aligned}\right\} \tag{83}$$

worin n eine (dimensionslos) Konstante bedeutet. Die letzte Gleichung liefert

$$\varPhi_n(\varphi) = a_n\cos n\varphi + b_n\sin n\varphi\,. \tag{84}$$

Es muß n eine (nicht negative) ganze Zahl sein, denn W bzw. $\varPhi$ muß eine mit der Periode 2π in φ periodische Funktion sein. Als Lösungen der ersten Gleichung von (83) erhält man die BESSELschen Funktionen erster und zweiter Art von der Ordnung n

$$F_n = A_n J_n(\varkappa r) + B_n Y_n(\varkappa r)\,, \tag{85a}$$

bzw. dem negativen Vorzeichen von $\varkappa^2$ entsprechend

$$F_n = A_n I_n(\varkappa r) + B_n K_n(\varkappa r) \tag{85b}$$

(I, K sind die modifizierten Besselfunktionen in der Bezeichnung von WATSON).

Der Frequenzparameter $\varkappa^4$ wird wieder durch die Randbedingungen bestimmt. Diese lauten, wenn $r = R$ den Außenradius der Platte bezeichnet,

$$F(R) = 0 \quad\text{und}\quad F'(R) = 0\,, \tag{86}$$

während die Bedingungen am „inneren Rand" ($r = 0$) darauf hinauslaufen, daß $F(r)$ und $F'(r)$ an dieser Stelle endlich bleiben. Aus diesem Grunde fallen die BESSELschen Funktionen zweiter Art weg, und die beiden Bedingungen (86) liefern die Frequenzengleichung

$$I'_n(\varkappa_n R)\,J_n(\varkappa_n R) - J'_n(\varkappa_n R)\,I_n(\varkappa_n R) = 0\,. \tag{87}$$

Durch Anwendung bekannter Rekursionsformeln für die Besselschen Funktionen kann man ihr noch die Gestalt

$$I_{n+1}\,(\varkappa_n R)\,J_n\,(\varkappa_n R) - J_{n+1}\,(\varkappa_n R)\,I_n\,(\varkappa_n R) = 0 \qquad (87\,\text{a})$$

geben. Ihre Wurzeln $\varkappa_{nN} R$ haben für $n = 0,\ 1,\ 2$ und $N = 0,\ 1,\ 2$ die Werte:

N \\ n	0	1	2
0	3,20	4,61	5,91
1	6,31	7,80	9,20
2	9,44	10,96	12,40

Die vollständige Lösung unseres Problems der Biegeschwingungen einer Kreisplatte vom Radius R, der Höhe $2h$ und der Dichte ϱ, die am Rande fest eingespannt und in der Mitte nicht durchbohrt ist, ist hiernach gegeben durch

$$w\,(r,\varphi,t) = \sum_{n=0}^{\infty}\ \sum_{n=0}^{\infty} F_{nN}\,(r)\,\{A_{nN}\cos n\varphi \cos \omega_{nN} t + B_{nN} \cos n\varphi \sin \omega_{nN} t +$$

$$+ C_{nN}\sin n\varphi \cos \omega_{nN} t + D_{nN} \sin n\varphi \sin \omega_{nN} t\} \qquad (88)$$

mit

$$F_{nN}\,(r) = [J_n\,(\varkappa_{nN} R)\,J_n\,(\varkappa_{nN} r) - J_n\,(\varkappa_{nN} R)\,I_n\,(\varkappa_{nN} r)] \qquad (88\,\text{a})$$

und

$$\omega_{nN} = \varkappa_{nN}^2\,\sqrt{\frac{E h^2}{3\varrho\,(1 - v^2)}}\;; \qquad (88\,\text{b})$$

hierin ist $\varkappa_{nN} R$ die N-te Wurzel der transzendenten Gl. (87a).

10. Zusammenfassung.

Alle schwingungsfähigen Gebilde, gleichgültig, wie viele Freiheitsgrade sie haben, können unter Wirkung periodischer Erregerkräfte erzwungene Schwingungen ausführen. Die Amplituden dieser Schwingungen hängen außer von der Amplitude der Erregerkraft (der sie proportional sind) auch vom Dämpfungsmaß D und von dem Verhältnis η zwischen Erregerfrequenz Ω und der Eigenfrequenz ω (oder den Eigenfrequenzen ω_n) ab. Besonders groß werden die Amplituden der erzwungenen Schwingungen, wenn die Erregerfrequenz Ω nahe mit einer Eigenfrequenz ω_n übereinstimmt (Resonanz). Es ist deshalb wichtig, die Lage der Eigenfrequenzen zu kennen. Und zwar genügt es, die Eigenfrequenzen der ungedämpften Systeme aufzusuchen. Die auf diesem Gedankengang beruhende Untersuchung verzichtet auf die quantitative Ermittelung der Amplituden der erzwungenen Schwingungen; sie begnügt sich vielmehr mit der qualitativen Erkenntnis, daß außerhalb der Resonanz die Ausschläge der erzwungenen Schwingungen dann genügend klein bleiben, wenn die statischen Ausschläge unter Wirkung derselben Kraft klein genug sind. Besonders wichtig ist die Erkenntnis, daß dem Anwachsen der Ausschläge im Resonanzfall praktisch weder durch eine Verkleinerung der Erregerkräfte noch durch eine einfache Vergrößerung der Abmessungen der Bauteile entgegengewirkt werden kann — Maßnahmen, die im statischen Fall, bei unveränderlichen oder langsam veränderlichen Kräften allein zur Verfügung stehen und dort auch zur Abhilfe ausreichen —, sondern einzig durch eine ‚Verstimmung‘‘, d. h. dadurch, daß die Erregerfrequenz oder die (in Betracht kommende) Eigenfrequenz verändert wird. Ob eine Veränderung der Eigenfrequenz durch eine Verstärkung oder Verminderung der Abmessungen (auch der Querschnittsabmessungen) bewirkt wird, ist dabei grundsätzlich gleichgültig.

Das Aufsuchen der Eigenfrequenzen der schwingungsfähigen Gebilde ist, mathematisch gesprochen, ein Eigenwertproblem. Die Besonderheit dieser Problemklasse tritt beim Schwinger von einem Freiheitsgrad noch kaum hervor, wohl aber bei den Schwingern mit mehreren oder gar unendlich vielen Freiheitsgraden. Die grundsätzlich zur Verfügung stehenden Methoden zur Auffindung solcher Eigenwerte wurden erörtert und durch Beispiele erläutert. Wie man dann, wenn die Zahl der (endlich vielen) Freiheitsgrade recht groß wird, praktisch vorzugehen hat, um den Rechenaufwand in erträglichen Grenzen zu halten, und wie man bei unendlich vielen Freiheitsgraden die Aufstellung der transzendenten Frequenzengleichung und das Aufsuchen ihrer Wurzeln durch Näherungsverfahren ersetzen kann, davon wird im nachfolgenden Kapitel die Rede sein.

V. Verfahren
zur Lösung technischer Eigenwertprobleme.

Von

R. GRAMMEL / Stuttgart.

Mit 7 Figuren.

1. Einleitung.

Eigenwertprobleme treten in der Technik überall da auf, wo es sich um Resonanzfragen oder um gewisse Stabilitätsfragen handelt, insbesondere bei allen schwingungs- oder knickgefährdeten Maschinen- und Bauteilen, und ihre Lösung ist bei den heutigen rasch laufenden Maschinen und den modernen Leichtbauweisen oft von entscheidender Wichtigkeit. Zu erkennen sind solche Eigenwertprobleme immer daran, daß in ihrer mathematischen Formulierung unbekannte Konstanten (z. B. Frequenzen oder Lasten) so vorkommen, daß sie im allgemeinen die Auflösung sperren (bis auf identisch verschwindende und darum nichtssagende Lösungen) und nur für ganz bestimmte Werte jener Konstanten (z. B. Eigenfrequenzen, Knicklasten) wirkliche Lösungen zulassen. Man nennt diese ausgezeichneten Werte die *Eigenwerte* des Problems und die zugehörigen wirklichen Lösungen seine *Eigenlösungen* (auch wohl *Eigenfunktionen*). In der Regel besteht die Aufgabe für den Ingenieur hauptsächlich darin, die Eigenwerte zu finden, also die resonanzgefährlichen Frequenzen oder die knickgefährlichen Lasten, bei denen eine Auslenkung überhaupt eintreten und dann aber auch sofort verhängnisvoll werden kann; die Eigenlösungen, also die Auslenkungsform, in der ihm seine Konstruktion brechen würde, kümmern ihn meist weniger oder gar nicht.

Man kann Eigenwertprobleme auf zwei wesentlich verschiedene Arten formulieren, nämlich entweder durch eine *differentielle* oder durch eine *quellenmäßige* Darstellung. Bei kontinuierlichen Systemen (man nennt sie auch Systeme mit unendlich vielen Freiheitsgraden; Beispiele: Wellen, Platten, Scheiben, Schalen) kommt man dabei auf die Differentialgleichung oder auf die Integralgleichung des Eigenwertproblems, bei Systemen mit endlich vielen Freiheitsgraden (Beispiele: Einzelmassen, die durch masselos gedachte elastische Bauteile verbunden sind) auf die entsprechende Differenzengleichung oder auf ein endliches Gleichungs*system*.

Die *exakte* Auflösung der genannten Gleichungen des Eigenwertproblems gelingt meist nur für verhältnismäßig einfache Schulbeispiele, selten für die wirklichen Probleme der Technik. Man hat daher zahlreiche Lösungsverfahren ersonnen, die zwar bloß *Näherungen* liefern, dafür aber auch bei den oft sehr verwickelten Aufgaben der technischen Praxis zum Ziele führen, mit geringem Zeitaufwand auszukommen streben und womöglich eine Abschätzung des Fehlers zulassen. Im folgenden werden einige der bestbewährten dieser exakten und Näherungsmethoden entwickelt und an technischen Beispielen erläutert.

A. Systeme mit endlich vielen Freiheitsgraden.

2. Drehschwingungen von Reihenmotoren.

Viele technische Systeme lassen sich in guter Näherung als elastische Schwingungskette darstellen, d. h. als ein System von Massen oder Drehmassen, die durch masselos gedachte Längs- oder Torsionsfedern miteinander verbunden sind. Bei der Berechnung der Eigenfrequenzen solcher Systeme ist eine differentielle Methode angebracht, die wir an dem wichtigen Beispiel des *Reihenmotors* aufzeigen wollen.

Hierbei ist immer zunächst eine Voraufgabe zu lösen, nämlich die Abbildung des Motorsystems (Kurbelwelle, Kurbelgetriebe, Zusatzaggregate, wie Brennstoffpumpen, Kupplung, Schwungrad) auf eine Torsionskette (Fig. 1), bestehend aus einer glatten, masselosen, aber torsionssteifen Welle, auf der an den Orten der Kurbelgetriebe usw. Scheiben mit entsprechenden Trägheitsmomenten sitzen. Wir können auf diese Voraufgabe hier nicht näher eingehen und

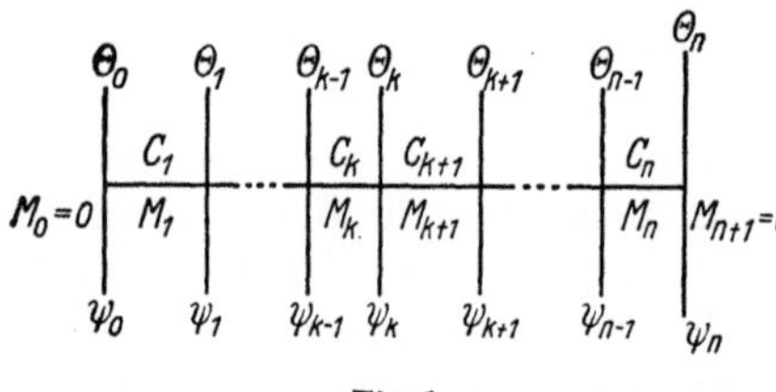

Fig. 1.

deuten nur an, daß die Trägheitsmomente streng genommen mit dem Kurbelwinkel zeitlich schwanken und also in erster Näherung durch einen geeigneten Mittelwert zu ersetzen sind, und daß, wie man seit kurzem weiß, das Motorsystem sich überhaupt nicht genau auf eine einfache Kette ohne Nebenschlüsse wie Fig. 1 abbilden läßt, so daß also auf diese Weise nur eine erste Näherung erreicht werden kann, die für die tiefsten Eigenfrequenzen glücklicherweise zumeist ausreicht, bei den höheren allerdings immer schlechter wird.

In dem so definierten Ersatzsystem bedeuten Θ_k die Trägheitsmomente der Scheiben, ψ_k ihre Schwingungsausschläge, C_k die Drehfederzahlen der Wellenstücke und M_k die Torsionsmomente in den Wellenstücken bei den Schwingungen (abzüglich der statischen Torsionsmomente, die die Wellenstücke auch schon im schwingungsfreien Zustand übertragen). Für jedes der n Wellenstücke gilt dann die Torsionsgleichung

$$M_k = C_k (\psi_k - \psi_{k-1}) \quad (k = 1, 2, \ldots, n), \quad (1)$$

für jede der $n + 1$ Scheiben die Bewegungsgleichung

$$\Theta_k \ddot{\psi}_k = M_{k+1} - M_k \quad (k = 0, 1, 2, \ldots, n). \quad (2)$$

Man erkennt, daß diese Gleichungen stationäre und darum resonanzgefährdete Schwingungen

$$M_k = x_k \cos \omega t, \quad \psi_k = u_k \cos \omega t \quad (3)$$

mit den noch zu bestimmenden Frequenzen ω zulassen. Einsetzen von (3) in (1) und (2) liefert

$$x_k = c_k \Theta_{k-1} u_{k-1} - c_k' \Theta_k u_k \quad \text{mit} \quad c_k = \frac{C_k}{\Theta_{k-1}}, \quad c_k' = \frac{C_k}{\Theta_k}, \quad (4)$$

$$\lambda \Theta_k u_k = x_{k+1} - x_k \qquad \text{mit} \quad \lambda = \omega^2. \quad (5)$$

Eliminiert man $(\Theta_{k-1} u_{k-1})$ und $(\Theta_k u_k)$ aus einer Gl. (4) und zwei aufeinanderfolgenden G!n. (5), so kommt

$$c_k' (x_{k+1} - x_k) - c_k (x_k - x_{k-1}) + \lambda x_k = 0 \quad \text{mit} \quad x_0 = 0, \; x_{n+1} = 0. \quad (6)$$

Dies ist eine sog. Differenzengleichung; sie definiert folgende Eigenwertaufgabe: Für welche Eigenwerte λ_i von λ besitzt (6) Lösungen $x_k \neq 0$, wenn die Randbedingungen $x_0 = 0$ und $x_{n+1} = 0$ gelten, welche aussagen, daß der Motor beiderseits frei endigt, so daß er keine pulsierenden Torsionsmomente (M_0 und M_{n+1}) nach außen abgibt? Man löst diese Aufgabe (von der sich beweisen läßt, daß sie n positive und verschiedene Lösungen λ_i hat), indem man die sog. Frequenzfunktionen

$$f_k(\lambda) = (-1)^k c_1' c_2' \ldots c_k' \frac{x_{k+1}}{x_1} \quad (7)$$

einführt, die — abgesehen von einem aus Zweckmäßigkeitsgründen zugefügten Vorfaktor — die Verhältnisse der x_k zu einem von ihnen, etwa x_1, angeben, als Ausdruck der Tatsache, daß die Differenzengleichung (6) homogen in den x ist und also nur ihre Verhältnisse bestimmt. So kommt (identisch in λ)

$$f_k(\lambda) \equiv (\lambda - c_k - c_k') f_{k-1}(\lambda) - c_k c_{k-1}' f_{k-2}(\lambda) \quad \text{mit} \quad f_{-1} \equiv 0, \; f_0 \equiv 1. \quad (8)$$

Dabei entspricht $f_{-1} \equiv 0$ der Randbedingung $x_0 = 0$, während die Vorschrift $f_0 \equiv 1$ offenbar aus (7) fließt. Mittels (8) kann man der Reihe nach $f_1, f_2, \ldots, f_n$ berechnen; man nennt daher (8) eine *Rekursionsformel*. Wegen der Randbedingung $x_{n+1} = 0$ muß $f_n(\lambda) = 0$ sein, und das ist eine Gleichung n-ten Grades zur Berechnung der n Eigenwerte λ_i und damit der Eigenfrequenzen $\omega_i = \sqrt{\lambda_i}$.

Man kann sich nun die so geschilderte Rechnung für die meisten Motoren außerordentlich vereinfachen, wenn man systematisch davon Gebrauch macht, daß in der Regel der größte Teil des Systems aus lauter gleichartigen Bauteilen, nämlich den einzelnen Kurbelgetrieben besteht. Ein Motor aus lauter solchen Bauteilen heißt eine *homogene* Maschine; für ihn sind alle $c_k = c'_k = c$, und mit

$$\varphi_k \equiv \frac{f_k}{c^k}, \quad \zeta = \frac{\lambda}{c} \tag{9}$$

wird dann die Rekursionsformel (8) zu

$$\varphi_k \equiv (\zeta - 2)\varphi_{k-1} - \varphi_{k-2} \quad \text{mit} \quad \varphi_{-1} \equiv 0, \quad \varphi_0 \equiv 1. \tag{10}$$

Die sog. reduzierten Frequenzfunktionen $\varphi_k(\zeta)$ kann man ein für allemal berechnen und tabulieren. Solche Tabellen liegen für φ_1 bis φ_{11} (also für die Zwei- bis Zwölfzylindermaschine) vor[1]. Um z. B. für die homogene Achtzylindermaschine die resonanzgefährlichen Frequenzen ω_i zu finden, hat man in der Tabelle lediglich die Nullstellen ζ_i von φ_7 aufzusuchen und besitzt dann in

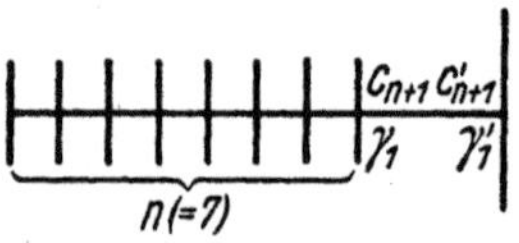

$$\omega_i = \sqrt{\zeta_i c} \tag{11}$$

die zahlenmäßige Lösung.

Fig. 2.

Bei den meisten Maschinen sind nun aber an den homogenen Kern noch weitere Drehmassen anderer Art angeschlossen, z. B. Schwungrad, Kupplung, Brennstoffpumpe usw. Ist *eine* solche Zusatzdrehmasse vorhanden (Fig. 2), so gibt die Formel (8) für $k = n + 1$

$$f_{n+1} = (\lambda - c_{n+1} - c'_{n+1})f_n - c c_{n+1} f_{n-1}$$

oder mit

$$\gamma_1 = \frac{c_{n+1}}{c}, \quad \gamma'_1 = \frac{c'_{n+1}}{c} \tag{12}$$

und (9)

$$\frac{f_{n+1}}{c^{n+1}} = (\zeta - \gamma_1 - \gamma'_1)\varphi_n - \gamma_1\varphi_{n-1}.$$

Weil $f_{n+1} = 0$ ist, so lautet die Frequenzgleichung

$$\zeta'\varphi_n = \gamma_1\varphi_{n-1} \quad \text{mit} \quad \zeta' \equiv \zeta - (\gamma_1 + \gamma'_1). \tag{13}$$

Hierin sind φ_n und φ_{n-1} tabulierte Funktionen und ζ' eine sehr einfache lineare Funktion von ζ, so daß die Ermittlung der ζ_i aus (13) nur geringe Mühe macht: man trägt die rechte und die linke Seite der Frequenzgleichung (13) etwa als Kurvenordinaten über der Abszisse ζ auf und hat dann nur die Abszissen der Schnittpunkte beider Kurven aufzusuchen.

---

[1] GRAMMEL, R.: Ing.-Arch. Bd. 3 (1932) S. 294 oder BIEZENO-GRAMMEL: Technische Dynamik, Anhang V, Berlin 1939.

In gleicher Weise kann man durch mehrmalige Anwendung der Rekursionsformel (8) auch für andere Maschinentypen fertige und leicht auswertbare Frequenzgleichungen aufstellen. Hier sind zwei Beispiele[1] angegeben:

Maschine Fig. 3: $\qquad (\zeta'\zeta'' - \gamma_1'\gamma_2)\varphi_n = \gamma_1\zeta''\varphi_{n-1}$,

Maschine Fig. 4:

$$(\zeta'\zeta'' - \gamma_1'\gamma_2)\varphi_n = [(\gamma_1' + \gamma_2 - \gamma_1'\gamma_2)\zeta - \\ - (\gamma_1\gamma_2 + \gamma_1'\gamma_2')]\varphi_{n-1};$$

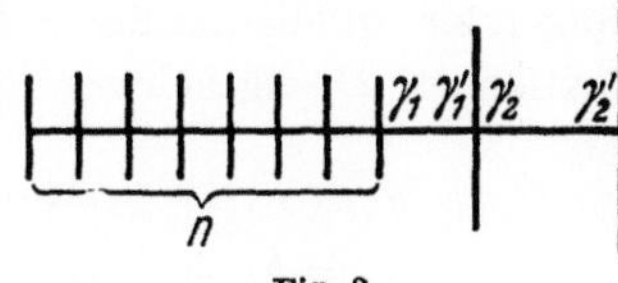
Fig. 3.

darin ist $\zeta' \equiv \zeta - (\gamma_1 + \gamma_1')$, $\zeta'' \equiv \zeta - (\gamma_2 + \gamma_2')$. Die praktische Bedeutung solcher Formeln besteht darin, daß durch die Tabulierung der in ihnen auftretenden Frequenzfunktionen φ immer schon der weitaus größte Teil der Rechnung erledigt ist.

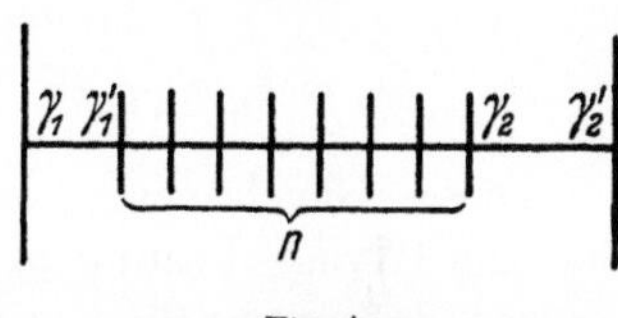
Fig. 4.

Schließlich sei noch erwähnt, daß diese Theorie erster Ordnung den Ausgang für eine genauere Theorie zweiter Ordnung bildet, welche sowohl die zeitliche Schwankung der Trägheitsmomente wie auch die Nebenschlüssigkeit der Torsionskette der Kürbelwelle berücksichtigt[2].

3. Kritische Drehzahlen von Dampfturbinen.

Manche technische Systeme lassen sich gut genähert als Biegungskette darstellen, d. h. als ein System von Massen auf einem masselos gedachten biegsamen Stab. Bei der Berechnung ihrer Eigenfrequenzen ist meistens eine quellenmäßige Methode zweckmäßig, die wir an dem technisch wichtigen Beispiel der *kritischen Drehzahlen* von Dampfturbinenrotoren zeigen.

Man bildet den gegebenen Rotor mit seinen Scheibenmassen m_k (denen man die Wellenmasse schon gleich zugeschlagen hat) zunächst auf eine Biegungskette ab (Fig. 5).

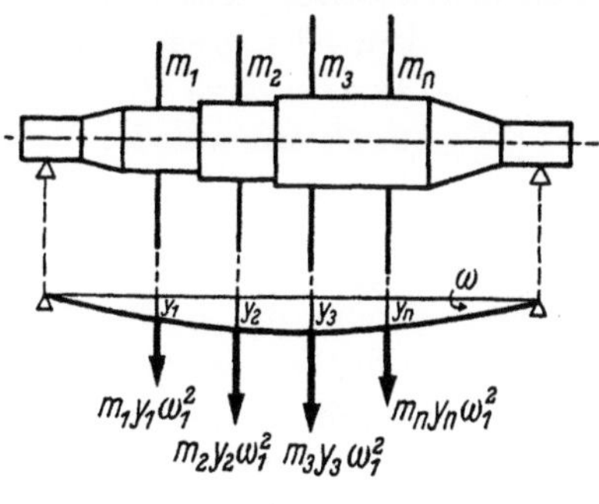
Fig. 5.

---

[1] Entsprechende weitere Formeln auch für hintereinandergeschaltete, parallelgeschaltete, verzweigte Aggregate usw. findet man in Techn. Dynamik, S. 991 bis 1008.

[2] Vgl. Techn. Dynamik, S. 1030—1045.

Um dann das Problem formelmäßig ansetzen zu können, benutzt man folgende Tatsache aus der Dynamik der Rotoren[1]: Kritisch, d. h. zu resonanzartigen Zuständen führend, sind die Drehgeschwindigkeiten ω_i, bei denen die Fliehkräfte $m_k y_k \omega_i^2$ eine stationäre Auslenkung y_k der Welle aufrechterhalten können. Dies führt mit den Einflußzahlen h_{jk} (Auslenkung am Ort j infolge einer Einheitskraft am Ort k) sofort zu folgender quellenmäßiger Darstellung der Auslenkungen y_k bei der kritischen Drehgeschwindigkeit ω_i:

$$\left.\begin{aligned}
y_1 &= h_{11} m_1 y_1 \omega_i^2 + h_{12} m_2 y_2 \omega_i^2 + \cdots + h_{1n} m_n y_n \omega_i^2, \\
y_2 &= h_{21} m_1 y_1 \omega_i^2 + h_{22} m_2 y_2 \omega_i^2 + \cdots + h_{2n} m_n y_n \omega_i^2, \\
&\;\vdots \\
y_n &= h_{n1} m_1 y_1 \omega_i^2 + h_{n2} m_2 y_2 \omega_i^2 + \cdots + h_{nn} m_n y_n \omega_i^2.
\end{aligned}\right\} \tag{14}$$

Dieses Gleichungssystem definiert ein Eigenwertproblem; denn es hat die triviale Lösung $y_k = 0$ für alle Werte ω_i, und man kann beweisen, daß es nur für n positive und im allgemeinen verschiedene Eigenwerte $\lambda_i = \omega_i^2$ einer wirklichen Auslenkung $y_k \neq 0$ fähig ist. Wollte man diese Eigenwerte aus (14) direkt und exakt berechnen, so müßte man die zu (14) gehörige Säkulargleichung aufstellen und auflösen. Dies scheitert bei Rotoren mit vielen Massen m_k daran, daß es schon eine unerträgliche Arbeit wäre, alle h_{jk} zu ermitteln, und daß die Säkulargleichung dann bei n Massen aus $n!$ Produkten von bis zu $2n$ Faktoren h_{jk} und m_k bestehen würde, für größere Werte von n, wie sie wirklich vorkommen, also ein wahres Ungeheuer einer Gleichung wäre.

Man muß sich daher nach indirekten Methoden zur Lösung dieser Aufgabe umsehen. Wir wollen die am besten durchgebildeten und bequemsten dieser Methoden, zunächst für die tiefste und praktisch wichtigste kritische Drehgeschwindigkeit ω_1, kennenlernen. Im wesentlichen sind es zwei: eine Mittelwertsmethode mit mehreren Variationen und eine Iterationsmethode.

a) Erste Mittelwertsmethode.

Jede einzelne der n Gln. (14), in denen wir uns jetzt ω_1^2 statt ω_i^2 geschrieben denken, würde den Wert von ω_1^2 liefern, wenn die y_k bekannt wären. Mit ungenauen Y_k statt der genauen y_k würde jede Gl. (14) einen anderen, ebenfalls ungenauen Wert von ω_1^2 ergeben, und es liegt dann nahe, diese fehlerhaften Werte von ω_1^2 dadurch zu verbessern, daß man aus ihnen einen Mittelwert bildet. Eine solche Mittelwertsbildung nimmt man nun in der Weise vor, daß man die Gln. (14) der Reihe nach mit gewissen Faktoren multipliziert und dann spaltenweise

---

[1] Vgl. Techn. Dynamik, S. 782 und 809.

addiert, und zwar bei der ersten Mittelwertsbildung mit den Faktoren $m_1, m_2, \ldots, m_n$. So kommt wegen $h_{jk} = h_{kj}$

$$m_1 y_1 + \cdots + m_n y_n = \omega_1^2 [m_1 y_1 (h_{11} m_1 + \cdots + h_{1n} m_n) + \cdots + \\ + m_n y_n (h_{n1} m_1 + \cdots + h_{nn} m_n)]$$

oder mit den statischen Durchbiegungen (infolge der Scheibengewichte $G_k = m_k g$)

$$\eta_k = h_{k1} m_1 g + \cdots + h_{kn} m_n g \tag{15}$$

die immer noch strenge Formel

$$\omega_1^2 = g\, \frac{m_1 y_1 + \cdots + m_n y_n}{m_1 y_1 \eta_1 + \cdots + m_n y_n \eta_n}. \tag{16}$$

Geht man in die rechte Seite mit einem beliebigen Wertesatz Y_k statt des unbekannten Wertesatzes y_k (der Auslenkung im kritischen Zustand) ein, so kommt statt ω_1^2 der Wert

$$\omega_1^{*2} = g\, \frac{m_1 Y_1 + \cdots + m_n Y_n}{m_1 Y_1 \eta_1 + \cdots + m_n Y_n \eta_n}. \tag{17}$$

Man kann beweisen, daß stets $\omega_1^{*2} \geqq \omega_1^2$, also eine obere Schranke für den gesuchten Wert ω_1^2 ist. Außerdem hat sich an vielen Beispielen immer wieder gezeigt, daß die rechte Seite von (16) sehr unempfindlich gegen Fehler in den y_k ist (solche Fehler heben sich gegenseitig im Zähler und Nenner weitgehend auf), so daß man in (17) nicht bloß eine obere Schranke, sondern eine recht gute Näherung für ω_1^2 erhält, wenn man den Wertesatz Y_k nicht allzu schlecht abschätzt.

Dies zeigt schon der denkbar einfachste Ansatz $Y_1 = Y_2 = \cdots = Y_n$; er liefert in

$$\omega_1^{*2} = g\, \frac{m_1 + \cdots + m_n}{m_1 \eta_1 + \cdots + m_n \eta_n} \tag{17a}$$

eine erste Näherung für ω_1^2, die, da man die statischen Durchbiegungen η_k wegen der Spaltbemessung zwischen Rotor und Gehäuse meist sowieso schon ermittelt hat (etwa durch eine MOHRsche Konstruktion), sehr rasch ausgewertet ist und in der Regel einen Fehler von höchstens 1% aufweist.

Mit $Y_k = \eta_k$ (indem man also die dynamische Auslenkung der Welle durch ihre statische Durchbiegung ersetzt) erhält man in

$$\omega_1^{*2} = g\, \frac{m_1 \eta_1 + \cdots + m_n \eta_n}{m_1 \eta_1^2 + \cdots + m_n \eta_n^2} \tag{17b}$$

eine zweite Näherung, die mit einem Fehler von meist unter $1^0/_{00}$ schon innerhalb der Genauigkeitsschranke liegt, in der die η_k sich ermitteln lassen.

b) Zweite Mittelwertsmethode.

Will man ohne die η_k auskommen, so multipliziert man die Gln. (14) der Reihe nach mit den Produkten $m_1 y_1, m_2 y_2, \ldots, m_n y_n$ und erhält dann durch Addition

$$m_1 y_1^2 + \cdots + m_n y_n^2 = \omega_1^2 \left[m_1 y_1 \left(h_{11} m_1 y_1 + \cdots + h_{1n} m_n y_n \right) + \cdots + \right.$$
$$\left. + m_n y_n \left(h_{n1} m_1 y_1 + \cdots + h_{nn} m_n y_n \right) \right]$$

oder mit

$$\bar{y}_k = h_{k1} m_1 y_1 + \cdots + h_{kn} m_n y_n \tag{18}$$

(das sind die Durchbiegungen infolge gedachter „Lasten" $m_k y_k$) die wieder zunächst noch strenge Formel

$$\omega_1^2 = \frac{m_1 y_1{}^2 + \cdots + m_n y_n{}^2}{m_1 y_1 \bar{y}_1 + \cdots + m_n y_n \bar{y}_n} . \tag{19}$$

Mit einem beliebigen Wertesatz Y_k (statt y_k) nebst den daraus gemäß (18) folgenden $\bar{Y}_k$ kommt die Näherung

$$\omega_1^{**2} = \frac{m_1 Y_1{}^2 + \cdots + m_n Y_n{}^2}{m_1 Y_1 \bar{Y}_1 + \cdots + m_n Y_n \bar{Y}_n} . \tag{20}$$

Man kann beweisen, daß $\omega_1^2 \leqq \omega_1^{**2} \leqq \omega_1^{*2}$, d. h. daß ω_1^{**2} ebenfalls eine obere Schranke von ω_1^2 ist, und zwar eine tiefere, also bessere als ω_1^{*2}.

Weil in (20) der Nenner $\left(m_1 Y_1 \bar{Y}_1 + \cdots + m_n Y_n \bar{Y}_n \right)$ die doppelte Biegearbeit der gedachten „Lasten" $m_k Y_k$ bei den von ihnen erzeugten Durchbiegungen $\bar{Y}_k$ bedeutet, so kann man ihn ermitteln, ohne die $\bar{Y}_k$ zu bilden, nämlich aus dem Biegemoment $M(x)$ der „Lasten" $m_k Y_k$ sowie der Biegesteifigkeit $B(x)$ der Welle:

$$m_1 Y_1 \bar{Y}_1 + \cdots + m_n Y_n \bar{Y}_n = \int\limits_0^l \frac{M^2}{B} \, dx \; ; \tag{21}$$

das Integral ist über den ganzen Bereich der Längskoordinate der Welle zu nehmen. Da das Biegemoment M aus der Last (wenigstens bei statisch bestimmten Systemen) leicht zu ermitteln ist (rechnerisch oder graphisch), so ist mit (20) nebst (21) ein auch bei abgesetzten Wellen rasch auswertbarer Näherungsausdruck für ω_1^2 gewonnen.

c) Untere Schranke.

Obwohl bei technischen Aufgaben die Formeln (17) und (20) nicht nur obere Schranken, sondern genügend genaue Näherungswerte für die tiefste kritische Drehgeschwindigkeit ω_1 liefern, so wünscht man doch wenigstens grundsätzlich auch noch eine untere Schranke für ω_1 zu kennen. Man erhält eine solche, indem man die Säkulargleichung von (14) formal als Determinantengleichung anschreibt. Aus ihr folgt nach einem algebraischen Satze für die Summe der Kehrwertquadrate der kritischen Drehgeschwindigkeiten

$$\frac{1}{\omega_1{}^2} + \frac{1}{\omega_2{}^2} + \cdots + \frac{1}{\omega_n{}^2} = h_{11}\,m_1 + h_{22}\,m_2 + \cdots + h_{nn}\,m_n$$

und hieraus

$$\omega_1^2 > \frac{1}{h_{11}\,m_1 + \cdots + h_{nn}\,m_n}. \tag{22}$$

Diese untere Schranke für ω_1^2 ist als DUNKERLEYsche Formel bekannt. Sie ist nur von geringem praktischem Wert, da sie zahlenmäßig mühsamer auszuwerten ist als (17) oder (20) und in der Regel vom genauen Wert ω_1^2 viel weiter entfernt ist als die guten oberen Schranken (17) oder (20).

d) Iterationsmethode.

Eine bei Eigenwertproblemen sehr mächtige Methode ist das Verfahren der sog. sukzessiven Iteration. Wir wollen es in seinem typischen Verlauf ebenfalls an dem Beispiel der kritischen Drehzahlen vorführen.

Man wählt (statt der unbekannten, zum richtigen Wertesatz gehörigen Biegelinie) eine beliebige, natürlich schon möglichst gut abgeschätzte Biegelinie mit dem Wertesatz $Y_k^{(0)}$ (Fig. 6),

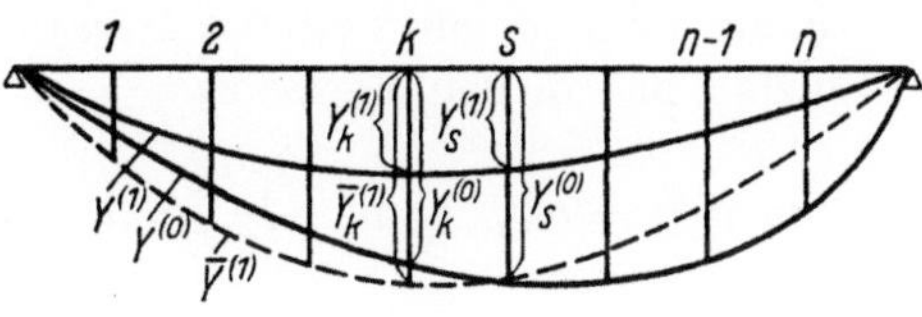

Fig. 6.

ermittelt zu den „Lasten" $m_k\,Y_k^{(0)}$ (etwa mittels einer MOHRschen Konstruktion) die sog. iterierte Biegelinie mit den „Durchbiegungen" $Y_k^{(1)}$ und vergleicht nun die beiden Wertesätze $Y_k^{(0)}$ und $Y_k^{(1)}$ miteinander; das geschieht durch die Quotienten

$$q_k^{(1)} = \frac{Y_k^{(0)}}{Y_k^{(1)}} \qquad (k = 1, 2, \ldots, n). \tag{23}$$

Hätte man zufällig die richtigen Ausgangswerte $Y_k^{(0)} = y_k$ gewählt, so würde sich das daran erkennen lassen, daß alle $q_k^{(1)}$ denselben Wert hätten; dann wäre $q_k^{(1)} = \omega_1^2$, wie man aus (14) sofort schließt, und man könnte die beiden Kurven in den Ordinaten $Y_k^{(0)}$ und $Y_k^{(1)}$ dadurch zur Deckung bringen, daß man die Ordinaten der Kurve der $Y_k^{(1)}$ alle mit jenem gemeinsamen Wert von $q_k^{(1)}$ multiplizierte. In Wirklichkeit werden aber die Quotienten $q_k^{(1)}$ noch streuen. Man bildet dann mit dem Wert $q_s^{(1)}$ einer beliebigen (zweckmäßig in der Nähe der größten Durchbiegung gelegenen) Stelle s die zu dem Wertesatz

$$\overline{Y}_k^{(1)} = q_s^{(1)}\,Y_k^{(1)} \qquad (k = 1, 2, \ldots, n) \tag{24}$$

gehörige Biegelinie (in Abb. 6 gestrichelt), die also die ursprüngliche Biegelinie im Punkt s schneidet. Dann sind die Ordinatendifferenzen

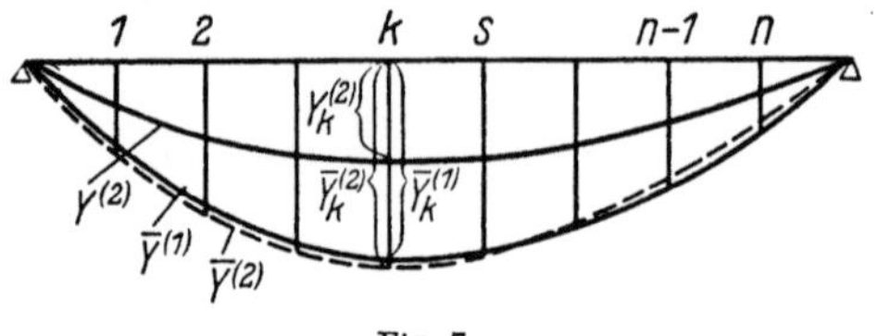

Fig. 7.

der zu $Y_k^{(0)}$ und $\overline{Y}_k^{(1)}$ gehörigen Kurven ein Maß für die Güte dieser sog. ersten Iteration.

Man wiederholt jetzt, wenn nötig, das Verfahren, ausgehend vom Wertesatz $Y_k^{(1)}$, ermittelt also zu den „Lasten" $m_k \overline{Y}_k^{(1)}$ die „Durchbiegungen" $Y_k^{(2)}$ (Fig. 7) sowie die Quotienten

$$q_k^{(2)} = \frac{\overline{Y}_k^{(1)}}{Y_k^{(2)}} \qquad (k = 1, 2, \ldots, n), \qquad (25)$$

ferner

$$\overline{Y}_k^{(2)} = q_s^{(2)} Y_k^{(2)} \cdot \qquad (k = 1, 2, \ldots, n). \qquad (26)$$

Fig. 7 (in der die Kurve der $\overline{Y}_k^{(2)}$ wieder gestrichelt ist) deutet im Vergleich mit Fig. 6 an, daß nach dieser zweiten Iteration die Ordinatendifferenzen schon viel kleiner geworden sind als nach der ersten Iteration.

Fährt man so mit weiteren Iterationsschritten fort, so kommt im Grenzfall das in den Formeln

$$\lim_{N \to \infty} q_k^{(N)} = \omega_1^2, \quad \lim_{N \to \infty} \frac{\overline{Y}_k^{(N)}}{\overline{Y}_k^{(N-1)}} = 1 \qquad \text{(unabhängig von } k), \qquad (27)$$

$$\omega_1^{(N)2} = \frac{m_1 \overline{Y}_1^{(N-1)} Y_1^{(N)} + \cdots + m_n \overline{Y}_n^{(N-1)} Y_n^{(N)}}{m_1 Y_1^{(N)2} + \cdots + m_n Y_n^{(N)2}} \geqq \omega_1^2 \qquad (28)$$

$$\text{für jedes } N = 1, 2 \ldots \quad \left(\text{mit } \overline{Y}_k^{(0)} \equiv Y_k^{(0)}\right)$$

ausgedrückte Ergebnis[1], das man so in Worte fassen kann:

Die schwankenden Quotienten $q_k^{(N)}$ streben dem gesuchten Wert ω_1^2 zu, die iterierten Biegelinien $\overline{Y}_k^{(N)}$ der Auslenkungskurve der tiefsten kritischen Drehzahl (abgesehen von einem unwesentlichen konstanten Verzerrungsfaktor); und wenn man das Verfahren nach N Schritten abbricht und aus den $\overline{Y}_k^{(N-1)}$ und den $Y_k^{(N)}$ den Bruch (28) bildet, so ist dieser eine obere Schranke für ω_1^2.

In Wirklichkeit ist nun diese Iterationsmethode von einer geradezu erstaunlich raschen Konvergenz, und eben darin liegt ihre große praktische Bedeutung. Wenn die Ausgangslinie der $Y_k^{(0)}$ nicht gerade zu schlecht gewählt ist, so genügt regelmäßig schon *ein* Iterationsschritt, um in (28) einen sehr guten Näherungswert für ω_1^2 zu liefern; ein zweiter Iterationsschritt, der meist schon an die Grenze der Zeichengenauigkeit

---

[1] Vgl. Techn. Dynamik, S. 155—160.

herankommt, hat dann nur noch den Zweck einer Kontrolle. Diese Methode ist in der Technik als VIANELLOsches oder STODOLAsches Verfahren bekannt.

e) Ermittlung höherer Eigenwerte.

Mit den vorangehenden Methoden ist die tiefste kritische Drehzahl ω_1 auch bei komplizierten Maschinen bequem zu finden. Nicht selten wünscht man nun auch noch eine oder mehrere der höheren Kritischen zu kennen. So unempfindlich indessen die Mittelwertsmethoden gegen Fehler in dem Ausgangswertesatz bei ω_1 sind, so empfindlich sind sie bei ω_2, ω_3 usw. schon gegen kleine Fehler in der Annahme über die Lage der jetzt nicht leicht abzuschätzenden Knotenpunkte der Biegelinien. Die Iterationsmethode hat aber stets das Bestreben, gegen ω_1 zu konvergieren, und zwar deswegen, weil, wie man beweisen kann, Iterieren ein Prozeß ist, der systematisch die Eigenlösung des tiefsten Eigenwertes diejenigen der höheren Eigenwerte überwuchern läßt. Man muß also, um zum Ziele zu kommen, ebenso systematisch alle Spuren der tiefsten Eigenlösung austilgen, wo sie sich zeigen. Dies gelingt auf Grund der aus (14) folgenden Erkenntnis, daß irgendein Wertesatz Y_k^* dann und nur dann von der tiefsten Eigenlösung y_k frei ist, wenn

$$m_1 Y_1^* y_1 + \cdots + m_n Y_n^* y_n = 0 \qquad (29)$$

ist (sog. Orthogonalitätsbedingung).

Man geht daher folgendermaßen vor. Zunächst verschafft man sich durch Iteration genügend genau den wahren Wertesatz y_k der tiefsten kritischen Drehgeschwindigkeit ω_1, wählt sodann — für die Ermittlung von ω_2 — einen Wertesatz Y_k mit *einem* Knotenpunkt, reinigt Y_k von der tiefsten Eigenlösung y_k, indem man den Wertesatz

$$Y_k^* = Y_k - c\, y_k \quad \text{mit} \quad c = \frac{m_1 Y_1 y_1 + \cdots + m_n Y_n y_n}{m_1 y_1^2 + \cdots + m_n y_n^2} \qquad (30)$$

bildet, der die Bedingung (29) offensichtlich erfüllt, und iteriert diesen Wertesatz Y_k^*. Vor jedem Iterationsschritt ist die gleiche Reinigung (30) vorzunehmen. Für ω_2^2 gilt dann (28).

Hat man so die Eigenlösung y_k' des zweiten Eigenwertes ω_2^2 genügend genau gefunden, so wählt man — für die Ermittlung von ω_3^2 — einen Wertesatz Y_k mit zwei Knotenpunkten, bildet daraus

$$Y_k^* = Y_k - c\, y_k - c'\, y_k' \quad \text{mit} \quad c' = \frac{m_1 Y_1 y_1' + \cdots + m_n Y_n y_n'}{m_1 y_1'^2 + \cdots + m_n y_n'^2} \qquad (31)$$

und iteriert diesen Wertesatz. Für ω_3^2 gilt dann ebenfalls (28). Entsprechend schreitet man zu ω_4^2 fort usw. — Diese Methode (nach J. J. KOCH) ist bei ω_2 noch sehr handlich; für höhere Eigenwerte wird sie aber natürlich immer mühsamer.

An den so gefundenen Werten von ω_1, ω_2 ... ist mitunter noch eine Verbesserung anzubringen. Wir haben bisher die Scheiben des Rotors durch Punktmassen m_k ersetzt, was an sich genau genug wäre, wenn nicht die Scheiben bei der Ausbiegung der Welle im kritischen Zustand sich zugleich etwas schräg stellen würden. Wenn sie in dieser Schrägstellung umlaufen, so tritt ein Kreiselmoment auf, das die Welle scheinbar versteift und so die kritischen Drehzahlen hinaufsetzt. Auch dieses Kreiselmoment kann in den geschilderten Methoden wohl berücksichtigt werden[1].

B. Kontinuierliche Systeme.

4. Differentialgleichung, Integralgleichung und Variationsgleichung typischer Eigenwertprobleme.

Wenn man technische Gebilde, wie einen Dampfturbinenrotor oder wie eine Kurbelwelle samt den an ihr hängenden Kurbelgetrieben usw., in einzelne Massen oder Drehmassen auflöst, so geschieht dies deshalb, weil so komplizierte Gebilde sich als kontinuierliche Massen jeder Rechnung entziehen, und weil die Genauigkeit, die man mit ihren Ersatzsystemen von endlich vielen Freiheitsgraden erzielt, völlig ausreicht. Bei Maschinenteilen von einfacherer Form, wie etwa einzelnen Wellen, Kolbenstangen, Scheiben usw., wäre es dagegen im allgemeinen unzweckmäßig, sie in Einzelmassen künstlich zu zerlegen. Hier ist die Eigenwerttheorie der kontinuierlichen Systeme angebracht. Auch sie kann von einer differentiellen oder von einer quellenmäßigen Darstellung ausgehen. Wir wollen uns auf Probleme mit einer unabhängigen Variabeln x (z. B. Längskoordinate eines Stabes oder Radialkoordinate einer Scheibe) und einer abhängigen Variabeln y (z. B. Querauslenkung oder Torsionsausschlag) beschränken.

Stationäre Schwingungen und Knickungen kontinuierlicher Gebilde kann man erstens in der Weise mathematisch ansetzen, daß man ein Element herausgreift und die Wirkung formuliert, die seine Nachbarelemente auf es ausüben. Dies führt auf die *Differentialgleichung* des Problems, zu der dann jedesmal auch noch gewisse *Randbedingungen* an den Endstellen der unabhängigen Variabeln x (Stabenden, Scheibenränder) gehören. In der folgenden Zusammenstellung sind unter **a)** bis **g)** einige solche Differentialgleichungen samt Randbedingungen aufgeführt, mit denen wir es später zum Teil noch im einzelnen zu tun haben werden. Auf die Herleitung dieser Gleichungen müssen wir hier verzichten; es sei nur beispielsweise darauf hingewiesen, daß die Differentialgleichung (32) der Torsionsschwingungen eines Stabes das kontinuierliche Analogon der Differenzengleichung (6) ist.

---

[1] Vgl. Techn. Dynamik, S. 836—842.

Man kann viele Probleme nun aber auch wieder zweitens quellenmäßig, nämlich durch eine *Integralgleichung*, darstellen, wie es die folgende Zusammenstellung zeigt. Wir wollen das am Beispiel der Integralgleichung (33') der Biegeschwingungen eines Stabes erklären. [Diese Gleichung ist die Erweiterung des Systems (14) auf unendlich viele Freiheitsgrade.] Ist $y(\xi)$ die Schwingungsamplitude an der Stelle ξ, ferner $\varrho F(\xi)d\xi$ die Masse eines dortigen Stabelementes $d\xi$ vom Querschnitt $F(\xi)$ und λ das Frequenzquadrat, so ist (weil bei stationären Schwingungen Frequenzquadrat mal Schwingungsamplitude gleich Beschleunigungsamplitude) $\lambda\varrho F(\xi)\,y(\xi)\,d\xi$ die Amplitude der Trägheitskraft des Stabelements $d\xi$. Bedeutet $H(x,\xi)$ die sog. Einflußfunktion oder GREENsche Funktion des Problems, d. h. die Auslenkung an der Stelle x infolge einer Einheitskraft an der Stelle ξ (also die Verallgemeinerung der früher benutzten Einflußzahlen h_{jk}), so ist die Auslenkung $y(x)$ an der Stelle x gleich dem über die ganze Stablänge genommenen Integral $\int H(x,\xi)\cdot\lambda\varrho F(\xi)y(\xi)d\xi$, und damit ist die Integralgleichung (33') gewonnen.

Von den in **a)** bis **g)** aufgeführten *Variationsgleichungen* wird später die Rede sein.

In der nun folgenden Zusammenstellung bedeuten E, G und ν den Elastizitätsmodul, den Schubmodul und die Querdehnungszahl, $\varrho\,(=\gamma/g)$ die Massendichte, y den Ausschlag (Torsionsausschlag), λ das Frequenzquadrat oder die Knicklast; Striche bedeuten Ableitungen nach x bzw. ξ. Alle Integrale ohne Bezeichnung der Grenzen sind über den ganzen Bereich der Variabeln x zu nehmen (Stablänge, Scheibenradius vom Innen- bis Außenrand).

a) Stationäre Torsionsschwingungen eines Stabes von veränderlichem polarem Querschnittsträgheitsmoment $J(x)$ und veränderlicher Torsionssteifigkeit $C(x)$ (Luftschraubenflügel):

Diff.-Gl. $$(Cy')' + \lambda\varrho Jy = 0, \tag{32}$$

Randbed.: fester Rand $y = 0$, freier Rand $y' = 0$.

Int.-Gl. $$y(x) = \lambda\int H(x,\xi)\,\varrho J(\xi)\,y(\xi)\,d\xi\,[\equiv\lambda\eta(\varrho Jy)]. \tag{32'}$$

Var.-Gl. $$\delta\int(Cy'^2 - \lambda\varrho Jy^2)\,dx = 0. \tag{32''}$$

b) Stationäre Biegeschwingungen eines Stabes von veränderlichem Querschnitt $F(x)$ und veränderlicher Biegesteifigkeit $B(x)$:

Diff.-Gl. $$(By'')'' - \lambda\varrho Fy = 0, \tag{33}$$

Randbed.: fester Rand $y = 0$, eingespannter Rand $y = y' = 0$, freier Rand $By'' = (By'')' = 0$.

Int.-Gl. $$y(x) = \lambda\int H(x,\xi)\,\varrho F(\xi)\,y(\xi)\,d\xi\,[\equiv\lambda\eta\,(\varrho Fy)]. \tag{33'}$$

Var.-Gl. $$\delta\int(By''^2 - \lambda\varrho Fy^2)\,dx = 0. \tag{33''}$$

c) Dasselbe im Fliehkraftfeld (Dampfturbinenschaufel von der Länge l auf einer mit der Drehgeschwindigkeit ω umlaufenden Scheibe vom Halbmesser r):

Diff.-Gl.
$$(By'')'' - (Dy')' - \lambda \varrho F y = 0 \quad \left. \begin{array}{c} \\ \\ \end{array} \right\}$$
$$\text{mit} \quad D(x) \equiv \omega^2 \int_x^l (r + x)\, \varrho F\, dx. \tag{34}$$

Keine Int.-Gl., da keine GREENsche Funktion explizit angebbar ist.

Var.-Gl.
$$\delta \int (By''^2 + Dy'^2 - \lambda \varrho F y^2)\, dx = 0. \tag{34''}$$

d) Stationäre Torsionsschwingungen einer Kreisscheibe von der mit dem Radius x veränderlichen Dicke $z(x)$ (Dampfturbinenscheibe):

Diff.-Gl.
$$G(x^3 z y')' + \lambda \varrho\, x^3 z y = 0, \tag{35}$$

Randbed.:   fester Rand $y = 0$,   freier Rand $y' = 0$.

Int.-Gl.
$$y(x) = \lambda \int H(x, \xi)\, \varrho \xi^3 z(\xi)\, y(\xi)\, d\xi\, [\equiv \lambda \eta(\varrho \xi^3 z y)]. \tag{35'}$$

Var.-Gl.
$$\delta \int (G x^3 z y'^2 - \lambda \varrho\, x^3 z y^2)\, dx = 0. \tag{35''}$$

e) Stationäre drehsymmetrische Biegeschwingungen einer umlaufenden Kreisscheibe von veränderlicher Dicke $z(x)$ (Dampfturbinenscheibe)[1]:

Diff.-Gl.
$$\left(\frac{\partial \Phi}{\partial y''}\right)'' - \left(\frac{\partial \Phi'}{\partial y'}\right)' - 2\lambda \varrho\, x z y = 0, \tag{36}$$

Randbed.:   fester Rand $y = 0$,   eingespannter Rand $y = y' = 0$,

$$\text{freier Rand } \frac{\partial \Phi}{\partial y''} = \left(\frac{\partial \Phi}{\partial y''}\right)' - \frac{\partial \Phi}{\partial y'} = 0.$$

Keine Int.-Gl.

Var.-Gl.
$$\delta \int (\Phi - \lambda \varrho\, x z y^2)\, dx = 0. \tag{36''}$$

Dabei ist

$$\Phi \equiv \frac{1}{12} \frac{E}{1 - v^2} z^3 \left[x \left(y'' + \frac{y'}{x} \right)^2 - 2(1 - v)\, y' y'' \right] + \sigma_r\, x z y'^2, \tag{36'''}$$

wobei σ_r die Radialspannung infolge der Fliehkraft bedeutet.

f) Knickung eines Stabes von veränderlicher Biegesteifigkeit $B(x)$:

Diff.-Gl.
$$(By'')'' + \lambda y'' = 0. \tag{37}$$

Int.-Gl.
$$y'(x) = \lambda \int H(x, \xi)\, y'(\xi)\, d\xi\, [\equiv \lambda \eta'(y')]. \tag{37'}$$

Var.-Gl.
$$\delta \int (By''^2 - \lambda y'^2)\, dx = 0. \tag{37''}$$

---

[1] Vgl. Techn. Dynamik, S. 707.

g) Dasselbe bei elastischer Bettung (Bettungszahl $\varkappa$):

Diff.-Gl.
$$(By'')'' + \varkappa y + \lambda y'' = 0. \tag{38}$$

Keine Int.-Gl.

Var.-Gl.
$$\delta \int (By''^2 + \varkappa y^2 - \lambda y'^2)\, dx = 0. \tag{38''}$$

Man erkennt, daß alle in **a)** bis **e)** aufgezählten Differentialgleichungen dieser Eigenwertprobleme die gemeinsame Form

$$L(y) \pm \lambda \mu y = 0 \tag{39}$$

haben, wo L ein dem Problem eigentümlicher Differentialausdruck zweiter oder vierter Ordnung und $\mu(x)$ die sog. (stets positive) Belegungsfunktion (bei Schwingungen die Masse bzw. das Massenträgheitsmoment der Längeneinheit von x) ist. Die gemeinsame Form der Integralgleichungen in **a)** bis **d)** ist

$$y(x) = \lambda \eta(\mu y), \tag{40}$$

wo $\eta(\mu y)$ die „Auslenkung" infolge der kontinuierlichen „Last" μy bedeutet (die man beispielsweise bei Stabbiegungen stets durch eine Mohrsche Konstruktion finden kann); sie gehorcht der Differentialgleichung

$$L(\eta) \pm \mu y = 0, \tag{41}$$

wie man aus (39) leicht schließt. — Wir merken ohne Beweis noch an, daß die in **a)** bis **g)** genannten Eigenwertprobleme lauter positive Eigenwerte λ_i besitzen, deren tiefster λ_1 in den Fällen **a)** bis **f)** keinen Knotenpunkt in y aufweist.

5. Die Schwarzsche Einschrankung des tiefsten Eigenwertes.

Man erhält eine zwar im allgemeinen rohe, aber gerade bei technischen Eigenwertaufgaben oft recht brauchbare Abschätzung für den tiefsten Eigenwert λ_1, indem man die Differentialgleichung (39) des Problems nach λ auflöst. Würde man die (knotenpunktfreie) Auslenkung $y_1(x)$ des tiefsten Eigenwertes kennen, so wäre genau $\lambda_1 = \mp L(y_1) : \mu y_1$, also berechenbar. Nimmt man statt dessen eine beliebige, gut abgeschätzte Näherung $Y(x)$, die ebenfalls knotenpunktfrei sein muß, so wird auch der Ausdruck $\mp L(Y) : \mu Y$ vermutlich um den gesuchten Wert λ_1 irgendwie schwanken, und man kann folgenden Satz beweisen:

Ist $Y(x)$ eine (hinreichend oft stetig differentiierbare) Funktion, die die Randbedingungen erfüllt, im Innern des Bereiches nirgends verschwindet, und für welche $L(Y)$ an Randstellen mit $Y = 0$ von gleicher Ordnung wie Y verschwindet, so gilt die *Einschrankung*

$$\left[\mp \frac{L(Y)}{\mu Y} \right]_{\min} \leqq \lambda_1 \leqq \left[\mp \frac{L(Y)}{\mu Y} \right]_{\max}. \tag{42}$$

Bei technischen Problemen kann dabei allerdings häufig eine Schwierigkeit insofern auftreten, als in dem Ausdruck L Größen wie C, B, z (vgl. die obigen Beispiele) vorkommen, die nur zeichnerisch gegeben sind, oft sogar mit Sprungstellen, so daß eine ein- oder mehrmalige Differentiation nicht hinreichend genau möglich ist. In diesem Falle führt eine Einschrankung zum Ziele, die in analoger Weise aus der Integralgleichung (40) des Problems hervorgeht. Es gilt nämlich der Satz:

Ist Y eine (integrierbare) Funktion, die im Innern des Bereiches nirgends verschwindet, aber an Randstellen, für welche $\eta(\mu Y) = 0$ wird, von gleicher Ordnung wie η verschwindet, so gilt die *Einschrankung*

$$\left[\frac{Y}{\eta(\mu Y)}\right]_{\min} \leqq \lambda_1 \leqq \left[\frac{Y}{\eta(\mu Y)}\right]_{\max}. \tag{43}$$

Die Funktion Y braucht dabei nicht einmal die Randbedingungen zu erfüllen. Die zur „Last" μY gehörige „Auslenkung" $\eta(\mu Y)$ kann man auch hier entweder durch eine MOHRsche oder entsprechende Konstruktion oder durch Lösung der elastostatischen Aufgabe (41), nämlich durch Integration der Gleichung

$$L(\eta) \pm \mu Y = 0, \tag{44}$$

also jedenfalls ohne Differentiationen finden.

Als Muster- und Vergleichsbeispiel wählen wir die Torsionsschwingungen eines Stabes von der Länge l mit einem festen Ende ($x = 0$) und einem freien Ende ($x = l$). Die Einschrankung (42) wird hier gemäß (32)

$$\left[-\frac{(CY')'}{\varrho J Y}\right]_{\min} \leqq \lambda_1 \leqq \left[-\frac{(CY')'}{\varrho J Y}\right]_{\max}. \tag{45}$$

Der Ansatz $Y \equiv x - \dfrac{x^3}{3l^2}$ erfüllt beide Randbedingungen ($Y = 0$ für $x = 0$ und $Y' = 0$ für $x = l$) und gibt für konstante Werte von C und J

$$\left[\frac{2}{1 - \dfrac{x^2}{3l^2}}\right]_{\min} \cdot \beta^2 \leqq \lambda_1 \leqq \left[\frac{2}{1 - \dfrac{x^2}{3l^2}}\right]_{\max} \cdot \beta^2 \quad \text{mit} \quad \beta^2 = \frac{C}{\varrho J l^2} \tag{46}$$

oder ausgerechnet

$$\sqrt{2}\,\beta \leqq \sqrt{\lambda_1} \leqq \sqrt{3}\,\beta. \tag{47}$$

Genau ist die tiefste Frequenz $\sqrt{\lambda_1} = \dfrac{\pi}{2}\,\beta$; der Fehler beider Schranken beträgt also rund 10%. — Die Einschrankung (43) wird gemäß (32')

$$\left[\frac{Y}{\eta(\varrho J Y)}\right]_{\min} \leqq \lambda_1 \leqq \left[\frac{Y}{\eta(\varrho J Y)}\right]_{\max} \quad \text{mit} \quad (C\eta')' = -\varrho J Y. \tag{48}$$

Der gleiche Ansatz $Y \equiv x - \dfrac{x^3}{3\,l^2}$ gibt für konstantes C und J

$$\eta = \frac{\varrho\, l^2 J}{C} \cdot \frac{x}{60} \left(\frac{x^4}{l^4} - 10\,\frac{x^2}{l^2} + 25 \right)$$

und damit

$$\sqrt{\frac{12}{5}}\, \beta \le \sqrt{\lambda_1} \le \sqrt{\frac{5}{2}}\, \beta . \tag{49}$$

Der Fehler der unteren Schranke ist nur noch 1,3%, der Fehler der oberen Schranke nur noch 0,6%.

Das Beispiel zeigt (und man kann dies allgemein beweisen), daß die Einschrankung (43) bei gleichem Ansatz stets enger (und zwar viel enger) als die Einschrankung (42) ist. Ihre eigentliche Wirksamkeit erweisen diese beiden Einschrankungen, und namentlich die zweite- natürlich erst an technischen Beispielen (z. B. beim Luftschrauben, flügel). und man bemerkt, daß bei (43) die Mühe nur wenig größer wird, wenn B, C, z usw. variabel sind, wogegen die exakte Lösung des Eigenwertproblems mittels der Differential- oder Integralgleichung dann sehr umständlich würde[1].

Wie man die Einschrankungen (42) und (43) auch auf höhere Eigenwerte ausdehnen könnte, lassen wir hier unerörtert, da die Auffindung geeigneter Ansätze Y, die die gleichen Knotenpunkte wie $L(Y)$ bzw. $\eta(\mu Y)$ haben müssen, im allgemeinen ziemlich mühsam ist, jedenfalls mühsamer als die folgenden Methoden.

6. Die Rayleigh-Ritzsche Methode.

Ein weiteres, sehr mächtiges, zu großer Genauigkeit vordringendes Rechenverfahren für den tiefsten und die nächsthöheren Eigenwerte λ_1, λ_2 ... knüpft an die sog. Variationsgleichung des Systems an, zu der man kommt, wenn man sich daran erinnert, daß die Probleme der Mechanik auf gewisse Minimalprinzipe zurückgeführt werden können. Diese Prinzipe sagen aus, daß sich jeder statische oder kinetische Vorgang so abspielt, daß dabei eine gewisse Größe ein Minimum wird. So wird z. B. bei allen stationären Schwingungen die Differenz zwischen potentieller Energie des größten Ausschlages (maximale Formänderungs-energie) und kinetischer Energie beim Durchgang durch die Nullage (maximale Bewegungsenergie) ein Minimum (HAMILTONsches Prinzip); bei allen Knickungen wird die Differenz zwischen Formänderungsarbeit und Arbeit der Knickkräfte ein Minimum (CASTIGLIANOsches Prinzip).

---

[1] Über die Geschichte der von uns nach H. A. SCHWARZ benannten Einschrankung, die oft auch als TEMPLEsche Einschrankung bezeichnet wird, vgl. man L. COLLATZ: Z. angew. Math. Mech. Bd. 19 (1939) S. 239 sowie Math. Z. Bd. 46 1940) S. 706.

Hiernach wird man die Variationsgleichungen (32″) bis (38″) leicht verstehen können. In (32″) bedeutet $U \equiv \int C y'^2 dx$ die doppelte Formänderungsenergie der Torsion y und $\lambda K \equiv \int \lambda \varrho J y^2 dx$ die doppelte maximale kinetische Energie [weil $\varrho J dx$ das Trägheitsmoment des Stabelements dx und $(\sqrt{\lambda} y)$ die maximale Drehgeschwindigkeit bei der Schwingung ist]. Das Zeichen δ bedeutet die Variation der Differenz $U - \lambda K \equiv \int (C y'^2 - \lambda \varrho J y^2) dx$. Da, wo sie Null ist, hat man einen Extremwert des Integrals — daß es ein Minimum ist, läßt sich beweisen. In (33″) bedeutet ebenso $U \equiv \int B y''^2 dx$ die doppelte Formänderungsarbeit der Biegung y und $\lambda K \equiv \int \lambda \varrho F y^2 dx$ die doppelte maximale kinetische Energie der Schwingung; und in ähnlicher Weise sind auch die anderen Variationsgleichungen verständlich. Sie können alle in der Form

$$\delta \left[U(y) - \lambda K(y) \right] = 0 \tag{50}$$

geschrieben werden.

In der Variationsrechnung wird gezeigt, daß jeweils aus der Variationsgleichung durch Ausführen der Operation δ die Differentialgleichung des Problems samt den Randbedingungen an den freien Rändern folgt (falls man die — geometrischen — Randbedingungen an den festen Rändern beachtet, was das Minimalprinzip stets vorschreibt). Aber diesen Lösungsweg über die Differentialgleichung wollen wir, da für technische Probleme häufig ungangbar, gerade vermeiden und daher die Frage aufwerfen, ob man nicht durch sog. direkte Auflösung der Variationsgleichung zum Ziele kommen kann.

Wir knüpfen an die Tatsache an, daß für die genaue Lösung y_1 die beiden Posten, als deren Differenz das Variationsintegral erscheint (potentielle und kinetische Energie, Formänderungsarbeit und Arbeit der Knickkräfte), genau gleich sein müssen (Energiesatz), so daß das gesuchte Minimum gleich Null ist, und zwar für den tiefsten Eigenwert λ_1 ein wahres Minimum. Folglich ist der Wert des Variationsintegrals für alle anderen Funktionen Y, die bei der Variation zum Vergleich zugelassen werden dürfen, positiv (zum mindesten nicht negativ):

$$U(Y) - \lambda_1 K(Y) \geqq 0 \tag{51}$$

oder $U(Y) : K(Y) \geqq \lambda_1$. Wenn man nun noch hinzunimmt, daß alle Minimalprinzipe der Mechanik stets verlangen, daß die zum Vergleich zugelassenen Funktionen die sog. geometrischen Randbedingungen (d. h. die Bedingungen über etwaige Lagerung und Einspannung) erfüllen müssen, so hat man den RAYLEIGH*schen Satz*:

Für alle Funktionen Y, die die geometrischen Randbedingungen befriedigen, ist

$$\lambda^* \equiv \frac{U(Y)}{K(Y)} \geqq \lambda_1, \tag{52}$$

also eine obere Schranke für den tiefsten Eigenwert λ_1.

Daraus folgt die RAYLEIGH*sche Methode*: Man wählt eine geeignete (d. h. mindestens die geometrischen Randbedingungen befriedigende und sich der vermutlichen Lösung gut anpassende) Funktionenklasse $Y = f(x, a_1, \ldots, a_n)$ mit n Parametern $a_1, a_2, \ldots, a_n$, bildet mit ihr die Funktion $\lambda^*(a_1, a_2, \ldots, a_n)$ und sucht mit den Rechenregeln der gewöhnlichen Maximum-Minimum-Rechnung das Minimum von λ^*; dann ist dieses eine obere Schranke und damit ein Näherungswert für λ_1.

Wenn Y die Parameter a_k insbesondere linear und homogen enthält, also die Form eines sog. RITZ-Ansatzes

$$Y \equiv a_1 \mathfrak{y}_1(x) + a_2 \mathfrak{y}_2(x) + \cdots + a_n \mathfrak{y}_n(x) \tag{53}$$

hat, wo die sog. Koordinatenfunktionen $\mathfrak{y}_k(x)$ die geometrischen Randbedingungen befriedigen, so entsteht daraus die RITZ*sche Methode*: Man bilde mit dem Ansatz (53) die n Gleichungen

$$\frac{\partial}{\partial a_k}[U(Y) - \lambda^* K(Y)] = 0 \qquad (k = 1, 2, \cdots, n); \tag{54}$$

das sind (wenn U und K homogene quadratische Funktionen von Y, Y', Y'' sind, wie es bei Eigenwertproblemen die Regel ist) n homogene lineare Gleichungen für die Parameter a_k. Ihre Koeffizientendeterminante muß also verschwinden; das liefert eine Gleichung n-ten Grades für λ^*. Deren n Wurzeln $\lambda_1^*, \lambda_2^*, \ldots, \lambda_n^*$, der Größe nach geordnet, sind obere Schranken für die (ebenfalls der Größe nach geordneten) n tiefsten Eigenwerte $\lambda_1, \lambda_2, \ldots, \lambda_n$.

Als Musterbeispiel wählen wir hier die Biegeschwingungen eines prismatischen Balkens, dessen eines Ende ($x = 0$) eingespannt, dessen anderes Ende ($x = l$) frei sein soll. Die einfachsten Koordinatenfunktionen, die die Einspannbedingung erfüllen, sind $\mathfrak{y}_1 \equiv x^2$ und $\mathfrak{y}_2 \equiv x^3$. Mit dem zu ihnen gehörigen zweigliedrigen Ansatz $Y \equiv a_1 x^2 + a_2 x^3$ erhält man nach (33'')

$$\left.\begin{aligned} U(Y) &\equiv B \int_0^l Y''^2 dx = (4 l a_1^2 + 12 l^2 a_1 a_2 + 12 l^3 a_2^2) B, \\ K(Y) &\equiv \varrho F \int_0^l Y^2 dx = \left(\frac{l^5}{5} a_1^2 + \frac{l^6}{3} a_1 a_2 + \frac{l^7}{7} a_2^2\right) \varrho F, \end{aligned}\right\} \tag{55}$$

und also nach der RITZschen Vorschrift (54)

$$\left.\begin{aligned} (\ 8 a_1 + 12 l a_2) B &- \left(\frac{2}{5} l^4 a_1 + \frac{1}{3} l^5 a_2\right) \lambda^* \varrho F = 0, \\ (12 a_1 + 24 l a_2) B &- \left(\frac{1}{3} l^4 a_1 + \frac{2}{7} l^5 a_2\right) \lambda^* \varrho F = 0. \end{aligned}\right\} \tag{56}$$

Die Determinantengleichung wird mit $\beta^2 = \dfrac{B}{\varrho F l^4}$

$$\begin{vmatrix} 8 - \dfrac{2}{5}\dfrac{\lambda^*}{\beta^2} & 12 - \dfrac{1}{3}\dfrac{\lambda^*}{\beta^2} \\ 12 - \dfrac{1}{3}\dfrac{\lambda^*}{\beta^2} & 24 - \dfrac{2}{7}\dfrac{\lambda^*}{\beta^2} \end{vmatrix} = 0$$

oder

$$\left(\frac{\lambda^*}{\beta^2}\right)^2 - 9\cdot136\cdot\left(\frac{\lambda^*}{\beta^2}\right) + 9\cdot35\cdot48 = 0 \tag{57}$$

und liefert die Frequenzen

$$\sqrt{\lambda_1^*} = 3{,}533\,\beta, \qquad \sqrt{\lambda_2^*} = 34{,}81\,\beta. \tag{58}$$

Genau ist $\sqrt{\lambda_1} = 3{,}5160\,\beta$, $\sqrt{\lambda_2} = 22{,}035\,\beta$. Die Fehler sind somit $0{,}5\%$ und über 50%.

7. Die Galerkinsche Methode und ihr Gegenstück.

Ein scheinbar ganz anderes und tatsächlich auch unabhängig von der RAYLEIG-RITZschen Methode gefundenes Verfahren knüpft wieder an die Differentialgleichung des Problems an. Geht man mit dem RITZ-Ansatz (53), wo die Koordinatenfunktionen $\mathfrak{y}_k$ nun aber alle Randbedingungen (also sowohl die geometrischen an festen Rändern wie die sog. dynamischen an freien Rändern) erfüllen müssen, in die Differentialgleichung (39) ein, multipliziert diese der Reihe nach mit $\mathfrak{y}_1, \mathfrak{y}_2, \ldots, \mathfrak{y}_n$ und integriert über den ganzen Bereich, so kommt

$$\int [L(\textstyle\sum a_j \mathfrak{y}_j) \pm \lambda^*\mu(\sum a_j \mathfrak{y}_j)]\,\mathfrak{y}_k\,dx = 0 \qquad (k = 1, 2, \ldots, n) \tag{59}$$

oder anders geordnet

$$\left. \begin{aligned} &a_1 \int [L(\mathfrak{y}_1) \pm \lambda^*\mu\mathfrak{y}_1]\,\mathfrak{y}_k\,dx + \cdots + \\ &\quad + a_n \int [L(\mathfrak{y}_n) \pm \lambda^*\mu\mathfrak{y}_n]\,\mathfrak{y}_k\,dx = 0 \quad (k = 1, 2, \ldots, n). \end{aligned} \right\} \tag{60}$$

Dies sind die sog. GALERKIN*schen Gleichungen*. Man kann zeigen, daß sie in vielen Fällen identisch sind mit den RITZschen Gln. (54).

Zu ihnen gibt es ein sehr wirksames Gegenstück, das aus der Integralgleichung des Problems in analoger Weise entsteht. Geht man nämlich mit dem RITZ-Ansatz (53), wo die Koordinatenfunktionen $\mathfrak{y}_k$ jetzt nur die geometrischen Randbedingungen zu erfüllen brauchen, in die Integralgleichung (40) ein, multipliziert diese der Reihe nach mit $\mu\mathfrak{y}_1, \mu\mathfrak{y}_2, \ldots, \mu\mathfrak{y}_n$ und integriert über den ganzen Bereich, so entstehen die Gleichungen[1]

$$\left. \begin{aligned} &a_1 \int [\mathfrak{y}_1 - \lambda^*\eta(\mu\mathfrak{y}_1)]\,\mu\mathfrak{y}_k\,dx + \cdots + \\ &\quad + a_n \int [\mathfrak{y}_n - \lambda^*\eta(\mu\mathfrak{y}_n)]\,\mu\mathfrak{y}_k\,dx = 0 \quad (k = 1, 2, \ldots, n). \end{aligned} \right\} \tag{61}$$

---

[1] GRAMMEL, R.: Ing.-Arch. Bd. 10 (1939) S. 35.

Man erkennt, daß diese Gleichungen von gleicher Bauart sind wie die GALERKIN-RITZschen Gln. (60), allerdings mit dem wichtigen Unterschied, daß gegenüber jenen vor der Integration überall noch mit der Belegungsfunktion $\mu(x)$ multipliziert wird. Schreibt man sie in der Form

$$\left.\begin{aligned}
&a_1\left(\int\mu\mathfrak{y}_1^2\,dx - \lambda^* A_{11}\right) + \\
&\quad + a_2\left(\int\mu\mathfrak{y}_1\mathfrak{y}_2\,dx - \lambda^* A_{12}\right) + \cdots + a_n\left(\int\mu\mathfrak{y}_1\mathfrak{y}_n\,dx - \lambda^* A_{1n}\right) = 0, \\
&\;\;\vdots \\
&a_n\left(\int\mu\mathfrak{y}_n\mathfrak{y}_1\,dx - \lambda^* A_{n1}\right) + \\
&\quad + a_2\left(\int\mu\mathfrak{y}_n\mathfrak{y}_2\,dx - \lambda^* A_{n2}\right) + \cdots + a_n\left(\int\mu\mathfrak{y}_n^2\,dx - \lambda^* A_{nn}\right) = 0,
\end{aligned}\right\} \quad (62)$$

so haben die Glieder

$$A_{kj} = \int \eta(\mu\mathfrak{y}_j)\,\mu\mathfrak{y}_k\,dx \tag{63}$$

eine einfache Bedeutung, die eine wichtige Umformung zuläßt. Weil nämlich $\eta(\mu\mathfrak{y}_j)$ die „Auslenkung" infolge der „Last" $\mu\mathfrak{y}_j$ ist, so bedeutet A_{kj} die doppelte Formänderungsarbeit, die die „Last" $\mu\mathfrak{y}_k$ bei der „Auslenkung" $\eta(\mu\mathfrak{y}_j)$ leisten würde. Man kann demgemäß A_{kj} auch in den Spannungen (oder den Torsions- bzw. Biegemomenten) ausdrücken, die zu den „Lasten" $\mu\mathfrak{y}_j$ und $\mu\mathfrak{y}_k$ gehören, und zwar findet man als einleuchtende Verallgemeinerungen der bekannten Integrale für die Formänderungsarbeit bei Torsion, Biegung usw. [vgl. schon (21)] beispielsweise

a) bei Torsionsschwingungen von Stäben

$$A_{kj} = \int \frac{M_j M_k}{C}\,dx, \quad \text{wobei} \quad \frac{dM_i}{dx} = -\mu\mathfrak{y}_i\,(i = j, k) \quad \text{mit} \quad \mu \equiv \varrho J, \quad (64)$$

b) bei Biegeschwingungen von Balken

$$A_{kj} = \int \frac{M_j M_k}{B}\,dx, \quad \text{wobei} \quad \frac{d^2 M_i}{dx^2} = \mu\mathfrak{y}_i\,(i = j, k) \quad \text{mit} \quad \mu \equiv \varrho F, \quad (65)$$

c) bei Torsionsschwingungen von Kreisscheiben

$$A_{kj} = \int \frac{M_j M_k}{G x^3 z}\,dx, \quad \text{wobei} \quad \frac{dM_i}{dx} = -\mu\mathfrak{y}_i\,(i = j, k) \quad \text{mit} \quad \mu \equiv \varrho x^3 z. \quad (66)$$

Die mit diesen Ausdrücken gebildete und dann gleich Null gesetzte Koeffizientendeterminante der RITZ-Parameter a_k in (62) gibt obere Schranken $\lambda_1^*, \lambda_2^*, \ldots, \lambda_n^*$ für die n tiefsten Eigenwerte $\lambda_1, \lambda_2, \ldots, \lambda_n$, und zwar gilt der Satz:

Bei gleichem RITZ-Ansatz $Y = \sum a_k \mathfrak{y}_k$ liefern die Gln. (62) tiefere und somit genauere obere Schranken als die RITZschen oder GALERKINschen Gln. (54) oder (60).

Als Muster- und Vergleichsbeispiel nehmen wir wieder die schon mit der RITZschen Methode behandelten Biegeschwingungen des einseitig eingespannten Balkens und den ebenfalls schon dort benutzten zweigliedrigen RITZ-Ansatz mit den Koordinatenfunktionen $\mathfrak{h}_1 \equiv x^2$ und $\mathfrak{h}_2 \equiv x^3$. Weil am freien Ende $x = l$ sowohl M wie M' verschwinden, gibt

$$M_1'' = \varrho F x^2 \quad \text{integriert} \quad M_1 = \varrho F \left(\frac{x^4}{12} - \frac{l^3 x}{3} + \frac{l^4}{4} \right) \equiv \varrho F g_1(x)$$

und

$$M_2'' = \varrho F x^3 \quad \text{integriert} \quad M_2 = \varrho F \left(\frac{x^5}{20} - \frac{l^4 x}{4} + \frac{l^5}{5} \right) \equiv \varrho F g_2(x),$$

und somit wird hier aus (62) mit $\beta^2 = \dfrac{B}{\varrho F l^4}$

$$\left. \begin{aligned} a_1 \left[\int_0^l x^4 \, dx - \frac{\lambda^*}{\beta^2 l^4} \int_0^l g_1^2 \, dx \right] + a_2 \left[\int_0^l x^5 \, dx - \frac{\lambda^*}{\beta^2 l^4} \int_0^l g_1 g_2 \, dx \right] = 0, \\ a_1 \left[\int_0^l x^5 \, dx - \frac{\lambda^*}{\beta^2 l^4} \int_0^l g_1 g_2 \, dx \right] + a_2 \left[\int_0^l x^6 \, dx - \frac{\lambda^*}{\beta^2 l^4} \int_0^l g_2^2 \, dx \right] = 0. \end{aligned} \right\} \quad (67)$$

Die Koeffizienten [. . .] sind leicht auszuwerten. Ihre gleich Null gesetzte Determinante liefert die beiden Frequenzen

$$\sqrt{\lambda_1^*} = 3{,}5161\,\beta, \quad \sqrt{\lambda_2^*} = 22{,}713\,\beta. \tag{68}$$

Vergleicht man diese mit den Werten (58), die die RITZsche Methode ergab, und mit den dort angemerkten genauen Werten, so erkennt man, daß das jetzige, nur wenig mühsamere Rechenverfahren[1] zu überraschend viel genaueren Zahlen führt; die Werte (68) sind nur noch um $0{,}003\%$ und 3% zu hoch.

8. Untere Schranken für die Eigenwerte.

Zu den oberen Schranken der Eigenwerte in Ziff. **6** und **7** kann man untere Schranken hinzufügen, wenn die (in Ziff. **4** erklärte) GREENsche Funktion $H(x, \xi)$ des Problems bekannt ist. Man geht dabei von einer Grundformel der Integralgleichungs-Theorie aus, welche besagt, daß für die Summe der reziproken Eigenwerte λ_i gilt:

$$\frac{1}{\lambda_1} + \frac{1}{\lambda_2} + \frac{1}{\lambda_3} + \cdots = \int H(x, x) \mu(x) \, dx. \tag{69}$$

Ersetzt man die linke Summe durch den zu kleinen Wert $1/\lambda_1$, so folgt

$$\lambda_1 > \frac{1}{\int H(x, x) \mu \, dx}; \tag{70}$$

---

[1] Für die Ausdehnung dieses Verfahrens auf sog. mehrläufige Systeme vgl. R. GRAMMEL: Forsch.-Hefte Stahlbau Heft 6 (HERTWIG-Festschrift), S. 36, Berlin 1943.

ersetzt man sie durch den ebenfalls noch zu kleinen Wert $\dfrac{1}{\lambda_1} + \dfrac{1}{\lambda_2^*}$, wo λ_2^* eine obere Schranke für λ_2 ist, so folgt schärfer

$$\lambda_1 > \frac{1}{\displaystyle\int H(x,x)\,\mu\,dx - \frac{1}{\lambda_2^*}}. \tag{71}$$

Um auch für λ_2 eine untere Schranke zu finden, benutzt man die weitere Beziehung aus der Integralgleichungs-Theorie

$$\frac{1}{\lambda_1^2} + \frac{1}{\lambda_2^2} + \frac{1}{\lambda_3^2} + \cdots = \iint H^2(x,\xi)\,\mu(x)\,\mu(\xi)\,dx\,d\xi. \tag{72}$$

Quadriert man (69) und zieht (72) davon ab, so kommt

$$2\left(\frac{1}{\lambda_1\lambda_2} + \frac{1}{\lambda_1\lambda_3} + \cdots + \frac{1}{\lambda_2\lambda_3} + \cdots\right)$$
$$= [\textstyle\int H(x,x)\,\mu\,dx]^2 - \iint H^2(x,\xi)\,\mu(x)\,\mu(\xi)\,dx\,d\xi \equiv \Gamma \tag{73}$$

und folglich

$$\lambda_2 > \frac{2}{\lambda_1^* \, \Gamma}, \tag{74}$$

falls λ_1^* eine obere Schranke für λ_1 ist.

Analog fortfahrend könnte man auch für die höheren Eigenwerte untere Schranken aufstellen. Doch wird die Rechnung sehr bald außerordentlich mühsam. Sie ist schon in (70), (71) oder gar (74) nur selten mit erträglichem Aufwand zu bewältigen, und zudem ist das Ergebnis oft unbefriedigend, weil die dabei gewonnenen unteren Schranken in der Regel zu tief unter den wahren Werten liegen. Das (allerdings auf λ_1 beschränkte) Verfahren von Ziff. 5 ist, falls anwendbar, zumeist vorzuziehen.

Von anderen noch entwickelten Methoden wollen wir wegen seiner praktischen Bedeutung bloß ein Verfahren angeben, das wieder an die Variationsgleichung (50) des Eigenwertproblems anknüpft. Man kann mitunter die potentielle Energie U in eine Summe $U^{(1)} + U^{(2)}$ so aufspalten, daß die beiden Eigenwertprobleme

$$\delta\,(U^{(1)} - \lambda^{(1)}K) = 0 \quad\text{und}\quad \delta\,(U^{(2)} - \lambda^{(2)}K) = 0$$

strenge Lösungen oder wenigstens hinreichend genaue Näherungslösungen für die tiefsten Eigenwerte $\lambda_1^{(1)}$ und $\lambda_1^{(2)}$ zulassen. Dann besagt der SOUTHWELLsche *Satz*, daß der tiefste Eigenwert des Problems $\delta(U^{(1)} + U^{(2)} - \lambda K) = 0$

$$\lambda_1 > \lambda_1^{(1)} + \lambda_1^{(2)} \tag{75}$$

ist.

9. Technische Beispiele.

Nun bleibt nur noch zu zeigen, wie man diese Methoden auf Probleme der technischen Praxis anzuwenden hat. Das soll an vier Beispielen geschehen.

a) Torsionsschwingungen eines Luftschraubenflügels. Man hat hier die Voraufgabe, die Torsionssteifigkeit $C(x)$ längs der Flügelachse zu bestimmen. Dies geschieht am einfachsten durch einen statischen Versuch. Man spannt den Flügel an der Nabe ($x = 0$) ein und tordiert ihn durch ein Endmoment M_0 an der Flügelspitze ($x = l$). Ist dann $\eta(x)$ der Torsionswinkel (etwa gemessen als Verdrehung der Hinterkante der Profile), so ist $\eta' = M_0/C$ also $C(x) = M_0/\eta'(x)$.

Am raschesten und genauesten führt hier die Methode der Gln. (62) zum Ziel, wobei das zu einem Ansatz $Y(x)$ gehörige Torsionsmoment nach der zweiten Gl. (64) zu berechnen ist, nämlich (wegen $M = 0$ für $x = l$)

$$M = \varrho \int\limits_x^l J(x)\, Y(x)\, dx. \tag{76}$$

Der einfachste, die Einspannbedingung bei $x = 0$ erfüllende eingliedrige Ansatz $Y \equiv x$ gibt nach (62) und (64) für $n = 1$ sofort

$$\lambda_1^* = \varrho \int\limits_0^l J(x)\, x^2\, dx : \int\limits_0^l \frac{M^2}{C(x)}\, dx \quad \text{mit} \quad M \equiv \varrho \int\limits_x^l J(x)\, x\, dx \tag{77}$$

als obere Schranke und Näherungswert des tiefsten Eigenwerts λ_1.

Noch genauer liefert den tiefsten Eigenwert λ_1 und zugleich eine Näherung für λ_2 der zweigliedrige Ansatz $Y \equiv a_1 x + a_2 x^2$. Er führt nach (62) und (64) mit den Integralen

$$\left.\begin{aligned} I_{11} &= \varrho \int\limits_0^l J(x)\, x^2\, dx, & I_{12} &= \varrho \int\limits_0^l J(x)\, x^3\, dx, & I_{22} &= \varrho \int\limits_0^l J(x)\, x^4\, dx, \\[2ex] K_{11} &= \int\limits_0^l \frac{M_1^{\,2}}{C}\, dx, & K_{12} &= \int\limits_0^l \frac{M_1 M_2}{C}\, dx, & K_{22} &= \int\limits_0^l \frac{M_2^{\,2}}{C}\, dx, \end{aligned}\right\} \tag{78}$$

wobei nach (76)

$$M_1 = \varrho \int\limits_x^l J(x)\, x\, dx, \qquad M_2 = \varrho \int\limits_x^l J(x)\, x^2\, dx \tag{79}$$

ist, zu der Determinantengleichung

$$\text{oder} \qquad \begin{vmatrix} I_{11} - \lambda^* K_{11} & I_{12} - \lambda^* K_{12} \\[1ex] I_{12} - \lambda^* K_{12} & I_{22} - \lambda^* K_{22} \end{vmatrix} = 0, \tag{80}$$

$$(K_{11}K_{22} - K_{12}^2)\lambda^{*2} - (I_{11}K_{22} - 2I_{12}K_{12} + I_{22}K_{11})\lambda^* + (I_{11}I_{22} - I_{12}^2) = 0. \tag{81}$$

Deren beide Wurzeln λ_1^* und λ_2^* sind obere Schranken und Näherungswerte von λ_1 und λ_2.

Die Integrale in (77) bis (79) wird man entweder graphisch oder mit der Simpsonschen Regel zu ermitteln haben.

b) Torsionsschwingungen einer Dampfturbinenscheibe. Die technische Bedeutung dieses Problems liegt darin, daß die raschen Dampfstöße des Leitapparates in Resonanz mit den torsionalen Schwingungen der umlaufenden Scheibe geraten können. Man wendet zweckmäßig die gleiche Methode wie bei **a)** an und hat hier nach der zweiten Gl. (66) beispielsweise für eine am Innenrand ($x = 0$) eingespannte, am Außenrand ($x = l$) freie Scheibe

$$M = \varrho \int\limits_x^l Y(x)\, x^3 z(x)\, dx\,. \tag{82}$$

Hiernach kommt für den einfachsten zweigliedrigen Ansatz

$$Y \equiv a_1 x + a_2 x^2$$

mit den Integralen

$$\left.\begin{aligned}
I_{11} &= \varrho \int\limits_0^l x^5 z\, dx, & I_{12} &= \varrho \int\limits_0^l x^6 z\, dx, & I_{22} &= \varrho \int\limits_0^l x^7 z\, dx, \\[2mm]
K_{11} &= \frac{1}{G} \int\limits_0^l \frac{M_1^2}{x^3 z}\, dx, & K_{12} &= \frac{1}{G} \int\limits_0^l \frac{M_1 M_2}{x^3 z}\, dx, & K_{22} &= \frac{1}{G} \int\limits_0^l \frac{M_2^2}{x^3 z}\, dx,
\end{aligned}\right\} \tag{83}$$

wobei nach (82)

$$M_1 = \varrho \int\limits_x^l x^4 z\, dx, \qquad M_2 = \varrho \int\limits_x^l x^5 z\, dx \tag{84}$$

ist, die gleiche Determinantengleichung wie (80) mit ihren Wurzeln λ_1^* und λ_2^* als oberen Schranken und Näherungswerten für die beiden tiefsten Frequenzquadrate λ_1 und λ_2.

c) Biegeschwingungen einer Dampfturbinenschaufel auf umlaufender Scheibe. Da man hier im allgemeinen keine GREENsche Funktion und damit auch keine Integralgleichung explizit angeben kann, so läßt sich die Methode der Gln. (61) jetzt nicht ohne weiteres anwenden. Man kann die Aufgabe aber leicht in zwei so lösbare Teilaufgaben zerlegen und dann die Überlegung am Schlusse von Ziff. **8** benutzen. Zweckmäßig führt man, da sich die folgenden Integrationen im allgemeinen nur graphisch bequem gestalten, dimensionslose Größen ein, indem man mit irgendwelchen Festwerten F_0 und B_0 für Querschnitt und Biegesteifigkeit bei einer Schaufellänge l

$$\xi = \frac{x}{l}, \qquad F(x) \equiv F_0 \cdot f(x), \qquad B(x) \equiv B_0 \cdot j(x) \tag{85}$$

setzt.

Für die biegesteife, aber auf ruhender Scheibe sitzende Schaufel hat man nach der zweiten Gl. (65) (wegen $M = M' = 0$ für $x = l$), wenn man das dimensionslos gemachte Moment $\overline{M} = \dfrac{M}{\varrho F_0 l^2}$ benutzt,

$$\overline{M} = \int\limits_\xi^1 \int\limits_\xi^1 f(\xi)\, Y(\xi)\, d\xi^2\,. \tag{86}$$

Ein eingliedriger Ansatz $Y \equiv \mathfrak{y}(\xi)$ gibt dann gemäß (62) und (65) sofort

$$\lambda_1^* = \beta^2 \int_0^1 f(\xi)\, \mathfrak{y}^2(\xi)\, d\xi : \int_0^1 \frac{\overline{M}^2}{j(\xi)}\, d\xi \quad \text{mit} \quad \beta^2 = \frac{B_0}{\varrho F_0 l^4}$$

und

$$\overline{M} = \int_\xi^1 \int_\xi^1 f(\xi)\, \mathfrak{y}(\xi)\, d\xi . \tag{87}$$

Man wird die Koordinatenfunktion $\mathfrak{y}(\xi)$ hier graphisch vorgeben, gut nach der zu erwartenden Biegelinie der Schwingung abgeschätzt, und graphisch integrieren.

In entsprechender Weise kommt für die biegeschlaffe, aber auf einer umlaufenden Scheibe sitzende Schaufel, wie man aus (34″) leicht schließt,

$$\lambda_1^{**} = \omega^2 \int_0^1 f(\xi)\, \mathfrak{y}^2(\xi)\, d\xi : \int_0^1 \frac{Q^2}{\vartheta(\xi)}\, d\xi$$

$$\text{mit} \quad \vartheta(\xi) = \int_\xi^1 \left(\frac{r}{l} + \xi\right) f(\xi)\, d\xi \quad \text{und} \quad Q = \int_\xi^1 f(\xi)\, \mathfrak{y}(\xi)\, d\xi , \tag{88}$$

ebenfalls am besten graphisch auszuwerten.

Wären die so gefundenen Werte λ_1^* und λ_1^{**} genau, so könnte man die Formel (75) mit dem Zeichen $>$ benutzen. Da man aber nur weiß, daß $\lambda_1^{(1)} \leqq \lambda_1^*$ und $\lambda_1^{(2)} \leqq \lambda_1^{**}$ ist, so muß man vorsichtiger

$$\lambda_1 \approx \lambda_1^* + \lambda_1^{**} \tag{89}$$

schreiben. Die Erfahrung an durchgeführten Beispielen[1] hat gezeigt, daß man auf diese Weise sehr genaue Werte erhält.

d) Flatterschwingungen einer umlaufenden Dampfturbinenscheibe. Dieses Eigenwertproblem, das zu den wichtigsten der Maschinentechnik gehört, wird am besten mit der RAYLEIGHschen Methode gelöst. Wenn die Biegeform drehsymmetrisch ist (Schirmschwingungen), so kann man von der Variationsgleichung (36″) ausgehen. Man führt auch hier zweckmäßige dimensionslose Größen ein, indem man mit dem Außenhalbmesser R der Scheibe und der kleinsten Scheibendicke h

$$\xi = \frac{x}{R}, \qquad \zeta = \frac{z}{h}, \qquad \bar{\sigma}_r = \frac{\sigma_r}{\varrho R^2 \omega^2} \tag{90}$$

---

[1] Ein ausführlich bearbeitetes Beispiel mit einem ein- und zweigliedrigen Ansatz findet man in Techn. Dynamik, S. 767—771.

setzt. Dann findet man durch einfache Rechnung gemäß (36''')

$$
\left.\begin{array}{l}
U(Y) \equiv \displaystyle\int_{r_0}^{R} \Phi\,dx = E\,\dfrac{h^3}{R^2}\,I_1 + \varrho h\,R^2\,\omega^2\,I_2\,, \\[6mm]
K(Y) \equiv \varrho \displaystyle\int_{r_0}^{R} xz\,Y^2\,dx = \varrho h\,R^2\,I_3
\end{array}\right\} \tag{91}
$$

mit dem Innenhalbmesser $r_0 = \varkappa R$ der Scheibe und mit den Integralen (in denen Striche nun Ableitungen nach ξ bedeuten sollen)

$$
\left.\begin{array}{l}
I_1 = \dfrac{1}{12\,(1-v^2)}\displaystyle\int_{\varkappa}^{1} \zeta^3 \left[\xi\left(Y'' + \dfrac{Y'}{\xi}\right)^2 - 2\,(1-v)\,Y'\,Y''\right] d\xi\,, \\[8mm]
I_2 = \displaystyle\int_{\varkappa}^{1} \bar\sigma_r\,\zeta\,Y'^2\,\xi\,d\xi\,, \\[8mm]
I_3 = \displaystyle\int_{\varkappa}^{1} \zeta\,Y^2\,\xi\,d\xi\,.
\end{array}\right\} \tag{92}
$$

Hieraus folgt der RAYLEIGHsche Quotient (52) zu

$$
\lambda^* = \frac{I_1\beta^2 + I_2\omega^2}{I_3} \quad \text{mit} \quad \beta^2 = \frac{Eh^2}{\varrho R^4}\,. \tag{93}
$$

Er läßt deutlich erkennen, daß die Drehgeschwindigkeit ω den Biegewiderstand der Scheibe und damit alle Frequenzen $\sqrt{\lambda_i}$ erhöht.

Um aus (93) eine gute Näherung für λ_1 zu erhalten, muß man den Ansatz $Y(\xi)$ sehr sorgfältig auswählen, da sich bei der RAYLEIGHschen Methode sonst ziemlich ungenaue Werte λ^* ergeben können, wie schon das frühere Musterbeispiel gezeigt hat [man vergleiche die Endwerte (58) mit den viel besseren Endwerten (68)]. Insbesondere muß der Ansatz $Y(\xi)$ den Einfluß der Profilform sinnvoll ausdrücken. Es ist zu empfehlen, nicht von Y selbst, sondern von seiner zweiten Ableitung Y'' auszugehen, etwa von

$$
Y'' \equiv \frac{(1-\xi)^2}{\zeta^3} + \varepsilon\,\frac{(1-\xi)^3}{\zeta^3}\,, \tag{94}
$$

wo ε ein noch offener Parameter sein soll. Dieser Ansatz besagt, daß die Krümmung der Meridiankurve der Scheibenmittelfläche bei der Schwingung am Außenrand ($\xi = 1$) verschwindet und proportional zu $1/\zeta^3$ wird, was, wie eine einfache Überlegung zeigt, bei einer Scheibe angemessen ist. Hat man aus Y'' durch (graphische) Integration, die Einspannbedingung am Innenrand berücksichtigend, Y' und Y gefunden und zusammen mit Y'' in (92) eingetragen, so nimmt (93) die Form an

$$
\lambda^* = N(\varepsilon) \equiv \frac{a + b\varepsilon + c\varepsilon^2}{A + B\varepsilon + C\varepsilon^2}\,, \tag{95}
$$

wo a, b, c, A, B, C leicht in I_1, I_2, I_3 auszudrücken sind. Das gesuchte Minimum von $N(\varepsilon)$ und damit ein Näherungswert von λ_1 ist dann, wie man rasch ausrechnet, die kleinere Wurzel der in N quadratischen Gleichung

$$(4AC - B^2)\, N^2 - 2\,(2aC + 2Ac - bB)\, N + (4ac - b^2) = 0 . \qquad (96)$$

Ihre größere Wurzel ist eine (zumeist nur schlechte) Näherung für λ_2. Man könnte den Ansatz (94) auch als RITZ-Ansatz

$$Y'' \equiv a_1\, \frac{(1 - \xi)^2}{\zeta^3} + a_2\, \frac{(1 - \xi)^3}{\zeta^3} \qquad (97)$$

anschreiben und dann nach der RITZschen Vorschrift (54) weiterrechnen; das Endergebnis wäre in diesem Falle das gleiche.

Die ganze Rechnung läßt sich ohne Schwierigkeit erstens dahin verfeinern, daß man — bei großen Schaufeln in den Niederdruckstufen — auch noch die Schaufelmasse berücksichtigt, und zweitens mit geringfügigen Änderungen auf die Flatterschwingungen mit Knotendurchmessern (Fächerschwingungen) ausdehnen, die meist noch gefährlicher sind als die Schirmschwingungen[1].

10. Erweiterungen.

Die in Ziff. 5 bis 8 aufgezählten Verfahren gelten nicht nur für Eigenwertprobleme von der Form (39) und (40), sondern können ohne weiteres auch auf Knickprobleme wie (37) und (37') angewendet werden. Dagegen ist bei Knickproblemen wie (38) große Vorsicht geboten; auf sie darf man diese Verfahren nur dann noch in der geschilderten Weise anwenden, wenn zum tiefsten Eigenwert eine knotenpunktfreie Ausbiegung gehört. Das braucht aber nicht zuzutreffen[2].

Wir haben uns durchweg auf Probleme mit einer unabhängigen und einer abhängigen Variabeln beschränkt. Man kann die meisten der genannten Methoden aber ohne besondere Schwierigkeit, wenn auch natürlich mit größerer Rechenarbeit, auf Probleme mit mehreren unabhängigen und abhängigen Variabeln erweitern, z. B. auf stationäre Plattenschwingungen, Knickungen von Platten und Schalen usw. Dies führen wir hier nicht weiter aus und stellen nur zusammenfassend fest, daß sich damit heute fast alle vernünftig formulierbaren technischen Eigenwertprobleme auch ausreichend genau zahlenmäßig lösen lassen[3].

---

[1] Ein durchgeführtes Beispiel findet man in Techn. Dynamik, S. 704 und 721.

[2] Vgl. Techn. Dynamik, S. 522.

[3] Zu dem ganzen Fragenkomplex vgl. auch das neuerdings erschienene Buch von L. COLLATZ: Eigenwerte und ihre numerische Behandlung, Leipzig 1945.

VI. Knick- und Beulvorgänge.
Einführung in die Theorie der elastischen Stabilität.

Von

K. Marguerre/Darmstadt.

Mit 27 Figuren.

1. Einleitung.

Man weiß, daß es elastische Gebilde gibt, die sich gegen Druck anders verhalten als gegen Zug. Ein Seil z. B. (d. h. ein Stab von großer Länge und geringer Biegesteifigkeit) oder eine Membran (eine Scheibe sehr geringer Biegesteifigkeit) vermag Zug sehr wohl aufzunehmen, weicht einer Druckbelastung aber aus. — Diese Tatsache steht im Widerspruch zu den Aussagen der gewöhnlichen Festigkeitslehre, denn dort werden Druck und Zug überall gleich behandelt. Der Widerspruch klärt sich auf, wenn man sich die Voraussetzungen ins Gedächtnis ruft, unter denen die Grundgleichungen der Festigkeitslehre hergeleitet werden.

Zu diesen Voraussetzungen gehört vor allem die, daß die elastischen Körper „kleine" Formänderungen erleiden; denn nur dann darf man die Gleichgewichtsbedingungen für das unverformte (statt für das verformte) Element aussprechen (II, Ziff. 2 und 3) und sowohl das Elastizitätsgesetz (II, 6) wie die geometrischen Verzerrungs-Verschiebungs-Gleichungen (II, 5) *linearisieren.* Nun setzt aber ein dünner Stab (erst recht ein Seil) einer Verkrümmung, d. h. einem seitlichen Ausweichen, einen sehr viel geringeren Widerstand entgegen als einer Stauchung, so daß bei etwas exzentrischer Druckbelastung zugleich mit der kleinen Zusammendrückung sehr bald „große" *seitliche* Ausbiegungen entstehen. Für die Beschreibung der so entstehenden Gleichgewichtszustände ist es nicht mehr zulässig, Ausdrücke, die in den Querverschiebungen quadratisch sind, gegen die in den Längsverschiebungen linearen zu streichen, oder, was damit gleichbedeutend ist, die Gleichgewichtsbedingungen für das unverformte Stabelement auszusprechen.

Das seitliche Ausweichen druckbelasteter Bauglieder nennt man Knicken (bei Stäben) oder Beulen (bei Platten und Schalen). Mit dem Problem der elastischen Knickung und Beulung, das durch das Streben nach schlanken und leichten Konstruktionen auf allen Gebieten der Technik neuerdings wichtig geworden ist, wollen wir uns in diesem Kapitel beschäftigen.

Im einzelnen gehen wir so vor, daß wir zunächst an zwei einfachen Beispielen, bei denen das mechanisch Wesentliche nicht durch Schwierigkeiten mathematischer Art überdeckt wird, zeigen, wo Stabilitätsprobleme auftreten können (Ziff. 2 und 3) und inwiefern das Problem des Knickens sich zurückführen läßt auf einen bestimmten Typus von Stabilitätsproblemen (Ziff. 4 und 5). An den in den folgenden Ziffern betrachteten Knicksystemen mit mehreren Freiheitsgraden schält sich dann das *Eigenwert*problem als die mathematische Kernfrage heraus, wobei (wie schon in Ziff. 2) die enge Verwandtschaft mit den im IV. Kapitel behandelten Schwingungsproblemen hervortritt. In den letzten Ziffern (10—13) behandeln wir die ebene und die schwach gekrümmte Platte (Schale); wir leiten die Grundgleichungen her, von denen die zahlreichen neueren Stabilitäts-Einzeluntersuchungen ausgehen, führen für einige Beispiele den Lösungsgang vor und geben zum Schluß eine Zusammenstellung der wichtigsten Beulformeln mit einem Hinweis auf ihre Gültigkeitsgrenzen.

2. Der starre, am Fußpunkt elastisch eingespannte Stab unter Längs- und Querlast.

a) Das mechanische Problem; stabiles und labiles Gleichgewicht.

Als ein erstes Beispiel wollen wir den in Fig. 1 dargestellten starren Stab von der Länge l betrachten, der an seinem unteren Ende durch eine Spiralfeder elastisch eingespannt ist, am oberen Ende durch eine lotrecht gerichtete Druckkraft P beansprucht wird und außerdem als „Quer"belastung ein um den Fußpunkt drehendes (vom Winkelausschlag φ des Stabes unabhängiges) Moment M_0 erfährt. Die Gleichgewichtsbedingung, die zur Bestimmung der Auslenkung φ in Abhängigkeit von den Lasten M_0 und P dient, lautet

$$M_0 + Pl \sin \varphi - M_e = 0. \tag{1}$$

Bezeichnet c die Federkonstante, von der wir annehmen wollen, daß sie bis zu großen Winkeln φ hin unveränderlich sei, so ist das Einspannmoment

$$M_e = c\varphi, \tag{1'}$$

und mit den Abkürzungen

$$\varphi_0 = \frac{M_0}{c}, \quad \lambda = \frac{P}{c/l}$$

geht Gl. (1) über in

$$\left. \varphi_0 + \lambda \sin \varphi - \varphi = 0. \right\} \tag{2}$$

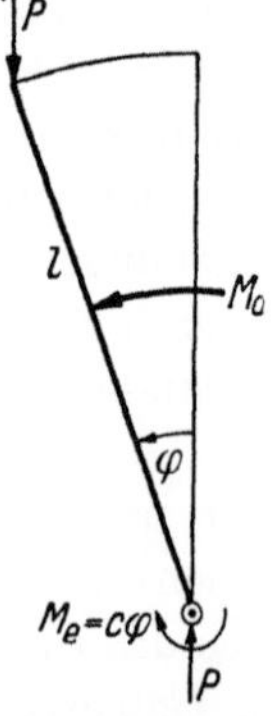

Fig. 1. Der starre, am Fußpunkt elastisch eingespannte Stab unter Längs- und Querlast.

Fig. 2 stellt φ als Funktion von λ mit φ_0 als Parameter nach Gl. (2) dar. In der Nebenfigur (rechts oben) ist für einige wenige φ_0-Werte der Ausschlagwinkel φ in seinem ganzen Geltungsbereich $0 \leqq \varphi \leqq \pi$ skizziert. Die Hauptfigur beschränkt sich, da wir die Gl. (2) wegen der Folgerungen diskutieren, die sich aus ihr für die Stabilitätsprobleme der Elastizitätstheorie ziehen lassen, auf den Bereich kleiner Ausschläge φ, insbesondere also auch kleiner Beträge des Querlastparameters φ_0. Man erkennt, daß in diesem Bereich die Stelle $\lambda = 1$ eine ausgezeichnete Rolle spielt.

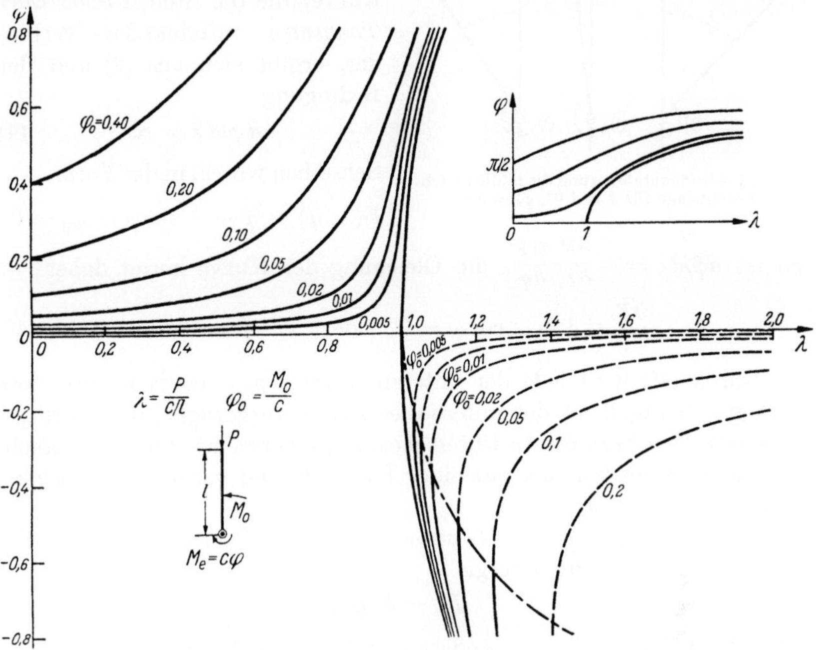

Fig. 2. Auslenkung φ in Abhängigkeit von der Längslast $P = \lambda\,\dfrac{c}{l}$; Querlast $M_0 = c\varphi_0$ als Parameter.

Ausgehend von den Punkten $\lambda = 0$, $\varphi = \varphi_0$ schmiegen sich die Kurven zunächst eng an die Anfangstangente

$$\varphi = \varphi_0 + \lambda \sin \varphi_0 \tag{3}$$

an; erst in der Nähe von $\lambda = 1$ wird das System gegen eine weitere Steigerung der Längslast plötzlich „weich", d. h. die Kurven steigen steil an, um so ausgeprägter, je kleiner φ_0 ist[1]; die Grenzkurve $\varphi_0 = 0$ hat bei $\lambda = 1$ sogar einen Knick. Und oberhalb $\lambda = 1$ tritt etwas ganz

---

[1] Bei $\lambda = 1$ ist $\varphi_0 = \varphi - \sin\varphi \approx \frac{1}{6}\varphi^3$; zu $\varphi_0 = \frac{1}{1000}$ gehört also z. B. $\varphi = \sqrt[3]{\frac{6}{1000}} \approx \frac{1}{5}$. Fig. 3 stellt für $\lambda = 1,07$, $\varphi_0 = 0,01$ die 3 Gleichgwichtslagen dar.

Neues ein; außer der Lösung $\varphi > 0$ (der stetigen Fortsetzung der aus dem Bereich $\lambda < 1$ kommenden Kurven) tauchen noch Lösungen $\varphi < 0$ auf; der Gleichgewichtszustand wird also oberhalb $\lambda = 1$ *mehrdeutig*.

Durch die strichpunktierte Kurve sind in Fig. 2 die Punkte (φ, λ) gekennzeichnet, wo diese Mehrdeutigkeit beginnt. Diese Kurve, die die Stellen *senkrechter Tangenten* miteinander verbindet, ergibt sich aus (2) und der Bedingung

$$d\varphi/d\lambda = \infty \qquad (4)$$

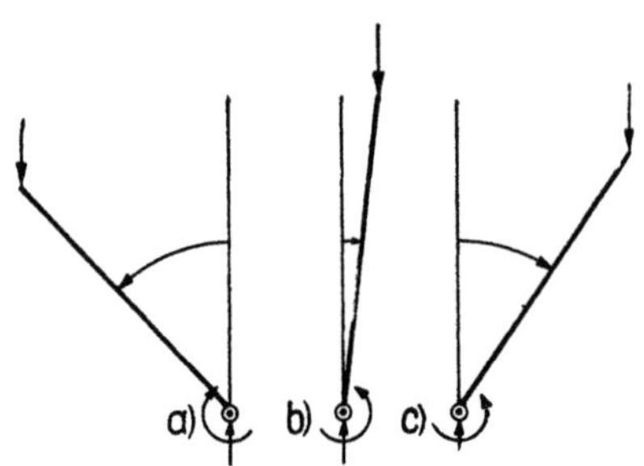

Fig. 3. Die beiden stabilen und die labile Gleichgewichtslage für $\lambda = 1{,}07$, $\varphi_* = 0{,}01$.

Schreiben wir (2) in der Form

$$F(\lambda, \varphi) \equiv \varphi - \lambda \sin \varphi - \varphi_0 = 0\,,$$

so ist $d\varphi/d\lambda = -\dfrac{\partial F}{\partial \lambda}\Big/\dfrac{\partial F}{\partial \varphi}$; die Gleichung der Kurve lautet daher

$$\frac{\partial F}{\partial \varphi} \equiv 1 - \lambda \cos \varphi = 0 \quad \text{oder} \quad \cos \varphi = 1/\lambda. \qquad (4')$$

Durch (4') wird jede der unteren Kurven $\varphi_0 = \text{const}$ in zwei Äste zerlegt. In Fig. 2 ist der untere dieser Äste ausgezogen, der obere gestrichelt. Den Sinn dieser Unterscheidung machen wir uns am einfachsten klar, wenn wir das mit einer Laständerung verbundene *Energiespiel* ins Auge fassen.

Formänderungsenergie Π_i unseres einfachen Systems ist die in der Spiralfeder steckende Energie

$$\Pi_i = \tfrac{1}{2} c \varphi^2\,.$$

Das Potential der Lasten ändert sich bei einer Drehung φ um

$$\Pi_a = -M_0 \varphi - Pl(1 - \cos \varphi)\,.$$

Es ist also die gesamte potentielle Energie

$$\left.\begin{aligned}
\Pi = \Pi_i + \Pi_a &= \tfrac{1}{2} c \varphi^2 - M_0 \varphi - Pl(1 - \cos \varphi)\\
&= c\left[\tfrac{1}{2}\varphi^2 - \varphi_0 \varphi - \lambda(1 - \cos \varphi)\right].
\end{aligned}\right\} \qquad (5)$$

Aussagen über das elastische Verhalten unseres Systems erhalten wir, indem wir die Veränderung betrachten, die $\Pi = \Pi(\varphi, \lambda, \varphi_0)$ erleidet, wenn wir uns den Zustand $\varphi, \lambda, \varphi_0$ gestört, d. h. das System unter Festhaltung der Lastparameter in eine Nachbarlage

$$\varphi + \delta\varphi, \quad \lambda, \quad \varphi_0$$

gebracht denken. Nach dem Taylorschen Satz ist

$$\Pi(\varphi + \delta\varphi) = \Pi(\varphi) + \frac{\partial \Pi}{\partial \varphi}\,\delta\varphi + \frac{1}{2}\frac{\partial^2 \Pi}{\partial \varphi^2}\,\delta\varphi^2 + \cdots \qquad (6)$$

oder kürzer (und zugleich allgemeiner) geschrieben:

$$\Pi(\varphi + \delta\varphi) = \Pi + \delta\Pi + \tfrac{1}{2}\delta^2\Pi + \cdots.$$

War der Zustand φ, λ, φ_0 eine Gleichgewichtslage, so verschwindet nach dem Prinzip der virtuellen Verschiebungen die erste Variation von Π:

$$\delta\Pi \equiv \frac{\partial\Pi}{\partial\varphi}\,\delta\varphi = (c\varphi - M_0 - Pl\sin\varphi)\,\delta\varphi = 0. \tag{7}$$

[Mit anderen Worten, die Arbeit der Momentensumme (1) an der virtuellen Drehung $\delta\varphi$ ist Null.] Es ist also die Änderung der potentiellen Energie

$$\left.\begin{aligned}
\Pi(\varphi + \delta\varphi) - \Pi(\varphi) &= \frac{1}{2}\delta^2\Pi + \cdots = \frac{1}{2}\frac{\partial^2\Pi}{\partial\varphi^2}\,\delta\varphi^2 + \cdots \\
&= \frac{c}{2}\,(1 - \lambda\cos\varphi)\,\delta\varphi^2 + \cdots,
\end{aligned}\right\} \tag{8}$$

d. h. vom Vorzeichen der zweiten Variation $\delta^2\Pi$ hängt es ab, ob eine kleine Störung $\delta\varphi$ in zweiter Näherung Energie erfordert oder frei macht.

Ist
$$\delta^2\Pi < 0, \tag{9a}$$

so wird bei der Störung Energie frei; die Störung bewirkt eine beschleunigte Bewegung des Körpers, weg von seiner ursprünglichen Gleichgewichtslage, das Gleichgewicht ist *labil*.

Ist
$$\delta^2\Pi > 0, \tag{9b}$$

so erfordert die Störungsbewegung Zufuhr von Energie; der Körper kann die Gleichgewichtslage „von selbst" nicht verlassen; das Gleichgewicht ist *stabil*. Die Gleichgewichtszustände

$$\delta^2\Pi = 0 \tag{9c}$$

scheiden das stabile vom labilen Gebiet. Man nennt diese besonderen Zustände *indifferent*.

In unserem Beispiel entscheidet also das Vorzeichen von

$$\frac{1}{c}\frac{\partial^2\Pi}{\partial\varphi^2} = 1 - \lambda\cos\varphi \tag{10}$$

darüber, ob der Stab in einer Gleichgewichtslage verharrt oder nicht. Für $\lambda < 1$ ist der Ausdruck (10) ständig positiv. Im ganzen Bereich $\lambda < 1$ hat daher Π als Funktion von φ nur ein Extremum, und dieses Extremum ist ein Minimum; die Gleichgewichtsaussage ist also *eindeutig* und das Gleichgewicht *stabil*. Anders im Bereich $\lambda > 1$. Dort läßt sich eine allgemeine Aussage über das Vorzeichen der zweiten Variation nicht mehr machen. Die Kurve

$$1 - \lambda\cos\varphi = 0 \tag{11}$$

(in Fig. 2 strichpunktiert) ist die *Stabilitätsgrenze*; sie zerteilt den Bereich $\varphi < 0$ in zwei Gebiete, ein labiles und ein stabiles. [Man erkennt ohne Rechnung, daß die in der Figur ansteigenden Äste der Kurven $\varphi_0 = $ const die labilen, die fallenden die stabilen sind; denn mit kleiner werdendem $|\varphi|$ wächst $\lambda \cos \varphi$, so daß in dem in Fig. 2 gestrichelten Bereich das zweite Glied von Gl. (11) stärker wird als das erste.] Der Bereich $\varphi > 0$ ist stabil, denn dort ist nach (2)

$$\varphi - \lambda \sin \varphi = \varphi_0 \gtreqqless 0, \quad \text{also} \quad \lambda \leqq \frac{\varphi}{\sin \varphi} < \frac{1}{\cos \varphi}.$$

Bemerkenswert ist das Stabilitätsverhalten im Grenzfall $\varphi_0 = 0$. Da wird der Punkt $\varphi = 0$, $\lambda = 1$ Stabilitätsgrenze, der labile Ast $\varphi < 0$ geht über in die Gerade $\varphi = 0$, die beiden stabilen Äste werden bis aufs Vorzeichen identisch und „beginnen" beide in $\dot\varphi = 0$, $\lambda = 1$. (An dieser Stelle sind also *drei* benachbarte Gleichgewichtslagen möglich: zwei stabile $\varphi \gtreqqless 0$ und eine labile $\varphi = 0$.) Kümmert man sich nicht um die „Herkunft" der Kurven $\varphi_0 = 0$ aus dem Grenzübergang $\varphi_0 \to 0$, so erscheint im Bereich $\lambda > 1$ die (labile) Gerade $\varphi = 0$ als die natürliche Fortsetzung der im Bereich $\lambda < 1$ stabilen Geraden $\varphi = 0$, von der die beiden stabilen Äste an der Stelle $\lambda = 1$ abzweigen. Man nennt daher diese besondere Stelle eine *Verzweigungsstelle des Gleichgewichts*: die natürliche (zunächst stabile) Gleichgewichtslage wird unter einer bestimmten Last instabil, und eben dort tauchen neue (in unserem Falle stabile) Gleichgewichtslagen auf; oberhalb $\lambda = 1$ ist also das Verhalten des Stabes ganz anders als unterhalb.

In Fig. 4 ist der energetische Sachverhalt, den wir in Anlehnung an die Fig. 2 erschlossen haben, zur Anschauung gebracht. Es ist dort der von φ_0 freie Anteil von Π über φ mit λ als Parameter dargestellt. Ist $\varphi_0 = 0$, so stellen diese Kurven unmittelbar die potentielle Energie dar; man erkennt das eine Minimum der Kurven $\lambda < 1$, die drei Extremstellen (in der Mitte das Maximum) der Kurven $\lambda > 1$ und die flache Stelle bei $\lambda = 1$, die zum Ausdruck bringt, daß hier die Gleichgewichtslage $\varphi = 0$ indifferent ist. Ist $\varphi_0 \neq 0$, so erhält man Π, indem man die Ordinaten von der schrägen Geraden $\Pi = \varphi_0 \cdot \varphi$ aus mißt. Die Extrema verschieben sich dadurch etwas (in der Figur sind die Extremstellen für $\varphi_0 = 0{,}01$ durch Parallelstriche zur Geraden $\Pi = 0{,}01 \cdot \varphi$ angedeutet) — das Vorzeichen der zweiten Ableitung, das über die Stabilität entscheidet, wird davon aber nicht berührt. Für hinreichend große φ_0 haben die Kurven $\lambda = $ const natürlich nur *eine* zu $\varphi_0 \varphi$ parallele Tangente; dann gibt es also nur *eine* Gleichgewichtslage.

Wir fassen zusammen: Die Diskussion der aus (1) und (1') entstehenden Gl. (2) hat gezeigt, daß das mechanische System Fig. 1 oberhalb der „kritischen" Längslast $P = c/l$ ein anderes Verhalten aufweist als unterhalb. Dabei war wesentlich die *Mehrdeutigkeit* der Gleichgewichtsaussage für $P > c/l$ und die Tatsache, daß sich unter diesen

Gleichgewichtslagen *stabile* ($\delta^2 \Pi > 0$) und *labile* ($\delta^2 \Pi < 0$) befanden. Der Übergang zwischen beiden fand bei den einzelnen Kurven statt an der Indifferenzstelle $\delta^2 \Pi = 0$, die in dem Entartungsfall verschwindender Querbelastung ($\varphi_0 = 0$) in den Punkt $\lambda = 1$ (d. h. $P = c/l$) hineinrückte. Die dort bestehende *Verzweigungs*stelle des Gleichgewichtes gewann damit für die Stabilitätsbetrachtung eine besondere Bedeutung.

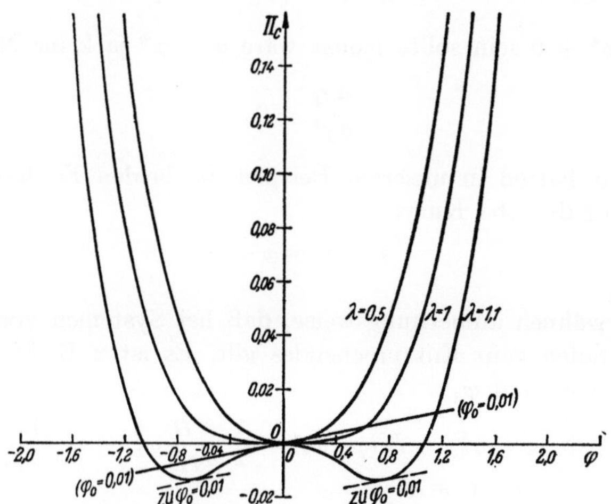

Fig. 4. Potential Π/c als Funktion des Ausschlages φ mit $\lambda = \dfrac{P\,l}{c}$ als Parameter; bei $\varphi_0 \neq 0$ wird Π/c von der φ_0-Geraden aus gezählt.

b) Ergänzende Bemerkungen[1].

Analogie zwischen Knickproblem und Schwingungsproblem.

Aus unserem einfachen Beispiel können wir über die bisher erhaltenen hinaus noch einige weitere Erkenntnisse grundsätzlicher Natur gewinnen. Wir greifen drei Dinge heraus.

1. Den *indifferenten* Gleichgewichtszustand können wir außer durch das energetische Kriterium $\delta^2 \Pi = 0$ auch kennzeichnen durch die *statische* Aussage, daß unter derselben Lastkonstellation zwei *benachbarte* Gleichgewichtslagen möglich sein sollen. Daß beide Forderungen dasselbe sagen, erkennen wir, wenn wir energetisch die Bedingung formulieren, daß außer in der Lage φ, λ, φ_0 auch in der Nachbarlage $\varphi + \varphi^*$, λ, φ_0 (φ^* ein infinitesimaler Zuwachs von φ) Gleichgewicht bestehen sein soll. Wir müssen dann bilden

$$\Pi(\varphi + \varphi^*) = \Pi(\varphi) + \frac{1}{2}\frac{\partial^2 \Pi}{\partial \varphi^2}\,\varphi^{*2}, \tag{12}$$

---

[1] Diesen Abschnitt mag man beim ersten Lesen überschlagen.

die neue Lage variieren, d. h. φ^* durch $\varphi^* + \delta\varphi^*$ ersetzen (die Stelle φ bleibt dabei fest), und fordern, daß diese Variation verschwindet (d. h. daß der Koeffizient von $\delta\varphi^*$ Null ist); die Bedingung

$$\delta\Pi(\varphi + \varphi^*) = 0$$

lautet aber nach (12)

$$\delta\Pi(\varphi + \varphi^*) \equiv \frac{\partial\Pi(\varphi + \varphi^*)}{\partial\varphi^*}\delta\varphi^* = \frac{\partial^2\Pi}{\partial\varphi^2}\varphi^*\delta\varphi^* = 0, \qquad (12')$$

also, da $\varphi^* \neq 0$ sein sollte (sonst wäre $\varphi + \varphi^*$ ja keine Nachbarlage von φ),

$$\frac{\partial^2\Pi}{\partial\varphi^2} = 0 .$$

In der Tat hatten in unserem Beispiel die beiden Forderungen (9 c) und (4) auf dieselbe Kurve

$$1 - \lambda\cos\varphi = 0$$

geführt.

Wir erwähnen anmerkungsweise, daß bei Systemen von mehreren Freiheitsgraden ganz Entsprechendes gilt. Es ist z. B. bei zwei Freiheitsgraden φ_1 und φ_2:

$$\Pi(\varphi_1 + \varphi_1^*, \varphi_2 + \varphi_2^*) = \Pi(\varphi_1, \varphi_2) + \frac{1}{2}\frac{\partial^2\Pi}{\partial\varphi_1^2}\varphi_1^{*2} + \frac{\partial^2\Pi}{\partial\varphi_1\partial\varphi_2}\varphi_1^*\varphi_2^* +$$
$$+ \frac{1}{2}\frac{\partial^2\Pi}{\partial\varphi_2^2}\varphi_2^{*2},$$

und die Bedingung, daß die neue Lage Gleichgewichtslage sein soll,

$$\delta\Pi \equiv \frac{\partial\Pi}{\partial\varphi_1^*}\delta\varphi_1^* + \frac{\partial\Pi}{\partial\varphi_2^*}\delta\varphi_2^* = 0,$$

führt auf das lineare homogene Gleichungssystem

$$\frac{\partial^2\Pi}{\partial\varphi_1^2}\varphi_1^* + \frac{\partial^2\Pi}{\partial\varphi_1\partial\varphi_2}\varphi_2^* = 0, \qquad \frac{\partial^2\Pi}{\partial\varphi_1\partial\varphi_2}\varphi_1^* + \frac{\partial^2\Pi}{\partial\varphi_2^2}\varphi_2^* = 0$$

für φ_1^*, φ_2^*. Von Null verschiedene Verrückungen sind nur möglich, wenn die Determinante verschwindet:

$$\frac{\partial^2\Pi}{\partial\varphi_1^2} \cdot \frac{\partial^2\Pi}{\partial\varphi_2^2} - \left(\frac{\partial^2\Pi}{\partial\varphi_1\partial\varphi_2}\right)^2 = 0, \qquad (13)$$

und dieselbe Bedingung ergibt sich, wenn man die energetische Forderung (9 c) aufschreibt, daß nämlich die quadratische Form

$$\delta^2\Pi \equiv \frac{\partial^2\Pi}{\partial\varphi_1^2}\delta\varphi_1^2 + 2\frac{\partial^2\Pi}{\partial\varphi_1\partial\varphi_2}\delta\varphi_1\delta\varphi_2 + \frac{\partial^2\Pi}{\partial\varphi_2^2}\delta\varphi_2^2$$

für ein von $\delta\varphi_1 = \delta\varphi_2 \equiv 0$ verschiedenes Verrückungssystem verschwinden soll; das kann sie nur, wenn ihre Diskriminante Null ist.

2. Bei der Herleitung des energetischen *Stabilitäts*kriteriums $\delta^2\Pi \gtreqless 0$ hatten wir Gebrauch gemacht von der Vorstellung einer virtuellen kleinen Störbewegung $\delta\varphi$: Die Größe $\delta^2\Pi$ stellte die Arbeitsbeträge dar, die in zweiter Näherung entstanden, wenn nur φ, nicht die Lastparameter λ und φ_0 geändert wurden, und der Irrealität dieses Vorganges entspricht es, daß der Energiebetrag übrig blieb, aus dessen Vorzeichen wir dann schließen konnten, ob das System zu einer solchen Veränderung von φ „Neigung verspürt" oder nicht. Wenn die Störbewegung *realisiert* werden soll, so müssen irgendwelche äußeren Kräfte hinzukommen (Änderungen von λ oder φ_0 oder ganz neue Zusatzlasten), die dann diesen fehlenden Arbeitsbetrag aufbringen oder aufnehmen, und statt vom Vorzeichen von $\delta^2\Pi$ können wir dann anschaulicher sprechen vom Vorzeichen dieser Störkraftarbeit δ^2A. Ist δ^2A negativ, so sind Störkräfte und Störverschiebungen überwiegend einander entgegengerichtet, die Störkräfte sind im wesentlichen *Halte*kräfte, bei deren Fehlen das System in der Gleichgewichtslage nicht verharrt, also *labil* ist; ist δ^2A positiv, so sind wirkliche *Stör*kräfte zur Auslenkung notwendig, das Gleichgewicht ist *stabil*.

So allgemein ausgedrückt gilt das für beliebige mechanische Systeme. Bei unserem speziellen System von einem Freiheitsgrad können wir diese Störkraftdeutung in einer Weise spezialisieren, die uns ein besonders anschauliches Stabilitätskriterium für eingliedrige Systeme liefert. Wählen wir als Störkraft eine Änderung $c\varphi_0^*$ des verdrehenden Momentes $c\varphi_0$, so folgt aus der für die Nachbarlage $\varphi + \varphi^*$ (mit $0 \leqq \varphi^* \leqq \delta\varphi$) gültigen Gleichgewichtsbedingung

$$\varphi_0 \mid \varphi_0^* = \varphi + \varphi^* - \lambda\sin(\varphi + \varphi^*) = \varphi + \varphi^* - \lambda(\sin\varphi + \varphi^*\cos\varphi),$$

wenn man links und rechts das Arbeitsintegral für den Übergang von φ nach $\varphi + \delta\varphi$ bildet:

$$\text{links}\quad \int_0^{\delta\varphi} (\varphi_0 + \varphi_0^*)\,d\varphi^* = \varphi_0\,\delta\varphi + \int_0^{\delta\varphi} \varphi_0^*\,d\varphi^*,$$

$$\text{rechts}\quad \int_0^{\delta\varphi} (\varphi - \lambda\sin\varphi)\,d\varphi^* + \int_0^{\delta\varphi} (1 - \lambda\cos\varphi)\,\varphi^*\,d\varphi^*$$

$$= (\varphi - \lambda\sin\varphi)\,\delta\varphi + \tfrac{1}{2}(1 - \lambda\cos\varphi)\,\delta\varphi^2.$$

Es ist also die Arbeit unserer Störkraft

$$\delta^2A \equiv c\int_0^{\delta\varphi} \varphi_0^*\,d\varphi^* = \frac{c}{2}(1 - \lambda\cos\varphi)\,\delta\varphi^2,$$

und da rechts gerade $\tfrac{1}{2}\delta^2\Pi$ steht, so können wir also auch das Vorzeichen des Integrales links als für die Stabilität entscheidend ansehen.

Da $\delta\varphi$ und daher auch φ^* und φ_0^* kleine Verschiebungen sein sollen, läßt sich für φ_0^* nach dem Taylorschen Satz schreiben

$$\varphi_0^* = \frac{\partial\varphi_0}{\partial\varphi}\,\varphi^* + \text{höhere Glieder},$$

d. h. es wird

$$\delta^2 A = \frac{1}{2}\,\frac{\partial\varphi_0}{\partial\varphi}\,\delta\varphi^2\,.$$

Das Vorzeichen von $\partial\varphi_0/\partial\varphi$ entscheidet also über die Stabilität einer Gleichgewichtslage. In Fig. 2 sind daher diejenigen Bereiche $\left\{\begin{array}{l}\text{stabil}\\\text{labil}\end{array}\right.$, in denen man beim Fortschreiten auf einer Geraden $\lambda = \text{const}$ in φ-Richtung zu $\left\{\begin{array}{l}\text{größeren}\\\text{kleineren}\end{array}\right.$ φ_0-Werten kommt. —

Rein formal erhält man dieses Ergebnis sehr einfach wie folgt. Es ist allgemein

$$\Pi\,(\varphi,\,\varphi_0,\,\lambda) = f\,(\varphi,\,\lambda) - \varphi\,\varphi_0,$$

also

$$\frac{\partial\Pi}{\partial\varphi} = \frac{\partial f}{\partial\varphi} - \varphi_0,\qquad \frac{\partial^2\Pi}{\partial\varphi^2} = \frac{\partial^2 f}{\partial\varphi^2}\,.$$

Wegen $\dfrac{\partial\Pi}{\partial\varphi} = 0$ ist aber $\dfrac{\partial\varphi_0}{\partial\varphi} = \dfrac{\partial^2 f}{\partial\varphi^2}$ für festes λ, d. h. auf einer Geraden $\lambda = \text{const}$ hat $d\varphi_0/d\varphi$ dasselbe Zeichen wie die zweite Variation.

3. Schließlich wollen wir unser Knicksystem dem in IV, Ziff. 5 betrachteten Schwingungssystem mit *nicht-gerader* Kennlinie gegenüberstellen, weil wir daran in besonders einfacher Weise Verwandtschaft und Verschiedenheit der beiden Problemgattungen erschließen können. Zwischen dem mechanischen Verhalten der beiden Systeme bestehen, wie ein Blick auf die beiden Diagramme 2. und IV. 18 lehrt, enge Beziehungen. Stellen wir neben unsere Gleichung

$$-Pl\sin\varphi + c\,\varphi = M_0$$

die durch die t-Integration „zeitlos“ gemachte Näherungsgleichung für den Schwinger IV (28)

$$\pm\left[-\Omega^2 aQ + c\left(1 + \frac{2}{\pi}\int\limits_0^\pi \zeta\cos^2\tau\,d\tau\right)Q\right] = P,$$

so ist die mechanische Analogie deutlich: Dem ausbiegenden Moment M_0 in (1) entspricht dort die Amplitude P der erregenden Kraft, der Rückstellkraft $c\varphi$ die Amplitude der ersetzenden rückstellenden Kraft $c(1 + \xi)Q$. Und die Rolle der Massenkraft dort übernimmt in unserem Fall das Moment der Längsdruckkraft, das genau wie jene eine Kraftgröße ist, die erst infolge des Ausschlags entsteht und danach strebt, die Auslenkung zu vergrößern. Benutzen wir, um die Entsprechung auch formal vollkommen zu machen, die Form IV (32) der Beziehung IV (31), so lauten unsere beiden Gleichungen

$$-\lambda \sin\varphi + \varphi = \frac{M_0}{c}$$

und

$$\pm\,(-\,\eta^2 \sin Q + Q) = \frac{P}{c}\,\frac{\sin Q}{Q}.$$

In dieser Gestalt stimmen die rechten Seiten bis auf den Faktor $\frac{\sin Q}{Q}$, die linken bis auf das doppelte Vorzeichen überein. Die erste Abweichung ist unwesentlich. Sie rührt davon her, daß in den von uns betrachteten Sonderfällen beim Schwinger die Rückstellkraft, beim Stab die auslenkende Kraft vom Linearen abweicht, und sie beeinflußt — wie ein Blick auf die beiden Diagramme lehrt — den typischen Verlauf der Kurven nicht. Anders die zweite Abweichung, die herkommt von dem in Anschluß an Gl. IV (30) erörterten doppelten Vorzeichen des Ansatzes IV (26), der aus der eigentlichen dynamischen Gleichung eine Beziehung zwischen *Amplituden* — also wesentlich positiven Größen — macht[1]; sie hat zur Folge, daß die Kurvenäste (b), (c) bei gleichem typischem Verlauf in den beiden Fällen spiegelbildlich zur Abszissenachse liegen, und dieser Unterschied ist für die Stabilität der durch die einzelnen Kurvenäste gekennzeichneten Gleichgewichtslagen entscheidend. Denn durch die Spiegelung wird das Vorzeichen von dQ_0/dQ gegenüber $d\varphi_0/d\varphi$ (s. d. vorigen Absatz) umgekehrt, so daß beim Schwinger im Gegensatz zum Druckstab die von der Achse weiter entfernten Äste (c) labil, die der Achse näheren Äste (b) stabil sind[2].

Das mechanische Verhalten der beiden Systeme wird daher durch die folgende Gegenüberstellung charakterisiert. Trägt man

die Ausbiegung eines durch Längs- und Querlast ausgelenkten starren Stabes	die erzwungenen Schwingungen eines einläufigen Schwingers (z. B. desselben Stabes)

auf in Abhängigkeit vom Verhältnis

der Längslast P zu der Systemkonstanten c/l $$\lambda = \frac{P}{c/l},$$	des Quadrates der Frequenz Ω^2 zu der Systemkonstanten c/a $$\eta^2 = \frac{\Omega^2}{c/a},$$

so wachsen in der Nähe einer „kritischen" Stelle

$$\lambda = 1$$	$$\eta^2 = 1$$
die Ausschläge	die Schwingungsamplituden

---

[1] Siehe dazu auch Schwingungslehre I, S. 186ff.
[2] Schwingungslehre, S. 194, 3. Absatz.

stark an. Überschreitet man die kritische Stelle — was in den von uns betrachteten Fällen

| eines unterlinearen Längskraftmomentes $$Pl\sin\varphi$$ | einer überlinearen Rückstellkraft $$\frac{Q}{\sin Q}\,cQ$$ |

in stetiger Weise möglich ist — so zeigt sich, daß

die Auslenkung weiter anwächst, weil als zweite stabile Gleichgewichtsform nur eine solche von fast ebenso großem Betrag und entgegengesetztem Zeichen möglich ist, in die überzuschlagen der Stab im allgemeinen keine Veranlassung hat. Das Bauglied erfährt also oberhalb der kritischen Stelle große Verformungen, um so größer, je weiter man die Last $\lambda = 1$ überschreitet.

die Schwingung sehr bald in eine solche mit kleiner Amplitude überschlägt, weil diese zweite stabile Schwingungsmöglichkeit durch die stets vorhandenen Dämpfungskräfte begünstigt wird[1]. Das Bauglied erfährt also oberhalb wie unterhalb der kritischen Stelle kleine Verformungen, um so kleiner, je weiter man sich beiderseits von der Stelle $\eta^2 = 1$ entfernt.

Die Gegenüberstellung zeigt, daß trotz ihrer physikalischen Verschiedenheit (die zum Ausdruck kommt in ihrem Verhalten bei „großen" Längskräften oder Frequenzen) die beiden Probleme ein Wesentliches gemeinsam haben: die Entstehung einer „kritischen" Stelle als Folge der zu den Kräften der gewöhnlichen Festigkeitslehre hinzutretenden (Längsdruck- oder Massen-) Kraft. Diese Erscheinung, die ähnlich auch bei komplizierteren elastischen Gebilden auftritt, wird in diesem Kapitel im Mittelpunkt unserer Betrachtungen stehen; und es wird sich zeigen, daß auch mathematisch die Bestimmung der ausgezeichneten Stelle beim Knickproblem auf die gleiche Frage führt wie beim Schwingungsproblem: auf die Frage nämlich nach den *Eigenwerten* homogener Gleichungssysteme.

3. Das Durchschlagproblem des Stabzweiecks[2].

Wir wollen noch ein zweites einfaches mechanisches System betrachten, bei dem die Frage nach der Stabilität des Gleichgewichtszustandes wesentlich wird. Zwei Stäbe nach Fig. 5 am Angriffspunkt der Last P gelenkig aneinander geschlossen, mögen an ihren Enden vertikal gehalten, ferner durch eine Druckfeder gegen seitliches Aus-

---

[1] Der Vorgang des „Abkippens" einer Schwingung ist in IV, 5 ausführlich geschildert. Eine nahe verwandte Erscheinung zeigt das in der nächsten Ziffer (VI, 2) behandelte Stabilitätsproblem.

[2] Auch diese Ziffer mag man beim ersten Lesen zur Not überschlagen.

weichen und durch eine Drehfeder gegen Winkeländerungen elastisch gestützt sein. Das System sei symmetrisch, die Stablängen seien $l/2$ und die Federkonstanten $\bar{c}$ und c. Die unverformte Lage des Systems kennzeichnen wir durch den Winkel α, die Verformungen durch die Abnahme φ dieses Winkels (φ positiv in der Kraftrichtung). Dann lautet, mit den Reaktionskräften

$$M_e = c\varphi$$

und

$$H = \bar{c}\,\frac{l}{2}\,[\cos(\alpha - \varphi) - \cos\alpha], \quad (14)$$

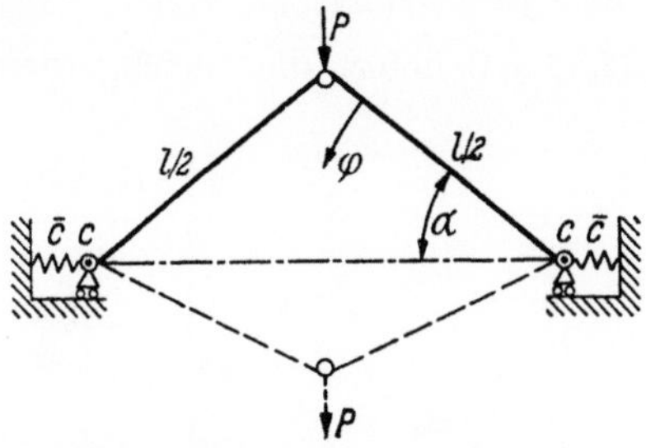

Fig. 5. Zum „Durchschlag"-Problem: Elastisch gestützter Stab-Zweischlag.

die Momentenbedingung für einen der beiden Stäbe:

$$\frac{P}{2}\,\frac{l}{2}\cos(\alpha - \varphi) = c\varphi + \bar{c}\,\frac{l}{2}\,[\cos(\alpha - \varphi) - \cos\alpha]\,\frac{l}{2}\sin(\alpha - \varphi) \quad (15)$$

oder mit

$$\lambda = \frac{P}{l\bar{c}}, \quad \gamma = \frac{4\,c}{l^2\bar{c}} \quad (16)$$

kürzer

$$\lambda = \gamma\,\frac{\varphi}{\cos(\alpha - \varphi)} + \operatorname{tg}(\alpha - \varphi)\,[\cos(\alpha - \varphi) - \cos\alpha]. \quad (15')$$

Diese Gleichung bestimmt φ in Abhängigkeit von der Last λ und von zwei Parametern, einem elastischen: dem Verhältnis der Federzahlen γ, und einem geometrischen: dem die Ausgangslage kennzeichnenden Winkel α.

Die zugehörigen Energieausdrücke sind leicht zu beschaffen. Die Formänderungsenergie, die bei einer Winkeländerung φ in den beiden Federn gespeichert wird, ist gegeben durch

$$\Pi_{i1} = \frac{1}{2}\,\frac{M_e^2}{c} = \frac{1}{2}\,c\,\varphi^2, \quad \Pi_{i2} = \frac{1}{2}\,\frac{H^2}{\bar{c}} = \frac{\bar{c}}{2}\left(\frac{l}{2}\right)^2[\cos(\alpha - \varphi) - \cos\alpha]^2.$$

Da von jeder Sorte *zwei* Federn da sind, ist also

$$\Pi_i = c\,\varphi^2 + \bar{c}\left(\frac{l}{2}\right)^2[\cos(\alpha - \varphi) - \cos\alpha]^2.$$

Die Potentialabnahme $-\Pi_a$ der äußeren Last ist:

$$-\Pi_a = P\,\frac{l}{2}\,[\sin\alpha - \sin(\alpha - \varphi)];$$

das Gesamtpotential lautet daher

$$\left.\begin{aligned}\Pi = \Pi_i + \Pi_a = 2\Big\{&\frac{c}{2}\,\varphi^2 + \frac{1}{2}\,\bar{c}\left(\frac{l}{2}\right)^2[\cos(\alpha - \varphi) - \cos\alpha]^2 -\\ &- \frac{P}{2}\,\frac{l}{2}\,[\sin\alpha - \sin(\alpha - \varphi)]\Big\}.\end{aligned}\right\} \quad (17)$$

Die erste Variation von $\Pi/2$ (dem Potentialanteil *eines* Stabes) wird

$$\frac{\delta\Pi}{2} = \left\{ c\,\varphi + \bar{c}\left(\frac{l}{2}\right)^2 [\cos(\alpha-\varphi) - \cos\alpha]\sin(\alpha-\varphi) - \frac{Pl}{4}\cos(\alpha-\varphi)\right\}\delta\varphi. \quad (18)$$

$\delta\Pi/2 = 0$ liefert die Gleichgewichtsaussage (15). Für die Stabilitäts-

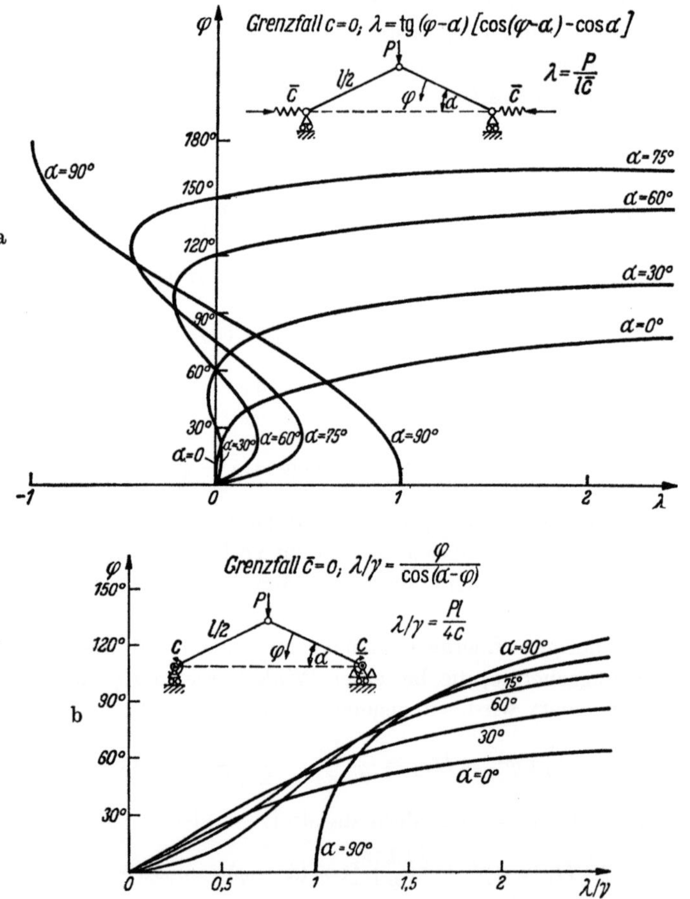

Fig. 6. Durchsenkung φ in Abhängigkeit von der Querlast. a) Grenzfall $c = 0$; b) Grenzfall $\bar{c} = 0$. [In der obersten Zeile der Fig. 6a ist statt tg$(\varphi - \alpha)$ zu lesen tg$(\alpha - \varphi)$.]

untersuchung brauchen wir noch die zweite Variation $\delta^2\Pi = \dfrac{\partial^2\Pi}{\partial\varphi^2}\delta\varphi^2$; es ist

$$\frac{2}{l^2\bar{c}}\frac{\partial^2\Pi}{\partial\varphi^2} = \gamma + \sin^2(\alpha-\varphi) - \cos^2(\alpha-\varphi) + \cos\alpha\cos(\alpha-\varphi) - \lambda\sin(\alpha-\varphi). \quad (19)$$

Die Diskussion der Gl. (15) wird am einfachsten, wenn wir die beiden Anteile auf der rechten Seite getrennt betrachten, d. h. zunächst einmal die beiden Grenzfälle $\gamma = 0$ und $\gamma = \infty$ ($c = 0$ und $\bar{c} = 0$) aufzeichnen. In Fig. 6a ist φ als Funktion von λ, in Fig. 6b als Funktion von $\dfrac{\lambda}{\gamma} = \dfrac{Pl}{4c}$ dargestellt, beidemal mit α als Parameter. Die Kurven 6b (die nichts anderes sind als die Kurven $\varphi > 0$ der Fig. 2 vertikal in den Nullpunkt verschoben) verhalten sich monoton: Kraft und Bewegung des Angriffspunktes verlaufen ständig gleichsinnig. Anders die Kurven 6a: hier zeigt jede Kurve $\alpha > 0$ eine Rückwärtswendung; d. h. von einer bestimmten Stelle an steigt die Durchsenkung des Lastangriffspunktes bei *fallender* Last.

Fügen wir die Kurven 6a und 6b nach Gl. (15′) zusammen, so entsteht ein Widerstreit zwischen den beiden Kurventypen, der je nach den Werten der Parameter α und γ zugunsten des einen oder des anderen Typs ausgeht. — Wer sich durchsetzt, erkennt man am einfachsten am Vorzeichen der zweiten Variation (19). Die Bedingung $d\varphi/d\lambda = \infty$ lautet, wenn wir die Hauptgleichung (15′) in der Form

$$F(\lambda, \varphi) \equiv \gamma\varphi + \sin(\alpha - \varphi)[\cos(\alpha - \varphi) - \cos\alpha] - \lambda\cos(\alpha - \varphi) = 0$$

schreiben,

$$\frac{\partial F}{\partial \varphi} \equiv \gamma + \sin^2(\alpha-\varphi) - \cos^2(\alpha-\varphi) + \cos\alpha\cos(\alpha-\varphi) - \lambda\sin(\alpha-\varphi) = 0, \quad (20)$$

und das ist, wie wir nach den allgemeinen Feststellungen von Ziff. 2b erwarten müssen, bis auf einen Zahlenfaktor identisch mit der Indifferenzbedingung

$$\frac{\partial^2 \Pi}{\partial \varphi^2} = 0.$$

Die Vorzeichenwechsel von $\delta^2\Pi$ kennzeichnen also die Stellen mit vertikalen Tangenten.

In Fig. 7 ist $\varphi(\lambda)$ mit α als Parameter für den beliebig herausgegriffenen festen Wert $\gamma = 0{,}2$ dargestellt. — Von $\varphi = 0$, $\lambda = 0$ ausgehend, steigen alle Kurven zunächst einmal an; denn die Gleichung der Anfangstangente lautet (wie man am einfachsten durch Entwickeln nach Potenzen von φ und Abbrechen nach dem ersten Gliede feststellt)

$$\varphi = \frac{\cos\alpha}{\gamma + \sin^2\alpha}\,\lambda, \quad (21)$$

hat also eine positive Steigung, die nur im Entartungsfall $\alpha = \pi/2$ verschwindet. Die zu kleinen Ausgangsneigungen α gehörigen Kurven wachsen auch weiterhin monoton an [wenn auch schneller, als (21) angibt], bei größeren α-Werten aber setzt sich der S-Schlag durch. — Das Neue gegenüber dem in der vorigen Ziffer behandelten Beispiel ist, daß die Kurven $\varphi(\lambda)$, wenn überhaupt, jetzt *zwei* Indifferenzstellen aufweisen, von der die untere zwei Kurvenäste nach der Seite fallender Last aussendet. Das bedeutet *mechanisch*, daß $\varphi(\lambda)$ an der unteren

Indifferenzstelle *unstetig* wird. Denn da zu einer größeren Last in der Umgebung dieses Punktes keine reellen Lösungen der Gleichgewichtsbedingung (15′) gehören und eine Zunahme der Verformung bei absinkender Last nicht eintreten kann, weil nach Gl. (19) auf dem gestrichelten Kurvenast $\delta^2 \Pi$ kleiner als Null, das Gleichgewicht also instabil ist, so antwortet das Stabzweieck auf eine Lastveränderung damit, daß es *durchschlägt*, bis es in endlicher Entfernung eine neue Gleichgewichtslage findet[1]. Eine solche wird auf dem in Fig. 7 eingezeichneten obersten Ast der Kurve $\varphi(\lambda)$ erreicht; auf diesem Ast ist φ größer als α,

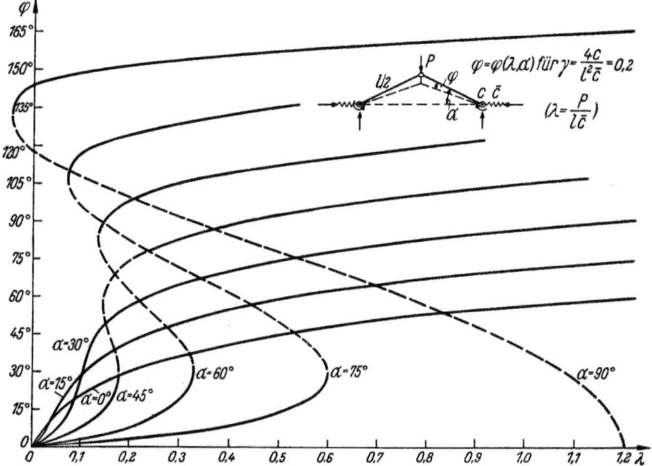

Fig. 7. Durchsenkung φ in Abhängigkeit von der Querlast für ein festes Federzahlverhältnis $\gamma \equiv 4c/l^2\bar{c} = 0{,}2$.

d. h. das Stabzweieck hängt jetzt nach unten durch (in Fig. 5 gestrichelt eingezeichnet), so daß die Stäbe und die Dehnfedern auf Zug beansprucht sind[2].

Interessant ist der Einfluß der Druckfeder $\bar{c}$ auf das Verhalten des Systems. $\bar{c} \neq 0$ stellt eine zusätzliche Stützung dar, und man sollte erwarten, daß dadurch die Verformung bei gleicher Kraft vermindert wird. Bei sehr kleinen Ausschlägen φ ist das auch so, wie man aus (21) erkennt, wenn man diese Gleichung in der Form

$$\varphi = \frac{\cos\alpha}{1 + \dfrac{1}{\gamma}\sin^2\alpha}\, \frac{\lambda}{\gamma} = \frac{\cos\alpha}{1 + \dfrac{1}{\gamma}\sin^2\alpha}\, \frac{Pl}{4c} \tag{21′}$$

---

[1] Man könnte ein Durchlaufen des labilen Kurvenastes natürlich durch Aufprägen der Verformung erzwingen; λ gibt dann die Reaktionskraft an — aber so ist das Problem nicht gestellt.

[2] Wenn man eine Kurve $\alpha = $ const „rückwärts" durchläuft, findet das Durchschlagen natürlich an den zweiten Indifferenzstellen statt — vgl. dazu Kap. IV, Ziff. 5.

schreibt; da bewirkt $1/\gamma \neq 0$ tatsächlich eine Erhöhung der Steifigkeit. Bei etwas größeren Durchsenkungen wirkt sich die „Stützung" aber *negativ* aus, ganz deutlich bei den Kurven $\alpha \geqslant 45°$, bei denen infolge der Anwesenheit der Druckfedern ein Instabilitätsbereich entsteht, aber merklich auch bei den Kurven $\alpha < 45°$, wo $\varphi(\lambda/\gamma)$ durch $\bar{c} \neq 0$ gegenüber dem φ für $\bar{c} = 0$ wenigstens vergrößert wird. Der physikalische Grund ist der, daß nach dem Durchschreiten der gestreckten Lage die zunächst noch zusammengepreßten Federn nicht mehr stützen, sondern „nachschieben". Dergleichen unerwünschte Wirkungen können Stützen auch sonst auf die Stabilität einer Gleichgewichtslage ausüben. Ein einfaches Beispiel ist der querbelastete Biegebalken, der durch eine zusätzliche Stütze zum Auskippen (d. h. zum seitlichen Ausweichen und Verdrehen) *angeregt* werden kann, weil die Stützkraft zwar die Momente (und die Ausbiegungen) in der ursprünglichen Biegeebene vermindert, dafür aber eine labilisierende Komponente in die Richtung der seitlichen Ausbiegung wirft[1].

4. Das Stabilitätsproblem der Elastizitätstheorie.

Vom Standpunkte der Festigkeitslehre aus interessieren an den beiden Diagrammen 2 und 7 in erster Linie die Stellen, wo, gleichsam plötzlich, *große Verformungen* beginnen. Denn diese Stellen bezeichnen in den meisten Fällen die Zulässigkeitsgrenze für die Last, weil die schnell anwachsenden Verformungen das System überbeanspruchen. Unsere Diskussion hat gezeigt, daß mit der Frage nach der „gefährlichen" Last, d. h. nach Stellen einer plötzlichen Verformungszunahme, aufs engste die Stabilitätsfrage verknüpft ist. Beim zweiten Beispiel unmittelbar, indem (oberhalb eines bestimmten von γ abhängigen α-Wertes) alle Kurven eine Stelle unendlicher Steigung erreichen, die zugleich die Stabilitätsgrenze ist; beim ersten Beispiel zunächst nur mittelbar, indem „wenig" oberhalb der steilsten Stelle die Eindeutigkeit der Gleichgewichtsaussage verlorengeht, aber unmittelbar auch hier, wenn man die Grenzkurve $\varphi_0 = 0$ ins Auge faßt: denn für $\varphi_0 = 0$ fallen gefährliche Last und kritische Last (Stabilitätsgrenze) zusammen.

Mit der ausgezeichneten Rolle, die die Kurve $\varphi_0 = 0$ spielt, hängt es zusammen, daß die Stabilitätsprobleme vom ersten Typus — mit denen wir uns in diesem Kapitel weiterhin beschäftigen wollen — mathematisch ungleich viel einfacher sind als die Probleme vom zweiten Typus[2].

---

[1] BELLUZZI, O.: La stabilità... in presenza di puntelli, Ric. Ingegn. 8, 117 (1940). Referat im Zbl. Mech. Bd. 11 S. 255.

[2] Beispiele von Durchschlagsproblemen siehe Techn. Dynamik, S. 526, ferner K. MARGUERRE: Sitzungsber. d. Berl. Math. Ges. XXXVII (1937) S. 22. — O. S. HECK: Über die Stabilität orthotroper Zylinderschalen. Luftf.-Forschg. 1937, S. 137. — E. WEINEL: Stabilität doppelt gekrümmter Platten. Z. angew. Math. Mech. 1937, S. 364. — TH. v. KARMÁN: Zitiert auf S. 242.

Denn bei den Knickproblemen (wie wir die Probleme vom ersten Typ kurz nennen wollen) genügt es, in dem praktisch wichtigen Bereich kleiner Querlastparameter φ_0 an Stelle der *gefährlichen* Last für eine Kurve $\varphi_0 \neq 0$ die *kritische* Last für die Kurve $\varphi_0 = 0$ zu bestimmen, und das ist möglich, ohne große, ja ohne überhaupt *wirkliche* Deformationen ins Auge zu fassen: um die kritische Stelle $\lambda = 1$ zu finden, braucht man nur die Bedingung zu formulieren, daß dort außer der lotrechten Gleichgewichtslage noch eine *infinitesimal benachbarte* Gleichgewichtslage möglich sein soll. Und da bis zum kritischen Punkt hin die Auslenkungen φ exakt Null sind, treten in den Stabilitätsgleichungen *nur* die infinitesimalen „kritischen" Verschiebungen auf — d. h. man erhält Gleichungen, die in den Verschiebungsgrößen *linear* sind. Beim Durchschlagproblem dagegen läßt sich, wie Fig. 7 zeigt, die kritische Last als Funktion der Parameter α und γ nur von Fall zu Fall auf Grund einer Theorie großer Deformationen, d. h. mit Hilfe *nicht-linearer* Gleichungen finden. Die beiden Arten von Stabilitätsproblemen treten damit, was die Schwierigkeit ihrer mathematischen Behandlung angeht, weit auseinander. Es ist aber gut, sich ihre mechanische Verwandtschaft vor Augen zu halten und sich auch bewußt zu bleiben, daß die Stabilitätsfrage als solche keineswegs immer in der besonderen, den Knickproblemen eigentümlichen, Form auftreten muß.

Da der Fall großer Längsdruckkraft bei kleinen Querlasten in den Anwendungen sehr häufig ist, so hat sich für die Bestimmung der kritischen Lasten bei Knickproblemen eine besondere Disziplin entwickelt, an die man sogar gemeinhin ausschließlich denkt, wenn man von der Stabilitätstheorie als einem Zweige der Elastizitätstheorie spricht. Diese Disziplin hebt sich aus der übrigen Festigkeitslehre dadurch ganz heraus, daß bei ihr die Fragestellung gleichsam umgekehrt wird: man fragt nicht nach Verformungen und Spannungen unter gegebenen Lasten, sondern sucht gewisse ausgezeichnete „*kritische*" Lastwerte, unter denen von Null verschiedene Verformungen überhaupt erst eintreten können. — Das Typische der neuen Fragestellung tritt am deutlichsten hervor, wenn wir sie an einem möglichst einfachen Problem kennenlernen. Wir behandeln daher in der nächsten Ziffer noch einmal das in Ziff. 2 schon untersuchte Beispiel, das wir aber diesmal nicht als Problem großer Deformationen, sondern von vornherein als Stabilitätsproblem auffassen.

5. Der starre Stab unter Längslast. Stabilitätstheorie eines Systems von einem Freiheitsgrade.

Wie wir in der vorigen Ziffer gesehen haben, ist der kritische Zustand des in Fig. 8 dargestellten elastischen Systems gekennzeichnet durch die Existenz zweier benachbarter Gleichgewichtslagen. Da wir die eine ($\varphi = 0$) schon kennen, brauchen wir also nur die Bedingung zu formulieren, daß es auch die zweite $\varphi \neq 0$ geben soll. Wir können das auf statischem oder auf energetischem Wege tun.

Da die neue Lage eine Nachbarlage sein soll, also unendlich wenig verschieden von der Lage $\varphi = 0$, kennzeichnen wir sie nicht durch den einfachen Buchstaben φ, sondern durch φ^*, wobei der Stern daran erinnert, daß es sich um eine infinitesimale Größe handeln soll, d. h. um eine Größe, die so klein ist gegen 1, daß höhere Potenzen neben den niederen stets wegbleiben dürfen, und die im Gegensatz zu der „kleinen" elastischen Auslenkung φ von Ziff. 2 dem Betrage nach *unbestimmt bleibt*.

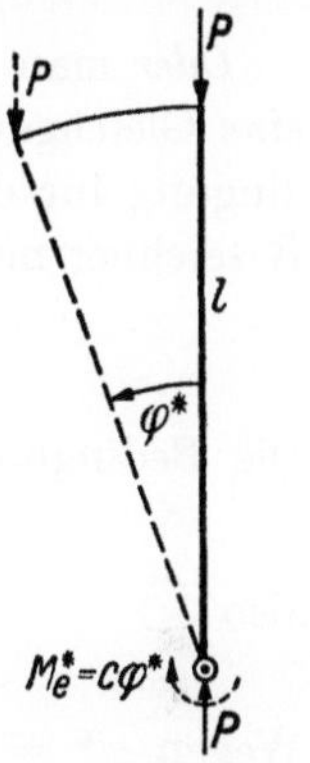

Die statische Überlegung ist sehr einfach. Bringen wir den Stab Fig. 8 in die zur Lotrechten benachbarte Lage φ^*, so übt die Feder ein rückführendes Moment aus vom Betrage

$$M_e^* = c\,\varphi^*,$$

die Längslast ein auslenkendes Moment vom Betrage

$$M_P^* = Pl\varphi^*$$

Fig. 8. Druckstab in den beiden „benachbarten" Gleichgewichtslagen.

(es wäre sinnlos, $\sin \varphi^*$ zu schreiben, denn für infinitesimale Winkel *ist* $\sin \varphi^* = \varphi^*$). Die ausgelenkte Lage ist Gleichgewichtslage, wenn $c\varphi^* = Pl\varphi^*$, also

$$(c - Pl)\,\varphi^* = 0 \tag{22}$$

ist; da $\varphi^* \neq 0$ sein soll (sonst wäre die neue Gleichgewichtslage nicht verschieden von der lotrechten), ist also

$$P = c/l \equiv P_k \tag{22'}$$

die gesuchte kritische Last.

Will man dieses Ergebnis auf energetischem Wege herleiten, so kann man zweierlei Überlegungen anstellen. *Entweder* man geht aus von dem Ausdruck für die potentielle Energie für eine beliebige Lage φ, bildet erste und zweite Variation und bestimmt dadurch Gleichgewichtslage und Stabilitätsgrenze; macht man dabei Gebrauch davon, daß die in Betracht kommenden Auslenkungen klein sind, so kann man $1 - \cos\varphi$ in (5) ersetzen durch $\varphi^2/2$ und hat also

$$\Pi = \tfrac{1}{2}c\,\varphi^2 - Pl\tfrac{1}{2}\varphi^2. \tag{23}$$

$\delta\Pi = 0$ liefert die Gleichgewichtsbedingung

$$(c - Pl)\,\varphi = 0, \tag{24}$$

die, da P eine *gegebene* Last ist, im allgemeinen nur erfüllt ist für

$$\varphi = 0.$$

Über die Stabilität dieser Lage entscheidet das Vorzeichen der zweiten Variation:

$$[\delta^2 \Pi]_{\varphi=0} = (c - Pl)(\delta\varphi)^2. \tag{25}$$

$\delta^2 \Pi = 0$ kennzeichnet den Indifferenzpunkt; die kritische Last ist also

$$P = P_k \equiv c/l. \tag{25'}$$

Oder man benutzt, wie bei der statischen Überlegung, daß man die *eine* Gleichgewichtslage ($\varphi = 0$) ja schon kennt, also nur noch die Bedingung für die Existenz einer benachbarten zu formulieren braucht. Bezeichnet man diese Lage wieder durch φ^*, so ist in unserem Beispiel

$$\Pi^* = \tfrac{1}{2} c \varphi^{*2} - \tfrac{1}{2} P l \varphi^{*2}. \tag{26}$$

Die Bedingung, daß φ^* Gleichgewichtslage sein soll, lautet

$$\delta \Pi^* = (c \varphi^* - P l \varphi^*) \delta \varphi^* = 0,$$

also

$$(c - Pl)\varphi^* = c(1 - \lambda)\varphi^* = 0. \tag{27}$$

Wegen $\varphi^* \neq 0$ ist also wieder

die kritische Last.
$$P = c/l \quad \text{oder} \quad \lambda = 1 \tag{27'}$$

Für die *energetische* Untersuchung der speziellen (Knick-) Stabilitätsprobleme, die uns in diesem Kapitel beschäftigen, kommt ausschließlich die zweite Methode (die Übersetzung der statischen Methode ins Energetische) in Betracht. Wir haben die erste nur deshalb erwähnt, weil sie durch den Energiebegriff nahegelegt wird und weil wir an die Gleichungen (24) und (27) noch eine Bemerkung knüpfen wollen: Da es in der Stabilitätstheorie wegen der Einfachheit der Schreibweise üblich ist, für die infinitesimalen kritischen Verrückungen dieselben Zeichen zu verwenden, die in der Festigkeitslehre die wirklichen elastischen Verrückungen bezeichnen, verwischt sich leicht der Unterschied zwischen den beiden Aussagen

$$c\varphi - Pl\varphi = 0 \quad \text{und} \quad c\varphi^* - Pl\varphi^* = 0. \tag{24}, \tag{27}$$

Die beiden Gleichungen haben aber eine völlig verschiedene Bedeutung. Die erste gehört in die Spannungstheorie, d. h. sie dient zur Bestimmung der Verschiebungsgröße φ bei gegebener Last P. Sie hat die *eine* Lösung $\varphi = 0$, sagt also nur aus, daß die lotrechte Lage Gleichgewichtslage ist. Die zweite Gleichung dagegen ist die typische Gleichung der Stabilitätstheorie: Sie bestimmt die kritische Last $P = P_k$, bei der eine von Null verschiedene infinitesimale Verrückung φ^* möglich ist. Dabei bleibt die Größe der Verschiebung φ^* offen; das liegt im Wesen der Problemstellung, denn φ^* ist keine wirkliche elastische Verschiebung, sondern ein gedachter infinitesimaler Verschiebungszuwachs, der in die Rechnung eingeführt wird, um die Bedingung für das Auftreten einer indifferenten (= mehrdeutigen) Gleichgewichtslage analytisch formulieren zu können. — Der kritische Wert $P = P_k$, der eine Lösung $\varphi^* \neq 0$ der Gl. (27) zuläßt, heißt die *Eigenlast* des Systems oder auch der *Eigenwert* dieser Gleichung; für das Eigenwertproblem ist kennzeichnend, daß die Gleichung *homogen* (in den uns interessierenden Fällen auch *linear*) ist, d. h. für $P \neq P_k$ die „triviale" Lösung $\varphi^* = 0$ besitzt.

Über das wirkliche Verhalten des Stabes in der Nähe der kritischen Last sagt weder Gl. (24) noch Gl. (27) etwas aus. Gl. (27) nicht, weil sie nur dazu dient, den *Ort* einer senkrechten Tangente $d\varphi/d\lambda = 0$ zu bestimmen, also keinerlei Anzeichen dafür enthält, nach welcher Richtung und wie schnell die Kurve $\varphi(\lambda)$ von dieser Tangente bei einer Laständerung abweicht. Gl. (24) nicht, weil sie aus Gl. (7) durch Streichung aller höheren Potenzen von φ entsteht und daher über das Verhalten bei größeren Lasten, wo (wie Fig. 2 zeigt) die weggelassenen Terme wesentlich werden, keine Auskunft geben kann.

Mit dem soeben diskutierten Unterschied zwischen den Aussagen (24) und (27) hängt aufs engste die viel erörterte Frage nach den Gültigkeitsgrenzen des KIRCHHOFFschen Eindeutigkeitssatzes zusammen. Faßt man unser Stabilitätsproblem, wie wir es getan haben, auf als ein sozusagen degeneriertes Sonderproblem aus der Theorie großer Deformationen, so kann eine „Frage" nicht auftreten: daß nicht-lineare Gleichungen mehrere reelle Wurzeln haben können, ist selbstverständlich. Wenn man aber — was man natürlich tun kann — die Stabilitätsgleichungen vom Typus (22) ohne Beziehung auf große Verformungen und ohne Kennzeichnung der infinitesimalen Verschiebungsgröße durch einen Stern od. dgl. formuliert, so erhält man lineare Gleichungen, die sich auf den ersten Blick nicht unterscheiden von den Gleichungen der gewöhnlichen Festigkeitslehre; und da entsteht dann die Frage, warum für diese Gleichungen der Eindeutigkeitssatz nicht gilt. Die Antwort kann man in zweierlei Art und Weise geben: *entweder*, indem man sich darauf beruft, daß (nachdem man die Gleichgewichtsbedingungen für das deformierte System ausgesprochen hat) Glieder vom Typus

$$\text{Last} \times \text{Verformung}$$

vorkommen, so daß die Gleichung (27) zwischen Verschiebung und Last gar keinen linearen Zusammenhang herstellt; *oder*, schärfer, indem man auf den Beweis des Eindeutigkeitssatzes zurückgeht und feststellt, daß dessen Voraussetzungen nicht erfüllt sind. Den KIRCHHOFFschen Satz beweist man bekanntlich[1], indem man benutzt, daß das elastische

---

[1] TREFFTZ, E.: Handb. d. Physik VI, S. 75.

Potential nur *ein* Minimum aufweisen kann, wenn es eine *positiv definite* quadratische Form ist. Eben das ist aber der Ausdruck (26) nicht: er enthält ein quadratisches Glied mit negativem Zeichen; und diesem Gliede ist in der Tat das Auftauchen von Mehrdeutigkeitsstellen zu danken. — Die letzte Überlegung macht übrigens zugleich deutlich, daß die Anwesenheit von *Druck*kräften für die Möglichkeit einer Instabilität notwendig ist. Denn wenn ein System in allen Richtungen nur Zug erfährt, bleibt das Potential trotz der Zusatzglieder positiv definit, d. h. dann sind Mehrdeutigkeiten ausgeschlossen.

Wir erwähnen noch, daß man neben dem statischen Kriterium (22) und den energetischen Kriterien (25) und (27) zur Kennzeichnung der kritischen Last auch ein *kinetisches* Kriterium heranziehen kann. Wir erhalten es, wenn wir den Stab als einen längsbelasteten *Schwinger* von einem Freiheitsgrad auffassen. Schreiben wir für das Trägheitsmoment des Stabes bezüglich des Drehpunktes

$$\int x^2\, dm = k^2\, m,$$

so lautet die Bewegungsgleichung für kleine Winkelausschläge

$$m k^2 \ddot{\varphi}^* + (c - Pl)\, \varphi^* = 0; \qquad (28)$$

sie hat [Gl. IV (10)] die Lösung

$$\varphi^* = A \cos \omega t + B \sin \omega t,$$

mit

$$\omega^2 = \frac{\text{Federzahl}}{\text{Trägheitsmoment}} = \frac{c - Pl}{m k^2}.$$

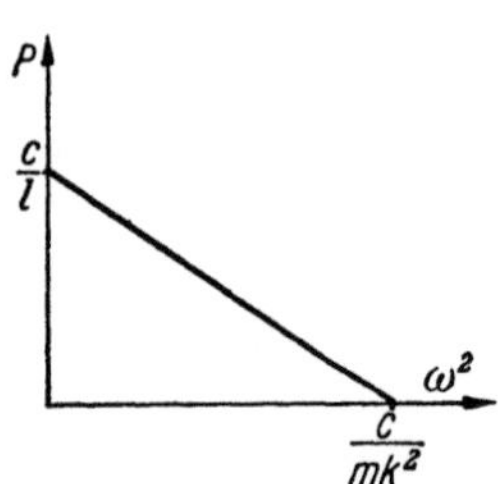

Fig. 9. Kritische Last und Schwingungszahl.

Man sieht, daß die Anwesenheit der Druckkraft den Schwinger „weicher" macht. Die Eigenfrequenz ω sinkt mit wachsender Last und geht für $P = P_k \equiv c/l$ gegen Null (Fig. 9). Je näher man dem kritischen Wert kommt, desto langsamer schwingt der Stab, um bei $P = P_k$ überhaupt nicht mehr in die Ruhelage zurückzukehren [die Bedingung (28) ist ohne Massenkraft schon erfüllt].

6. Knicksysteme von endlich vielen Freiheitsgraden.

Wir haben den Knickstab mit einem Freiheitsgrad etwas ausführlicher diskutiert, um die allen Stabilitätsuntersuchungen zugrunde liegenden mechanischen Überlegungen an einem möglichst übersichtlichen Beispiel kennenzulernen. Wir können nun, genau wie in der Schwingungslehre, fortschreiten zu Gebilden mit endlich-vielen und mit unendlich-vielen Freiheitsgraden und können unter den letzteren wieder ein- und mehrdimensionale unterscheiden; dabei entsteht, da wir uns von jetzt an nicht mehr mit dem eigentlichen Knickvorgang, sondern nur noch mit dem Verhalten im kritischen Punkte beschäf-

tigen wollen (was mathematisch hinausläuft auf Formulierung und Diskussion eines Eigenwertproblems), ein enger formaler Parallelismus
zwischen den Stabilitätsproblemen und den Schwingungsproblemen,
wo bei Gebilden mit mehr als einem Freiheitsgrad an Stelle des wirklichen Schwingungsvorgangs ja auch das zugehörige (Resonanz-) Eigenwertproblem betrachtet worden war.

Fügen wir n Stäbe vom Typus der Fig. 1 aneinander, wie Fig. 10
es zeigt, so haben wir ein Knicksystem von n Freiheitsgraden. Wenn
wir sofort auf die Bestimmung der kritischen Last lossteuern, so müssen
wir bei Anwendung der statischen Methode (deren wir uns in dieser
und der folgenden Ziffer be-
dienen wollen) den vertikal-
belasteten Stab in einer Nach-

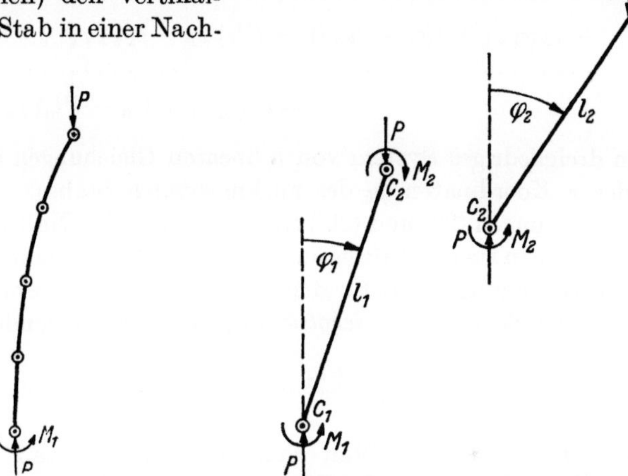

Fig. 10. Knickkette. Fig. 11. Die beiden Glieder einer zweigliedrigen
Knickkette.

barlage zur unausgelenkt-geraden aufzeichnen und für diese Lage die
Gleichgewichtsbedingungen anschreiben.

Wir betrachten zunächst den Sonderfall $n = 2$. Bezeichnen wir die
infinitesimalen Neigungen der beiden Stäbe gegen die Lotrechte mit
φ_1, φ_2 — wir verzichten hier und im folgenden auf die Kennzeichnung
der kritischen Verrückungen durch den Stern, weil wirkliche Verschiebungen, mit denen sie verwechselt werden könnten, in den Knick-
Stabilitäts-Gleichungen nicht vorkommen —, so lauten die Momentenbedingungen für die beiden Stäbe nach Fig. 11

$$P \varphi_1 l_1 + M_2 = M_1,$$
$$P \varphi_2 l_2 \qquad = M_2.$$

Sind c_1, c_2 die Federkonstanten, so ist

$$M_1 = c_1 \varphi_1, \quad M_2 = c_2 (\varphi_2 - \varphi_1),$$

14*

und wir erhalten die *Stabilitätsgleichungen* in der Form

$$\left.\begin{array}{l} [(c_1 + c_2) - Pl_1]\,\varphi_1 - c_2\,\varphi_2 = 0\,, \\ - c_2\,\varphi_1 + [c_2 - Pl_2]\,\varphi_2 = 0\,. \end{array}\right\} \tag{29}$$

Sie stimmen überein mit den Schwingungsgleichungen IV (42), nur daß an die Stelle von $\omega^2\Theta_1$, $\omega^2\Theta_2$ diesmal Pl_1, Pl_2 tritt.

Die Erweiterung auf den allgemeinen Fall des n-gliedrigen Stabes ist ohne Schwierigkeit; man erhält

$$\left.\begin{array}{l} [(c_1 + c_2) - Pl_1]\,\varphi_1 - c_2\,\varphi_2 \qquad\qquad\qquad\qquad = 0\,, \\ \quad - c_2\,\varphi_1 + [(c_2 + c_3) - Pl_2]\,\varphi_2 - c_3\,\varphi_3 \qquad\quad = 0\,, \\ \quad\cdots\cdots\cdots\cdots\cdots\cdots\cdots\cdots\cdots\cdots\cdots\cdots\cdots \\ \quad - c_k\,\varphi_{k-1} + [(c_k + c_{k+1}) - Pl_k]\,\varphi_k - c_{k+1}\varphi_{k+1} = 0\,, \\ \quad\cdots\cdots\cdots\cdots\cdots\cdots\cdots\cdots\cdots\cdots\cdots\cdots\cdots \\ \qquad\qquad\qquad - c_n\,\varphi_{n-1} + [c_n - Pl_n]\,\varphi_n = 0\,, \end{array}\right\} \tag{29$'$}$$

d. h. ein dreigliedriges System von n linearen Gleichungen zur Bestimmung der n Koordinaten φ_k des ausknickenden Stabes.

Die Gleichungen (29) und (29$'$) sind homogen. Von Null verschiedene Lösungen können sie nur aufweisen, wenn ihre Determinante verschwindet. Diese Bedingung liefert für den *Eigenwert P* eine algebraische Gleichung vom Grade n, die *Knickgleichung*, die sich im Sonderfall $n = 2$ in der Form

$$P^2 - P\left(\frac{c_1 + c_2}{l_1} + \frac{c_2}{i_2}\right) + \frac{c_1 c_2}{l_1 l_2} = 0 \tag{30}$$

schreiben läßt [vgl. IV (43)]. Man erhält also n Eigenwerte P^*, und zwar, wie man zeigen kann, n *reelle* Eigenwerte. Von diesen interessiert für das Stabilitätsproblem gewöhnlich nur der niedrigste — wir nennen ihn P_1^* —, weil (anders als beim Problem der rotierenden Welle) *oberhalb* P_1^* die unausgelenkte Lage instabil, eine Überschreitung von P_1^* also unzulässig ist. Die niedrigste Eigenlast ist *die Knicklast*.

Die Knickgleichung (zur Bestimmung von P_1^*) ist — anders als beim eingliedrigen System — nicht die einzige Aussage, die man aus den Stabilitätsgleichungen folgern kann. Das System der n Gleichungen (29$'$) enthält noch $n - 1$ weitere Aussagen, mit deren Hilfe $n - 1$ der n Koordinaten φ_k bestimmt werden können. *Eine* der Koordinaten (z. B. φ_1) bleibt dem Betrage nach offen; bringt man sie auf die rechte Seite, so wird aus (29$'$) ein System von n inhomogenen Gleichungen, von denen, wegen der Determinantenbedingungen, nur $n - 1$ linear unabhängig sind (eine der Gleichungen ist die Folge der $n - 1$ übrigen). Die Determinantenbedingung ist befriedigt, wenn für P einer der n Eigenwerte P^* eingesetzt wird; zu jedem Eigenwert gehört eine „Eigenlösung", d. h. ein bis auf den gemeinsamen unbestimmt bleibenden Faktor φ_1 eindeutig bestimmtes System von φ_k-Werten. Jedes dieser Systeme beschreibt eine bestimmte *Form* des ausgelenkten Stabes; die zur Knicklast P_1^* gehörige ist die *Knickform*.

Leicht zu übersehen sind die Verhältnisse im Sonderfall $n = 2$. Zu jeder der beiden Eigenlasten gehört nach (29) eine Auslenkform

$$\frac{\varphi_2}{\varphi_1} = \frac{c_1 + c_2 - P^* l_1}{c_2} = \frac{c_2}{c_2 - P^* l_2}, \tag{31}$$

wobei für P^* entweder P_1^* oder P_2^* gesetzt werden kann. Wegen Gl. (30) ist diese Doppelgleichung widerspruchsfrei. Nach derselben Gleichung ist

$$P_1^* + P_2^* = \frac{c_1 + c_2}{l_1} + \frac{c_2}{l_2}, \quad P_1^* \cdot P_2^* = \frac{c_1}{l_1} \cdot \frac{c_2}{l_2};$$

da die Federkonstanten und Längen positive Zahlen sind, gilt also die Doppelbeziehung

$$P_1^* + P_2^* = \frac{c_1 + c_2}{l_1} + \frac{c_2}{l_2}, \quad P_1^* \cdot P_2^* < \frac{c_1 + c_2}{l_1} \cdot \frac{c_2}{l_2},$$

d. h. P_1^* muß kleiner sein als die kleinere, P_2^* größer als die größere der beiden Zahlen $\frac{c_1 + c_2}{l_1}$ und $\frac{c_2}{l_2}$. Nach Gl. (31) ist daher $\frac{\varphi_2}{\varphi_1} > 0$ für P_1^*, $\frac{\varphi_2}{\varphi_1} < 0$ für P_2^*, d. h. die *Knickform* hat den Typus, den die Stellung der beiden untersten Stabglieder in Fig. 10 andeutet.

Da die Berechnung der Knick*last* den wesentlichen Teil der Stabilitätsaufgabe darstellt[1], wird man in den Anwendungen vielfach darauf verzichten können, die Knick*form* nachträglich noch zu bestimmen. Indessen kommt es durchaus vor, daß es wünschenswert ist, auch die Knickform zu kennen, ja in manchen Fällen kann sogar der kürzeste Weg zur Bestimmung der Knicklast über eine vorherige Bestimmung der Knickform führen. Ein auf diesem Gedanken beruhendes Verfahren (bei dem der *Randwert*charakter des Stabilitätsproblems deutlich wird) ist im IV. Kapitel, Ziff. 8, ausführlich begründet und im V. Kapitel in einer für die Anwendungen gebrauchsfertigen Form dargestellt worden.

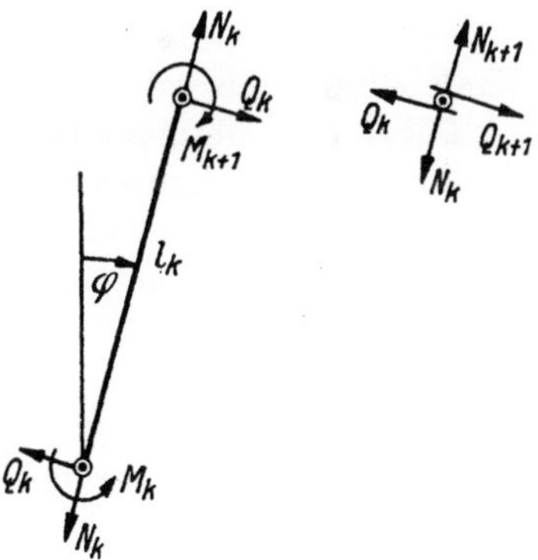

Fig. 12. Gleichgewicht eines Teilstabes und eines Gelenkes.

Mit Rücksicht auf das kontinuierliche Analogon zu dem Gelenkstab Fig. 10, der uns in der folgenden Ziffer beschäftigen wird, wollen wir anhangsweise noch darauf hinweisen, daß man die Gleichgewichts-

---

[1] Siehe das Kap. V dieses Buches.

bedingungen auch in etwas anderer Weise formulieren kann, als es in den Gl. (29′) geschehen ist. Bezeichnen wir mit N_k und Q_k die Kraftkomponenten jeweils in Richtung des einzelnen Stabes und senkrecht dazu, so fordert nach Fig. 12 das Gleichgewicht der Kräfte für jeden Stab k $(1 \ldots k \ldots n)$, daß N_k und Q_k oben und unten gleich sein müssen. Wegen der Kleinheit der Winkel φ_k ist die Längskraft N_k überdies in allen Stäben dieselbe und $= -P$; die Querkraft ist veränderlich, und zwar folgt mit $N_k = -P$ aus der Gleichgewichtsbedingung für ein Gelenk $(k,\ k+1)$

$$Q_{k+1} - Q_k - P(\varphi_{k+1} - \varphi_k) = 0. \tag{32a}$$

Die Momentenaussage für den Stab k liefert

$$0 = M_{k+1} - M_k + Q_k l_k = c_{k+1}(\varphi_{k+1} - \varphi_k) - c_k(\varphi_k - \varphi_{k-1}) + Q_k l_k. \tag{32b}$$

Eliminiert man aus (32a) und zwei Gleichungen vom Typus (32b) die Querkraft, so erhält man

$$\begin{aligned}
&- \frac{c_{k+2}}{l_{k+1}}\, \varphi_{k+2} + \left(\frac{c_{k+2}}{l_{k+1}} + \frac{c_{k+1}}{l_{k+1}} + \frac{c_{k+1}}{l_k} - P \right) \varphi_{k+1} - \\
&- \left(\frac{c_{k+1}}{l_{k+1}} + \frac{c_{k+1}}{l_k} + \frac{c_k}{l_k} - P \right) \varphi_k + \frac{c_k}{l_k}\, \varphi_{k-1} = 0,
\end{aligned} \tag{32c}$$

also eine Gleichung, in der 4 benachbarte Koordinaten φ vorkommen. Man prüft leicht nach, daß sich dieselbe Gleichung ergibt, wenn man zwei benachbarte Gleichungen in (29′) subtrahiert, was man in dem allgemeinen Fall einer mehrpunktigen seitlichen Stützung tun muß, wenn man die dann in die Momentenaussage noch eingehenden unbekannten Horizontalkomponenten der von Stab zu Stab übertragenen Kraft eliminieren will.

Führt man übrigens noch an Stelle der Winkel die Auslenkungen der Knoten als Koordinaten ein (es ist dies dann notwendig, wenn außer dem Fußgelenk noch weitere Gelenke gegen eine seitliche Verschiebung starr oder elastisch gestützt sind), so tritt an Stelle von $l_k \varphi_k$ die Differenz $(w_{k+1} - w_k)$. Das System der Stabilitätsgleichungen wird dann *fünfgliedrig*; das kontinuierliche Analogon dazu ist, wie wir sehen werden, die Differentialgleichung *vierter* Ordnung, durch die das Problem des knickenden Balkens im allgemeinsten Fall beherrscht wird.

Ein Anwendungsbeispiel[1]. Wir haben die Knicksysteme mit endlich vielen Freiheitsgraden in dieser Ziffer hauptsächlich deshalb behandelt, weil sie in natürlicher Weise zwischen dem Einführungsbeispiel (mit einem Freiheitsgrad) und den kontinuierlichen Gebilden (mit vielen Freiheitsgraden) vermitteln. Wir wollen nun noch ein einfaches Knicksystem von zwei Freiheitsgraden durchrechnen, das unmittelbare baupraktische Bedeutung hat. Wir betrachten Fig. 13; ein starrer Stab

---

[1] Das mag man beim ersten Lesen überschlagen.

sei am unteren Ende elastisch eingespannt oder auch gelenkig gelagert,
am oberen Ende an die Unterseite eines hohen querverlaufenden (Brük-
ken-) Trägers angeschlossen, der auf der Oberseite seinerseits durch eine
vertikale Drucklast P beansprucht wird[1]. Eine Instabilität dieses
Systems kann dadurch entstehen, daß der Träger über der Stütze seitlich ausweichen und daß er sich verdrehen kann. Beide Bewegungs-
möglichkeiten transportieren die Last P aus der Lotrechten über dem
Auflagerpunkt A der Stütze — die Stabilitätsuntersuchung wird also
festzustellen haben, ob die rückführenden Kräfte (Biege- und Torsionswiderstand des Trägers und even-
tuell der Verdrehwiderstand der Fuß-

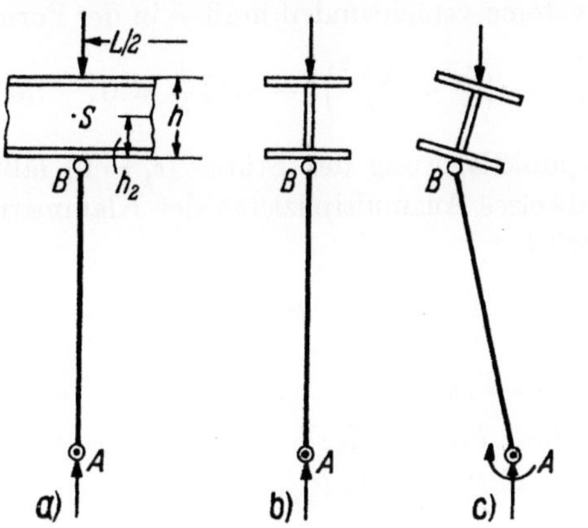

Fig. 13. Pendelnd abgestützter Träger. (Knicksystem
von zwei Freiheitsgraden.)

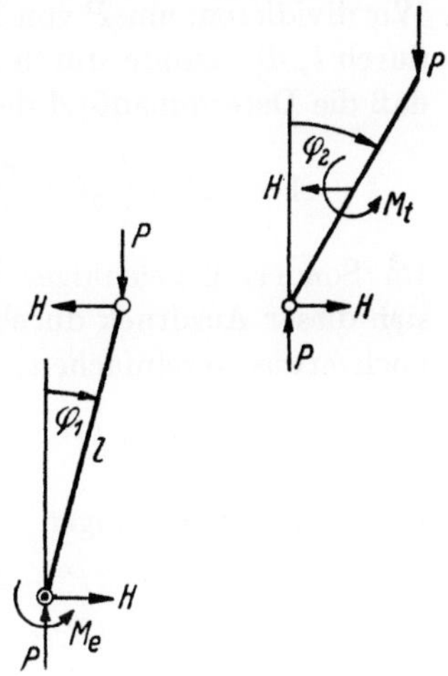

Fig. 14. Gleichgewichtsbedingungen
für das System Abb. 13.

punktfeder bei A) genügen, um die auslenkende Wirkung der Druckkraft bei einer Störung zu überwinden. Die elastischen Eigenschaften
des Trägers können wir dabei, wie Fig. 14 andeutet, ersetzen durch eine
Dehnungsfeder von der Dehnsteifigkeit c_0 und eine Verdrehfeder von
der Verdrehsteifigkeit c_2. Wie diese Größen sich aus den Abmessungen
des Trägers bestimmen, ist eine Aufgabe, deren Lösung unabhängig ist
von unserer Stabilitätsbetrachtung.

In Fig. 14 ist das System Fig. 13 in der ausgelenkten Lage gezeichnet;
wir denken es uns in dem Gelenk B getrennt und tragen die Kraft- und
Verformungsgrößen im positiven Sinne ein. Die Gleichgewichtsaussagen
für die Kräfte an den beiden Stäben sind trivial. Die Momentenbedingungen lauten

$$P l \varphi_1 - H l = M_e$$
$$P h \varphi_2 - H h_2 = M_t.$$

---

[1] Siehe N. BULTMANN: Stahlbau 1942 — Zuschrift von R. KAPPUS: Stahlbau
Jan. 1943.

Ersetzen wir darin die drei Reaktionskräfte H, M_t und M_e mit Hilfe ihrer Elastizitätsgleichungen

$$H = c_0 (l\varphi_1 + h_2 \varphi_2), \quad M_t = c_2 \varphi_2, \quad M_e = c_1 \varphi_1,$$

durch die beiden Drehwinkel φ_1 und φ_2, so erhalten wir die Stabilitätsgleichungen

$$\left.\begin{array}{l}(c_1 + c_0 l^2 - Pl)\,\varphi_1 + c_0 l h_2 \varphi_2 = 0, \\[4pt] c_0 l h_2 \varphi_1 + (c_2 + c_0 h_2^2 - Ph)\,\dot\varphi_2 = 0,\end{array}\right\} \tag{33}$$

die dem Typus nach vollkommen mit dem System (29) übereinstimmen. Wir dividieren, um P von Faktoren frei zu machen, die erste Gleichung durch l, die zweite durch h und erhalten dann die Knickbedingung — daß die Determinante $\varDelta$ des Systems verschwinden muß — in der Form

$$\varDelta \equiv \left[P - \left(c_0 l + \frac{c_1}{l}\right)\right]\left[P - \left(\frac{c_2}{h} + \frac{c_0 h_2^2}{h}\right)\right] - c_0^2 h_2^2 \frac{l}{h} = 0. \tag{34}$$

Im Sonderfall gelenkiger Fußpunktlagerung der Stütze ($c_1 = 0$) läßt sich dieser Ausdruck durch teilweises Ausmultiplizieren der Klammern noch etwas vereinfachen; es wird

$$\varDelta' \equiv (P - c_0 l)\left(P - \frac{c_2}{h}\right) - \frac{c_0 h_2^2}{h} \cdot P = 0. \tag{34'}$$

Die beiden Gleichungen sind vom Typus

$$(P - P_{11})(P - P_{22}) = F_{12}^2,$$
$$(P - P_{11}')(P - P_{22}') = P \cdot P_{12}',$$

d. h. die Nullstellen der Determinante ergeben sich als die Schnittpunkte einer Parabel mit einer Geraden, wie Fig. 15 es für (34') andeutet. Die Knicklast liegt also etwas unterhalb der ersten Parabelnullstelle, die sich [nach (34) oder (34')] durch die Systemgrößen c, l, h in einfacher Weise ausdrückt. — Die relative Lage der Parabelnullstellen selbst hängt ab von den Abmessungen des Trägers und der Stütze. Nehmen wir, um an Bestimmtes zu denken, an, daß der Trägerquerschnitt symmetrisch sei:

$$h_2 = h/2,$$

ferner, daß der Träger an seinen Enden $x = \pm L/2$ gegen Biegung gelenkig gelagert und gegen Verdrehung starr eingespannt sei und durch den Stab in der *Mitte* unterstützt werde, so gilt für die Durchbiegung

$$w(0) = \frac{H L^3}{48 E I},$$

für die Verdrehung

$$\chi(0) = \frac{M_t/2}{G I_T} \cdot \frac{L}{2},$$

d. h.

$$c_0 = \frac{H}{w(0)} = 48\,\frac{E I}{L^3}, \quad c_2 = \frac{M_t}{\chi(0)} = 4\,\frac{G I_T}{L}.$$

Es ist also

$$\frac{P_{22}}{P_{11}} = \frac{c_2/h + c_0\,h/4}{c_0 l + c_1/l} = \frac{4 G I_T L^2 + 12\,E I h^2}{48\,E I h l + c_1 h L^3/l} \tag{35}$$

und

$$\frac{P'_{22}}{P'_{11}} = \frac{G I_T}{E I} \cdot \frac{L^2}{12 h l} \,. \tag{35'}$$

Beschränken wir uns der Kürze halber auf den Fall $c_1 = 0$, so drückt sich also das Verhältnis der Federkonstanten in sehr einfacher Weise aus durch die Längen- und Querschnittsabmessungen der beiden Balken. Die Formel (35') zeigt, daß zwei Grenzfälle denkbar sind. Ist der Querbalken als Kastenträger ausgebildet, oder wird er durch einen Torsionsverband gehalten, so sind $G I_T$ und $E I$ von derselben Größenordnung; da L^2 im allgemeinen groß sein wird gegen $12 h l$, so ist $P'_{22} > P'_{11}$, und die Knicklast liegt daher in der Nähe von

$$P'_{11} = 48\,\frac{E I l}{L^3}\,. \tag{36a}$$

Weist der Querbalken dagegen ein offenes Profil auf (C, I od. dgl.), so ist $G I_T \ll E I$; dann kann, trotz $L^2 \gg h l$, das Verhältnis P'_{22}/P'_{11} kleiner werden als 1, und die Knicklast liegt in der Nähe von

$$P'_{22} = 4\,\frac{G I_T}{L h}\,. \tag{36b}$$

Da die Neigung der Geraden, die nach (34') mit der Parabel zum Schnitt gebracht werden soll, nicht groß ist ($h_2^2/h = h/4 \ll l$), so befindet sich die wirkliche Knicklast nur *wenig* unterhalb der Näherungswerte (36). Um

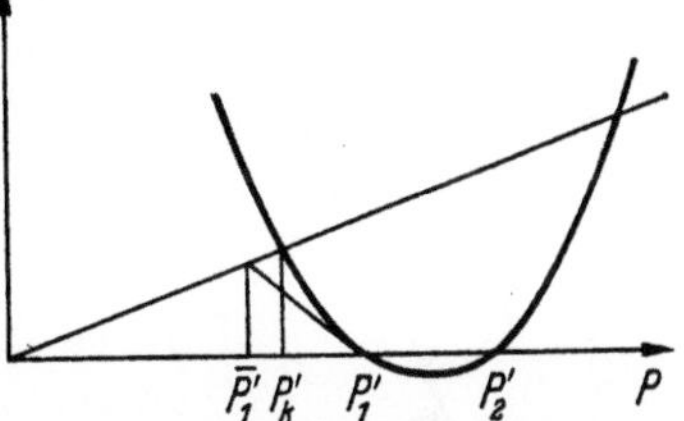

Fig. 15. **Bestimmung der kritischen Last für das System Fig. 13.**

wieviel, können wir bequem abschätzen, wenn wir die Parabel in der Umgebung von P_1 ersetzen durch ihre Tangente; mit den Bezeichnungen der Fig. 15 ist

$$Y = (P'_1 - P'_2)\,(P - P'_1)$$

der allgemeine Ausdruck für die Tangentenordinate; die Abszisse ihres Schnittpunktes mit der schrägen Geraden ergibt sich aus

$$(P'_1 - P)\,(P'_2 - P'_1) = P'_{12}\,P$$

mit

$$P'_{12} = 12\,\frac{E I h}{L^3} \tag{36c}$$

zu

$$P = \bar P'_1 \equiv \frac{P'_1}{1 + P'_{12}/(P'_2 - P'_1)}\,;$$

für die Knicklast P_k' haben wir damit die Einschrankung

$$\frac{P_1'}{1 + P_{12}'/(P_2' - P_1')} < P_k' < P_1', \tag{37}$$

wobei für P_1' die kleinere, für P_2' die größere der beiden Zahlen (36a, b) einzusetzen ist. Wenn $P_{11}' \approx P_{22}'$ ist, versagt die Abschätzung (37) nach unten (bei $P_{11}' = P_{22}'$ wird $\overline{P}_1' = 0$). — In der Tat liegt aber dann P_k' auch merklich unter P_1', und das ist der Ausdruck einer Erscheinung, der man bei Eigenwertbestimmungen auch sonst begegnet: daß nämlich ein Eigenwert durch ein Kopplungsglied immer dann besonders stark verändert wird, wenn ihm in dem kopplungsfreien System ein anderer Eigenwert sehr nahe liegt[1].

Wir erwähnen noch, daß die zu (37) gehörige Knickform nach (33) gekennzeichnet ist durch $\varphi_1/\varphi_2 < 0$, daß also das System in der Art instabil wird, wie Fig. 13c andeutet.

7. Der Eulerstab.

Die Übertragung der in der vorigen Ziffer gewonnenen allgemeinen Stabilitätsgleichungen auf den Stab mit „unendlich vielen" Freiheitsgraden ist ohne Schwierigkeit. Für ein beliebiges unter dem Winkel φ gegen die Lotrechte geneigtes Stück dx des Stabes (Fig. 16) fordert das Momentengleichgewicht, daß das äußere Moment

$$P \varphi \, dx$$

durch den Unterschied dM der Schnittmomente aufgenommen werde[2]. Bezeichnen wir mit w die seitliche Auslenkung des Stabes, so ist $\varphi = \dfrac{dw}{dx} \equiv w'$, also nach dem Elastizitätsgesetz II (55')

$$M = -EIw'' = -EI\varphi';$$

die Gleichgewichtsbedingung lautet daher

$$P\varphi\,dx = -d(EI\varphi')$$

oder

$$(EI\varphi')' + P\varphi = 0. \tag{38a}$$

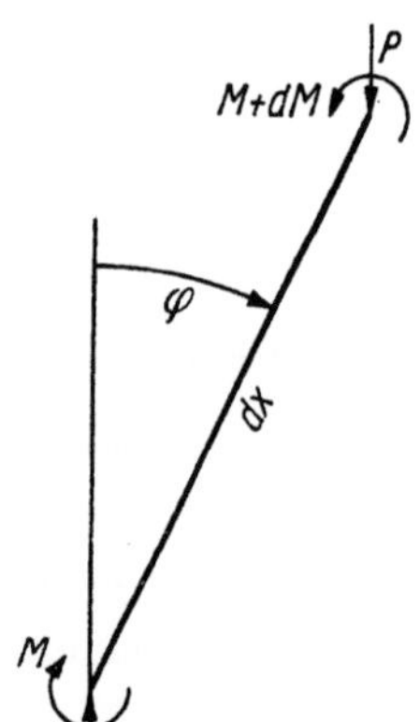

Fig. 16. Element des „Eulerstabes".

Die *Differentialgleichung* (38a) ist das kontinuierliche Analogon zu den $n-2$ dreigliedrigen *Differenzengleichungen* (29'). Das Analogon zu den beiden verstümmelten Gleichungen des Systems (29'), der ersten

---

[1] Siehe den Frequenzenkreis IV, 7.

[2] Um mit den Bezeichnungen der Balkenbiegungslehre im Einklang zu bleiben, sind die Schnittmomente in Fig. 16 mit dem entgegengesetzten Zeichen eingeführt wie in dem diskontinuierlichen Analogon Fig. 11.

und der letzten, sind die *Randbedingungen*, d.h. die Aussagen über das Verhalten der nullten oder ersten Ableitung von φ an den Stabenden $x = 0$ und $x = l$. Ist der Stab, wie Fig. 18 I andeutet, unten eingespannt, oben frei, so lauten diese Bedingungen

$$\left.\begin{aligned} \varphi &= 0 \quad \text{für} \quad x = 0 \\ \varphi' &= 0 \quad \text{für} \quad x = l. \end{aligned}\right\} \tag{38b}$$

Die Gln. (38) charakterisieren das *Eigenwert*problem des kontinuierlich sich biegenden Stabes: die homogene Differentialgleichung mit ihren homogenen Randbedingungen hat nur für ganz bestimmte Werte der Parameter P, die Eigenwerte, eine nicht-verschwindende Lösung. — Im Sonderfall $EI = $ const ist es nicht schwierig, diese Lösungen anzugeben. Setzen wir

$$\frac{P l^2}{EI} = \mu^2,$$

so lautet (38a)

$$\varphi'' + \frac{\mu^2}{l^2}\, \varphi = 0, \tag{39}$$

und dieser Gleichung samt der ersten Randbedingung (38b) genügt die Funktion

$$\varphi = f \sin \mu\, \frac{x}{l}. \tag{40}$$

Die kritische Last, d. h. der Parameter $\mu = \mu^*$, bestimmt sich aus der zweiten Randbedingung

$$\varphi'(l) \equiv f\, \frac{\mu}{l}\, \cos \mu = 0.$$

Daraus folgt, da $f \neq 0$ sein sollte,

$$\mu = \mu^* = n\, \frac{\pi}{2}, \quad n = 1, 3, 5 \ldots \tag{41}$$

und damit ergibt sich die Knicklast (als die kleinste der Eigenlasten) zu

$$P_k \equiv P_1^* = \left(\frac{\pi}{2}\right)^2 \frac{EI}{l^2}. \tag{41'}$$

Die Herleitung der „Eulergleichung" (39), die wir soeben gegeben haben, ist nicht die übliche. Sie ist zugeschnitten auf den besonderen Fall des Stabes mit einem frei beweglichen Ende, dessen diskontinuierliches Analogon uns im vorigen Abschnitt beschäftigt hat. Wenn wir alle denkbaren Randbedingungen mit erfassen wollen, müssen wir an Stelle von $\varphi = w'$ die Auslenkung w selbst als die abhängige Veränderliche einführen. Außerdem ist es vielfach zweckmäßig — insbesondere dann, wenn man es mit von Hause aus gekrümmten Gebilden zu tun hat —, die Gleichgewichtsaussagen nicht für raumfeste, sondern für die körperfesten Richtungen am *deformierten* Element auszusprechen. Die mechanischen Überlegungen entsprechen wieder vollkommen denen beim diskontinuierlichen Analogon. Zerlegen wir die am Element Fig. 17 angreifende Kraft in eine Längskraft N in Richtung der Stabtangente und eine Querkraft Q senkrecht dazu, so ist wegen der Kleinheit des Auslenkungswinkels φ

$$- N = P\,.$$

Das Gleichgewicht der Kräfte in Richtung der Normalen fordert

$$dQ = P\,d\varphi\,, \qquad (42\,\mathrm{a})$$

das der Momente

$$dM = Q\,dx\,. \qquad (42\,\mathrm{b})$$

Mit $\varphi = w'$ und $M = -EIw''$ folgt aus (42a) und (42b):

$$(EIw'')'' + Pw'' = 0\,. \qquad (42\,\mathrm{c})$$

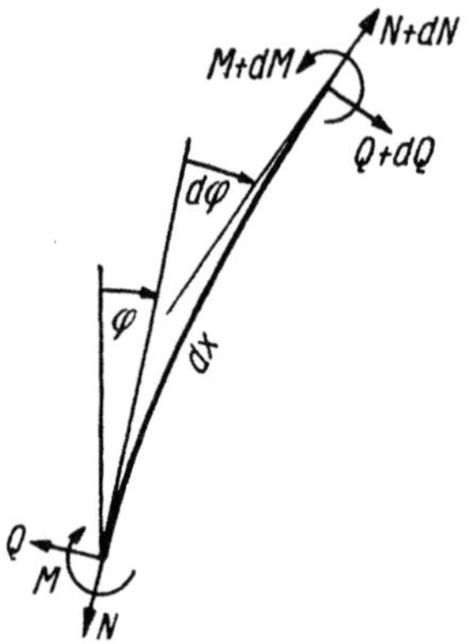

Fig. 17. Zerlegung der am Stabelement dx angreifenden Kräfte nach Tangente und Normale.

Wir erhalten diesmal, wie es sich für einen Balken gehört, eine Differentialgleichung 4. Ordnung, für die an jedem Rande *zwei* Randbedingungen vorgeschrieben werden können. In den vier in Fig. 18 als I, II, III, IV bezeichneten sog. Eulerfällen lauten diese Bedingungen:

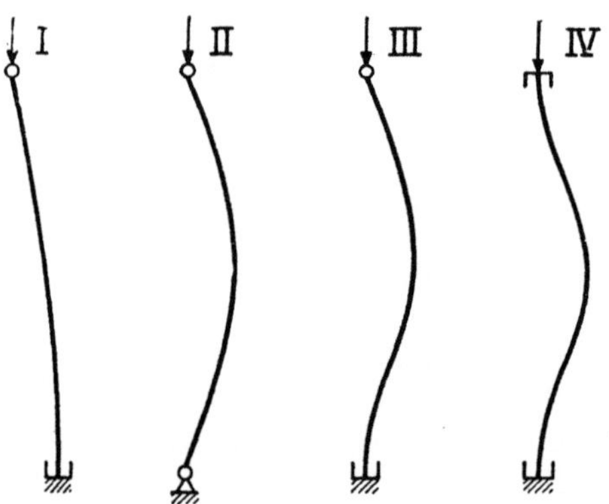

Fig. 18. Die vier „Eulerfälle".

$$
x = 0 \begin{cases} w = 0 \\ w' = 0 \end{cases} \qquad
\begin{aligned} w &= 0 \\ M &= 0 \end{aligned} \qquad
\begin{aligned} w &= 0 \\ w' &= 0 \end{aligned} \qquad
\begin{aligned} w &= 0 \\ w' &= 0 \end{aligned}
$$

$$
x = l \begin{cases} M = 0 \\ Q = 0 \end{cases} \qquad
\begin{aligned} w &= 0 \\ M &= 0 \end{aligned} \qquad
\begin{aligned} w &= 0 \\ M &= 0 \end{aligned} \qquad
\begin{aligned} w &= 0 \\ w' &= 0 \end{aligned}
$$

In den Fällen I und II ist die Lagerung statisch bestimmt; damit hängt es zusammen, daß man (wie wir bei I oben gesehen haben) in diesem

Falle den Knickstab als Problem zweiter Ordnung behandeln kann. — Da man für $EI = \text{const}$ die allgemeine Lösung der Gleichung

$$w'''' + \frac{\mu^2}{l^2}\, w'' = 0 \qquad \left(\mu^2 = \frac{P l^2}{EI}\right)$$

kennt:

$$w = A \cos \frac{\mu x}{l} + B \sin \frac{\pi x}{l} + C x + D$$

berechnet man die vier Eulerknicklasten wie oben im Falle I in einfacher Weise durch Formulierung der Randbedingungen. Es ergibt sich:

$$\frac{P l^2}{EI} \equiv \mu^2 = \frac{\pi^2}{4}, \quad \pi^2, \quad 2{,}046 \cdot \pi^2, \quad 4\,\pi^2.$$

Zu dem in der vorigen Ziffer behandelten Anwendungsbeispiel (Fig. 13) ist hier noch eine Bemerkung nachzutragen. Wenn die Stütze schlank ist, kann ihre Eigenknicklast von derselben Größenordnung sein wie die nach Gl. (37) bestimmte Knicklast P_k; dann wird die Annahme eines starren Stützstabes unzulässig. Ist die Stütze an einem ihrer Enden elastisch eingespannt, so mischen sich Biegung und Drehung, und es tritt an Stelle der quadratischen Gl. (34) eine *transzendente* Knickbedingung. Nur in dem Sonderfall beidseitig gelenkiger Lagerung der Stütze sind die neuen Freiheitsgrade unabhängig von den oben betrachteten. Es sind dann zwei getrennte Knickvorgänge möglich nach Fig. 18 II *oder* nach Fig. 13, wobei derjenige Knickvorgang wirklich stattfindet, zu dem die kleinere Knicklast gehört.

Übrigens sind die mechanischen Überlegungen, die im Falle einer Endeinspannung der Stütze anzustellen sind, gar nicht so sehr verschieden von denjenigen, die zu den Stabilitätgleichungen (33) geführt haben. Denn da die höheren Eigenlasten der Stütze mit ihren Freiheitsgraden (Eigenlösungen) mechanisch bedeutungslos sind, kann man beim Knickproblem (anders als beim Resonanzproblem) für den Zusammenhang zwischen den an der Stütze angreifenden Kräften und der Verschiebung und Drehung ihrer Endpunkte eine zwar transzendente, aber eindeutige Beziehung angeben, und damit bleibt als eigentliche Stabilitätsaussage ein Gleichungssystem vom Typus (33), in dem lediglich an Stelle von c_1 ein die Knicklast selbst enthaltender, transzendenter Ausdruck tritt. — Wegen der Einzelheiten der Rechnung verweisen wir auf die oben erwähnten Aufsätze[1], wo die Grenzfälle starrer Einspannung der Stütze an einem oder beiden Enden durchdiskutiert sind.

---

[1] Siehe Anm. S. 215.

8. Die Energiemethode.
Näherungsverfahren zur Bestimmung der Knicklast eines Stabes.

Die Stabilitätsgleichungen, die wir im vorigen Abschnitt durch Betrachtung des Kräftespiels am deformierten Element gewonnen haben, sagen aus, daß es unter einer ganz bestimmten Last neben der Geraden noch eine infinitesimal benachbarte Gleichgewichtslage geben soll. Wenn wir diese Gleichgewichtslage durch eine Energieaussage charakterisieren wollen, so müssen wir nach dem Prinzip der virtuellen Verrückungen fordern, daß die zugehörige Variation $\delta \Pi$ des Potentials der inneren und äußeren Kräfte verschwinde.

Nach II, Ziff. 11 lautet der Ausdruck für die Potentialänderung eines bei $x = l_0$ gedrückten, bei $x = 0$ festgehaltenen, ursprünglich geraden Stabes, wenn wir mit s die Bogenlänge der verformten Mittellinie, mit ε ihre Dehnung und mit $\varkappa$ ihre Krümmung bezeichnen,

$$\delta \Pi = \delta \Pi_i + \delta \Pi_a = \int_0^l N \delta \varepsilon \, ds + \int_0^l M \delta \varkappa \, ds + P \delta u \, (l_0), \qquad (43)$$

und zwar gilt (43) in dieser allgemeinen Form (bei der noch offen bleibt, wie sich die *Verzerrungs*änderungen durch die Änderungen der *Verschiebungs*ableitungen ausdrücken) für kleine wie für große Verschiebungen des Stabes, wenn nur die Verzerrungen — die Dehnungen $\varepsilon = \varkappa z$ der einzelnen Fasern — klein bleiben. Um aus (43) die spezielle Potentialänderung herzustellen, die die Stabilitätsgleichungen charakterisiert, müssen wir die Spannungen und Verformungen unterteilen in die „Vor"spannungen und -verformungen, die in dem kritisch belasteten, aber unausgebogenen Stabe vorhanden sind, und die „Zusatz"- spannungen und -verformungen, die beim Übergang von der geraden in die infinitesimal benachbarte Lage entstehen; und müssen ferner, da wir die kritisch belastete, gerade Lage als den — vorgegebenen — Ausgangspunkt unserer Untersuchung betrachten wollen, nur den Teil der Formänderung variieren, der beim Übergang in die gekrümmte Lage neu entsteht. Die energetische Stabilitätsgleichung lautet daher, wenn wir den Vorzustand durch einen Querstrich, die beim Übergang neu entstehenden Spannungen und Verformungen durch einen Stern kennzeichnen,

$$\int_0^l (\overline{N} + N^*) \delta \varepsilon^* \, dx + \int_0^l M^* \delta \varkappa^* \, dx + P \delta u^* \, (l) = 0. \qquad (44)$$

In (44) bedeutet l die Länge des geraden Stabes im Augenblick des Ausweichens:

$$l = l_0 \left(1 - \frac{P_K}{EF} \right).$$

Wegen der Kleinheit der „Vorverzerrung" $\bar{\varepsilon} = P_K/EF$ braucht eine auf die technischen Anwendungen zielende Theorie die beiden Größen l_0 und l nicht zu unterscheiden. Man spricht daher in der Stabilitätstheorie im allgemeinen von den Vorverformungen nicht; man „vernachlässigt" sie, oder schärfer ausgedrückt: man betrachtet an Stelle des wirklichen Körpers einen anderen, der so bemessen ist, daß er *unter der kritischen Last* gerade die wirklichen Abmessungen annimmt. Dieses Verfahren, das wir bei der statischen Überlegung schon stillschweigend angewandt haben, ist *begrifflich* stets zulässig, kann aber im Falle größerer Verformungen zu Ergebnissen führen, die *zahlenmäßig* von den gesuchten merklich abweichen[1].

Aus (44) erhalten wir die Stabilitätsgleichungen, wenn wir in die Verzerrungsgrößen die Verschiebungsableitungen einführen und dann durch Teilintegration so umformen, daß δu^* und δw^* ausgeklammert werden können. Dabei müssen wir wegen der Nähe der großen Deformationen (die bei der statischen Überlegung dazu führten, das Gleichgewicht am deformierten Körper zu betrachten), für ε^* den vollständigen, für große Deformationen bei kleinen Verzerrungen gültigen Ausdruck II (32)

$$\varepsilon^* = u^{*\prime} + \frac{(u^{*\prime})^2}{2} + \frac{(w^{*\prime})^2}{2}$$

einführen, denn in dem Produkt

$$(\bar{N} + N^*)\,\delta\varepsilon^* = (\bar{N} + N^*)(\delta u^{*\prime} + u^{*\prime}\,\delta u^{*\prime} + w^{*\prime}\,\delta w^{*\prime})$$

können wegen des „großen" Summanden $\bar{N}$ auch die beiden quadratischen Glieder einen mit den übrigen Gliedern des Ausdruckes (44) vergleichbaren Beitrag liefern (Knickglieder). Setzen wir noch

$$\varkappa^* = -w^{*\prime\prime}, \quad \text{also} \quad \delta\varkappa^* = -\delta w^{*\prime\prime}$$

(hier brauchen wir auf Glieder höherer Ordnung nicht zu achten, weil als Faktor nur M^* auftritt), so wird aus (44)

$$\int_0^l \bar{N}\,\delta u^{*\prime}\,dx + P\,\delta u^*(l) + \int_0^l \bar{N}\,u^{*\prime}\,\delta u^{*\prime}\,dx + \int_0^l N^*\,\delta u^{*\prime}\,dx +$$

$$+ \int_0^l \bar{N}\,w^{*\prime}\,\delta w^{*\prime}\,dx - \int_0^l M^*\,\delta w^{*\prime\prime}\,dx + \int_0^l N^*(u^{*\prime}\,\delta u^{*\prime} + w^{*\prime}\,\delta w^{*\prime})\,dx = 0.$$

---

[1] Die „Vorverformungen" sind übrigens wohl zu unterscheiden von „Formungenauigkeiten". Denn Vorverformungen vom Typ $\bar{\varepsilon} = P_K/EF$ rauben dem Problem des Ausweichens senkrecht zur Vorverschiebung nicht den Charakter eines Stabilitätsproblems; Formungenauigkeiten dagegen (z. B. eine Abweichung der Stabachse von der Geraden) sind Vorverschiebungen *in* der Ausweichrichtung und machen daher aus dem Stabilitätsproblem ein Spannungsproblem großer Deformationen. Wir erinnern etwa an die *inhomogene* Gleichung für den gedrückten, nach einer Kurve $w_0(x)$ vorgebogenen Stab $EIw'' + Pw'' = Pw_0''$, die im Gegensatz zur Stabilitätsgleichung eine Durchbiegung $w \neq 0$ für eine *gegebene* Last $P < P_K$ bestimmt (Knickbiegegleichung).

Wegen
$$\overline{N} = - P$$

(Vorzustand) tilgen sich die beiden ersten Glieder, und das letzte fällt als Glied höherer Ordnung weg; es bleibt also (mit $\overline{N} = - P$)

$$\int_0^l (N^* - Pu^{*\prime})\,\delta u^{*\prime}\,dx,$$

$$-\int_0^l Pw^{*\prime}\,\delta w^{*\prime}\,dx - \int_0^l M^*\,\delta w^{*\prime\prime}\,dx = 0. \tag{45}$$

Da δu^* und δw^* unabhängige virtuelle Verrückungen sind, können wir in (45) jede Zeile für sich betrachten. Aus der ersten folgt durch Teilintegration in der üblichen Weise

$$(N^* - Pu^{*\prime})^\prime = 0$$

oder, da $Pu^{*\prime}$ neben $N^* \approx EFu^{*\prime}$ wegbleiben kann,

$$N^{*\prime} = 0. \tag{45'}$$

Da sich die äußere Last, und damit N, an den Stabenden beim Übergang in die gekrümmte Lage nicht ändert, so ist dort $N^* = 0$ und nach (45') daher im ganzen Stab

$$N^* = 0,$$

aus dem Verschwinden der ersten Zeile in (45) folgt also, daß die Längskraft im Stabe beim Übergang in die gekrümmte Lage keine Änderung erfährt, wobei wegen $u^{*\prime} = N^*/EF$ überdies auch keinerlei Längsverschiebung auftritt.

Auf die eigentliche Stabilitätsgleichung führt die zweite Zeile von (45), in der wir die Sternchen jetzt wieder weglassen können, weil sie außer dem Lastparameter P nur die infinitesimalen Größen $w \equiv w^*$ und $M \equiv M^*$ enthält. Ersetzen wir M mit Hilfe der Elastizitätsgleichung $M = -EIw^{\prime\prime}$ durch die zweite Ableitung der Verschiebung, so wird aus (44) endgültig

$$\delta\Pi = \int_0^l EIw^{\prime\prime}\,\delta w^{\prime\prime}\,dx - P\int_0^l w^\prime\,\delta w^\prime\,dx = 0. \tag{46}$$

Teilintegration liefert

$$[EIw^{\prime\prime}\,\delta w^\prime]_0^l - \{[(EIw^{\prime\prime})^\prime + Pw^\prime]\,\delta w\}_0^l + \int_0^l [(EIw^{\prime\prime})^{\prime\prime} + Pw^{\prime\prime}]\,\delta w\,dx = 0,$$

und daraus folgen im Innern die *Eulergleichung*

$$(EIw^{\prime\prime})^{\prime\prime} + Pw^{\prime\prime} = 0 \tag{47}$$

und an denjenigen Rändern, an denen keine geometrischen Randbedingungen

$$w = 0, \quad w' = 0$$

vorgeschrieben sind (wo also δw, $\delta w'$ offen bleiben), die *mechanischen Randbedingungen*

$$(E I w'')' + P w' = 0 \quad \text{und} \quad E I w'' = 0.$$

Übrigens kann man die Gl. (47) aus (43) auch gewinnen, indem man von der naheliegenden *Annahme* ausgeht, daß die Mittellinie des Stabes unzusammendrückbar sei. Dann ist $\varepsilon = u' + \dfrac{u'^2}{2} + \dfrac{w'^2}{2} \approx u' + \dfrac{w'^2}{2} = 0$, also auch $\delta \varepsilon = 0$, d. h. der erste Term in (44) fällt weg. Dafür wird aber $u(l) = \int\limits_0^l u' dx = - \int\limits_0^l \dfrac{w'^2}{2} dx$, also $P \delta u(l) = - P \int\limits_0^l w' \delta w' \delta x$, d. h. es ergibt sich (47). — Das Verfahren, den auf Stabilität zu untersuchenden Körper als dehnstarr anzusehen, führt, wie unsere Herleitung zeigt, im Fall des Stabes zum richtigen Ergebnis; da es indessen auf komplizierte Stabilitätsprobleme, wo Dehnung und Biegung sich mischen (Schalenprobleme), nicht übertragbar ist, haben wir an Stelle der einfacheren zunächst die allgemeinere Methode ausführlich dargestellt.

Für die Anwendungen liegt der Hauptwert der Energiemethode nicht so sehr darin, daß sie es erlaubt, die Stabilitätsgleichungen unter Umgehung von Gleichgewichtsbetrachtungen herzuleiten; viel wichtiger ist, daß in Fällen, wo eine exakte Lösung der Stabilitätsgleichung nicht oder nur mit sehr großem Rechenaufwand möglich ist, die Gl. (46) oder

$$\delta \Pi = \delta \left[\tfrac{1}{2} \int\limits_0^l E I w''^2 dx - \tfrac{1}{2} P \int\limits_0^l w'^2 dx \right] = 0 \qquad (46')$$

unmittelbar zur näherungsweisen Bestimmung des Eigenwertes P herangezogen werden kann.

Da im V. Kapitel dieses Buches zahlreiche Näherungsverfahren zur Bestimmung von Eigenwerten dargestellt sind[1], wollen wir hier von den an die Energiegleichung anknüpfenden Methoden nur das Verfahren von Ritz etwas eingehender betrachten[2]. — Bei jedem Näherungsverfahren werden (zum mindesten im Augenblick, wo die Zahlenrechnung beginnt) die unendlich vielen Bestimmungsstücke einer kontinuierlichen Biegelinie ersetzt durch endlich viele. Das geschieht bei der numerischen Integration oder bei der Ersetzung der Differential-

---

[1] Wir verweisen außerdem auf Collatz: Genäherte Berechnung von Eigenwerten, Z. angew. Math. Mech. 1939, S. 224/279 u. 297/318 und auf das Collatzsche Buch: Eigenwertprobleme und ihre numerische Behandlung. Leipzig 1945.

[2] Vgl. auch II, Ziff. 11.

gleichung durch Differenzengleichungen, z. B. durch die Einteilung des Integrationsbereiches in endlich viele Intervalle. Beim Ritzschen Verfahren geht man einen anderen Weg: Man baut sich aus einer Anzahl von Funktionen w_i, die den geometrischen (und zweckmäßiger-, aber nicht notwendigerweise auch den mechanischen) Randbedingungen des Problems genügen, sonst aber ganz willkürlich gewählt werden können, eine Funktion

$$\overline{w} = f_1 w_1 + f_2 w_2 + \cdots f_n w_n = \sum_{i=1}^{n} f_i w_i \tag{48}$$

auf und betrachtet die n Parameter f_i als die „Freiheitsgrade" des Systems, die man so zu bestimmen sucht, daß der Ausdruck $\overline{w}$ eine möglichst gute Annäherung darstellt für die gesuchte Funktion w. Eine solche Bestimmung leistet die Energieforderung (46) oder (46'). Führt man dort $\overline{w}$ an Stelle von w ein, so wird das Potential $\overline{\Pi} = \Pi(\overline{w})$ eine Funktion der Freiwerte f_i, und die Gleichung (46) geht über in

$$\delta \overline{\Pi} = \int\limits_0^l E I (f_1 w_1'' + f_2 w_2'' + \cdots)(w_1'' \delta f_1 + w_2'' \delta f_2 + \cdots)\, d x -$$
$$- P \int\limits_0^l (f_1 w_1' + f_2 w_2' + \cdots)(w_1' \delta f_1 + w_2' \delta f_2 + \cdots)\, d x = 0. \tag{49}$$

In (49) sind die Parametervariationen δf_i (genau wie früher die Funktion δw) als willkürlich wählbar gedacht; da $\delta \overline{\Pi}$ für jede Kombination der δf_i verschwinden soll, so folgt, daß die Faktoren der δf_i einzeln verschwinden müssen. Man erhält auf diese Weise ein System von n linearen homogenen Gleichungen für die f_i, das sich im Sonderfall $n = 2$ z. B. in der Form

$$\left. \begin{array}{l} (\alpha_{11} - P\beta_{11})\, f_1 + (\alpha_{12} - P\beta_{12})\, f_2 = 0 \\ (\alpha_{21} - P\beta_{21})\, f_1 + (\alpha_{22} - P\beta_{22})\, f_2 = 0 \end{array} \right\} \tag{50}$$

schreibt, wenn wir abkürzend setzen

$$\alpha_{11} = \int\limits_0^l E I w_1''^2 d x, \quad \alpha_{12} = \alpha_{21} = \int\limits_0^l E I w_1'' w_2'' d x, \quad \alpha_{22} = \int\limits_0^l E I w_2''^2 d x$$

$$\beta_{11} = \int\limits_0^l w_1'^2 d x, \qquad \beta_{12} = \beta_{21} = \int\limits_0^l w_1' w_2' d x, \qquad \beta_{22} = \int\limits_0^l w_2'^2 d x.$$

Die kritische Last ergibt sich aus der Bedingung, daß die Determinante Δ dieses Systems verschwinden muß; bei einem n-gliedrigen Ansatz erhält man eine Gleichung n-ten Grades, deren niedrigste Wurzel ein Näherungswert für die gesuchte Knicklast ist.

Hat man die Funktionen w_i so gewählt, daß die „wirkliche" [d. h. der Gl. (47) genügende] Funktion w durch den Ansatz (48) dem Verlauf nach im wesentlichen gut wiedergegeben wird, so stellt die niedrigste Wurzel der Gleichung $\varDelta = 0$ eine *sehr gute* Näherung für die Knicklast dar. Das rührt daher, daß P selbst als Funktion der Funktionen $\overline{w}$ für die wirkliche Lösung $\overline{w} = w$ einen Extremwert annimmt. Man erkennt dies folgendermaßen:

Die Größe

$$\varPi = \tfrac{1}{2} \int\limits_0^l E I w''^2 dx - \tfrac{1}{2} P \int\limits_0^l w'^2 dx$$

nimmt als *homogene* quadratische Funktion an der Extremstelle $\delta \varPi = 0$ den Wert Null an; aus $\varPi = 0$ folgt aber

$$P = \frac{\tfrac{1}{2} \int\limits_0^l E I w''^2 dx}{\tfrac{1}{2} \int\limits_0^l w'^2 dx}, \tag{51}$$

und zwar gilt diese Gleichung, wenn man sich beiderseits Eigenwert und Eigenfunktion eingesetzt denkt. Fragt man nun, wie P sich ändert, wenn man statt der wirklichen Lösung w eine etwas andere Lösung $\overline{w} = w + \delta w$ auf der rechten Seite einführt, so muß man bilden

$$P + \delta P = \frac{\tfrac{1}{2} \int\limits_0^l E I (w'' + \delta w'')^2 dx}{\tfrac{1}{2} \int\limits_0^l (w' + \delta w')^2 dx};$$

indem man rechts bis zu den ersten Potenzen von δw entwickelt und (51) benutzt, findet man

$$P + \delta P = \frac{\tfrac{1}{2} \int\limits_0^l E I w''^2 dx + \int\limits_0^l E I w'' \delta w'' dx}{\tfrac{1}{2} \int\limits_0^l w'^2 dx + \int\limits_0^l w' \delta w' dx}$$

$$= \frac{\tfrac{1}{2} \int\limits_0^l E I w''^2 dx}{\tfrac{1}{2} \int\limits_0^l w'^2 dx} \left(1 + \frac{\int\limits_0^l E I w'' \delta w'' dx}{\tfrac{1}{2} \int\limits_0^l E I w''^2 dx} - \frac{\int\limits_0^l w' \delta w' dx}{\tfrac{1}{2} \int\limits_0^l w'^2 dx} \right)$$

$$= P + \frac{1}{\tfrac{1}{2} \int\limits_0^l w'^2 dx} \left[\int\limits_0^l E I w'' \delta w'' dx - P \int\limits_0^l w' \delta w' dx \right].$$

Nach (46) verschwindet aber die eckige Klammer; es ist also

$$\delta P = 0,$$

d. h. ein aus Gl. (51) errechneter Wert P liegt auch dann noch in der Nähe des wirklichen Eigenwertes, wenn der Näherungsansatz von der wirklichen Eigenfunktion merklich abweichen sollte. Übrigens ist jeder Näherungswert stets größer als der wirkliche Wert P_K;

da

$$\overline{\Pi} = \tfrac{1}{2} \int_0^l EI\,\overline{w}''^2\,dx - \tfrac{1}{2} P_K \int_0^l \overline{w}'^2\,dx$$

für jede von der wirklichen Funktion w verschiedene Funktion $\overline{w}$ größer ist als Null, so gilt

$$P_K \leqq \frac{\int EI\,\overline{w}''^2\,dx}{\int \overline{w}'^2\,dx}.$$

Bei einem *eingliedrigen* Näherungsansatz (48) werden die Formeln (46) und (51) identisch. Wir wollen, um einen Begriff von der Brauchbarkeit des ganzen Verfahrens zu geben, die Zahlenwerte für P zusammenstellen, die durch die einfache Gl. (51) bei verschiedenen Ansätzen für $\overline{w}$ geliefert werden ($EI = $ const):

$$\overline{w} = \sin\frac{\pi x}{l} \qquad \text{(exakte Lösung für den II. Eulerfall),}$$

$$P = \pi^2 \frac{EI}{l^2} = 9{,}8696\,\frac{EI}{l^2};$$

$$\overline{w} = \frac{x}{l} - \frac{x^2}{l^2} \qquad [\overline{w} \text{ erfüllt nur die geometrischen Randbedingungen } w(0,\,l) = 0],$$

$$P = 12\,\frac{EI}{l^2};$$

$$\overline{w} = \frac{x}{l} - 2\frac{x^3}{l^3} + \frac{x^4}{l^4} \qquad (\overline{w} \text{ erfüllt alle Randbedingungen),}$$

$$P = \frac{168}{17}\,\frac{EI}{l^2} = 9{,}8824\,\frac{EI}{l^2};$$

$$\overline{w} = 3\frac{x}{l} - 5\frac{x^3}{l^3} + 3\frac{x^5}{l^5} - \frac{x^6}{l^6} \qquad [\overline{w} \text{ erfüllt außer den eigentlichen Randbedingungen noch die aus der Differentialgleichung folgenden Bedingungen } \overline{w}^{\mathrm{IV}}(0,\,l) = 0],$$

$$P = \frac{6820}{691}\,\frac{EI}{l^2} = 9{,}869\,75\,\frac{EI}{l^2}.$$

Übrigens können die drei Polynome $\overline{w}$ nacheinander durch je einen Iterationsschritt[1] aus der Differentialgleichung (47) gewonnen werden. Interessant ist in diesem Zusammenhang eine Formel für P, die man

---

[1] COLLATZ: Z. angew. Math. Mech. **1939**, S. 234, 236.

aus (51) mit Hilfe der zweimal integrierten (in dieser Form also nur für die Eulerfälle I und II gültigen) Gl. (47) gewinnen kann. Führt man

$$EIw'' = Pw$$

in den Zähler von (51) ein und löst wieder nach P auf, so kommt

$$P = \frac{\int_0^l w'^2 \, dx}{\int_0^l \frac{w^2}{EI} \, dx} \, . \tag{51'}$$

Setzt man in diese Formel z. B. $w = \bar{w} = \frac{x}{l} - \frac{x^2}{l^2}$ ein, so ergibt sich $P = 10 \frac{EI}{l^2}$, also ein besserer (und zwar merklich besserer) Näherungswert als nach (51). Das rührt daher, daß in der Formel (51') ein Iterationsschritt steckt; dafür ist natürlich die Rechenarbeit etwas größer, weil die zu integrierenden Funktionen im Zähler und Nenner von höherem Grad sind. Die Formel (51') kann man auch auf Grund des im V. Kapitel geschilderten *Gegenstücks* zum GALERKINschen Verfahren gewinnen. Wie COLLATZ[1] gezeigt hat, lassen sich die RITZschen und die GRAMMELschen Formeln ganz allgemein als Sonderfälle von Iterationsformeln deuten. Diese Deutung erweitert den Anwendungsbereich der GRAMMELschen Formeln (die danach also eine Verbesserung der zugehörigen RITZschen um einen „halben" Iterationsschritt aufgefaßt werden können), weil aus ihr hervorgeht, daß sie nicht gebunden sind an die Existenz einer GREENschen Funktion, sondern in allen den Fällen herangezogen werden können, in denen das von der differentiellen Formulierung ausgehende RITZsche Verfahren anwendbar ist.

9. Die Differentialgleichungen
für die Platte an und oberhalb der Beulgrenze.

Platten und Schalen sind Gebilde, bei denen eine der drei Abmessungen (die Dicke) klein ist gegen die beiden anderen. Ist die Mittelfläche (diejenige Fläche, die überall die Dicke halbiert) *eben* oder doch nur sehr schwach gekrümmt, so spricht man von Platten, ist sie stark gekrümmt, von Schalen.

Wir wollen in dieser Ziffer die Gleichungen für die ebene und gekrümmte Platte herleiten, wobei wir Querverschiebungen zulassen wollen, die nicht klein zu sein brauchen gegen die Plattenstärke. In der Plattenmittelfläche sollen die Koordinaten x, y gezählt werden,

---

[1] COLLATZ: Kap. 5 des auf S. 225 zitierten COLLATZschen Buches.

senkrecht zu ihr die Koordinate z. Die Wandstärke t der Platte sei konstant. Ist die Platte gekrümmt, so soll die Ordinate W ihrer Mittel-

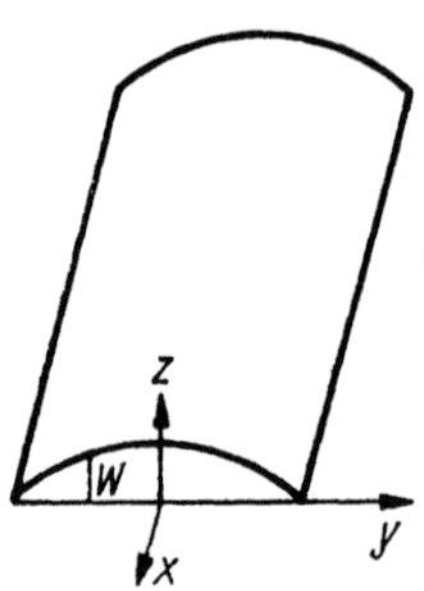

Fig. 19. Zylindrisch gekrümmte Platte.

fläche in Abhängigkeit von x und y gegeben sein. x und y zählen wir dann in der Projektionsebene (Fig. 19). Die Verschiebungen der Plattenmittelfläche in den Richtungen x, y, z heißen u, v, w; Indizes bei u, v, w, W und (später) Φ bezeichnen partielle Ableitungen.

Um zunächst die *Gleichgewichtsaussagen* für das verformte Plattenelement formulieren zu können, greifen wir zurück auf die im III. Kapitel, Ziff. 1 b gegebene Definition für die 10 Schnittresultanten: 6 Kräfte und 4 Momente, die wegen $\tau_{yx} = \tau_{xy}$ 8 verschiedene Größen liefert:

$$
\begin{aligned}
&\text{2 Längskräfte} & N_x &= \int \sigma_x\, dz, & N_y &= \int \sigma_y\, dz, \\
&\text{1 Schubkraft} & N_{xy} &= \int \tau_{xy}\, dz = N_{yx} = \int \tau_{yx}\, dz, \\
&\text{2 Querkräfte} & Q_x &= \int \tau_{xz}\, dz, & Q_y &= \int \tau_{yz}\, dz, \\
&\text{2 Biegungsmomente} & M_x &= \int \sigma_x z\, dz, & M_y &= \int \sigma_y z\, dz, \\
&\text{1 Drillungsmoment} & M_{xy} &= \int \tau_{xy} z\, dz = M_{yx} = \int \tau_{yx} z\, dz
\end{aligned}
\tag{52}
$$

Für die acht Schnittresultanten können wir fünf Gleichgewichtsaussagen machen — die sechste, die Bedingung für das Drehgleichgewicht um die Plattennormale, ist durch $\tau_{xy} = \tau_{yx}$ identisch erfüllt.

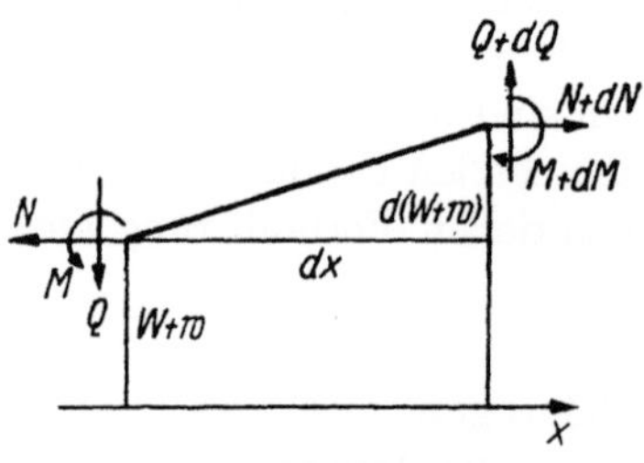

Fig. 20. Zur Gleichgewichtsaussage für das Plattenelement.

Die Gleichgewichtsbedingungen für die *ebene* Platte sind in Kap. III, 1c, 3a angegeben worden. Für die schwachgekrümmte Platte werden sie nur unwesentlich komplizierter, wenn wir die Schnittkraft- und Schnittmoment-Komponenten so definieren, wie Fig. 20 es andeutet: d. h. die zugehörigen Vektoren nach den raumfesten kartesischen Achsen x, y, z zerlegen, auch wenn das Element schräg im Raume liegt. Man erhält auf diese Weise die gegenüber der ebenen Platte (bzw. Scheibe) ungeänderten Kräftegleichungen

$$
\frac{\partial N_x}{\partial x} + \frac{\partial N_{xy}}{\partial y} = 0, \qquad \frac{\partial N_{xy}}{\partial x} + \frac{\partial N_y}{\partial y} = 0, \tag{53a}
$$

$$
\frac{\partial Q_x}{\partial x} + \frac{\partial Q_y}{\partial y} + p = 0, \tag{53b}
$$

wenn mit p die vertikal wirkende äußere Last je Flächeneinheit bezeichnet wird. Die Momentengleichungen werden etwas anders. weil die ver-

schieden hoch sitzenden Längs- und Schubkräfte auf das Drehgleichgewicht Einfluß nehmen. Es ist nach Fig. 20

$$\left[\left(M_x + \frac{\partial M_x}{\partial x}\,dx\right)dy\right] - (M_x dy) + \left[\left(M_{xy} + \frac{\partial M_{xy}}{\partial y}\,dy\right)dx\right] -$$

$$- (M_{xy}dx) + (N_x dy)\frac{\partial(W+w)}{\partial x}\,dx + (N_{xy}dx)\frac{\partial(W+w)}{\partial y}\,dy -$$

$$- (Q_x dy)\,dx = 0$$

oder

$$\left.\begin{aligned}\frac{\partial M_x}{\partial x} + \frac{\partial M_{xy}}{\partial y} + N_x\frac{\partial(W+w)}{\partial x} + N_{xy}\frac{\partial(W+w)}{\partial y} - Q_x = 0 \\[2mm]\text{und entsprechend} \\[2mm]\frac{\partial M_{xy}}{\partial x} + \frac{\partial M_v}{\partial y} + N_{xy}\frac{\partial(W+w)}{\partial x} + N_y\frac{\partial(W+w)}{\partial y} - Q_y = 0.\end{aligned}\right\}\quad(53\,\text{c})$$

Eliminiert man die Querkräfte aus den drei Gleichungen (53b) und
(53c), wobei man für $\frac{\partial}{\partial x}[N_x(W_x + w_x)] + \frac{\partial}{\partial y}[N_{xy}(W_x + w_x)]$ wegen
(53a) $N_x(W_{xx} + w_{xx}) + N_{xy}(W_{xy} + w_{xy})$ schreiben kann, so ergibt sich

$$\frac{\partial^2 M_x}{\partial x^2} + 2\frac{\partial^2 M_{xy}}{\partial x \partial y} + \frac{\partial^2 M_y}{\partial y^2} + N_x(W_{xx} + w_{xx}) +$$

$$+ 2N_{xy}(W_{xy} + w_{xy}) + N_y(W_{yy} + w_{yy}) + p = 0. \qquad(53\,\text{d})$$

Die drei Gleichgewichtsaussagen (53a) und (53d) reichen, wie zu
erwarten war, nicht aus zur Bestimmung der sechs Spannungsresul-
tanten

$$N_x,\ \ N_{xy},\ \ N_y,\ \ M_x,\ \ M_{xy},\ \ M_y,$$

und der bei merklichen elastischen Ausbiegungen außerdem noch auftretenden Querverschiebung w. Nur in dem Sonderfall kleiner Querverschiebung und verschwindender Biegesteifigkeit erhält man mit

$$M_x = M_{xy} = M_y = 0,\quad W + w = W$$

drei Gleichungen für drei Unbekannte

$$\frac{\partial N_x}{\partial x} + \frac{\partial N_{xy}}{\partial y} = 0,\quad \frac{\partial N_{xy}}{\partial x} + \frac{\partial N_y}{\partial y} = 0,$$

$$N_x W_{xx} + 2N_{xy}W_{xy} + N_y W_{yy} + p = 0,$$

eine besondere Form der Grundgleichungen für die Membrantheorie
der Schale[1]. [Der andere Sonderfall $W = 0$ (ebene Platte) ist innerlich
statisch unbestimmt.]

---

[1] Die *Membran*gleichungen sind (für beliebig große W) von PUCHER angegeben
worden: Über den Spannungszustand in doppelt gekrümmten Flächen, Beton u.
Eisen **33** (1934) S. 298.

Die *Verformungsgeometrie* ist bei der ursprünglich ebenen oder nur schwach gebogenen Platte sehr einfach. Da von den drei Verschiebungskomponenten u, v, w nur die Querverschiebung w Beträge von der Größenordnung der Plattenstärke annehmen kann, nicht aber die Verschiebungen u, v in der Platte, und da außerdem sowohl elastische Verformung w wie Vorform W so klein sein sollen, daß die Quadrate ihrer Ableitungen W_x^2, w_x^2 usw. neben der Einheit (nicht neben u_x!) gestrichen werden können, ergibt sich aus der Verzerrungsdefinitionsgleichung für ein Längenelement

$$(1 + \bar{\varepsilon}_x)^2 = \left(\frac{\text{neue Länge}}{\text{alte Länge}}\right)^2 = \frac{(1 + u_x)^2 + v_x^2 + (W_x + w_x)^2}{1 + W_x^2}$$

durch Ausquadrieren

$$1 + 2\bar{\varepsilon}_x = \frac{1 + 2u_x + W_x^2 + 2W_xw_x + w_x^2}{1 + W_x^2}$$

$$= (1 + 2u_x + W_x^2 + 2W_xw_x + w_x^2)(1 - W_x^2),$$

also

$$\bar{\varepsilon}_x = u_x + W_xw_x + \tfrac{1}{2}w_x^2;$$

entsprechend erhält man

$$\left.\begin{aligned} \bar{\varepsilon}_y &= v_y + W_yw_y + \tfrac{1}{2}w_y^2, \\ \bar{\gamma} &= u_y + v_x + W_xw_y + W_yw_x + w_xw_y. \end{aligned}\right\} \tag{54}$$

Wir haben die Größen $\bar{\varepsilon}$, $\bar{\gamma}$ mit Querstrichen versehen, um anzudeuten, daß sie die Verzerrungen in der Plattenmittelfläche beschreiben. Ein zweiter Verzerrungsanteil, der sich über der Plattendicke *linear* verteilt und in der Mitte Null ist, rührt her von der Verbiegung der Platte, d. h. von der Krümmungs- und Windungsänderung der Plattenmittelfläche. Wegen der Kleinheit aller Durchbiegungen kann man genau wie in der Balkentheorie Krümmungsgrößen ersetzen durch die entsprechenden zweiten Ableitungen der elastischen Verschiebung w. Danach ist also die Gesamtverzerrung ε, γ eines beliebigen Plattenpunktes im Abstand z von der Plattenmittelebene gegeben durch

$$\left.\begin{aligned} \varepsilon_x &= \bar{\varepsilon}_x - zw_{xx}, \quad \varepsilon_y = \bar{\varepsilon}_y - zw_{yy}, \\ \gamma &= \bar{\gamma} - 2zw_{xy}. \end{aligned}\right\} \tag{55}$$

Bei der Aufstellung des *Elastizitätsgesetzes* zeigt sich noch deutlicher als schon bei der Verformungsgeometrie, daß die Beziehung auf raumfeste Achsen bei der Definition der Verschiebungskomponenten und Schnittresultanten (durch die die Gleichgewichtsaussagen so besonders einfach geworden waren) nur sinnvoll ist für die schwach gekrümmte Platte. Denn bei der Verzerrungsdefinition muß man sich auf die körperfesten schräg liegenden Fasern beziehen, und diese Größen können mit den raumfesten kartesischen Komponenten der Spannungsvektoren nur dann im einfachen Zusammenhang stehen, wenn die Ausgangswinkel W_x, W_y, w_x, w_y so klein sind, daß man bei der Formulierung des Elastizitätsgesetzes die kartesischen durch die schrägen Spannungskomponenten ersetzen kann. Setzen wir das voraus, so folgt aus den Elastizitätsgleichungen II (44) für den zweiachsigen Spannungszustand

$$E\,\varepsilon_x = \sigma_x - \nu\sigma_y, \qquad G\gamma = \tau, \qquad E\,\varepsilon_y = \sigma_y - \nu\sigma_x$$

mit (52) und (55) das Elastizitätsgesetz der krummen Platte:

$$E t\bar{\varepsilon}_x = N_x - \nu N_y, \qquad G t\bar{\gamma} = N_{xy}, \qquad E t\bar{\varepsilon}_y = N_y - \nu N_x, \qquad (56\,\text{a})$$

$$\left.\begin{aligned}
-\frac{E t^3}{12}\,w_{xx} &= M_x - \nu M_y, \qquad -\frac{G t^3}{6}\,w_{xy} = M_{xy},\\
-\frac{E t^3}{12}\,w_{yy} &= M_y - \nu M_x,
\end{aligned}\right\} \qquad (56\,\text{b})$$

oder mit Benutzung der Abkürzungen

$$D = \frac{E t}{1 - \nu^2}, \qquad K = \frac{E t^3}{12\,(1 - \nu^2)}$$

nach den Schnittgrößen aufgelöst:

$$\left.\begin{aligned}
N_x &= D\,(\bar{\varepsilon}_x + \nu\,\bar{\varepsilon}_y), & N_{xy} &= \frac{1-\nu}{2}\,D\bar{\gamma},\\
N_y &= D\,(\bar{\varepsilon}_y + \nu\,\bar{\varepsilon}_x),\\
M_x &= -K\,(w_{xx} + \nu w_{yy}), & M_{xy} &= -K\,(1-\nu)\,w_{xy},\\
M_y &= -K\,(w_{yy} + \nu w_{xx}).
\end{aligned}\right\} \qquad (56')$$

Die zwölf Gleichungen (53a, d), (54) und (56′) für die zwölf Unbekannten

$$N_x, N_{xy}, N_y, \qquad M_x, M_{xy}, M_y, \qquad \bar{\varepsilon}_x, \bar{\gamma}, \bar{\varepsilon}_y, \qquad u, v, w$$

lassen sich zusammenziehen in die *zwei Hauptgleichungen* für die gekrümmte Platte großer Ausbiegungen. — Man benutzt zunächst die beiden Gl. (53a), um durch

$$\frac{\partial^2 \Phi}{\partial y^2} \equiv \Phi_{yy} = N_x, \qquad -\Phi_{xy} = N_{xy}, \qquad \Phi_{xx} = N_y \qquad (57)$$

als dreizehnte Unbekannte die Spannungsfunktion Φ einzuführen (II, Ziff. 6), durch die die drei Schnittkräfte N ersetzt werden. Aus den Verformungsgleichungen (54) erhält man durch Elimination von u und v:

$$\frac{\partial^2 \bar{\varepsilon}_x}{\partial y^2} + \frac{\partial^2 \bar{\varepsilon}_y}{\partial x^2} - \frac{\partial^2 \bar{\gamma}}{\partial x\,\partial y} = 2\,W_{xy}\,w_{xy} - W_{xx}\,w_{yy} - W_{yy}\,w_{xx} + w_{xy}^2 - w_{xx}\,w_{yy},$$

und wenn man darin vermöge (56a) die Schnittkräfte, d. h. die Ableitungen der Spannungsfunktion einführt, so findet man als erste Gleichung für die beiden verbleibenden Unbekannten Φ und w:

$$\Delta\Delta\Phi = Et\left[2\,W_{xy}w_{xy} - W_{xx}w_{yy} - W_{yy}w_{xx} + u_{xy}^2 - w_{xx}w_{yy}\right]. \qquad (58\,\mathrm{a})$$

Man bezeichnet diese Gleichung vielfach als die *Verträglichkeitsgleichung*, weil sie letzten Endes zum Ausdruck bringt, daß die drei Verzerrungen $\bar{\varepsilon},\bar{\gamma}$ sich durch (54) darstellen, also einen geometrisch verträglichen Verzerrungszustand beschreiben. Eine zweite Beziehung zwischen Φ und w bekommt man aus den vier verbleibenden Gleichungen (53d) und (56b); wenn man in (53d) die Momente durch w ausdrückt und die Membrankräfte wieder durch Φ, so ergibt sich

$$K\Delta\Delta w - \Phi_{yy}(W_{xx}+w_{xx}) + 2\Phi_{xy}(W_{xy}+w_{xy}) - \Phi_{xx}(W_{yy}+w_{yy}) = p. \qquad (58\,\mathrm{b})$$

(58b) ist wesentlich die *Gleichgewichtsaussage* für die Kräfte in der z-Richtung.

Die beiden Gln. (58) sind der Ausgangspunkt für eine Untersuchung des Verhaltens ursprünglich krummer Platten oberhalb der Beulgrenze. Sie sind in den beiden Unbekannten Φ und w nicht-linear. Wenn es sich nur darum handelt, die Stabilität einer Platte unter einem bis auf einen Intensitätsfaktor λ gegebenen Lastzustand $\lambda N_x, \lambda N_{xy}, \lambda N_y$ zu untersuchen, so vereinfachen sich die Gln. (58) entscheidend: Setzen wir

$$\Phi_{yy} = \lambda\bar{N}_x + \Phi_{yy}^*, \qquad \Phi_{xy} = -\lambda\bar{N}_{xy} + \Phi_{xy}^*, \qquad \Phi_{xx} = \lambda\bar{N}_y + \Phi_{xx}^*,$$

so fallen, da die kritischen Verformungen $w = w^*$ *infinitesimal* sind, in der ersten Gleichung ihre Quadrate, in der zweiten ihre Produkte mit dem infinitesimalen Zusatzanteil der Membranspannungen $\Phi_{xx}^* \ldots$ weg, d. h. die Gleichungen werden in den beiden Unbekannten Φ^* und w^* *linear*. Da die den Vorzustand charakterisierenden Terme $\lambda\left(\bar{N}_x W_{xx} + 2\bar{N}_{xy}W_{xy} + \bar{N}_y W_{yy}\right) + p$ sich tilgen, so werden sie *homogen*; haben sie auch homogene Randbedingungen, so ergibt sich also das kritische Lastvielfache $\lambda = \lambda_k$ als der *Eigenwert* des Differentialgleichungssystems:

$$\left.\begin{aligned}
\frac{1}{Et}\Delta\Delta\Phi &= 2\,W_{xy}w_{xy} - W_{xx}w_{yy} - W_{yy}w_{xx}, \\
K\Delta\Delta w &= \Phi_{yy}W_{xx} - 2\Phi_{xy}W_{xy} + \Phi_{xx}W_{yy} + \\
&\quad + \lambda\bar{N}_x w_{xx} + 2\lambda\bar{N}_{xy}w_{xy} + \lambda\bar{N}_y w_{yy},
\end{aligned}\right\} \qquad (59)$$

wobei wir, wie früher, den Stern bei den den Übergang in die verzerrte Lage charakterisierenden Größen Φ und w wieder weglassen haben.

Die Gln. (59) werden noch etwas manierlicher, wenn wir statt der beliebig gekrümmten Platte ein *zylindrisches* Schalensegment (Fig. 19) betrachten. Die Zylinderachse falle in die x-Richtung; für die Krümmung $-W_{yy}$ wollen wir (um den Anschluß an bekannte Formeln herzustellen) $1/R$ schreiben. An Lasten mögen

Längsdruckspannungen $-\overline{N}_x = \sigma_1 t,$

Ringdruckspannungen $-\overline{N}_y = \sigma_2 t$ (erzeugt durch radialen

und Schub $\overline{N}_{xy} = \tau t$ Außendruck)

wirksam sein. Dann kommt

$$\left. \begin{aligned} & \Delta\Delta\,\varPhi - \frac{Et}{R}\,w_{xx} = 0, \\ & K\Delta\Delta\,w + \frac{1}{R}\,\varPhi_{xx} = -\sigma_1 t\,w_{xx} + 2\,\tau\,t\,w_{xy} - \sigma_2 t\,w_{yy}. \end{aligned} \right\} \tag{60}$$

Den Sonderfall der ursprünglich *ebenen* Platte erhalten wir für $1/R = 0$. Aus der ersten Gl. (60) folgt, wenn auch die Randbedingungen für $\varPhi$ homogen sind, $\varPhi = 0$. Die zweite Gl. (60) ist die Stabilitätsgleichung für die ursprünglich ebene Platte

$$K\Delta\Delta\,w + \sigma_1 t\,w_{xx} - 2\,\tau\,t\,w_{xy} + \sigma_2 t\,w_{yy} = 0. \tag{61}$$

An der Stabilitätsgrenze besteht also zwischen der ebenen und der gekrümmten Platte ein ganz wesentlicher Unterschied: Bei der gekrümmten Platte werden durch das Beulen zusätzliche Membranspannungen geweckt, bei der ebenen Platte nicht. Es rührt dies her von der verschiedenen Art, wie die Querverschiebung w in den Ausdruck (54) für $\bar{\varepsilon}_y = v_y + W_y w_y + w_y^2/2$ eingeht: Da die Stabilitätstheorie nur die infinitesimalen Verschiebungen am kritischen Punkte betrachtet (wo Quadrate gegen erste Potenzen so klein sind, als man will), bewirkt bei der ebenen Platte ($W_y = 0$) die w-Verschiebung keine Dehnung der Plattenmittelfläche, während bei $W_y \neq 0$ eine Verschiebung w sofort Ringdehnungen $\bar{\varepsilon}_y$ und damit Ringspannungen $N_y = \varPhi_{xx}$ zur Folge hat.

10. Geschlossene Lösungen für das Stabilitätsproblem der ebenen Rechteckplatte.

Die Plattenstabilitätsgleichung (61) ist nur in wenigen Sonderfällen in geschlossener Form lösbar. Zunächst muß der Grundspannungszustand besonders einfach sein. Aber auch wenn σ_1, σ_2 und τ Konstanten sind, ist es wesentlich, ob in Gl. (61) alle Ableitungen von gerader Ordnung sind oder nicht, und selbst wenn τw_{xy} verschwindet, können immer noch die Randbedingungen Schwierigkeiten machen: Nur wenn wenigstens an einem Randpaar ausschließlich gerade Ableitungen auftreten, läßt sich eine Lösung in geschlossener Form angeben. — Wir wollen hier den besonders einfachen Fall gelenkig-starrer Lagerung auf *beiden* Randpaaren rechnen (Fig. 21); da mit $w = 0$ auch die Ableitungen in Richtung des Randes verschwinden, können die Momentenbedingungen nach (56′) ersetzt werden durch die Forderung, daß die zweiten Ableitungen in Richtung der Randnormalen verschwinden sollen; die Randbedingungen lauten daher

$$w = 0, \quad w_{xx} = 0 \quad \text{für} \quad x = 0, l, \\ w = 0, \quad w_{yy} = 0 \quad \text{für} \quad y = 0, b. \quad (62)$$

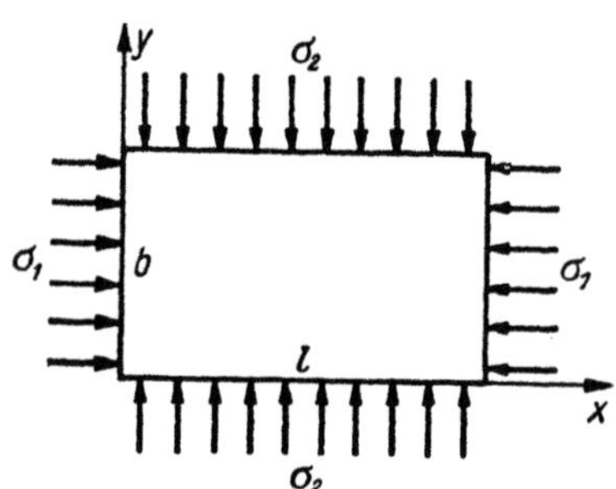

Fig. 21. Ebene Platte unter Druck σ_1 und σ_2.

Wir bringen zunächst die Differentialgleichung (61) für $\tau = 0$ mit

$$t' = \frac{t}{\sqrt{1 - \nu^2}} \quad (63)$$

auf die etwas übersichtlichere Form:

$$\frac{E t'^2}{12} \Delta \Delta w + \sigma_1 w_{xx} + \sigma_2 w_{yy} = 0.$$

Diese Gleichung hat für die Randbedingungen (62) die nichtverschwindende Lösung

$$w = w_0 \sin \frac{n \pi x}{l} \sin \frac{m \pi y}{b}, \quad (64)$$

wenn zwischen σ_1, σ_2 und den ganzen Zahlen m, n die Beziehung

$$\frac{E t'^2}{12} \left(\frac{n^2}{l^2} + \frac{m^2}{b^2} \right)^2 \pi^4 = \left(\sigma_1 \frac{n^2}{l^2} + \sigma_2 \frac{m^2}{b^2} \right) \pi^2 \quad (65)$$

besteht. Gl. (65) ist die *Knickgleichung*, aus der σ_1 bei gegebenem σ_2 oder, wenn die beiden Lasten in einem festen Verhältnis zueinander stehen, ihr gemeinsamer Faktor bestimmt wird. Die elastische Fläche (die Knickfigur) besteht nach (64) aus einzelnen Rechtecken mit positiver und negativer Durchbiegung, die alle kongruent und schachbrettartig verteilt sind. Die ganzen Zahlen m und n stellen sich so ein, daß sich die niedrigste Knicklast ergibt.

Am leichtesten zu übersehen ist der Sonderfall $\sigma_2 = 0$. Da folgt aus (65)

$$\sigma_1 = \frac{\pi^2}{12} \frac{E t'^2}{l^2} \frac{[n^2 + (l/b)^2 m^2]^2}{n^2}, \quad (66)$$

σ_1 wächst mit m monoton, es muß also $m = 1$ sein. In Fig. 22 ist

$$\sigma_1 = \frac{\pi^2}{12} \frac{E t'^2}{b^2} \left(\frac{bn}{l} + \frac{l}{bn} \right)^2 \quad (66')$$

über l/b mit n als Parameter aufgetragen.

Die in Fig. 22 ausgezogene Kurve ist eine sog. *Girlandenkurve*; sie zeigt, daß die Platte sich durch Knotenlinien in möglichst quadratische Felder zu unterteilen sucht. Für die Bestimmung der Knicklast genügt es in den Anwendungen gewöhnlich, sie von einer gewissen Stelle ab (hier $l/b = 2$) durch ihre Einhüllende (in Fig. 22 gestrichelt) zu ersetzen. In unserem Fall ist die Einhüllende eine Wagerechte; man findet sie aus (66) als die Grenzkurve für große Werte l/b. Bei großem l/b bestimmt sich

$$\beta = \frac{nb}{l} \tag{67}$$

aus der Bedingung

$$\frac{d\sigma_1}{d\beta} = 2\,\frac{\pi^2}{12}\,\frac{E\,t'^2}{b^2}\left(\beta + \frac{1}{\beta}\right)\left(1 - \frac{1}{\beta^2}\right) = 0. \tag{68}$$

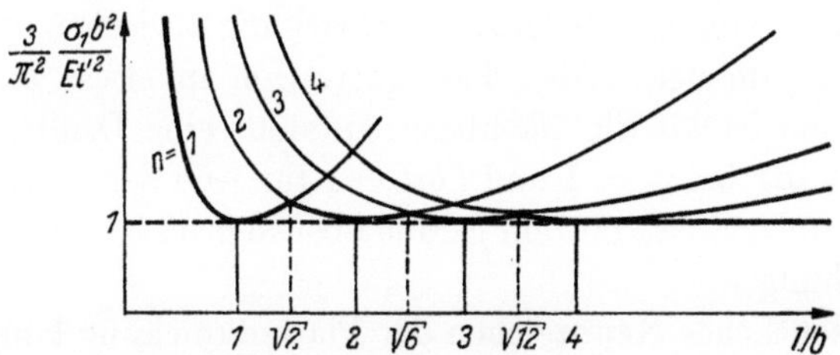

Fig. 22. Girlandenkurve: Die kritische Spannung σ in Abhängigkeit vom Seitenverhältnis l/b der Rechteckplatte.

Es wird

$$\beta = 1$$

und damit

$$\sigma_1 = \frac{\pi^2}{3}\,E\,\frac{t'^2}{b^2}.$$

Dem Ausdruck auf der rechten Seite begegnet man bei Untersuchungen zur Plattenstabilität immer wieder; wir führen ein besonderes Zeichen für ihn ein:

$$\sigma^* = \frac{\pi^2}{3}\,\frac{E}{1 - \nu^2}\,\frac{t^2}{b^2}\left[= 3{,}6\,E\,\frac{t^2}{b^2}\quad \text{bei}\quad \nu = 0{,}3\right]. \tag{69}$$

Wenn die durch $\sigma_1 t = -\overline{N}_x$ auf Knickung beanspruchte Platte einen Querzug $\overline{N}_y > 0$ erfährt, so wird ihre kritische Last in erster Näherung um diesen Querzug erhöht. Man erkennt das aus Gl. (65), die wir in der Form

$$\sigma_1 t = \frac{\pi^2}{12}\,E t'^2 \cdot t\left[\frac{n^2}{l^2} + 2\,\frac{m^2}{b^2} + \frac{l^2}{n^2}\,\frac{m^4}{b^4}\right] + \overline{N}_y\,\frac{m^2}{b^2}\cdot\frac{l^2}{n^2} \tag{70}$$

schreiben können (es ist $m = 1$ und bei kleinem Querzug $\frac{l^2}{n^2 b^2} \approx 1$).

Die einzelnen Glieder der Formel (70) lassen übrigens eine einfache mechanische Deutung zu, auf die wir noch kurz eingehen wollen, weil sie den Mechanismus des Knickvorganges bei der Platte klären hilft. Das erste Glied entspricht der Knicklast eines Eulerstabes von der Länge der Wellen (l/n): es ist der Biegewiderstand der einzelnen Längsfaser, der diesen Anteil am Beulwiderstand bedingt und der naturgemäß mit der Wellenzahl n wächst. Das dritte Glied gibt den Biegewiderstand der Querfasern wieder, auf denen die Längsfasern (nach Art eines Rostes) elastisch gebettet sind — die Bettung wird um so mehr beansprucht, je länger die Wellen der Längsfasern sind, der Widerstand fällt daher mit wachsendem n. Dasselbe gilt für das letzte Glied in (70), nur daß es hier nicht die Biegesteifigkeit der Faser ($\sim n^4$), sondern die Gewölbewirkung der Membrankraft N_y ist ($\sim n^2$), die die Längsfasern abstützt. Das zweite Glied in (70) schließlich ist von n unabhängig, es rührt her von der Schubwechselwirkung zwischen den einzelnen Fasern; da jede der beiden Fasergattungen in etwas anderem Maße durchgebogen ist als die Nachbarn, entsteht eine Drillbeanspruchung, deren Wirkung bei $m = 1$ und $l/bn = 1$ für jede der beiden Gattungen bemerkenswerterweise einzeln gerade ebenso groß ist wie die der Biegebeanspruchungen.

Als wesentliches Kennzeichen der Plattenknickung können wir festhalten, daß die kritische Spannung einer seitlich geführten Platte zwar, genau wie beim Stab, dem Quadrat der Dicke proportional ist, aber nicht von der *Länge*, sondern von der *Breite* der Platte abhängt, weil die Platte sich wegen der seitlichen Abstützung in möglichst quadratische Felder zu unterteilen sucht. Ist die Platte seitlich *nicht* gestützt, so knickt sie wesentlich wie ein Eulerstab gleicher Länge. Die Knickspannung (69) der einseitig gedrückten quadratischen Platte ist im Falle allseits-gelenkiger Lagerung genau viermal so groß wie die Eulerspannung der seitlich nicht-geführten Platte (s. auch Ziff. 12).

11. Das Zylindersegment unter Längsdruck.

Bei der gedrückten ebenen Platte ist die Möglichkeit, für die kritische Last einen einfachen geschlossenen Ausdruck anzugeben, gebunden an eine besondere Form der Randbedingungen für w. Bei der gekrümmten Platte geht die Einschränkung noch weiter: es müssen auch die Randbedingungen für Φ besonderer Art sein. Wir wollen den denkbar einfachsten Fall betrachten: An beiden Randpaaren der kreiszylindrisch gekrümmten Platte sollen die Randbedingungen vorgeschrieben sein

für $y = 0, b$:
$$w = 0, \quad w_{yy} = 0, \quad N_y \equiv \Phi_{xx} = 0, \quad u \equiv \frac{1}{Et} \int (\Phi_{yy} - \nu \Phi_{xx})\, dx = 0,$$

für $x = 0, l$:
$$w = 0, \quad w_{xx} = 0, \quad N_x \equiv \Phi_{yy} = 0, \quad v \equiv \frac{1}{Et} \int (\Phi_{xx} - \nu \Phi_{yy})\, dy = 0, \tag{71}$$

also gelenkige Lagerung an Randgliedern, die dehnstarr ($u = 0$) und in z-Richtung biegungsstarr ($w = 0$), aber *in* der Plattenebene biegeschlaff sein sollen. Die Differentialgleichungen (60) gehen für $\sigma_2 = \tau = 0$ und $R = \text{const} = a$ mit dem den Randbedingungen (71) genügenden Ansatz:

$$
\left.
\begin{aligned}
w &= a_n \sin \frac{n\pi x}{l} \sin \frac{m\pi y}{b}, \\
\Phi &= A_n \sin \frac{n\pi x}{l} \sin \frac{m\pi y}{b},
\end{aligned}
\right\}
\tag{72}
$$

über in zwei homogene lineare Gleichungen für a_n, A_n:

$$
\left.
\begin{aligned}
\frac{\pi^4}{b^4}(\beta^2 + m^2)^2 A_n + \frac{Et}{a}\frac{\pi^2}{b^2}\beta^2 a_n &= 0, \\
-\frac{1}{a}\frac{\pi^2}{b^2}\beta^2 A_n + \left[\frac{Et'^2}{12}t\frac{\pi^4}{b^4}(\beta^2+m^2)^2 - \sigma_1 t\frac{\pi^2}{b^2}\beta^2\right]a_n &= 0,
\end{aligned}
\right\}
\tag{73}
$$

wobei wir für das Verhältnis nb/l wieder abkürzend β schreiben. Die Bedingung, daß die Determinante dieses Gleichungssystems verschwinden muß, wenn a_n und A_n von Null verschieden sein sollen, ist die gesuchte Gleichung für die kritische Last $\sigma_1 t$. Führen wir außer der Abkürzung (69) noch eine Größe

$$
\omega = \frac{12(1-\nu^2)}{\pi^4}\frac{b^4}{a^2 t^2} = \frac{12}{\pi^4}\frac{b^4}{a^2 t'^2}
\tag{74}
$$

ein, so läßt sich diese Gleichung schreiben in der Form

$$
4\frac{\sigma_1}{\sigma^*} = \frac{(\beta^2 + m^2)^2}{\beta^2} + \omega\frac{\beta^2}{(\beta^2 + m^2)^2}.
\tag{75}
$$

Der erste Term auf der rechten Seite ist uns aus Gl. (66) bekannt, der zweite stellt den Einfluß der Vorkrümmung $1/R \neq 0$ dar. Man könnte nun wieder für jedes ω Girlandenkurven nach Art der Fig. 22 zeichnen. Da aber nur der Tiefstwert der kritischen Last praktisch interessiert, der für *etwas* längliche Platten, wie wir in Fig. 22 gesehen haben, von der Länge l unabhängig ist, dürfen wir uns von der Bedingung freimachen, daß n eine ganze Zahl sein muß; wir betrachten $\beta = nb/l$ einfach als eine kontinuierliche Veränderliche, die sich so einstellt, daß $\sigma_1 = \sigma(\beta)$ ein Minimum wird. Die Bedingung $d\sigma/d\beta = 0$ liefert

$$
4\frac{d(\sigma/\sigma^*)}{d(\beta^2)} \equiv \left[1 - \omega\left(\frac{\beta^2}{(\beta^2+m^2)^2}\right)^2\right]\left[1 - \frac{m^4}{\beta^4}\right] = 0.
$$

Daraus folgt

$$
\beta = m \quad \text{oder} \quad \frac{(\beta^2+m^2)^2}{\beta^2} = \sqrt{\omega},
\tag{76}
$$

nach (75) also

$$
\frac{\sigma_k}{\sigma^*} = \left(m^2 + \frac{\omega}{16 m^2}\right) \quad \text{oder} \quad \frac{\sigma_k}{\sigma^*} = \frac{1}{2}\sqrt{\omega}.
\tag{76'}
$$

Die für *kleine* Werte des Krümmungsparameters $\sqrt{\omega} = \dfrac{\sqrt{12}}{\pi^2}\dfrac{b^2}{a t'}$ maßgebende erste Formel (76') zeigt, daß bei der schwach gekrümmten Platte die kleinste Last für die Querwellenzahl $m = 1$ erreicht wird. Der Übergang von der ersten Formel (76′) zur zweiten findet statt für

$$1 + \frac{\omega}{16} = \frac{1}{2} \sqrt{\omega}, \quad \text{d. h.} \quad \text{bei} \quad \sqrt{\omega} = 4.$$

In Fig. 23 ist σ_k/σ^* in Abhängigkeit vom Krümmungsparameter $\sqrt{\omega}$ aufgetragen. Dieser Parameter hat bei der flachen Schale eine sehr einfache anschauliche Bedeutung. Ersetzt man nämlich mit Hilfe der bekannten Formel

$$\frac{b/2}{R} = \frac{2 f_0}{b/2}$$

den Radius R durch den Pfeil f_0 (s. die Nebenfigur in 23), so wird

$$\sqrt{\omega} = 2{,}67 \, f_0/t. \tag{77}$$

$\sqrt{\omega}$ ist also wesentlich das Verhältnis des Pfeils zur Wandstärke. Nach (77) gehört zu dem Übergangswert $\sqrt{\omega} = 4$ ein Pfeil $f_0 = 1{,}5 \, t$; eine sehr geringe Krümmung genügt also schon, um aus der ebenen eine „wesentlich krumme" Platte zu machen. Praktische Bedeutung hat daher nur die zweite Formel (76′):

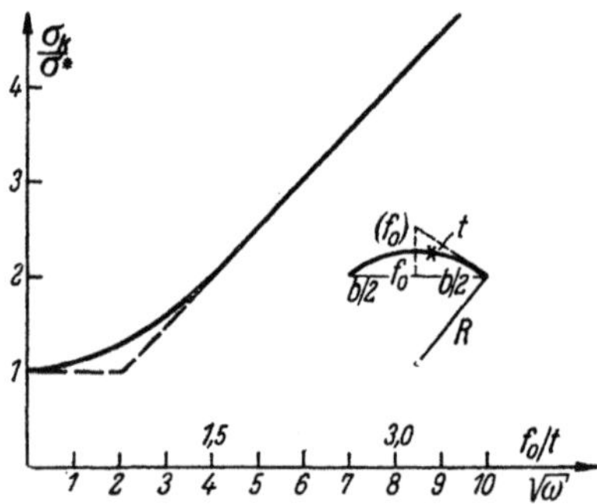

Fig. 23. Die kritische Spannung σ des Zylindersegments in Abhängigkeit vom Formparameter ω (oder vom Krümmungspfeil f_0)

$$\sigma^* = E \, \frac{\pi^2}{3} \, \frac{t'^2}{b^2},$$

$$\sqrt{\omega} = \frac{\sqrt{12}}{\pi^2} \, \frac{b^2}{a \, t'} = 2{,}81 \, \frac{f_0}{t'} = 2{,}67 \, \frac{f_0}{t}.$$

$$\sigma_k = \frac{1}{2} \, \sigma^* \sqrt{\omega} = 1{,}8 \, E \, \frac{t^2}{b^2} \cdot 2{,}67 \, \frac{f_0}{t} = 4{,}8 \, E \, \frac{t f_0}{b^2}. \tag{78}$$

Führt man in (78) an Stelle von t und f_0 durch

$$t^* = 1{,}15 \, \sqrt{f_0 t}$$

eine fiktive Wandstärke t^* ein, so geht (78) über in

$$\sigma_k = 3{,}6 \, E \, \frac{t^{*2}}{b^2}. \tag{78′}$$

Das heißt: die krumme Platte verhält sich wie eine ebene, deren Wandstärke t^* bis auf einen (von 1 nur wenig verschiedenen) Zahlenfaktor gleich ist dem geometrischen Mittel aus f_0 und t. Diese Deutung macht in besonders anschaulicher Weise klar, wie sehr die Beullast der gedrückten Platte durch eine Krümmung quer zur Druckrichtung hinaufgesetzt wird. — Die physikalische Erklärung haben wir am Ende von Ziff. 9 gegeben: die große Erhöhung der kritischen Last rührt daher, daß zu den der Biegesteifigkeit proportionalen Plattengliedern als weiteres Widerstandsglied die Ringkraft N_y tritt, die der Dehnsteifigkeit proportional ist. Diese Ringkraft übt auf die längsgedrückten Fasern eine sehr starke bettende Wirkung aus — in der Tat tritt auch in der bekannten Knickformel für den elastisch gebetteten Stab

$$P_k = 2 \sqrt{EI \cdot K} \qquad (K = \text{Bettungsziffer})$$

in derselben Weise (und aus demselben Grunde) wie bei unserer Platte das geometrische Mittel aus zwei Streifigkeitsgrößen auf.

Läßt man in der zweiten Formel (76') — anstatt f_0 einzuführen — den Krümmungsradius a stehen, so wird

$$\sigma_k = \frac{1}{2} \sigma^* \sqrt{\omega} = 0{,}6 E \frac{t}{a} \qquad (\nu = 0{,}3) . \tag{79}$$

Diese Formel gilt ihrer Herleitung nach für die „wenig" gekrümmte Platte, denn die Voraussetzung geringer Krümmung haben wir bei der Gewinnung der Differentialgleichungen (60) wesentlich benutzt. Die von den vollständigen *Schalen*-Stabilitätsgleichungen ausgehende exakte Theorie[1] zeigt indessen, daß die Gln. (60) als Näherungsaussagen auch für die stärker gekrümmte Platte noch gute Dienste leisten, d. h. daß das Ergebnis (79) auch für Zylinderschalen mit großem Öffnungswinkel bestehen bleibt. Es ist dies unmittelbar plausibel, wenn die Beulform des Zylinders in Ringrichtung viele Wellen aufweist, weil dann der für die einzelne Ringwelle kennzeichnende Parameter $\dfrac{b\,m}{a}$ klein ist. Bemerkenswerterweise liegt aber die theoretische Beullast sogar bei einem mit der Ringwellenzahl $m = 2$ ausbeulenden Vollzylinder nur wenig unter dem durch (79) gegebenen Wert[2].

Die Formel (79) enthält die *Breite* der krummen Platte nicht. Die kritische Last kann also oberhalb $\sqrt{\omega} = 4$ von den Lagerungsbedingungen an den Rändern $y = \text{const}$ nur unwesentlich abhängen. In der Tat kann man zeigen, daß insbesondere die Φ-Bedingungen in (71) die Höhe der kritischen Last nur wenig beeinflussen[3]. Trotzdem hat die Formel (79) für die Anwendungen nur begrenzte Gültigkeit. Versuche zeigen nämlich, daß bei stark-gekrümmten Zylinderschalen an Stelle der Vorzahl 0,6 Faktoren zwischen 0,2 und 0,45 treten, und zwar im allgemeinen um so kleinere, je stärker die Schale gekrümmt ist. Diese Erscheinung rührt, wie v. KÁRMÁN in drei neueren Arbeiten gezeigt

---

[1] FLÜGGE, W.: Die Stabilität der Kreiszylinderschale. Ing.-Arch. Bd. 3 (1932) S. 463. — Siehe auch A. KROMM: Die Stabilitätsgrenze eines gekrümmten Plattenstreifens bei Schub- und Längskräften. Luftf.-Forschg. Bd. 15 (1938) S. 517 — Jb. Luftf.-Forschg. I (1940) S. 832.

[2] FLÜGGE, W.: a. a. O. S. 482.

[3] Vgl. dazu K. MARGUERRE: Der Einfluß der Lagerungsbedingungen ... Jb. Luftf.-Forschg. I (1940) S. 867.

hat[1], daher, daß die Stabilitätsrechnung einen Knickfall erfaßt, der bei der mindesten Abweichung der ursprünglichen Schalenform von der idealzylindrischen nicht eintritt, weil oberhalb einer gewissen Mindestkrümmung die Schale schon bei einer kleineren Last die Möglichkeit hat, in eine in endlicher Entfernung befindliche neue Gleichgewichtsform geringeren Energieinhaltes überzuspringen — „durchzuschlagen" in der Art, wie wir das in Ziff. 3 am Beispiel des Stabzweiecks kennengelernt haben. Die von der rechnerischen vollkommen abweichende Beulform, die alle Experimente zeigen, der sprunghafte Übergang in die neue Lage, das starke Abfallen der Tragfähigkeit oberhalb der Beulgrenze[2] und die rechnerischen Ergebnisse sowohl der letzten der drei genannten Arbeiten als auch anderer, davon unabhängiger Untersuchungen deuten darauf hin, daß die v. KÁRMÁNsche Erklärung den Kern des Phänomens trifft. Allerdings würde eine vollständige Durchdringung des Fragenkomplexes wegen der großen mathematischen Schwierigkeiten des nichtlinearen Problems noch sehr viel Forschungsarbeit erfordern.

12. Beulformeln für die ebene und gekrümmte Rechteckplatte unter Druck- und Schubbelastung.

In dieser Ziffer wollen wir einige Beulformeln für Platten und Schalen angeben. Da wir die Methoden, nach denen diese Formeln in zahlreichen Einzeluntersuchungen gewonnen worden sind, in ihrer Anwendung auf einfache Beispiele geschildert haben: die statische Methode, in den Ziff. 10 und 11, die energetische Methode, in Ziff. 8[3—6], so können wir uns darauf beschränken, im wesentlichen *Ergebnisse* zusammenzustellen und verweisen wegen der Einzelheiten auf das Schrifttum.

Von den Beulformeln für die *ebene* Platte ergeben sich am einfachsten die für die einseitig gedrückte, an den Querrändern gelenkig gelagerte Platte. Durch den Ansatz

$$w = W(y) \sin \frac{n\pi x}{l} \tag{80}$$

wird die aus (61) mit

$$\sigma_1 \equiv \sigma, \qquad \sigma_2 = \tau = 0$$

---

[1] TH. v. KÁRMÁN, HSUE-SHEN TSIEN u. L. G. DUNN: J. Aeron. Sc. VII, (Dez. 1939) S. 43; 1940, S. 276; VIII 1941, S. 303.

[2] WENZEK: Die mittragende Breite nach dem Ausknicken bei krummem Blech. Luftf.-Forschg. Bd. 15 (1940) S. 340.

[3] TIMOSHENKO, S.: Theory of elastic stability. New York and London 1936. — Siehe auch AUERBACH-HORT: Handbuch der Experimentalphysik.

[4] TREFFTZ, E.: Zur Theorie der Stabilität des elastischen Gleichgewichts. Z. angew. Math. Mech. Bd. 12 (1933) S. 163.

[5] MARGUERRE, K.: Über die Anwendung der energetischen Methode auf Stabilitätsprobleme. DVL-Jb. 1938, S. 252.

[6] KAPPUS, R.: Zur Elastizitätstheorie endlicher Verschiebungen. Z. angew. Math. Mech. Bd. 19 (1939) S. 271.

entstehende partielle Differentialgleichung

$$\frac{Et'^2}{12}\,\Delta\Delta\,w + \sigma\,w_{xx} = 0 \tag{81}$$

in eine totale übergeführt, deren Lösung sich mit

$$\vartheta = 2\frac{l}{nb}\,\sqrt{\frac{\sigma}{\sigma^*}}\,, \qquad \sigma^* = \frac{\pi^2}{3}E\frac{t'^2}{b^2} \tag{82}$$

in der einfachen Form

$$W(y) = C_1\,\mathfrak{Cof}\,\frac{n\pi y}{b}\,\sqrt{\vartheta+1} + C_2\,\mathfrak{Sin}\,\frac{n\pi y}{b}\,\sqrt{\vartheta+1} +$$
$$+ C_3\cos\frac{n\pi y}{b}\,\sqrt{\vartheta-1} + C_4\sin\frac{n\pi y}{b}\,\sqrt{\vartheta-1} \tag{83}$$

schreiben läßt. Für die vier Integrationskonstanten C_i ergeben sich aus den Randbedingungen an den Rändern $y = $ const. vier homogene Gleichungen; die Bedingung, daß deren Determinante verschwinden muß, liefert die kritische Spannung σ. Dabei erscheint σ, wenn die Plattenabmessungen l, b, t gegeben sind, als Funktion der Wellenzahl n, d. h. man erhält, wenn man

$$\left.\begin{array}{l} k = \sigma/\sigma^* \\[4pt] \alpha = l/b \end{array}\right\} \tag{84}$$

über aufträgt, Girlandenkurven nach Art der Fig. 22. Da man in den Anwendungen den geringfügigen Gewinn an Tragkraft, den die Zwickel zwischen den einzelnen n-Kurven bringen, kaum je wird ausnutzen können, beschränken wir uns darauf, die Höhen der Einhüllenden (also die kritischen Lasten für die unendlich lange Platte) hier zusammenzustellen. In Fig. 24 sind die k-Werte in die einzelnen Platten hineingeschrieben; dabei bedeuten

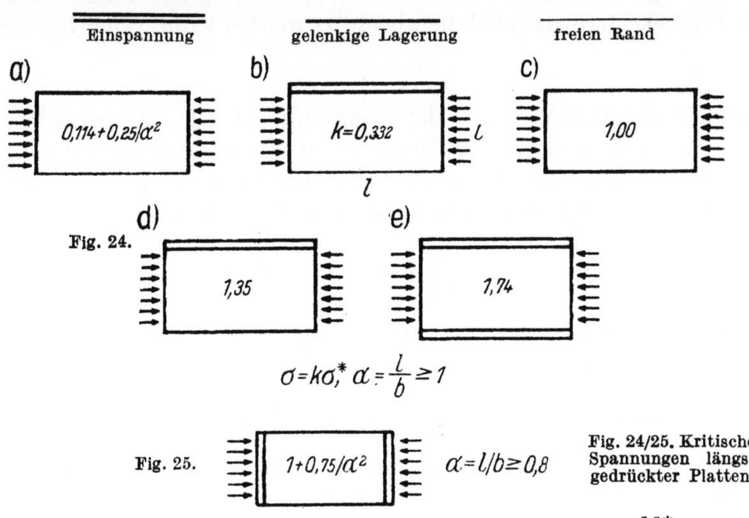

Fig. 24.

Fig. 24/25. Kritische Spannungen längsgedrückter Platten.

16*

Fall a) bildet übrigens eine Ausnahme insofern, als sich dort die stützende Wirkung der Querränder bis zu größeren α-Werten hin bemerkbar macht; es ist daher ein diese Tatsache näherungsweise berücksichtigendes Glied $0{,}25/\alpha^2$ zu dem Grenzwert $0{,}114$ hinzugefügt.

Ähnlich liegen die Verhältnisse in einem anderen, der Berechnung relativ einfach zugänglichen Fall[1], der in Fig. 25 dargestellt ist; dort läßt sich im Bereich $0 \leqq \dfrac{1}{\alpha} \leqq 1{,}25$ der Einfluß der Endeinspannung durch das Zusatzglied $0{,}75/\alpha^2$ mit guter Näherung wiedergeben.

Ist der Längsdruck σ ungleichmäßig verteilt [$\sigma = \sigma(y)$, Sonderfall: reine Biegung der Scheibe], so kann man Gl. (81) nicht mehr durch Ansätze vom Typ (83) lösen. Man zieht da mit Vorteil die Energie-

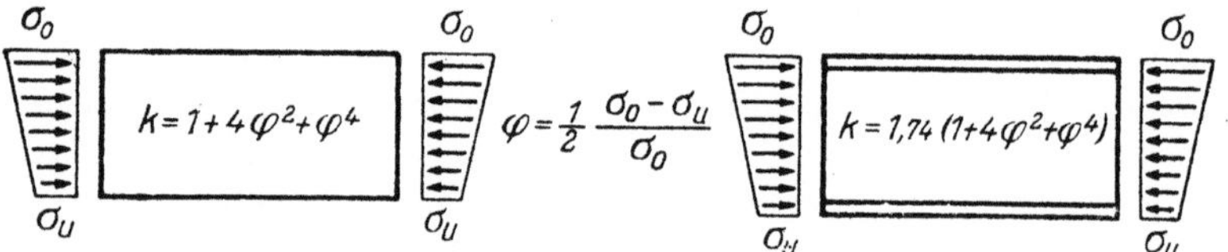

Fig. 26. Kritische Spannungen von Platten, die in ihrer Ebene gebogen werden.

methode zur Lösung heran. Das Ergebnis[2] für den in Fig. 26 skizzierten Belastungsfall sind Girlandenkurven, für deren Einhüllende sich die einfachen, in der Fig. 26 angegebenen Näherungsformeln aufstellen lassen.

Von den durch Längs- und Querdruck gekennzeichneten Lastzuständen Gl. (65) wollen wir hier nur einen Sonderfall besonders erwähnen. Wenn die Längsränder durch starre Stützen (Rippen) miteinander verbunden sind, entsteht infolge der verhinderten Querdehnung in der Scheibe eine Druckspannung in der y-Richtung, durch die die kritische Last merklich herabgesetzt werden kann; es ist für $\varepsilon_2 = 0$ ($\sigma_2 = \nu\sigma$)

$$k = 1 - \nu\,,$$

wobei Rechteckbeulen von der Länge $l/n = b/\sqrt{1 - 2\nu}$ entstehen.

Sehr viel schwieriger als Druck ist in mathematischer Hinsicht die Schublast. Einer Lösung in geschlossener Form ist hier nur der unendlich lange Plattenstreifen zugänglich. Der periodische Ansatz

$$w = \sum_{i=1}^{4} A \sin \frac{\pi}{l}(x - \vartheta_i y) \tag{85}$$

ist bei endlicher Länge unbrauchbar, weil an den Rändern die schräg verlaufenden Falten $x - \vartheta_i y = 0$ abgebogen werden. Man muß ent-

---

[1] Schleicher, F.: Eingespannte rechteckige Platten. Mitt. Forsch.-Anst. Gutehoffn.-Konzern Bd. 1.

[2] Nölke, K.: Biegungsbeulung der Rechteckplatte. Ing.-Arch. Bd. 8 (1937) S. 403.

weder eine FOURIERsche Doppelreihe ansetzen (was auf eine unendliche Knickdeterminante führt) oder Energieüberlegungen heranziehen. Die Ergebnisse von STEIN[1], SEYDEL[2], BERGMANN-REISSNER[3], HARTMANN[4] für die gelenkig gelagerte, von IGUCHI[5] und MOHEIT[6] für die eingespannte Platte lassen sich, wie A. KROMM gezeigt hat, mit sehr guter Näherung durch zwei einfache Parabeln darstellen. Bezeichnet b die kürzere, l die längere Seite und wieder $\alpha = l/b$, so gilt

$$\left.\begin{aligned} k &= 1{,}334 + 1/\alpha^2 \quad \text{bei gelenkiger Lagerung,} \\ k &= 2{,}24 \ \ + 1{,}4/\alpha^2 \ \text{bei Einspannung} \end{aligned}\right\} \tag{86}$$

der Längsränder und gelenkiger Lagerung der Querränder.

Schwieriger noch als die bisher behandelten „reinen" Lastfälle ist in mathematischer Hinsicht die Theorie der *kombinierten* Belastung durch Schub- und Längskräfte. Die Ergebnisse lassen sich aber wieder mit einiger Näherung in ein sehr einfaches Gewand pressen. Für die von WAGNER[7] und CHWALLA[8] untersuchte, durch Schub und gleichförmige Längskraft (Druck oder Zug) belastete Platte läßt sich schreiben

$$\left(\frac{\tau}{\tau_0}\right)^2 = 1 - \frac{\sigma}{\sigma_0}, \tag{87}$$

wobei τ_0 und σ_0 die kritischen Spannungen bei Abwesenheit der anderen Lastart darstellen. Die Formel (87) ist für mehrere Seitenverhältnisse α bei der allseits gelenkig gelagertern Platte in guter Übereinstimmung mit den Ergebnissen der Theorie[8].

Für die auf *Biegung* und Schub belastete allseits gelenkig gelagerte Scheibe sind von STEIN[1] und TIMOSHENKO-WAY[9] Rechnungen durch-

---

[1] STEIN, O.: Blechträgerstehbleche im zweiachsigen Spannungszustand. Stahlbau Bd. 7 (1934) S. 57 — Ebene Rechteckbleche unter Biegung und Schub. Bauingenieur Bd. 17 (1936) S. 308.

[2] SEYDEL, E.: Rechteckplatten bei Schubbelastung. Ing.-Arch. Bd. 4 (1933) S. 169.

[3] BERGMANN, ST. u. H. REISSNER: Neuere Probleme aus der Flugzeugstatik. Z. Flugtechn. Bd. 23 (1932) S. 6.

[4] HARTMANN, F.: Knickung, Kippung, Beulung. Leipzig und Wien 1937.

[5] IGUCHI, S.: Rechteckige Platte unter Schubkräften. Ing.-Arch. Bd. 9 (1938) S. 1; Bd. 10 (1939) S. 77.

[6] MOHEIT, W.: Schubbeulung rechteckiger Platten mit eingespannten Rändern. Stahlbau Bd. 13 (1940) S. 39.

[7] WAGNER, H.: Über Konstruktions- und Berechnungsfragen des Blechbaues. Jb. wiss. Ges. Flugtechn. 1928, S. 113. — Vgl. auch A. KROMM u. K. MARGUERRE: Verhalten eines von Schub- und Druckkräften beanspruchten Plattenstreifens. Luftf.-Forschg. Bd. 12 (1937) S. 362, Fußnote 15.

[8] CHWALLA, E.: Stabilität des Stegbleches vollwandiger Träger. Stahlbau Bd. 9 (1936) S. 161.

[9] WAY, S.: Stability of rectangular plates under shear and bending forces. J. appl. Mech. Bd. 3 (1936) S. 131. — TIMOSHENKO, S.: Theory of elastic stability, S. 363 u. 382.

geführt worden, deren Ergebnisse sich in die Form

$$\left(\frac{\tau}{\tau_0}\right)^2 + \left(\frac{\sigma^0}{\sigma_0^0}\right)^2 = 1 \tag{88}$$

bringen lassen. Dabei bedeutet σ^0 die Spannung am Druckrande der Scheibe, σ_0^0 die zugehörige kritische bei Abwesenheit von Schub. — Wie es sein muß, sind die Formeln (87) und (88) so gebaut, daß sie gegen eine Zeichenumkehr des Schubes und der Biegespannung unempfindlich sind.

Von den *Schalen* ist einer Stabilitätsrechnung am ehesten die Zylinderschale zugänglich. Am einfachsten die geschlossene Schale unendlicher Länge, weil die Lösungsansätze dort keine Randbedingungen zu erfüllen brauchen, und dann die Schale, die nur nach *einer* Richtung eine endliche Ausdehnung aufweist: der unendlich lange Plattenstreifen (mit Rändern $y =$ const, Fig. 19) und die geschlossene Schale endlicher Länge (mit Rändern $x =$ const). Wenn der Lastzustand homogen (Längsdruck, Außendruck, reiner Schub) und die Krümmung konstant ist, lassen sich die Ergebnisse, wie A. KROMM gezeigt hat, durch geschickte Zusammenfassung der Parameter in sehr übersichtlichen Diagrammen darstellen.

Den Plattenstreifen unter Druck haben wir in Ziff. 11 schon ausführlich erörtert. Als Gestaltsparameter hatten wir dort die Größe $\omega = \dfrac{12}{\pi^4}\,\dfrac{b^4}{a^2 t'^2}$ eingeführt, an deren Stelle wir jetzt — für die Darstellung des Ergebnisses — besser eine „bezogene Breite"

$$\frac{\pi}{\sqrt[4]{12}}\,\sqrt[4]{\omega} = 1{,}69\,\sqrt[4]{\omega} = \lambda_b = \frac{b}{\sqrt{a t'}} \tag{89}$$

verwenden. Das Ergebnis läßt sich, wenn wir die Kurve in Fig. 23 durch den (gestrichelt gezeichneten) Geradenzug ersetzen, näherungsweise durch ein sehr einfaches Formelpaar wiedergeben:

$$\frac{\sigma}{E} = \frac{\pi^2}{3}\,\frac{t'^2}{b^2} = 3{,}29\left(\frac{t'}{b}\right)^2 \qquad \frac{\sigma}{E} = \frac{1}{\sqrt{3}}\,\frac{t'}{a} = 0{,}577\,\frac{t'}{a} \left.\right\}$$
$$\text{für } \lambda_b \leqq 2{,}39\,, \qquad\qquad \text{für } \lambda_b \geqq 2{,}39\,. \tag{90}$$

In ganz ähnlicher Weise kann man die von A. KROMM[1] gefundene Abhängigkeit des kritischen Schubes für den unendlich langen Plattenstreifen darstellen. Es ist näherungsweise

$$\frac{\tau}{E} = 4{,}39\left(\frac{t'}{b}\right)^2 \qquad \frac{\tau}{E} = 1{,}86\left(\frac{t'}{a}\right)^{1/2}\left(\frac{t'}{b}\right) \left.\right\}$$
$$\text{für } \lambda_b \leqq 2{,}82\,, \qquad\quad \text{für } \lambda_b \geqq 2{,}82\,, \tag{91}$$

---

[1] KROMM, A.: Die Stabilitätsgrenze eines gekrümmten Plattenstreifens bei Schub- und Längskräften. Luftf.-Forschg. Bd. 15 (1938) S. 517 — Jb. Luftf.-Forschg. I (1940) S. 832.

wobei an der „Stoßstelle" $\lambda_b = 2{,}82$, wo der Fehler der Näherung am größten ist, die exakt gerechnete Beullast um $\sim 18\%$ höher liegt.

Für die kombinierte Last hat A. Kromm die Theorie ebenfalls durchgeführt. Seine Ergebnisse lassen sich in die mit (87) übereinstimmende einfache Form

$$\left(\frac{\tau}{\tau_0}\right)^2 = 1 - \frac{\sigma}{\sigma_0} \tag{92}$$

bringen, die im Schub-*Druck*-Bereich für alle λ_b-Werte, im Schub-*Zug*-Bereich für den besonderen Wert $\lambda_b = 2{,}5$ die Ergebnisse sehr genau deckt. Für nicht zu große Werte $\left(-\dfrac{\sigma}{\sigma_0}\right)$ ist sie aber auch im Zugbereich für die anderen λ_b-Werte durchaus brauchbar.

Die Theorie des zylindrischen Ringes endlicher Länge ist nach zahlreichen unvollkommenen Ansätzen älterer Arbeiten neuerdings von A. Kromm zu einem Abschluß gebracht worden. Die Beulformeln für die unter Längs- und Außendruck stehenden Kreiszylinder endlicher Länge finden sich in aller Vollständigkeit schon bei Flügge[1]. Betrachtet man getrennt den Fall kurzer und langer Zylinder und vereinfacht die Flüggeschen Formeln entsprechend[2-4], so lassen sich die Ergebnisse in Form einer einzigen Kurve darstellen, in der die geeignete bezogene Beullast in Abhängigkeit von zwei Parametern

$$\lambda_k = \frac{l}{\sqrt{a\,t'}} \qquad \text{und} \qquad \lambda_l = \lambda_k \frac{l\,t'^{1/2}}{a^{3/2}} = \frac{l^2}{a^2}$$

für den kurzen Zylinder   für den langen Zylinder

erscheint. Wenn man diese Kurve durch einen Geradenzug ersetzt (wobei man allerdings beim langen Zylinder und geringer Wellenzahl — $m = 2$ oder 3 — in der Umfangsrichtung u. U. eine merkliche *Über*schätzung in Kauf nimmt), so erhält man für den kritischen Längsdruck die folgenden Formeln

$$\frac{\sigma}{E} = 0{,}823 \left(\frac{t'}{l}\right)^2 \qquad\qquad \frac{\sigma}{E} = 0{,}577\,\frac{t'}{a} \qquad\qquad \frac{\sigma}{E} = 4{,}93 \left(\frac{a}{l}\right)^2$$

für $\lambda_k \leqq 1{,}2$,   für $\lambda_k \geqq 1{,}2$, $\lambda_l \leqq 2{,}92$,   für $\lambda_l \geqq 2{,}92$.

Die ersten beiden sind dieselben wie für den Plattenstreifen, die letzte ist die Knickformel für den als Eulerstab mit $m = 1$ ausknickenden sehr langen Zylinder $(4{,}93 = \pi^2/2)$.

---

[1] Flügge, W.: Die Stabilität der Kreiszylinderschale. Ing.-Arch. Bd. 3 (1932) S. 463, außerdem im Schalenbuch S. 189 ff.

[2] Kromm, A.: Beulfestigkeit von versteiften Zylinderschalen unter Schub und Innendruck. Jb. Luftf.-Forschg. I (1942) S. 596.

[3] Kromm, A.: Stabilitätsgrenze der Kreiszylinderschale unter Schub und Längskräften. Jb. Luftf.-Forschg. I (1942) S. 602.

[4] Kromm, A.: Stabilität von homogenen Platten und Schalen im elastischen Bereich. Ringbuch Luftf.-Techn. II, A; 10.

Bei Außendruck p ergibt sich in ähnlicher Weise, wenn man gleich auf die Ringdruckspannung $\bar{\sigma} = \dfrac{p\,a}{t}$ umrechnet:

$$\frac{\bar{\sigma}}{E} = 3{,}29 \left(\frac{t'}{l}\right)^2 \qquad \frac{\bar{\sigma}}{E} = 0{,}855 \left(\frac{t'}{a}\right)^{1/2} \left(\frac{t'}{l}\right) \qquad \frac{\bar{\sigma}}{E} = 0{,}25 \left(\frac{t'}{a}\right)^2$$

$$\text{für } \lambda_k \leqq 3{,}85, \qquad \text{für } \lambda_k \geqq 3{,}85,\ \lambda_l \leqq 3{,}42, \qquad \text{für } \lambda_l \geqq 3{,}42.$$

Die erste und dritte Formel sind die bekannten Grenzfälle des Plattenstreifens ($a \to \infty$) und des Kreisringstabes ($l \to \infty$); die mittlere Formel

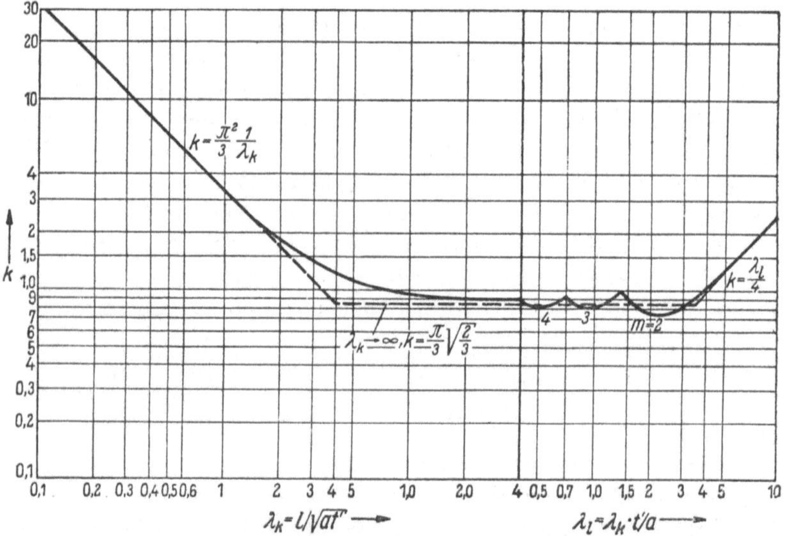

Fig. 27. Ein Beispiel für die Abhängigkeit der kritischen Spannungen von den beiden Parametern λ_k und λ_l (A. KROMM): der kritische Außendruck für den Kreiszylinder

$$\bar{p} = k \left(\frac{t}{a}\right) \left(\frac{t'}{a}\right)^{1/2} \left(\frac{t'}{l}\right).$$

(Gestrichelt ist der durch die Näherungsformeln gekennzeichnete ersetzende Geradenzug eingetragen.)

umfaßt den eigentlichen Schalenbereich, wo sowohl die Länge als auch der Radius die Höhe der Beullast beeinflussen. Die Fig. 27 zeigt das Originaldiagramm von KROMM.

Mathematisch am kompliziertesten ist der Schubfall. Auch hier ist es A. KROMM gelungen, ein ähnlich geartetes Diagramm zu entwickeln, das mit einiger Näherung durch ein Formeltripel ersetzt werden kann:

$$\frac{\tau}{E} = 4{,}39 \left(\frac{t'}{l}\right)^2 \qquad \frac{\tau}{E} = 0{,}703 \left(\frac{t'}{a}\right)^{3/4} \left(\frac{t'}{l}\right) \qquad \frac{\tau}{E} = 0{,}236 \left(\frac{t'}{a}\right)^{3/2}$$

$$\text{für } \lambda_k \leqq 3{,}4, \qquad \text{für } \lambda_k \geqq 3{,}4,\ \lambda_l \leqq 8{,}9, \qquad \text{für } \lambda_l \geqq 8{,}9.$$

Hierzu tritt bei Schub noch ein vierter Fall: die Torsions-*Stab*-Knickung („Greenhill-Knickung"), die bei *sehr* langen Zylindern auftreten kann[1] $\left(\lambda_l \dfrac{t'}{a} \geq 13{,}3\right)$ und gekennzeichnet ist durch

$$\frac{\tau}{E} = \pi \left(\frac{a}{l}\right).$$

Wir schließen die kurze Zusammenstellung der Beulformeln ab mit einem Hinweis auf einen Aufsatz des Verfassers über die Stabilität der Zylinderschale veränderlicher Krümmung[2], auf die Arbeiten von v. D. NEUT über die versteifte Zylinderschale[3] und auf die zahlreichen Untersuchungen über versteifte Platten (mit endlich vielen oder auch unendlich vielen Steifen[4-7]), über die ebenfalls die zusammenfassende Arbeit von A. KROMM berichtet[8].

Weitere Literatur zu Ziffer 12.

1. MISES, R. v.: Über die Stabilitätsprobleme der Elastizitätstheorie. Z. angew. Math. Mech. Bd. 3 (1923) S. 406.

2. SOUTHWELL, R. V. and S. W. SKAN: On the stability under shearing forces of a flat elastic strip. Proc. roy. Soc., Lond. Ser. A Bd. 105 (1924) S. 582.

3. LEGGETT, D. M. A.: The elastic stability of a long and slightly bent rectangular plate under uniform shear. Proc. roy. Soc., Lond. Ser. A Bd. 162 (1937) S. 62.

4. DONNELL, L. H.: Stability of thin-walles tubes under torsion. N. A. C. A. Bull. T. R. 1933, 479.

5. SCHMIEDEN, C.: Plattenstreifen unter Schub- und Druckkräften. Z. angew. Math. Mech. Bd. 15 (1935) S. 278.

6. DONNELL, L. H.: A new theory for the buckling of thin cylinders under axial compression and bending. Trans., A. S. M. E. Bd. 56 (1934) S. 795.

7. LUNDQUIST, E. E.: Strength tests on thin-walles duralumin cylinders in torsion. N. A. C. A. Bull. T. N. 1932, 427.

Ferner das neue Buch von A. PFLÜGER: Stabilitätsproblem der Elastostatik. Berlin: Springer 1950.

---

[1] FLÜGGE, W.: Schalenbuch S. 205.

[2] War als Forschungsarbeit (Nr. 1671) der Luftfahrt erschienen (1942).

[3] Müßten nach Kriegsende in Holland erschienen sein.

[4] BARBRÉ, R.: Stabilität gedrückter Rechteckplatten mit Längs- oder Querstreifen. Ing.-Arch. Bd. 8 (1937) S. 117.

[5] BARBRÉ, R.: Beulspannungen von Rechteckplatten mit Längsstreifen. Bauingenieur Bd. 17 (1936) S. 268.

[6] STIFFEL, R.: Biegungsbeulung versteifter Rechteckplatten. Bauingenieur 1941, S. 367.

[7] HAMPL, M.: Zur Stabilität des horizontal ausgesteiften Stegbleches. Stahlbau Bd. 10 (1937) S. 16.

[8] Siehe Anm. 4, S. 247.

Sachverzeichnis.

Springer-Verlag / Berlin · Göttingen · Heidelberg

Mechanik deformierbarer Körper. Von Professor Dr.-Ing. **Friedrich Tölke,** Karlsruhe.
Erster Band: **Der punktförmige Körper.** Mit 339 Abbildungen. VIII, 388 Seiten. 1949. Ganzleinen DMark 45.—

Theoretische Mechanik. Eine einheitliche Einführung in die gesamte Mechanik. Von Dr. phil. **Georg Hamel,** o. Professor an der Technischen Universität Berlin-Charlottenburg, o. Mitglied der Deutschen Akademie der Wissenschaften. (Die Grundlehren der mathematischen Wissenschaften in Einzeldarstellungen mit besonderer Berücksichtigung der Anwendungsgebiete. Band 57.) Mit 161 Abbildungen. XVI, 796 Seiten. 1949. DMark 63.—. Ganzleinen DMark 66.—

Einführung in die Mechanik, Akustik und Wärmelehre. Von **Robert Wichard Pohl,** o. ö. Professor der Physik an der Universität Göttingen. (Einführung in die Physik, Band I.) Zehnte und elfte verbesserte und ergänzte Auflage. Mit 547 Abbildungen, darunter 8 entlehnten. VIII, 356 Seiten. 1947. DMark 21.—

Einführung in die Technische Mechanik. Nach Vorlesungen von Dr.-Ing. habil. **Walther Kaufmann,** o. Professor der Mechanik an der Technischen Hochschule zu München.
Erster Band: **Statik starrer Körper.** Mit 194 Abbildungen. VI, 166 Seiten 1949. DMark 15.—

Lehrbuch der Technischen Mechanik für Ingenieure und Physiker. Zum Gebrauche bei Vorlesungen und zum Selbststudium. Von Dr.-Ing. **Theodor Pöschl,** o. Professor an der Technischen Hochschule in Karlsruhe.
Erster Band: **Statik und Dynamik.** Dritte, umgearbeitete Auflage. Mit 257 Abbildungen. VIII, 343 Seiten. 1949. DMark 22.50. Gebunden DMark 25.—

Einführung in die Technische Schwingungslehre. Von Dr.-Ing. **Karl Klotter,** o. Professor an der Technischen Hochschule Karlsruhe.
Erster Band: **Einfache Schwinger und Schwingungsmeßgeräte.** Zweite, umgearbeitete und ergänzte Auflage. Mit 380 Abbildungen. Etwa 290 Seiten. In Vorbereitung

Der Kreisel. Seine Theorie und seine Anwendungen. Von Dr.-Ing. Dr. **Richard Grammel,** o. Professor an der Technischen Hochschule Stuttgart.
Erster Band: **Die Theorie des Kreisels.** Zweite, neubearbeitete Auflage. Mit 137 Abbildungen. Etwa 240 Seiten. In Vorbereitung
Zweiter Band: **Die Anwendung des Kreisels.** Zweite, neubearbeitete Auflage. Mit 133 Abbildungen. Etwa 240 Seiten. In Vorbereitung

Technische Statik. Ein Lehrbuch zur Einführung ins technische Denken. Von Dipl.-Ing. D. Dr. phil. **Wilhelm Schlink,** Professor an der Technischen Hochschule Darmstadt. Unter Mitarbeit von Dr.-Ing. habil. **Heinrich Dietz,** Dozent an der Technischen Hochschule Darmstadt. Vierte und fünfte Auflage. Mit 511 Abbildungen im Text. X, 431 Seiten. 1948. DMark 27.60

Zu beziehen durch jede Buchhandlung

Springer-Verlag / Berlin · Göttingen · Heidelberg

Stabilitätsprobleme der Elastostatik. Von Dr.-Ing. habil. **Alf Pflüger**, Professor an der Technischen Hochschule Hannover. Mit 389 Abbildungen. VIII, 339 Seiten. 1950. Ganzleinen DMark 34.50

Statik der Tragwerke. Von Dr.-Ing. habil. **Walther Kaufmann**, ord. Professor an der Technischen Hochschule zu München. (Handbibliothek für Bauingenieure. Ein Hand- und Nachschlagebuch für Studium und Praxis. Begründet von Robert Otzen. IV. Teil: Konstruktiver Ingenieurbau. 1. Band.) Dritte, ergänzte und verbesserte Auflage. Mit 364 Abbildungen. VIII, 314 Seiten. 1949. DMark 25.50

Die Methoden der Rahmenstatik. Aufbau, Zusammenfassung und Kritik. Von Dr.-Ing. habil. **Otto Luetkens.** Mit 38 Abbildungen und 9 Zahlentafeln. VII, 281 Seiten. 1949. DMark 33.—. Ganzleinen DMark 36.—

Das Cross-Verfahren. Die Berechnung biegefester Tragwerke nach der Methode des Momentenausgleichs. Von Dr.-Ing. **Johannes Johannson.** Mit 18 Zahlenbeispielen und 137 Abbildungen. VI, 123 Seiten. 1948. DMark 14.40

Taschenbuch für Bauingenieure. Mit Beiträgen von zahlreichen Fachgelehrten. Herausgegeben von Professor Dr.-Ing. **Ferdinand Schleicher,** Düsseldorf. Mit 2403 Abbildungen. Berichtigter Neudruck XXIII, 1942 Seiten. 1949. Ganzleinen DMark 36.—

Der Bauingenieur. Zeitschrift für das gesamte Bauwesen. Herausgeber: Professor Dr.-Ing. **F. Schleicher.** Düsseldorf, Mitherausgeber: Professor Dr.-Ing A. **Mehmel,** Darmstadt. 25. Jahrgang, 1950. Monatlich ein Heft im Umfang von 32 Seiten. DIN A 4. Halbjährlich (6 Hefte) DMark 18.—

Dubbel Taschenbuch für den Maschinenbau. Bearbeitet von zahlreichen Fachgelehrten. Zehnte Auflage. Berichtigter Neudruck der 9. Auflage (1943). Mit etwa 2900 Textfiguren. Zwei Bände. XII, 691 und 836 Seiten, auf Dünndruckpapier. 1949. Ganzleinen DMark 28.50

Konstruktion. Zeitschrift für das Berechnen und Konstruieren von Maschinen, Apparaten und Geräten. Herausgeber: Professor Dr.-Ing. **F. Sass.** Hauptschriftleiter: Dr.-Ing. **F. zur Nedden.** Monatlich ein Heft im Umfang von 32 Seiten. DIN A 4. 2. Jahrgang 1950. Halbjährlich (6 Hefte) DMark 18.—

Zu beziehen durch jede Buchhandlung

MIX
Papier aus verantwortungsvollen Quellen
Paper from responsible sources
FSC® C105338
FSC
www.fsc.org

If you have any concerns about our products,
you can contact us on
ProductSafety@springernature.com

In case Publisher is established outside the EU,
the EU authorized representative is:
Springer Nature Customer Service Center GmbH
Europaplatz 3, 69115 Heidelberg, Germany

Printed by Libri Plureos GmbH
in Hamburg, Germany